林业有害生物监测预报

2019

LINYE YOUHAI SHENGWU
JIANCE YUBAO 2019

国家林业和草原局森林和草原病虫害防治总站　编著

中国林业出版社
China Forestry Publishing House

图书在版编目(CIP)数据

林业有害生物监测预报. 2019 / 国家林业和草原局森林和草原病虫害防治总站编著 . —北京：中国林业出版社，2020. 2

ISBN 978-7-5219-0513-7

Ⅰ. ①林… Ⅱ. ①国… Ⅲ. ①森林植物 – 病虫害防治 – 监测预报 – 中国 – 2019 Ⅳ. ①S763. 1

中国版本图书馆 CIP 数据核字(2020)第 049758 号

出版发行 中国林业出版社(100009 北京西城区刘海胡同 7 号)

印刷 固安县京平诚乾印刷有限公司

版次 2020 年 5 月第 1 版

印次 2020 年 5 月第 1 次

开本 889mm × 1194mm 1/16

印张 17

字数 478 千字

定价 98. 00 元

《林业有害生物监测预报·2019》
编著委员会

目　　录 MULU

全国主要林业有害生物2019年发生情况和2020年趋势预测

国家林业和草原局森林和草原病虫害防治总站；森林和草原有害生物灾害监测预报预警中心；林草有害生物监测预警国家林业和草原局重点实验室

【摘要】2019年全国主要林业有害生物偏重发生，发生面积1.855亿亩，同比上升0.69%，呈现出松材线虫病等重大危险性林业有害生物疫情扩散迅猛、危害严重，落叶松毛虫大面积暴发等突发事件多、局部成灾，松树钻蛀类害虫危害加剧，其他常发性林业有害生物整体轻度危害等特点。其中，松材线虫病扩散蔓延和危害加重，新报告85个县级疫情，发生面积达1671.88万亩，累计病死枯死松树1946.74万株，黄山、三峡库区、秦岭山区等地疫情危害加重，防控形势异常严峻；美国白蛾疫情持续扩散但势头减缓，危害减轻，新增7个县级疫区，全年累计发生1153.30万亩，同比下降8.60%，整体轻度危害；松毛虫呈南轻北重危害态势，落叶松毛虫在东北大面积暴发，危害严重，马尾松毛虫等其他种类危害持续减轻；松褐天牛、梢斑螟等松树钻蛀类害虫在长江以南和东北大部造成持续性严重危害；林业鼠（兔）害、杨树食叶和蛀干害虫、林木病害、经济林病虫等常发性林业有害生物在主要发生区轻度危害，灾害控制整体良好。

预计2020年全国主要林业有害生物灾害仍将偏重发生，全年发生1.9亿亩左右。松材线虫病疫情在全国扩散蔓延势头不减，预计发生面积达到1800万亩，造成病枯死松树超过2000万株，在老发生区多点开花，向西向北扩张风险极大，防控形势十分严峻；美国白蛾预计发生1100万亩，在京津冀鲁老疫区扩散形势趋于稳定，新发疫区连片发展，向南向西向北跳跃式发生可能性极高；林业鼠（兔）害预计发生2600万亩，整体危害减轻，但在黄土高原沟壑区及西北荒漠林地带局部地区仍将偏重发生；蛀干害虫全年发生面积2200万亩左右，松树蛀干害虫危害加重，松褐天牛在长江以南、梢斑螟在东北、松蠹虫在西南和东北将有偏重危害，光肩星天牛、杨干象等杨树蛀干害虫在甘陕冀藏等省区局部地区危害可能进一步扩大；松毛虫在东北、华南大部危害将明显下降，进入低发周期；春尺蠖、杨树舟蛾等杨树食叶害虫在杨树主要分布区轻度发生，但在黄河、淮河流域局地可能偏重危害；林木病害、经济林病虫整体平稳发生，在危害寄主主要种植区局部偏重成灾。

根据当前我国林业生物灾害发生特点和形势，建议：认清形势强化落实，切实做好松材线虫病防控工作；深化防治领域改革创新，破解发展中遇到的突出问题；积极依靠科技进步，聚焦行业重点难点问题，加大重大技术研发和成果应用；落实预防为主方针，优化调整中央救灾资金投入导向，加大资金投入力度。

一、2019年全国主要林业有害生物发生情况

2019年全国主要林业有害生物持续高发频发，偏重发生，并呈现出重大林业有害生物传播速度快、发生面积大、危害程度重的显著特征。据统计，全年共发生18551.49万亩，同比上升1.93%，发生面积居高不下，危害程度加重，局部成灾。其中，虫害发生12171.97万亩，同比下降2.73%；病害发生3443.09万亩，同比上升29.74%；林业鼠（兔）害发生2670.38万亩，同比下降3.02%；有害植物发生266.05万亩，同比持平（图1-1、图1-2）。

（一）松材线虫病疫情持续扩散蔓延，危害加重

2019年松材线虫病在长江以南持续暴发，江西、浙江、湖南、广东、广西等地多点开花，在跳跃式扩散蔓延的同时，呈现出由点状分布向成

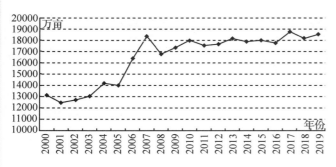

图 1-1 2000—2019 年全国主要林业有害生物发生面积

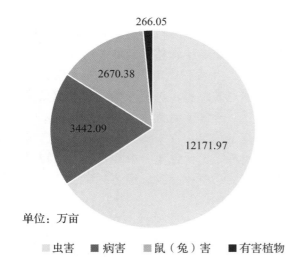

单位：万亩

■ 虫害　■ 病害　■ 鼠（兔）害　■ 有害植物

图 1-2 2019 年各种类林业有害生物发生面积

片发展的趋势。一是新增疫点多，全年新报告县级疫情 85 起，江西、浙江、湖南等地新增疫情数量超过 10 起；二是发生面积大幅上升，全年累计发生 1671.88 万亩，同比上升 71.67%；三是病死树数量大，全年累计病死枯死松树 1946.74 万株，同比上升 82.56%，其中浙江、江西、福建三省病枯死树数量占全国 2/3 以上。卫星遥感监测影像显示，山东、辽宁、江西、福建、广东、重庆、安徽、浙江多地存在大面积林木异常变色现象；四是重点生态区位防控形势严峻，黄山、九华山、庐山、三峡库区、陕西秦岭山区及其周边出现新疫情，造成病枯死松树超过 70 万株，疫情危害加重；四川乐山和剑阁均已发生疫情，乐山大佛、剑门关等重点风景名胜区疫情防控形势严峻；福建武夷山和贵州梵净山处于疫情包围之中，生态安全受到严重威胁。

（二）美国白蛾等其他检疫性有害生物总体扩散势头减缓，但局部地区偏重危害

美国白蛾疫情持续扩散但势头减缓，危害减轻。疫情新报告 7 个县级行政区，新发疫情数量持续减少；疫情在老疫区扩散形势趋于稳定，在苏皖江淮地区、湖北东北部、陕西中部等新发生区由点状向片状发展，但扩散势头减缓。全年发生 1153.30 万亩，同比下降 8.60%，整体轻度发生，局地危害偏重。红脂大小蠹发生 103.00 万亩，在冀东北、蒙东、辽西、晋中等地危害偏重，致死松树 1.3 万株。南洋臀纹粉蚧在广东省 8 个县区首次出现新疫情。锈色棕榈象首次传入云南玉溪。海南省东方市首次发现红火蚁疫情。

（三）薇甘菊扩散危害形势严峻，粤桂琼多地危害加剧

薇甘菊全年发生 100.49 万亩，同比上升 21.95%，疫情已全部覆盖广东珠三角地区，且持续向粤东和粤西地区扩散危害，在粤桂东南沿海、琼北和琼中等地危害加剧，严重影响林木生长。金钟藤发生 18.46 万亩，在海南中部和西部加重。

（四）林业鼠（兔）害发生面积连续 4 年持续下降，但在黄土高原沟壑区局部新植林地和荒漠林地危害偏重

2019 年累计发生 2670.38 万亩，同比下降 3.02%，危害整体减轻，但在黄土高原沟壑区局地偏重危害。鼢鼠类发生 616.56 万亩，同比下降 11.86%，整体危害减轻，但在宁夏南部六盘山区、青海东部脑山区、甘肃陇南山区、内蒙古中部大青山南麓等局部地区偏重危害。䶄鼠类发生 498.81 万亩，同比下降 7.24%，在东北林区呈中度以下发生，龙江森工和内蒙古森工局地危害偏重。沙鼠类整体发生平稳，发生 1005.56 万亩，同比持平，在新疆北部和内蒙古西部等地局部地区危害偏重。田鼠类、兔害及鼠兔害等危害整体偏轻，内蒙古鄂尔多斯、河北坝上、青海果洛和西宁、陕西宝鸡等地局部地区偏重危害。

（五）松树钻蛀类害虫发生面积仍居高位，危害严重，损失巨大

松树钻蛀类害虫累计发生 1642.84 万亩，同比持平。松褐天牛发生 1159.71 万亩，同比上升 9.19%，发生面积连续 10 年持续攀升，在长江以南多地危害偏重，造成大量松树死亡，江西九江、抚州、宜春三市死树株数接近或超过 20 万株，湖南、四川两省也分别达到 10 万株左右。梢斑螟类

发生 253.88 万亩，同比下降 14.95%，但樟子松梢斑螟在黑龙江西部和大兴安岭南部，果梢斑螟在黑龙江东部和南部、吉林东部局部地区对樟子松和红松造成严重危害，经济损失巨大。华山松大小蠹发生 36.38 万亩，在陕中和陕南、甘南、渝东北等地危害偏重，在陕西南部国家级自然保护区内造成连片松树死亡。切梢小蠹发生 167.30 万亩，在云南西部和南部依然危害比较严重，云南大理、玉溪、红河、四川雅安等局地成灾。

（六）松毛虫发生呈北重南轻，东北多地暴发成灾，南方危害整体减轻

2019 年发生 1589.52 万亩，同比上升 19.75%。落叶松毛虫处于高发周期，在东北大部分地区发生偏重，全年发生 604.32 万亩，同比增加 3.31 倍，中度以上发生面积占 37.30%，，在吉林东部和南部、内蒙古森工南部、黑龙江中东部和西部、辽宁东部和北部林区危害严重，辽宁昌图、清原、桓仁、新宾，吉林舒兰、通化、柳河、梅河口、浑江、白河林业局、和龙林业局、天桥岭林业局，黑龙江汤原、桦南、林口、穆棱，内蒙古森工阿尔山、绰尔、绰源林业局等地暴发成灾，吉林平均虫口密度达 124 条/株，黑龙江最高虫口密度达 4000 条/株（汤原县），并出现危害红松现象。油松毛虫发生 135.97 万亩，同比上升 46.70%，但中度以下发生占比 97%，在华北北部主要分布区轻度发生。马尾松毛虫、云南松毛虫等在南方主要发生区发生整体偏轻，但在皖中、闽北、桂西和桂北、鄂东、赣南和赣中、滇南和滇西、川东北等局地危害偏重。

（七）杨树蛀干害虫和食叶害虫以轻度发生为主，在部分常发区局地危害偏重

杨树蛀干害虫发生 459.43 万亩，同比下降 3.46%，总体轻度发生。但光肩星天牛在新疆中西部呈扩散危害态势，在蒙甘鲁陕局部地区的农田防护林等林区偏重发生；杨干象、青杨天牛、桑天牛等发生面积均有下降，在主要发生区轻度危害，冀北、辽西、皖北、吉北、西藏拉萨局部地区偏重发生。杨树食叶害虫发生 1768.69 万亩，同比下降 6.42%，中度以下发生面积占比达 97.58%，整体轻度发生。但春尺蠖在西藏"一江两河"流域、新疆塔里木河流域、山东北部等局部地区危害偏重；杨树舟蛾整体控制良好，在全

国大部分常发区发生面积和发生程度呈双下降，但在河北东北部、湖北江汉平原、江苏东北部、山东南部部分常发区局地偏重，部分地区高速公路两侧、村庄及农田林网出现点、片状成灾情况。皖豫鲁鄂等部分常发区局地危害偏重。

（八）林木病害（不含松材线虫病）整体平稳发生，局地流行偏重

全年发生 1771.21 万亩，同比持平。杨树病害发生 611.56 万亩，危害整体控制良好，但杨树黑斑病、杨树溃疡病等在华北平原中部局部地区危害偏重。松树病害发生 230.27 万亩（不含松材线虫病），整体轻度发生，但落叶松早落病、松针红斑病等在内蒙古森工北部，云杉落针病等在川甘局部地区偏重危害。

（九）竹类及经济林病虫害危害减轻，但局地偏重发生

全年发生 2694.10 万亩，同比下降 1.95%。其中，竹类病虫危害整体减轻，中度以下发生面积占比 96.50%，但黄脊竹蝗在皖中、桂东，刚竹毒蛾在鄂东、闽西，竹茎广肩小蜂在桂东北等局部地区危害偏重。水果病虫整体轻度发生，发生 1101.11 万亩，但在新疆、内蒙古局部地区偏重发生。干果病虫发生 981.34 万亩，在全国大部分干果产区以轻度发生为主，但核桃、板栗、枣等病虫在西南、西北局部种植区发生偏重。香料调料类病虫在西北、西南等主要产区，油茶病虫害在赣湘鄂等地传统油茶产区轻度发生。

二、成因及问题分析

（一）影响松材线虫病等重大疫情扩散的客观因素短时间内难以根本性扭转，导致疫情持续扩散的态势在短时间内难以改变

从疫情的发生发展规律看，松材线虫病、美国白蛾等重大外来有害生物经过多年持续扩散蔓延和林间密度积累，逐渐呈现老疫区连片发展、新疫区跳跃式扩散态势，在短时间内难以根本扭转。同时，从防控的能力看，监测能力相对不足、人为活动频繁导致远距离传播携带风险不减、检疫监管存在漏洞等，导致疫情多点开花、多地扩散的格局仍将持续较长时间。此外，当前

松材线虫病疫木数量大、清理等防治任务艰巨，现有防治能力不能满足疫情发展的处置需求，也给疫情进一步扩散埋下了隐患。同时冰冻三尺非一日之寒，再严格的防治措施其成效都有滞后性，不会立竿见影改变持续扩散的格局。

（二）强化监测信息数据管理，疫情报告数据更趋于真实

长期以来，松材线虫病等重大疫情监测统计和联系报告制度执行不力，日常监测数据不按时报送、统计数据真实性存在较多问题。近年来，国家林草局要求各地实事求是上报疫情，强化日常监测和数据报送，同时卫星遥感监测等新技术应用于疫情监测核查，对地方形成较大威慑，瞒而不报、闭门造车、数据水分大等现象将有较大改善，疫情上报信息趋于准确，这些共同因素造成松材线虫病等重大疫情发生面积和病枯死树数量大幅上升。

（三）林业生物灾害孕灾环境客观条件总体有利于林业有害生物发生和扩散

便利的交通、发达的物流为松材线虫病、美国白蛾及其他检疫性有害生物的传播扩散提供了有利条件，也给检疫监管带来了难度。我国区域性经济林人工纯林面积增长迅速，人工林品种单一，森林健康状况欠佳，抗逆性脆弱，自然抵御林业有害生物能力差，为病虫害发生与传播蔓延创造了有利条件。

（四）技术突破和瓶颈并存造就了当前干部病虫重、叶部病虫轻的显著特点

经过多年的科技研发攻关和组装应用，林业鼠（兔）害、美国白蛾、杨树食叶害虫等常发性林业有害生物防治技术成熟，其发生危害整体得到了有效遏制。同时，随着卫星遥感、无人机等先进监测技术的普及应用，灾害显现度高的松材线虫病及叶部病虫害的早期监测技术得到突破，灾害发现更加及时准确。但松材线虫病的治理、蛀干害虫的早期监测和防治均在一定程度上存在技术难点和瓶颈，导致目前松材线虫病和蛀干害虫危害较重的局面。

（五）气候条件整体有利于一些林业生物灾害突发和危害

受暖冬影响，2018/2019 年冬季我国大部分地区气温偏高，降水偏少，导致害虫越冬代林间虫口基数较常年偏高，加之落叶松毛虫处于高发周期，造成落叶松毛虫在东北多地暴发成灾；春季，北方局部地区气温起伏较大，降水偏多，引起树势衰弱，导致梢斑螟、红脂大小蠹等在东北局部地区危害依然较重，同时为松树病害偏重流行创造了有利条件；夏季，江淮、黄淮大部分地区气温偏高，降水偏少，出现持续高温干旱异常气候，造成树势衰弱，导致松树钻蛀类害虫发生偏重。松材线虫病、松褐天牛、红脂大小蠹等松树主要害虫共同作用，加之干旱造成生理性病害，导致 2019 年大量松树病枯死。

三、发生形势分析及预测依据

（一）松材线虫病发生形势异常严峻，落实科学防控仍有很大差距

交通物流便利导致疫情传播途径隐蔽复杂，传统检疫封锁和监测模式难以满足当前需求，且短期内难以根本性解决，长期存在的疫情管理缺失、疫木非法利用现象突出，林间留存疫木数量巨大，防治任务重，现有除治能力远远不能满足当前需求，大量疫木滞留林间，导致疫情的进一步扩散蔓延。《松材线虫病防治技术方案》《松材线虫病疫区和疫木管理办法》等防治措施和政策颁布实施一年来，在部分地区有效遏制了松材线虫病的扩散，但其成效显现还需要一定的时间。松材线虫适生区不断北扩，北方多地有加重危害和扩散蔓延趋势，落叶松、红松等松科植物确认为寄主植物，北方大部分地区都将成为松材线虫潜在危害区域，广泛分布在东北地区的红松和落叶松生态安全面临严重威胁，形势十分严峻。

（二）主要林业有害生物林间基数和发生规律

松褐天牛在长江以南大部分地区、松毛虫和梢斑螟在东北和华北北部、竹类和油茶等经济作物病虫在华南林间虫口密度偏高，一旦条件适宜极易暴发成灾。高山远山、防控薄弱区、漏防区易导致林业有害生物集中高发。经济社会发展加速，外来林业有害生物入侵和扩散风险越来越大，长江以南地区松褐天牛持续高发，与松材线

虫病、高温干旱异常气候共同作用，将继续对松林资源造成严重危害，损失巨大。

（三）寄主分布及生长状况

森林健康状况不佳，抵御病虫害的能力薄弱，多种林业有害生物仍将高发。"三北"干旱地区新植林地植被单一，生物多样性低，食物匮乏，林业鼠（兔）害将持续危害。"三北"防护林部分林区老化衰弱严重，虽有开展多种林业生态工程，对原有的疏残林、纯松林进行林分改造，生态环境得到显著改善。但同时仍有相当多未开展改造的纯林，或退耕还林未成林地，以及受气象灾害影响的衰弱林地自身调控能力低，抵御林业有害生物能力差，为松树钻蛀类害虫发生创造客观条件，导致一些常发性钻蛀害虫发生面积常年维持在高位。

（四）监测新手段和预测新方法的应用

物理灯诱、信息素诱集等成熟技术的大量应用，以及无人机、卫星遥感监测新手段的推广示范，林业生物灾害监测能力得到提升，灾害发现更加及时准确。基于大数据融合分析技术和数值化表达技术等预测预报新技术的试验示范，大幅提升了林业生物灾害预测的准确性和针对性。

（五）气象条件

2019/2020 年冬季到 2020 年春季，全国大部分地区气温接近常年同期到偏高，有利于害虫越冬。2019/2020 年冬季内蒙古东北部和东北北部可能出现阶段性强降温、强降雪，不利于觅食，可能导致林业害鼠（兔）危害加重；2020 年春季，黄淮江淮到长江中下游流域气温和降水均较常年偏高，有利于食叶类害虫提前出蛰危害，同时高温多雨气象条件为林木病害偏重流行创造有利条件，引起树势衰弱，可能导致蛀干害虫危害加重。

四、2020 年全国主要林业有害生物发生趋势预测

经综合分析，预计 2020 年全国主要林业有害生物灾害仍将偏重发生，全年发生 1.9 亿亩左右，发生面积同比上升。其中虫害发生 12500 万亩，病害发生 3600 万亩，林业鼠（兔）害发生 2600 万亩，有害植物 300 万亩（表 1-1）。

具体发生趋势为：一是松材线虫病疫情在全国扩散蔓延势头不减、危害损失巨大，防控形势依然十分严峻；二是美国白蛾等其他检疫性林业有害生物整体扩散势头趋缓，但局部地区危害偏重；三是林业鼠（兔）害危害整体减轻，但局部仍将偏重发生；四是蛀干害虫危害依然严重，局地偏重成灾；五是食叶害虫、竹类及经济林病虫和林木病害等整体趋轻，局部成灾。

表 1-1　2020 年主要林业有害生物发生面积预测　　　　　　　　　单位：万亩

种类	各省（自治区、直辖市）预测面积	近年发生趋势	2019 年实际发生面积	2020 年预测发生面积	同比
发生总面积	17693.26	上升	18551.49	19000	上升
虫害	12152.95	上升	12171.97	12500	上升
病害	2891.95	上升	3442.09	3600	上升
林业鼠（兔）害	2454.16	下降	2670.38	2600	持平
有害植物	269.75	持平	266.05	300	上升
松材线虫病	1344.22	上升	1671.88	1800	上升
美国白蛾	1062.67	下降	1153.30	1100	持平
松毛虫	1276.83	上升	1589.52	1400	下降
松树钻蛀性害虫	1698.33	持平	1642.84	1800	上升
杨树食叶害虫	1603.19	持平	1768.69	1600	持平
杨树蛀干害虫	426.29	持平	459.43	400	持平
经济林病虫	2913.24	持平	2694.10	2700	持平

（一）松材线虫病疫情在全国扩散蔓延势头不减、危害损失巨大，防控形势依然十分严峻

疫区数量、发生面积和病枯死树数量仍将呈上升趋势，发生面积和病枯死树持续增加。预计全年发生面积达到1800万亩，造成病枯死松树超过2000万株。重点生态区位疫情防控压力巨大。武夷山、梵净山等景区疫情传入风险较高；黄山、泰山、张家界、三峡库区、秦巴山区疫情危害将持续加重。疫情向西向北扩张风险极大，滇东北、滇西、山西、吉林南部存在出现新疫情可能。疫情在老发生区将持续扩散，闽东南沿海、粤中、粤东，桂中、桂东北、桂南，陕中，豫南，辽东、辽中、鲁东、鲁中、鲁南等地新发疫情的可能性极高。

（二）美国白蛾等其他检疫性林业有害生物仍持续扩散但势头趋缓，整体危害平稳，局部地区可能危害偏重

美国白蛾疫情将持续扩散，在京津冀鲁老疫区扩散形势趋于稳定；在苏皖江淮及沿长江地区、鄂东北、苏北和陕中等新发疫区将由点状向片状发展，在长江以南、华北北部、吉林西部和陕西中部可能跳跃式发生，湖北武汉、黄冈、十堰、荆门，江苏常州、镇江，安徽合肥、马鞍山，陕西咸阳等地可能出现新疫情。预计发生面积1100万亩，整体发生平稳，在局部防治薄弱区域可能偏重发生。红脂大小蠹在河北北部、陕西北部可能危害加重，辽宁老疫区周边的葫芦岛、锦州、沈阳等地依然存在疫情传入风险。薇甘菊在粤西和粤东地区将呈现快速扩散趋势，在广西有跳跃式发生可能。此外，新入侵外来物种的风险较大。

（三）林业鼠（兔）害危害整体减轻，但局部仍将偏重发生

预计全年发生2600万亩左右，同比持平。沙鼠类在甘肃河西地区，新疆准噶尔盆地东南缘、内蒙古河套平原及西部荒漠林区，鼢鼠类在青海东部农牧交错带的高海拔脑山地区、宁夏南部六盘山区、甘肃陇南山区、河北坝上草原、陕西北部黄土高原及渭北高原等地的新造林地和中幼林，鼠鼠类在内蒙古森工北部和中部林区的火烧迹地造林集中区、樟子松幼林分布集中区，兔害在陕西关中平原、河北坝上未成林地，高原鼠兔在西藏高原，根田鼠在青海东北部、新疆塔里木盆地西部等地可能偏重发生，局地成灾。

（四）蛀干害虫危害依然严重，局地偏重成灾

全年发生面积达2200万亩左右，同比上升。松褐天牛在长江以南大部分地区，梢斑螟在黑龙江南部和东部、吉林和辽宁东部林区，切梢小蠹在西南局部，八齿小蠹在内蒙古森工东南部和西藏东部，华山松大小蠹在甘肃南部，光肩星天牛在内蒙古东部、甘肃河西地区、陕西关中平原，青杨天牛在西藏拉萨和陕西北部，杨干象在河北东北部等地危害将持续加重。松褐天牛在鄂湘赣川陕闽局部、切梢小蠹在四川雅安和云南大理、光肩星天牛在陕西宝鸡和西安等地局部可能成灾。

（五）食叶害虫、竹类及经济林病虫和林木病害等整体趋轻，局部成灾

预计松毛虫发生1400万亩左右，较2019年将有明显回落；其中落叶松毛虫经大面积暴发后，在主要发生区的危害将明显下降，但东北北部林区仍存在危害扩大态势，黑龙江东部可能局地成灾。杨树食叶害虫危害减轻，预计全年发生1600万亩，同比下降，但杨树舟蛾在江淮、黄淮、黄河中上游局部地区，春尺蠖在西藏"一江两河"流域、河北中部平原、内蒙古河套平原、宁夏中部沿黄地区、山东沿黄两岸、北京东北部郊区等局部地区可能有偏重发生。林木病害流行平稳，杨树病害在华北平原、黑龙江西部、青海东部，松树病害在东北北部和甘肃南部等地区局部危害可能较重。竹类及经济林病虫预计发生2700万亩，整体发生平稳，但在寄主主要分布区局部地区可能偏重。

五、对策建议

根据当前我国林业生物灾害发生特点和形势研判，建议：

（一）认清形势强化落实，切实做好松材线虫病防控工作，坚决遏制疫情快速扩散势头

要认清形势，统一思想，提高思想站位；强

化"防、管、除、问、研"五个方面和《松材线虫病防治技术方案》（以下简称《技术方案》）、《松材线虫病疫区和疫木管理办法》（以下简称《管理办法》）的贯彻落实；加强松材线虫病监测防控精细化管理；强化松材线虫病疫情数据核实核查与防治督导；贯彻落实《松材线虫病生态灾害督办追责办法》，实行地方各级政府行政领导负责制，加大履职不到位相关责任人追究力度。

（二）深化防治领域改革创新，破解发展中遇到的突出问题

适应新形势要求，深化改革，加速职能转变，改进管理方式，完善和创新防治制度体系、政策框架和工作举措，突出解决防治领域机制体制僵化、管理理念因循守旧等突出问题，激发防治活力。

（三）积极依靠科技进步，聚焦行业重点难点问题，加强重大技术研发和成果应用

坚持基础研究和行业应用型研究并重，建立以行业应用解决行业突出问题的科技立项和评价制度，着力解决科学研究与行业应用脱节问题。当前重点支持松材线虫病等重大林业生物灾害遥感监测、基于物联网的生物灾害信息互联、重大生物灾害大数据人工智能预测等关键技术研发，积极开展林业有害生物地面监测技术试点示范。

（四）落实预防为主方针，优化调整中央救灾资金投入导向，加大资金投入力度

要加强顶层设计，健全预防工作机制，将预防为主体现在生产力布局上。要调整优化中央救灾补助经费投入结构和方向，逐步建立以预防为主的中央资金投入机制，将救灾责任落实到地方政府。要加大防治资金投入，强化防治能力建设。

同时，提出如下具体措施：

一是坚持更严更实的管理思路，贯彻落实《松材线虫病生态灾害督办追责办法》（林生发〔2019〕55号）实施细则，实行地方各级政府行政领导负责制，建立松材线虫病防治责任追究制度和疫情核查督办制度，逐步建立符合当前要求和现实特点的松材线虫病防治管理的长效机制，严肃开展疫情核查督导和督办问责，加大对疫情上报不及时、疫情除治不力、疫木监督不严等履职不到位情形的惩治和追责力度。

二是贯彻落实张建龙局长、刘东生副局长关于《关于2019年度松材线虫病卫星遥感监测工作情况的报告》的批示精神，从加大遥感监测投入、建立遥感监测机制、强化数据监管核查、严肃数据报送、强化疫情防治督导、加快科技创新等方面提出具体工作措施，全力推进卫星遥感监测技术推广应用。逐步构建立体监测组织模式和服务指导与核查问责相结合的管理机制，加大松材线虫病疫情核实核查力度，确保疫情监测更主动、灾情数据更真实、防治成效更显著。

三是加强科技创新，聚焦行业技术瓶颈和突出问题，开展林业有害生物监测预警技术试点示范，推动实用性技术落地应用。探索建立松材线虫病监测防控精细化管理模式，加速卫星遥感灾害信息智能化判读、数据库建设等科技创新步伐，积极应用移动互联、云计算、物联网等信息可视化技术，切实推广松材线虫病疫情监测管理APP，实现松材线虫病疫情处置全过程可视化跟踪和管理，确保监测防控措施发挥实效。

专题一：松材线虫病

【摘要】2019年，松材线虫病疫情持续扩散蔓延，危害加重。新增85个县级行政区，发生面积1671.88万亩，病死松树1946.74万株。预计2020年全年发生1800万亩左右，病死松树超过2000万株，疫情在全国扩散蔓延势头不减、危害损失巨大，防控形势依然十分严峻。

一、2019年发生情况

2019年，松材线虫病疫情仍呈快速扩散蔓延态势，局部地区暴发，发生面积和病枯死松树上升幅度较大。截至12月底，全国共计18个省（自治区、直辖市）、666个县级行政区发生松材线虫病疫情，疫情发生1671.88万亩，病死松树

（包括感病松树、枯死松树、濒死松树）1946.74万株（图1-3）。与2018年相比，新增85个县级行政区（浙江16个、安徽1个、江西17个、山东5个、湖北3个、湖南14个、广东7个、广西9个、重庆1个、四川5个、贵州4个、陕西2个）。疫情发生面积和病死树数量同比分别增长71.67%和82.56%。主要呈现以下特点：

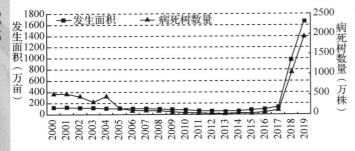

图1-3　2000—2019年松材线虫病发生面积和病死树数量

（一）疫情持续扩散蔓延

全年新报告新发县级疫情85个，疫情在江西、浙江、湖南、广东、广西等省区遍地开花，5个省区报告新发县级疫情占2019年新发疫情总数的75%。目前，重庆、江西、湖北、浙江、湖南县级行政区发生疫情占比分别达97.37%、84%、79.61%、76.67%、58.20%。

（二）疫情面积大幅度上升

截至12月底，有18个省（自治区、直辖市）、666个县级行政区发生松材线虫病疫情，发生面积1671.88万亩，同比上升71.67%。除辽宁、福建、四川、湖北、云南5省发生面积同比略有下降外，其他发生省（自治区、直辖市）发生面积同比均大幅上升，其中浙江发生557.63万亩，同比增加4倍多。

利用高分辨率卫星遥感数据，对松材线虫病主要发生区及高风险传入区开展遥感监测，监测面积约24.5万平方千米。在遥感监测覆盖范围内，江西、山东、福建等9省（直辖市）45个县级行政区共发现异常变色林木10.4万亩（非全域覆盖监测结果）。其中，广东、江西、福建、重庆、浙江、安徽部分县（区）林木异常面积较大，广东省河源市东源县和山东省威海市环翠区最为严重，监测到林木异常面积分别达到21705亩和11795.3亩。经实地走访调查，确认上述地区实际发生面积和死树数量远远大于监测结果。进一

步对比该地区去年同期遥感影像，发现同区域林木异常面积同比大幅增加。

（三）病死树数量巨大

全年累计死亡松树（包括感病松树、枯死松树、濒死松树）1946.74万株，同比上升82.56%。山东、浙江、江西和福建死亡松树数量分别同比上升686.36%、255.43%、119.69%和70.99%。浙江、江西、福建3省病死树数量占全国2/3以上。

（四）重点生态区位防控形势严峻

黄山、九华山、庐山、三峡库区、陕西秦岭山区疫情危害加重；四川乐山大佛、剑门关，福建武夷山和贵州梵净山处于疫情包围之中，生态安全受到严重威胁。

二、成因分析及存在问题

（一）松材线虫病疫情留存基数大，防治压力巨大，高发势头难以控制

疫情长期积压导致松林感病疫木密度不断累积，适宜气候、便利物流交通、监管疏忽等多种主客观原因促使松材线虫病处于高发频发、疫情迅速扩散蔓延的严峻形势。现有防治工作仍存在诸多问题，疫木除治监管不当、防治方法不科学等薄弱环节导致防治成效差，不能有效控制高发态势。

（二）疫情监测不及时，疫区撤销监管不到位，贻误除治时机

2019年下半年，林草防治总站利用卫星遥感监测技术，对江西赣州市赣县区、九江市彭泽县、湖口县3处新撤销疫区的部分区域进行监测，发现存在林木异常情况，异常面积分别达到17264.6亩、582.5亩和353.8亩。经现场核实和取样鉴定，确认上述区域存在大量带疫变色枯死松树。同时在对非疫区区域开展森林健康遥感监测时，发现福建省南平市顺昌县存在林木异常变色现象，面积1920.0亩，经现场核实和取样鉴定，确认该区域存在较多异常变色松树并携带松材线虫病。上述疫情瞒而不报，任由自行发展，将导致这些地区疫情更加严重，并有向外扩散传播可能，风险等级极高。

（三）大范围长时间异常干旱气候加速加重了松材线虫病的扩散速度和危害程度

全国大部分地区全年气温偏高，云南、广东、山东等多地平均气温为 1961 年以来最高值，6～7 月多地持续高温少雨，下半年多地持续干旱，伴随台风、区域性火灾等灾害发生，导致松科植物树势减弱，有利于松褐天牛侵害，为松材线虫病大面积发生和传播扩散创造条件。

三、发生形势分析

（一）监测滞后、处置被动主观促使疫情扩散加剧

交通、电力干线向高山远山延伸，交通物流发达导致疫情传播途径隐蔽复杂，地面实时监测发现能力欠缺，"早发现"受到技术制约。疫区疫木在南方大部多点开花，除治手段单一，除治能力十分有限，防治措施相对被动，林间留存疫木数量巨大，防治任务重，现有除治能力远远不能满足当前需求，大量疫木滞留林间，疫情处置不力将带来更严峻的疫情发生和扩散形势。

（二）疫情监管存在较大漏洞

松材线虫病疫情联系报告制度执行不力，日常监测力度不足，疫情信息报送监管核查缺失，导致部分疫情上报滞后，瞒报漏报现象突出。2019 年通过卫星遥感在已撤销疫区和非疫区监测到疫情，暴露出在疫情监测发现和疫区撤销监管上仍存在漏洞，疫区拔而未除、疫情现而不防现象将加剧松材线虫病扩散蔓延。

（三）松材线虫病生物学特性导致潜在风险大大提升

松材线虫适生范围不断扩大，向西向北扩散风险加剧，北方多地已呈现危害加重和扩散蔓延态势，落叶松、红松等松科植物确认为寄主，云杉花墨天牛等新媒介昆虫分布范围扩大，以落叶松、红松等种类为主的北方林区生态安全面临严重威胁，形势十分严峻。

四、2020 年发生趋势预测

综合松材线虫病发生形势分析，预计 2020 年松材线虫病疫情在全国扩散蔓延势头不减、危害损失巨大，防控形势依然十分严峻。

（1）疫区数量、发生面积和病枯死树数量仍呈上升趋势，发生面积和病枯死树仍将持续激增。预计全年发生面积达到 1800 万亩，病枯死树数量超过 2000 万株。

（2）重点生态区位疫情防控压力巨大。武夷山、梵净山等景区疫情传入风险较高；黄山、泰山、张家界、三峡库区、秦巴山区、秦岭地区疫情危害将持续加重。

（3）疫情向西向北扩张风险极大，滇东北、滇西、山西、吉林南部存在出现新疫情可能。

（4）疫情在老发生区将持续扩散。闽东南沿海、粤中、粤东、桂中、桂东北、桂南、陕中、豫南、辽东、辽中、鲁东、鲁中、鲁南等地新发疫情的可能性极高。

五、对策建议

从松材线虫病疫情发生情况来看，松材线虫病适生区不断扩大，寄主种类和传播媒介昆虫有新的发现。发生面积和病枯死树数量巨大，并呈现持续高发态势，对疫情监测、除治和监管工作提出巨大挑战，针对当前严峻形势和突出问题，提出以下对策建议：

（一）抓好各项政策措施的贯彻落实

当前松材线虫病发生形势异常严峻，党中央国务院高度重视，国家林草局在全面分析形势和审视多年防治经验教训的基础上，就当前和今后面临的形势做出了系列部署，出台了一系列新的办法措施，从严从实加强松材线虫病防治。防控工作的成败关键在于能够有效落实。做好松材线虫病防治工作，必须重点强化"防""管""除""问""研"五个方面和新修订《技术方案》《管理办法》的贯彻落实，严格疫区管理、严格疫木管理、严格疫情除治、加强疫情监测、严格检疫执法、严格责任落实，不走形式，狠抓落实。

（二）探索建立松材线虫病监测防控精细化管理模式

要严格落实疫情管理的各项措施，积极应用移动互联、云计算、物联网等信息可视化技术，切实开展松材线虫病疫情监测管理移动端软件示范应用，并逐步面向全国推广，实现对全国异常松树的监测发现、检测鉴定、疫情处置全过程可视化跟踪和管理，确保各项监测防控工作落到实处。

（三）强化松材线虫病疫情数据核实核查

针对当前存在的疫情监测被动不及时、数据混乱等方面缺乏有效监督问题，将按照相关司局领导关于监测预报工作"报、核、排、评、罚"的指示精神，严肃重大林业有害生物联系报告制度，

实行地面监测网格化管理，强化日常监测，逐步建立松材线虫病监测预报信息数据核实核查机制，并应用卫星遥感监测等新技术，进一步加大监测调查数据的核实核查等管理，确保松材线虫病等重大林业有害生物监测统计数据真实可靠。

（四）聚焦关键问题，大力推进科技创新

以生产应用为导向，坚持基础研究和行业发展并重，加大林业生物灾害多尺度卫星遥感监测、重大生物灾害大数据人工智能预测等关键技术研发力度，加速遥感影像灾害判读由目视解译向智能识别、灾害预警由经验主导向科学研判的推进，并积极开展成熟监测和防治技术的示范推广，破解松材线虫病监测、防治双被动局面。

专题二：美国白蛾

【摘要】2019 年，美国白蛾疫情持续扩散但势头减缓，整体轻度发生。全年新疫情新报告 7 个县级行政区，发生 1153.30 万亩，发生面积连续 3 年持续下降，以轻度发生为主，但局部防治薄弱区疫情有所反弹。预测 2020 年全年发生 1100 万亩，整体平稳发生，局部地区可能危害偏重；疫情扩散势头趋缓，局地可能出现新疫情。

一、2019 年发生情况

截至 2019 年 12 月底，全国共计 13 个省（自治区、直辖市）、598 个县级行政区发生美国白蛾疫情，发生 1153.30 万亩（同比下降 8.60%），发生面积连续 3 年呈下降趋势，中度以下发生面积占比达 99.44%。与 2018 年相比，新增 7 个县级行政区（上海、河南和陕西各 2 个，湖北 1 个）（图 1-4）。呈现以下特点：

（一）美国白蛾疫情扩散持续扩散，但扩散势头减缓

全年新增 7 个县级发生区，与近 5 年平均数相比，下降 75.00%。疫情在老疫区由点到面扩散形势趋于稳定，全年仅新增 2 个县级行政区（河南）；疫情在苏皖江淮地区、湖北东北部、陕西中部新发疫情区由点状向片状发展，但扩散势头减缓，全年新增 5 个县级行政区（上海和陕西各 2 个，湖北 1 个），多处非疫区监测到美国白

蛾成虫，在江苏（9 个）、安徽（6 个）、湖北（2 个）等 17 个县（市、区）诱捕到美国白蛾成虫。

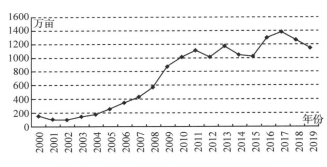

图 1-4 2000—2019 年美国白蛾发生面积

（二）美国白蛾疫情整体轻度发生，局部防治薄弱区疫情有所反弹

全年发生 1153.30 万亩（同比下降 8.60%），发生面积连续 3 年持续下降，中度以下发生面积占比 99.44%，整体轻度发生，但第 1、2 代在冀东北、苏北、豫中南、鲁北防治薄弱区，第 3 代在山东局部城乡结合部、县乡交界处、沿海虾蟹等特殊养殖区、居民区等发生偏重，局地呈点、片状成灾现象。

二、成因分析

（一）防治不科学，过度防治现象突出

目前，有些地方过度依赖飞机防治，"有灾没灾飞一遍"现象普遍存在，没有做到地面与飞防相结合的综合治理。过度防治、过度用药等现象突出，虽然达到了"有虫不成灾"的控制效果，但对环境产生的次生灾害威胁较大。

（二）防治不平衡，联防联治流于形式

虽然美国白蛾各发生区及重点预防区建立了多个省际间、县际间的联防联治组织，但多停留在互通情况、相互走访的层面，在实际工作中存在"我防他不防""我认真他敷衍"的情况，难以按照统一规划、统一作业时间、统一技术标准、统一检查验收的要求协同防治，导致防治不全面，省际交界地带、城乡结合部等防治薄弱环节存在防控漏点和盲点，虫源除治不彻底，导致虫情不断反复。

三、发生形势分析

（一）美国白蛾扩散机制决定疫情扩散态势依然严峻

美国白蛾能通过自身迁飞和老熟幼虫爬行近距离扩散，各虫态附着于寄主上通过交通工具可造成远距离传播，两种方式均隐蔽性较强，难以完全遏制。2019 年在多个疫区毗邻区发现美国白蛾成虫，定殖概率较大，连片发展势头明显；向西向南向北跳跃式扩散局面虽有所缓解，但风险依存，美国白蛾疫情整体扩散形势依然严峻。

（二）林间虫口密度普遍偏低

根据美国白蛾发生及预防区 100 个国家级中心测报点虫情调查结果，全国大部分发生区美国白蛾林间虫口密度普遍偏低，加之防治技术日趋成熟，局部地区偏重发生现象将得到有效控制。

（三）气象条件总体对美国白蛾越冬代影响显著

根据国家气象中心预测结果，2019/2020 年冬季、2020 年春季，全国大部分地区气温较常年同期偏高，有利于美国白蛾越冬，导致越冬代虫

口基数偏高。但随着社会化防治的大力推进，地面防治与飞机防治等成熟技术广泛推广应用，美国白蛾防治效果有所提高，疫情可防可控，不会造成严重灾情。

四、2020 年发生趋势预测

综合美国白蛾发生形势分析，预计 2020 年美国白蛾疫情仍持续扩散但势头趋缓，整体危害平稳，局部地区可能危害偏重，但不会出现严重灾情。

（一）美国白蛾疫情整体发生平稳，局部防治薄弱区可能偏重发生

预计 2020 年美国白蛾发生 1100 万亩，同比持平，整体发生平稳，但在河北东北部、江苏北部、山东中部和南部以及胶东半岛、河南中部和北部等局部地区可能发生偏重，部分高速公路两侧、养殖场周边、村屯道路两侧、城乡结合部等防治薄弱区域可能出现点、片状成灾现象，但不会出现严重灾情。

（二）美国白蛾疫情持续扩散但势头趋缓，局地可能出现新疫情

疫情在老疫区扩散形势趋于稳定；在苏皖江淮及沿长江地区、鄂东北、苏北和陕中等新发疫区由点状向片状发展，在长江以南、华北北部、吉林西部和陕西中部可能跳跃式发生，湖北武汉、黄冈、十堰、荆门，江苏常州、镇江，安徽合肥、马鞍山，陕西咸阳等地可能出现新疫情。

五、对策建议

（一）加强日常监测

各地要加强日常监测，准确掌握辖区内林间发生发展动态，及时发布生产性趋势预报指导开展防治工作，尤其加强越冬代美国白蛾防治，防范局部地区偏重成灾。积极推广灯光、信息素诱捕等较为成熟、可操作性强、普适性高的技术，加强美国白蛾重点发生区和预防区定点监测，加大美国白蛾监测力度，确保疫情一旦传入能第一时间发现、第一时间和第一现场处置。要严格执

行病虫情联系报告制度，确保疫情信息畅通高效。

（二）强化灾害预防

各地要根据本辖区美国白蛾发生情况和特点，抓住各世代防控关键时期，组织开展好防治工作。可能出现灾情区域要强化应急防控准备工作，加强应急队伍建设，提早做好防控物资准备，一旦突发成灾，要迅速响应，及时高效采取应急处置措施，减少灾害损失。此外，要特别加强1~3年新发疫区、长江中下游沿江扩散蔓延区的除治力度，遏制疫情扩散势头，严防局部成灾。

（三）强化检疫，严防疫情扩散

严格按照《美国白蛾检疫技术规程》要求，做好产地检疫、调运检疫和落地复检工作，谨慎从疫区调运绿化苗木，加强监管，防止美国白蛾通过人为活动等途径传播扩散。

（四）坚持分类施策，科学防治

老疫区以控灾为导向，推行精准防治；新发疫区应严防暴发成灾。建立健全美国白蛾联防联控协作机制，强化美国白蛾与杨树舟蛾统筹统治，形成防控合力，提高防控成效。坚持面上飞防与地面补充相结合，查缺补漏，严防防治盲点和漏点。积极倡导人工剪网幕、飞机防治等成熟技术的推广应用，加大无公害防治技术和药剂使用力度，科学用药，规范用药，严防产生次生灾害。

专题三：有害植物

【摘要】薇甘菊等有害植物危害程度和扩散危害形势严峻，粤桂琼多地危害加剧。2019年全年发生266.05万亩。预计2020年，发生面积达300万亩，薇甘菊将进一步扩散蔓延，危害加重。

一、2019年发生情况

2019年，薇甘菊等有害植物危害程度和扩散危害形势严峻，粤桂琼多地危害加剧。全年累计发生266.05万亩，同比持平（图1-5）。主要呈现以下特点：

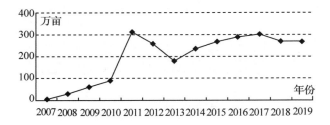

图1-5　2007—2019年有害植物发生面积

（一）薇甘菊扩散危害形势严峻，粤桂琼多地危害加剧

全年发生100.49万亩，同比上升21.95%。薇甘菊疫情已全部覆盖广东珠三角地区，且持续向粤东和粤西地区扩散危害，在粤桂东南沿海、琼北和琼中等地危害加剧，严重影响林木生长。

（二）金钟藤在海南中部和西部地区危害加重

全年发生18.46万亩，同比上升12.97%，在海南琼中、五指山、保亭、白沙、屯昌、陵水和儋州等地危害加重。

（三）紫茎泽兰、葛藤等以轻度发生为主

全年累计发生132.49万亩，同比下降15.62%，在贵州、云南、湖北、江苏等地轻度发生。

二、成因分析

（一）气候异常影响有害植物的发生和危害

2019年全年，薇甘菊和金钟藤主要发生区气温显著偏高，降水较常年偏多且雨季持续时间较长，雨水充沛，有利于其快速生长和蔓延。贵州、云南、湖北等地降水总体偏少，多地出现持续高温干旱，不利于紫茎泽兰和葛藤等蔓延危害。

（二）独特的生物学特性利于其扩散危害

薇甘菊自身繁殖能力强，根、茎都可以进行无性繁殖，通过地面匍匐茎即可生根形成新植株进行扩散，人为很难控制。并且薇甘菊结籽量多，种子细小轻微，可通过气流、水流等远距离传播，极易扩散传播危害。

（三）人为因素加速有害植物扩散

苗木和林木制品跨区域调运，物流、人流、交通活动频繁，可能携带有害植物种子或繁殖体进行传播，加之检疫监管不到位，导致有害植物的快速蔓延。

三、发生形势及问题分析

（一）联防联治机制缺乏

薇甘菊等有害植物防治涉及农林多个部门。目前，只有林业相关部门开展防治，农业、路政等部门对有害植物认识程度不够，农林、农牧交错地带，交通干道沿线往往疏于管理，导致除治不彻底不完全，引起进一步扩散危害。

（二）有效防治措施缺乏

目前，薇甘菊以化学防治为主，且生命力较强，须经 2～3 次的持续化学防治才能有效控制，过度防治容易导致农药量超标，产生的次生灾害对生态环境潜在威胁巨大，甚至比薇甘菊本身造成的危害还要严重，弊大于利。金钟藤等藤本植物没有有效的化学和生物防治手段，一般采用砍伐防治，除治效率低，难度较大。

四、2020 年发生趋势预测

综合薇甘菊等有害植物发生形势分析，预计2020 年发生 300 万亩左右，同比持平，薇甘菊危害将进一步扩散蔓延，危害加重。

（1）薇甘菊将进一步扩散蔓延，危害加重。疫情在粤西和粤东地区呈现快速扩散趋势，局部地区的新造林地、水源地、农田、高速公路两旁、铁路边等区域危害严重；在广西玉林部分地区有跳跃式发生可能；在海南东北部和西部的发生面积将快速增长，临高、澄迈、琼中等地可能偏重发生。

（2）金钟藤在海南中部天然次生林中危害严重。

（3）紫茎泽兰、葛藤等在贵州、云南、湖北、江苏等地以轻度发生为主。

五、对策建议

（一）加强日常监测

积极整合现有成熟的监测技术和手段，加强监测，努力做到早发现，早除治。针对薇甘菊等有害植物不同发育时期，可适时开展基于遥感的有害植物扩散监测研究和试点工作。

（二）实施分类施策、科学防治

对新造林地加大抚育措施，提高森林郁闭度，抢占薇甘菊、金钟藤等有害植物的生态位；对重点生态区采取人工和化学防治相结合的防治措施，注重科学用药、规范用药，提高防治成效；充分利用冬季植物生长缓慢、气候干燥的有利条件，对危害较重区域开展人工清除，降低有害植物种群数量；积极开展葛藤等有害植物产品的开发利用，变害为宝，有效利用有害植物资源。

（三）加大宣传力度，提高防控意识

通过网络平台、传单等多种形式，使广大群众认识到薇甘菊等林业有害生物危害的严重性和防控的重要性，并掌握薇甘菊、金钟藤的形态特征、危害症状、防治措施等知识，营造群防群治的氛围，提高全民防控责任意识。

专题四：林业鼠（兔）害

【摘要】林业鼠（兔）害发生面积得到压缩，连续 4 年持续下降，2019 年全年发生 2670.38 万亩，但在"三北"局部新植林地和荒漠林地危害偏重。预测 2020 年林业鼠（兔）害发生 2600 万亩，危害整体减轻，但局部地区仍将偏重发生。

一、2019 年发生情况

林业鼠（兔）害发生面积得到压缩，连续 4 年持续下降，2019 年发生 2670.38 万亩，同比下降 3.02%，但"三北"局地仍偏重危害（图 1-6）。主要发生特点为：

（一）鼢鼠危害整体减轻，但在黄土高原沟壑区部分新植林和中幼林内危害依然偏重

全年发生 616.56 万亩，同比下降 11.86%，危害整体减轻，但在宁夏南部六盘山区中幼林地和未成林造林地、青海东部脑山区、甘肃陇南山区、内蒙古中部大青山南麓等地部分地区偏重危害，甘肃礼县重度发生区捕获率为 33%、被害株率达到 35.45%，青海化隆县重度发生区，平均鼠口密度可达 15.3 只/公顷、平均被害株率 25.3%。

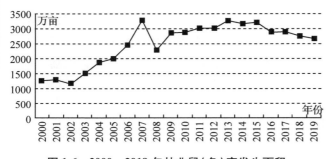

图 1-6　2000—2019 年林业鼠（兔）害发生面积

（二）鼯鼠类在东北地区整体呈中度以下发生，但在龙江森工和内蒙古森工局地危害偏重

全年累计发生在 498.81 万亩，同比下降 7.24%，在东北主要发生区以轻度危害为主。但在龙江森工朗乡林业局和内蒙古森工根河林业局局部地区危害偏重。

（三）沙鼠类整体发生平稳，但在新疆北部和内蒙古西部等地局部地区危害偏重

以大沙鼠和子午沙鼠为主的沙鼠类累计发生 1005.56 万亩，同比持平，主要分布在新疆、内蒙古、甘肃、宁夏、青海等省（自治区）的荒漠植被区，以轻度发生为主。但在新疆昌吉回族自治州、内蒙古阿拉善盟、腾格里沙漠荒漠林缘地带、甘肃白银市等地局部地区危害偏重，其中昌吉回族自治州局地林木被害率达到 60.6%、洞群覆盖率达 16.3%，白银市靖远县鼠害发生区黑柴、红砂等灌木受害率约 30%、每公顷鼠洞数达 220 个。

（四）田鼠类及其他鼠（兔）害危害整体偏轻，但局部地区发生偏重

田鼠类发生 100.43 万亩，在新疆塔里木盆地、宁夏沿黄地区、内蒙古河套平原等地轻度发生，但在陕西宝鸡局部地区鼠口密度较大，有进一步扩散危害态势。兔害及鼠兔害发生 273.27 万亩，整体发生平稳，但在内蒙古鄂尔多斯高原、陕西关中平原、河北承德、青海果洛和西宁等局部地区偏重危害，青海湟源县偏重发生区平均鼠密度达 33.5 只/公顷、林木平均被害率 17.08%。

二、成因分析

当前，全国林业鼠（兔）害整体发生面积和危害程度有所下降，但局部地区仍危害偏重。结合气候变化、营林措施和防治手段等关键影响因素，可将林业鼠（兔）害危害现状成因归纳如下：

（一）气象条件有利于害鼠（兔）生存繁衍

2019 年夏季全国大部分地区气温较常年偏高，东北、华北大部、西南、西藏等区域降水量偏多，促进林下植物生长，鼠（兔）食物源充足，

有利于鼠（兔）觅食，对林木整体危害减轻。但去年冬季东北、华北北部局部地区降雪偏多，春季回暖较快，整体气象条件利于害鼠繁衍生存，导致鼠口密度较往年偏高。

（二）营林措施对林业鼠（兔）害危害影响突出

近年来持续开展天然林保护工程，部分地区新造林面积减少，生态环境好转，生物多样性得到保障，鼠（兔）种群在东北天然林区内种群数量相对稳定，危害减轻。但在非天然林区开展的退耕还林、"三北"防护林修复等林业工程，导致人工林未成林地面积进一步扩大，树种单一、天敌数量少、生态系统脆弱，对鼠（兔）诱集作用较强，尤其在西部干旱半干旱地区本土鼠（兔）密度偏高，导致西北局部地区人工林特别新造林和中幼林地危害偏重。

（三）防治水平提高，危害整体得到有效控制

随着《国家林业和草原局关于进一步加强林业鼠（兔）害防治工作的通知》（林造发〔2015〕112号）文件精神的贯彻落实，各地多采取环境控制、生物不育剂投放、天敌繁育保护、物理隔离等无公害综合防治技术，林业鼠（兔）种群数量得到有效控制，危害程度逐渐下降。但偏远山区林地面积大而分散，有效防治手段不多，且部分鼠（兔）种类为保护物种，禁止随意捕杀，导致局部地区危害面积和危害程度都有所增加。

三、存在的问题

一是监测预报能力亟待加强。林业鼠（兔）害发生涉及区域大、面积广，危害移动性较强，监测难度大。同时部分地区基层监测人员少，且缺乏系统的培训及指导，监测工作开展不及时，监测数据准确率偏低等问题，影响林业鼠（兔）害发生趋势的科学研判，导致监测预报防灾减灾作用不能充分发挥。

二是防控理念较为滞后。"重造林轻管护"现象仍有不同程度存在，未将防治理念和措施贯彻到营造林的各个环节。在造林前和造林时，未采取有效措施开展防治，且造林树种选择不科学，

树种单一，林分结构设置不合理，致使造林后鼠（兔）害防控任务加剧，防治工作处于被动局面。

三是防治手段相对落后。目前，很多地方以人工防治为主，防治手段单一，效率低，成本高，无法大面积大范围开展防治工作，由市场主导的社会化防治组织发展进程缓慢。同时，部分已明令禁用（肉毒素）或限用（溴敌隆）的化学药剂仍在大量使用，绿色无公害防治技术使用率较低，虽然在一定程度上控制了林业鼠（兔）害危害，但农药残留对生态环境的次生灾害潜在威胁巨大。

四、2020 年发生趋势预测

近年来，全国各地森林生态环境有所改善，加之林业鼠（兔）害整体防治水平有较大提升，综合防治、无公害防治技术逐渐成熟并大力推广应用，林业鼠（兔）害危害整体得到有效控制。综上预测，2020 年林业鼠（兔）害危害整体减轻，但在黄土高原沟壑区及西北荒漠林地带局部地区仍将偏重发生。全年发生 2600 万亩左右，同比持平。

（一）西北局部地区仍将持续危害

沙鼠类对内蒙古阿拉善盟、乌海市、巴彦淖尔市，甘肃白银局部，新疆昌吉回族自治州等地局部地区荒漠灌木林造成较重危害；鼢鼠类在青海东部农牧交错带的高海拔脑山地区，宁夏南部六盘山区，甘肃陇南山区，陕西北部黄土高原、中部渭北高原等地的新造林地和中幼林内将偏重发生；根田鼠在青海东北部刚察县鼠口密度有反弹趋势，在新疆塔里木盆地西部人工林可能危害偏重；兔害在陕西关中平原将有较重危害。

（二）东北部分林区可能偏重发生

䶄鼠类在内蒙古森工北部和中部林区的火烧迹地造林集中区、樟子松幼林分布集中区，危害可能加重，黑龙江东部的佳木斯、牡丹江、鸡西局地可能有重度危害发生。

（三）华北和西南局部地区危害较重

草原鼢鼠、草兔在河北北部局地樟子松新植林地、未成林地危害可能加重；赤腹松鼠在四川中部邛崃山区可能危害较重；白尾松田鼠、高原鼠兔在西藏拉萨、山南、日喀则等地危害偏重。

五、对策建议

（一）强化日常监测和重点区域防治

要切实提高林业鼠（兔）害灾情监测和预报质量，充分发挥护林员等基层监测队伍和以国家级中心测报点为骨干的监测预报网络作用，严格按照工作历制度和鼠害监测调查技术标准开展监测调查工作，准确掌握林业鼠（兔）害发生情况，科学研判发生趋势。要突出重点监测区域，加强鼠（兔）害已成灾区域及周边、潜在成灾区域、新植林地和鼠疫主要宿主害鼠类群分布区域的监测和预防工作。可积极开展卫星遥感等新监测技术的示范推广和应用，加强荒漠林区、草原林地交错带等大跨度林地的监测覆盖，逐步建立全面覆盖的监测网络。

（二）开展科学有效的预防和防治工作

要以生态文明建设理念为指导，以压低鼠（兔）口密度、规避害鼠（兔）对林木的直接危害

为导向，合理选择科学措施及技术。要遏制新植林地的鼠（兔）害高发态势，保障造林绿化成果，把鼠（兔）害防治设计纳入营造林生产全过程，通过合理配置树种结构，科学采取营林措施，增强林分自身抵御鼠（兔）害的能力。要总结现有的行之有效的林业鼠（兔）害防治技术和手段，因地制宜加以推广普及。要严格执行《林业鼠（兔）害防治技术方案》有关要求，严禁使用高毒高残留的化学农药，大力推广高效低毒环保型防治药剂。积极总结探索飞机防治技术，推进施药方式更新换代。

（三）加强宣传培训，提高专业化水平和社会认知

积极向各级政府、业务主管部门宣传鼠（兔）害防治工作重要性，营造良好的工作局面，切实形成"属地管理、政府主导、部门协作、社会参与"的工作机制。充分利用各种媒体广泛深入宣传，提高民众防范意识，形成群防群治的良好社会氛围。要加强基层监测队伍的技能培训，通过集中学习、现场培训等形式，推广先进实用技术，提高基层监测水平。

专题五：松树钻蛀类害虫

【摘要】2019 年松树钻蛀类害虫发生面积仍居高位，危害严重，损失巨大。全年发生 1642.84 万亩，同比持平。松褐天牛在湘鄂赣皖陕川多地，红脂大小蠹在内蒙古通辽和赤峰、河北保定，切梢小蠹在川南和滇西，华山松大小蠹在陕西秦岭、甘南和渝东北等地危害严重，局部地区造成大量林木死亡。梢斑螟类在东北林区危害严重，局部地区被害率达 60% 以上。预计 2020 年松钻蛀类害虫危害将进一步加重，局地成灾，全年发生面积达 1800 万亩左右。

一、2019 年发生情况

2019 年，松钻蛀类害虫发生面积仍居高位，危害严重，损失巨大。截至 12 月底，全国发生 1642.84 万亩，同比持平（图 1-7）。主要呈现以下特点：

（一）松褐天牛发生面积连续 10 年持续攀升，在长江以南多地危害偏重，局地造成大量松树死亡

全年累计发生 1159.71 万亩，同比上升 9.19%，广西（148.72%）、湖南（98.69%）、广东（53.07%）等地发生面积增幅明显，在皖南，

图 1-7　2002—2019 年松树钻蛀性害虫发生面积

闽南、粤东、粤中，鄂西、鄂中、鄂东，陕南，湘西、湘北、赣北、赣南、鲁东、浙南、浙中、渝中等地危害偏重，陕西汉中、商洛，湖南郴州，浙江衢州，安徽六安、黄山局地成灾。江西

因松褐天牛危害造成枯死松树超过 70 万株；湖南、四川两省枯死松树数量分别达 10 万株左右。

（二）松蠹虫整体危害偏重，局部地区造成大量树木死亡

松蠹虫主要包括红脂大小蠹、切梢小蠹、华山松大小蠹、云杉八齿小蠹、落叶松八齿小蠹、多毛小蠹，全年累计发生 343.96 万亩，同比基本持平，但整体危害依然偏重。红脂大小蠹累计发生 103.00 万亩，同比上升 11.51%，在冀东北、蒙东、辽西、晋中等地危害偏重，在内蒙古通辽和赤峰、河北保定局地成灾。切梢小蠹发生 167.30 万亩，同比下降 11.80%，但在云南西部和南部依然危害比较严重，云南大理、玉溪、红河，四川雅安等局地成灾。华山松大小蠹在陕中和陕南、甘南、渝东北等地危害偏重，全年累计发生 36.38 万亩，在陕西南部国家级自然保护区内造成连片松树死亡，通过遥感监测发现华山松大小蠹在甘肃两当县造成大量松树死亡。八齿小蠹（多毛小蠹）发生 49.21 万亩，在内蒙古森工毕拉河、西藏昌都、吉林东部林区偏重成灾。

（三）梢斑螟类发生面积有所下降，但在东北林区局地危害依然严重

全年发生 253.88 万亩，同比下降 14.95%。果梢斑螟等松树蛀果蛀梢害虫（微红梢斑螟、赤梢斑螟、松实小卷蛾、油松球果小卷蛾）累计发生 112.29 万亩，在黑龙江佳木斯、牡丹江、尚志，吉林通化、延边、白山等地红松球果受害严重，吉林东部林区部分红松母树林及人工红松种子园红松球果被害率最高达 87.3%，发生面积及危害程度整体急剧上升，严重受害球果干枯失绿，早期脱落、腐烂，失去经济价值。此外，梢斑螟类对辽宁丹东地区红松潜在危险性较大。樟子松梢斑螟发生 19.47 万亩，同比下降 14.80%，但在黑龙江西部齐齐哈尔局部地区及大兴安岭森工樟子松种子园被害株率达 60% 以上，危害依然严重，严重发生区造成樟子松流脂，甚至造成部分樟子松风倒、风折或整株死亡。

（四）萧氏松茎象发生整体平稳，局部地区偏重危害

全年累计发生 113.28 万亩，同比持平，在全国主要发生区危害整体平稳，但在江西宜春、赣州，湖南永州等局地危害严重。

二、成因及问题分析

（一）气候异常有利于松钻蛀类害虫发生

全国大部分地区全年气温偏高，上半年降水偏多，下半年持续干旱，强风、火灾、水灾等异常气象条件频发，导致树势衰弱，有利于钻蛀类害虫侵害，次生灾害等级较高。

（二）部分虫害高发区域森林质量差，抗虫能力弱

当前多地开展各种林业生态工程，对原有的疏残林、纯松林进行林分改造，生态环境得到显著改善。但同时仍有相当多未开展改造的纯林，或退耕还林未成林地，以及受气象灾害影响的衰弱林地自身调控能力低，抵御林业有害生物能力差，为松树钻蛀类害虫发生创造客观条件，导致一些常发性钻蛀害虫发生面积常年维持在一定水平。

（三）防治工作仍存在诸多技术瓶颈和薄弱环节

梢斑螟类精准监测技术尚不成熟，不能及时、准确发布生产性预报，有效指导开展防治工作；部分地区监测工作存在盲区和死角，虫情发现不及时，错过最佳防治时期；松钻蛀类害虫防治在一定程度上存在技术难点和瓶颈，行之有效、绿色环保型药剂防治效果不佳，同时个别地方防治不科学，存在用药不规范、盲目防治等问题。这些共同导致目前松钻蛀类害虫危害较重的局面。

三、2020 年发生趋势预测

松树钻蛀类害虫危害隐蔽，防控难度大，同时监测和防治在一定程度上存在技术瓶颈，现有技术手段不能满足实际生产需要，不能做到灾情早期监测和防治，此类害虫仍延续近年来持续高发的严峻态势，在短期内难以对灾情控制做到根本性改变，发生面积和危害程度将持续上升。综上预测：2020 年松钻蛀类害虫危害依然严重，局地成灾，全年发生面积在 1800 万亩左右，同比

上升。

（一）松褐天牛在长江以南大部分地区发生面积和危害程度将进一步增加，危害加重

预计全年发生 1200 万亩，同比上升，在鄂西和鄂东、湘西和湘东北、赣北和赣南、陕南、川北、福建沿海等地可能危害加重，局地成灾。

（二）松蠹虫仍居高位，局地可能成灾

红脂大小蠹在河北北部、陕西北部危害加重，辽宁老疫区周边的葫芦岛、锦州、沈阳等地依然存在疫情传入风险。切梢小蠹在西南局部地区危害偏重，四川雅安、云南大理等局地有成灾可能。八齿小蠹在西藏昌都、吉林东部林区、内蒙古森工东南部林区的过火林地可能危害偏重。华山松大小蠹在甘肃陇南仍存在扩散态势，在陕西安康、汉中、宝鸡等地中度危害，局地危害严重。此外，萧氏松茎象危害整体减轻，但在赣南、赣中和赣北多地维持较高虫口，赣州局地有暴发趋势。

（三）梢斑螟在东北林区发生形势依然严峻

梢斑螟在东北黑龙江危害范围有所扩大，在南部和东部林区有加重趋势，吉林和辽宁东部地区红松林内危害将继续加重且呈现扩散态势，内蒙古中西部樟子松人工引种区有潜在传入威胁。

四、对策建议

（一）加强监测，确保灾害早期发现和防治

各地根据辖区内发生危害情况和特点，科学布设固定监测点，推广应用信息素诱捕器、虫情监测灯等现有成熟监测技术，定期组织开展虫情监测，及时掌握林间发生发展情况，确保灾害早期发现和防治。

（二）分类施策，科学防治

积极采取清理虫害木、设置诱木、黑光灯诱杀和释放寄生天敌等无公害防治技术开展松褐天牛防治；借鉴引用磷化铝密闭熏杀、信息素诱杀、释放捕食性天敌等成熟技术防治红脂大小蠹；采取人工清理凝脂团、采集早落球果、熏蒸球果、黑光灯诱杀、信息素诱杀、点涂，探索采用释放烟剂、喷施毒环等无公害手段开展梢斑螟防治。开展应急防治，加大无公害药剂的使用，加强科学用药、规范用药，严防产生次生灾害。

（三）强化科技支撑

以可持续控灾和绿色防治为目标，支持鼓励有关单位积极申报国家重点科研专项，组织开展梢斑螟相关基础研究和防治技术攻关，建立一套安全高效且成熟的监测和防治技术体系。从蛀干害虫早期监测技术瓶颈入手，加大蛀干害虫早期精准监测技术和监测组织模式的研究攻关。

专题六：松毛虫

【摘要】2019 年，松毛虫危害北重南轻，东北多地暴发成灾，南方危害整体减轻，全国累计发生 1589.52 万亩。预测 2020 年全年发生 1400 万亩左右，同比有所下降，在东北大部分地区危害有所缓解，但局部地区可能偏重成灾，在南方发生面积和危害程度整体均有所下降。

一、2019 年发生情况

2019 年，松毛虫发生危害北重南轻，落叶松毛虫在东北多地呈快速上升势头，多地暴发成灾；其他松毛虫种类危害整体减轻，但局地偏重危害。全国累计发生面积 1589.52 万亩，同比上升 19.75%（图 1-8）。主要呈现出以下特点：

（一）落叶松毛虫处于高发周期，东北多地暴发成灾

全年累计发生 604.32 万亩，同比上升 331.69%，龙江森工（2515.64%）、吉林（831.37%）、大兴安岭森工（650%）、内蒙古（425.71%）、内蒙古森工（291.66%）、辽宁

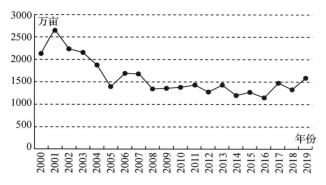

图 1-8　2000—2019 年松毛虫发生面积

（229.24%）、黑龙江（160%）等地增幅明显。在辽宁东部和北部、吉林东部和南部、黑龙江中东部和西部、内蒙古森工南部危害严重，辽宁昌图、清原、桓仁、新宾，吉林舒兰、通化、柳河、梅河口、浑江、白河林业局、和龙林业局、天桥岭林业局，黑龙江汤原、桦南、林口、穆棱，内蒙古森工阿尔山、绰尔、绰源林业局等地暴发成灾，吉林平均虫口密度达 124 条/株，黑龙江最高虫口密度达 4000 条/株（汤原）。此外，在黑龙江东部局地出现危害红松现象。

（二）其他松毛虫种类发生整体偏轻，但局地危害偏重

马尾松毛虫全年发生 564.35 万亩，同比下降 23.32%，整体危害减轻，但在皖中、闽北、桂西和桂北、鄂东、赣南和赣中局部地区发生偏重，湖北黄冈、湖南怀化、福建南平等局地成灾。云南松毛虫发生 177.68 万亩，同比下降 27.21%，但在滇南和滇西，川东北局地发生偏重，云南文山、红河小面积成灾。油松毛虫发生 135.97 万亩，同比上升 46.70%，但中度以下发生占比 97%，在主要发生区以轻度发生为主。

二、成因分析

（一）气候因素影响明显

受暖冬影响，松毛虫越冬代死亡率低。东北地区春季回暖早，松毛虫出蛰早，危害期提前，春季高温少雨利于松毛虫生长发育，气象条件异常是松毛虫暴发的诱因。

（二）松毛虫发生具有明显的周期性

落叶松毛虫经多年蛰伏，虫口基数在林间累积，进入暴发周期。马尾松毛虫经过前两年暴发周期后，逐渐进入低虫口平稳发生期。

（三）错过最佳防治时机

由于麻痹大意，监测不到位，未能及时在松毛虫初发阶段及时发布生产性预报，指导开展防治工作，做到防早防小，同时存在防治不到位不彻底问题，导致松毛虫在局部地区暴发成灾。

三、2020 年发生趋势预测

2019/2020 年冬季到 2020 年春季，全国大部分地区气温较常年偏高，有利于松毛虫越冬；油松毛虫等部分种类林间监测虫口基数偏高；落叶松毛虫和马尾松毛虫经周期性暴发后，逐渐进入消退期，发生面积和发生程度将有下落趋势。

综上预测：2020 年松毛虫发生面积 1400 万亩左右，同比有所下降，但局部地区可能偏重成灾。落叶松毛虫在辽宁东部和北部、吉林中东部和南部、黑龙江中东部和西部、内蒙古森工南部等地局地可能偏重成灾。马尾松毛虫总体发生面积和发生程度将进一步下降，但在桂南和桂北，鄂西和鄂东，赣中和赣南，闽西北，湘西南等局部地区可能出现偏重危害，并有局地成灾风险。油松毛虫在冀北、晋南和晋北、渭北和陕南局地可能有加重发生趋势。

四、对策建议

一是加强日常监测预报工作。切实加强日常监测，尤其是加大"虫源地"监测力度，及时准确掌握林间虫情发生发展动态，在松毛虫越冬期和上树危害前关键防治时期前发布生产性趋势预报，指导开展防治工作。结合松毛虫近期发生规律，提高松毛虫进入高发周期警惕性，提前做好预防和应急除治工作准备。

二是高度重视并加强防治工作。各地要提高认识，高度重视，积极采取综合无公害防治技术，做好松毛虫防治工作，尤其是强化做好早期（越冬代）松毛虫防治工作。

专题七：杨树蛀干害虫

【摘要】2019 年，杨树蛀干害虫以轻度发生为主，但局部地区危害偏重，全年发生 459.43 万亩。预计 2020 年杨树蛀干害虫危害减轻，全年发生 400 万亩左右，同比下降，但在甘肃河西地区、陕西关中平原、河北东北部、西藏拉萨可能加重危害。

一、2019 年发生情况

2019 年，杨树蛀干害虫以轻度发生为主，但局部地区危害偏重。累计发生 459.43 万亩，同比下降 3.46%（图 1-9）。主要表现为：

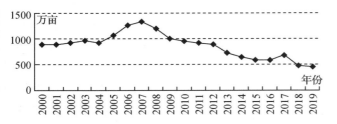

图 1-9　2000—2019 年杨树蛀干害虫发生面积

（一）光肩星天牛总体发生平稳，但在新疆地区呈扩散危害态势，局部地区危害偏重

全年累计发生 132.13 万亩，同比持平，总体发生平稳，但在新疆中部和西北部呈蔓延危害态势，在新疆巴音郭楞、伊犁局地偏重危害。在内蒙古中部、甘肃河西地区、山东东部、陕西中部等局部的农田防护林等林区偏重发生；在内蒙古巴彦淖尔，甘肃张掖，陕西宝鸡、西安局地成灾。

（二）杨干象、青杨天牛、白杨透翅蛾、桑天牛等主要杨树蛀干害虫危害整体减轻，但局部地区危害偏重

全年累计发生 245.95 万亩，同比下降 9.08%，危害整体减轻。但杨干象在新疆阿勒泰地区呈局部扩散态势，在河北承德、唐山，辽宁朝阳、锦州等局部地区危害偏重。青杨天牛在西藏拉萨局部区域重度危害；白杨透翅蛾在吉林松原、白城局地重度发生；桑天牛在安徽宿州、蚌埠局部地区危害偏重。

二、成因分析

（1）经过连续多年的防治实践，总结出一整套

成熟实用技术，防控工作成效显著。部分省区采取连续打孔注药措施，并辅以人工物理除治手段，可以明显降低虫口密度，有效控制蛀干害虫发生。

（2）部分老发生区开展树种结构调整、道路河道绿化提升等林业工程建设，杨树面积下降，林分结构得到改善。综合有效防治和合理营林措施，杨树蛀干害虫的整体危害逐年减轻。

三、2020 年发生趋势预测

经过连续多年的防治实践，总结出一整套成熟实用技术，有效降低林间虫口密度；蛀干害虫主要发生区采用多种物理和生物防治措施，配合伐除被害木、设立诱饵木、种植抗虫树种、营造多树种混交林等营林措施，有效提高杨树抗虫能力，防治效果比较明显，蛀干害虫的危害整体减轻。

综上预测：杨树蛀干害虫危害减轻，但在甘肃河西地区、陕西关中平原、河北东北部、西藏拉萨危害可能进一步扩大。2020 年发生 400 万亩左右，同比持平。光肩星天牛在全国主要发生区危害偏轻，但在内蒙古通辽部分旗县有进一步扩散危害，在甘肃河西地区、陕西关中平原可能危害偏重，陕西宝鸡、西安局地可能成灾。杨干象在河北承德、唐山、秦皇岛等地有加重蔓延趋势；青杨天牛在西藏拉萨曲水、达孜，陕西榆林局部地区有重度危害可能。白杨透翅蛾和桑天牛在主要发生区整体轻度发生。

四、对策建议

（一）加强日常监测，确保灾害早期发现和防治

各地要提炼、集成在科研和实践中总结出的一些行之有效的监测技术，切实做好早期监测，准确掌握林间发生发展动态，尤其注意道路、河流沿线，房前屋后以及新造林地的发生动态，科学研判发生

趋势，指导开展防治工作，做到防早防小。

（二）积极采用成熟高效的综合防治措施

幼虫期积极推广打孔注药等成熟防治技术，羽化期可加强飞机防治措施，但要科学用药、规范用药；成片杨树林区可采取招引天敌，及时清理枯死木、衰弱树等综合措施降低蛀干害虫虫口密度。

专题八：杨树食叶害虫

【摘要】2019 年，杨树食叶害虫轻度发生，部分常发区局地危害偏重，发生 1768.69 万亩，同比下降 6.42%。预计 2020 年杨树食叶害虫发生平稳，全年发生 1600 万亩左右，同比下降。

一、2019 年发生情况

2019 年，杨树食叶害虫轻度发生，在部分常发区局地危害偏重。全国累计发生 1768.69 万亩，同比下降 6.42%，中度以下发生面积占比达 97.58%（图 1-10）。主要表现为：

（一）春尺蠖在全国大部分发生区轻度发生，但局部地区危害偏重

全年累计发生 682.52 万亩，同比略有上升（2.21%），总体轻度发生，但在西藏山南、拉萨，内蒙古中部引黄灌区，宁夏中部沿黄地区，山东沿黄河县区等局部地区危害偏重，新疆兵团农一师、宁夏吴忠、内蒙古鄂尔多斯等局地成灾。

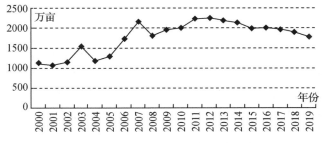

图 1-10　2000—2019 年杨树食叶害虫发生面积

（二）杨树舟蛾整体控制良好，部分常发区局地危害偏重

全年累计发生 671.70 万亩，同比下降 15.56%，中度以下发生面积占比达 98.73%，在全国大部分发生区发生面积和发生程度呈双下降，整体轻度发生，但在安徽北部的阜阳、亳州、宿州，河南郑州、商丘，湖北江汉平原，山东胶东半岛局部地区发生偏重。

二、成因分析及存在的问题

各地认真落实政府和部门的"双线目标"责任制，加大防治经费投入，加强防治组织领导，积极开展胶带阻隔等无公害防治手段，并实施以飞机防治为主的统筹防治，采取多种措施，取得良好效果。局部地区发生偏重主要有以下几方面原因：

（一）监测不到位

虫情及时监测，准确预报，在杨树食叶害虫防治中起到决定性作用。但有些地方监测预报工作未得到足够重视，监测预报投入不足，监测体系根基不牢，监测技术手段落后，对辖区内重点发生区域，尤其是高速公路两侧和城乡结合部监测力度不够，未能及时准确发布生产性预报指导开展防治工作。

（二）防治不彻底

当前飞机防治虽效果明显，但在高山深山、养殖区、居民区等区域仍存在防治漏点，行政区划毗邻处仍有防治死角，这些防治盲区成为扩散危害的虫源地，导致灾害反复发生。

（三）气候异常对杨树食叶害虫危害影响突出

2018 年冬季全国大部分地区气温偏高，有利于林业有害生物越冬和存活，导致林间虫口密度偏高，造成春尺蠖在西北局部地区危害偏重；进入 2019 年夏季，江淮、黄淮多地出现高温少雨天气，导致杨树舟蛾虫口数量迅速增加，局部地区发生偏重。

三、2020 年发生趋势预测

据国家气象中心预测，今冬明春，全国大部分地区冷暖波动较大，降水总体偏多，将不利于杨树食叶害虫越冬；国家级中心测报点监测调查结果显示全国大部分地区杨树食叶害虫林间虫口密度偏低；无公害防治技术成熟，区域联防联治日益完善，对杨树食叶害虫的防控取得良好效果。

综上预测：2020 年杨树食叶害虫危害减轻，但局部地区可能偏重。全年发生 1600 万亩左右，同比下降。春尺蠖在全国主要发生区整体轻度发生，但在西藏"一江两河"流域、河北中部平原、内蒙古河套平原、宁夏中部沿黄地区、山东沿黄两岸、北京东北部郊区等局部地区危害偏重，可能点片状成灾。杨树舟蛾整体控制良好，轻度发生，但在安徽北部，山东西部、北部和中部，江苏长江、洪泽湖等水域周边，湖北江汉平原的通道长廊、农田林网、退耕还林成片林区域偏重发生，前期防治不到位或明年夏季高温干旱，虫源地可能局部成灾。

四、对策建议

（一）加强日常监测，指导做好防治工作

加大杨树食叶害虫监测力度，尤其加强交通河流通道两侧、农田林网、城乡结合部、特殊养殖区等易受灾区域、虫源地的监测力度，大力推广应用灯光诱集等成熟便利、实用可靠监测技术，合理规划科学布设固定监测点，准确全面掌握林间动态，及时发布生产性预报，指导做好防治工作，确保有虫不成灾。同时要严格执行病虫情联系报告制度，一旦发现灾情，及时报告。

（二）抓住时机，科学防灾控灾减灾

杨树食叶害虫防治窗口期短，防治重在抢抓时机科学防治。各地要根据辖区内危害情况，抓住幼虫危害关键时期，采用无公害防治措施做好预防性防治。推动杨树食叶类、美国白蛾等常发性、危险性害虫的统防统治和区域间联防联治，提高飞机防治精准作业和精细化管理水平。做好林用农药的科学用药指导，规范科学使用林用药剂，加快推广生物和物理等防治技术，推进农药减量和绿色防治工作。

（三）做好灾害应急处置

各地要划分辖区内可能出现灾情区域，强化应急防控准备工作，加强应急队伍建设，提早做好应急防控物质储备，一旦突发成灾，及时高效快速采取应急处置措施，减少灾害损失。

专题九：林木病害

【摘要】2019 年，全国林木病害(不含松材线虫病)整体平稳发生，但在东北、西北、华北平原局地偏重危害，全年发生面积 1771.21 万亩。预测 2020 年林木病害整体平稳流行，全年发生 1700 万亩左右(不含松材线虫病)，局部地区可能偏重。

一、2019 年发生情况

2019 年林木病害（不含松材线虫病）整体平稳发生，但在东北、西北、华北平原局地偏重危害。全年累计发生 1771.21 万亩，同比持平（图 1-11）。主要表现为：

（一）杨树病害整体发生平稳，但在华北平原中部局部地区危害偏重

全年发生 611.56 万亩，同比持平，危害整

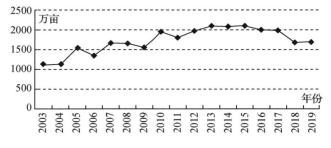

图 1-11 2003—2019 年林木病害
（不含松材线虫病）发生面积

体控制良好。但杨树黑斑病、杨树溃疡病、杨树烂皮病等在皖北、冀中、鲁西南和鲁北局部地区危害偏重，杨树灰斑病、杨树破腹病在黑龙江西部呈扩散危害态势，青杨叶锈病在青海东部加重危害，局地成灾。

（二）松树病害流行平稳，但在东北和西北局地偏重发生

全年累计发生 230.27 万亩（不含松材线虫病），同比持平，整体轻度发生，但落叶松早落病在内蒙古森工绰尔林业局发生严重，感病株率达 83%；松针红斑病在内蒙古森工莫尔道嘎林业局局部地区流行偏重；云杉落针病在甘南、川北局部地区危害偏重，甘肃曲周、迭部局地成灾；松瘤锈病在黑龙江黑河局部地区有重度危害发生。

此外，桦树黑斑病在内蒙古森工普遍中重度发生，平均感病株率达 63%，局部发生严重；旱柳枯萎病在内蒙古鄂尔多斯、侧柏叶枯病在山西西部和陕西中部局部地区、胡杨锈病在新疆喀什地区天然胡杨林中偏重流行。

二、成因分析及存在问题

（一）异常气候条件有利于病害发生

今年林木病害发生偏重区域夏季雨水偏多、气温持续偏高，有利于病原菌孢子萌发传播，造成病害多次侵染，在局部地区危害加重。

（二）林间可侵染病原物大量留存

林木病害虽在全国大部分发生区轻度危害，但分布区域广，发生面积居高不下，林间仍有大量病原微生物潜伏，一旦气候条件适宜，就能很快扩散蔓延导致病害发生严重。

（三）多种林木病害并发导致林木抗性降低

林木病害发生和扩散速度较快，单一成片林、通道沿线、农田林网等发生较严重区域经多年重复交叉侵染，往往多种病害同时发生，造成林木树势减弱、抗性降低，加之部分林区防治不到位，使林木病害扩散发生危害。

（四）林木病害发生及防治规律掌握不清楚

林木病害发病初期症状不明显，基层监测人员对林木病害的发病规律掌握不够，早期监测在一定程度上存在技术难点和瓶颈，不能在发病初期做到及时准确监测预报，一旦发现病害容易造成大面积发病或局部成灾现象。防治时机把握不准确，不能在关键时期开展放烟防治。影响防治效果。

三、2020 年发生趋势预测

2019/2020 年冬季，全国大部分地区气温接近常年同期至偏高，降水总体偏多，气温偏高和降水偏多的气象特征将持续到 2020 年春季，为林木病害流行创造有利客观条件；同时，病害早期监测和防治技术在一定程度上存在难点和瓶颈。

综上预测：2020 年林木病害整体平稳流行，但局部地区可能危害偏重。全年发生 1700 万亩左右（不含松材线虫病），同比持平。杨树病害在全国大部分发生区发生减轻，但在华北中部、东北偏西南部偏重流行，河北冀中平原东部，河南大部，山东西部，黑龙江中西部等局部地区可能危害加重，局部可能成灾。松树病害总体发生平稳，但落叶松早落病在内蒙古东部兴安盟、呼伦贝尔感病株率较高，气象条件适宜，可能偏重流行；落叶松落叶病在黑龙江东部和北部危害有上升趋势。此外，桦树黑斑病在东北大兴安岭林区北部可能广泛发生。

四、对策建议

（一）强化科技攻关，提高监测技术科学性和实用性

加强与科研机构、高校的合作，结合生产需要，以研制科学实用技术为导向，在林木病害监测预报技术、防治方法等方面开展立项研究。通过开展理论培训班、现场教学等方式，加强基层测报人员理论和技术水平，提高基层测报人员对重点林木病害，尤其是病害早期的监测能力，做到及时监测、准确预报、主动预警。

（二）强化地方政府责任，加强林木病害防控应急响应机制建设

林木病害发生周期性较强，病情暴发迅速，极易造成大面积扩散，一般的防治措施和技术手段很难有效控制，各地林业主管部门要提前部署，制定应急预案，对可能发生的林木病害做好充分的灾前监测、灾中防治和灾后林地抚育工作，尽量减小病害对森林资源的危害。

（三）开展科学营林及抚育措施

新造林地、火烧迹地改造注重林分配置，选取抗逆抗病品种，合理栽种混交林，提高林地自然抵抗力。成林地注重抚育工作，及时砍伐病树、弱木，清理林地中枯死腐烂树枝，根据往年发生规律，在病害可能发生的关键期，提前针对性适量喷药，控制病害的暴发蔓延。

专题十：经济林病虫

【摘要】2019 年，竹类及经济林病虫害危害整体减轻，但局部地区仍然偏重，全年发生 2694.10 万亩。预测 2020 年竹类及经济林病虫发生面积和危害程度将有所下降，但局部地区可能出现灾情。

一、2019 年发生情况

2019 年，竹类及经济林病虫害危害整体减轻，但局部地区偏重发生。全国累计发生 2694.10 万亩，同比下降 1.95%（图 1-12）。主要表现为：

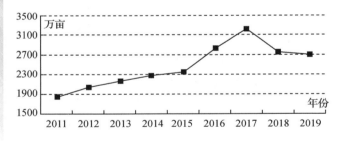

图 1-12　2011—2019 年竹类及经济林病虫发生面积

（一）竹类病虫危害整体减轻，但皖桂鄂局地危害偏重

全年累计发生 278.49 万亩，同比下降 6.29%，中度以下发生面积占比 96.50%，危害整体减轻，但黄脊竹蝗（112.25 万亩）在皖中、桂东北局部发生较重，在广西灵川、融安局地成灾，受害竹林如同火烧；刚竹毒蛾（41.53 万亩）在鄂东、闽西等地局部偏重发生，在湖北崇阳、通城、赤壁局部成灾；竹茎广肩小蜂（3.87万亩）在广西桂林小范围偏重危害；光泽小异脩等 3 种竹节虫在闽北局地成灾。

（二）水果病虫整体轻度发生，但在新疆、内蒙古局部地区危害偏重

全年发生 1101.11 万亩，同比上升 1.15%，以轻度发生为主，但梨小食心虫（101.50 万亩）在新疆喀什、和田，苹果小吉丁（9.11 万亩）在内蒙古赤峰等局部地区偏重发生。

（三）板栗、核桃、枣树、枸杞等病虫整体轻度危害，但局部地区偏重发生

全年累计发生 981.34 万亩，同比下降 5.30%，在全国大部分干果产区轻度发生。但核桃扁叶甲（24.18 万亩）和核桃长足象（34.20 万亩）在黔西北，核桃举肢蛾（60.43 万亩）在陕西关中平原，核桃腐烂病（58.55 万亩）在晋南、晋中和晋北等核桃产区，核桃褐斑病（11.51 万亩）、核桃炭疽病（11.48 万亩）和核桃黑斑病（66.90 万亩）在渝西北危害偏重；核桃黑斑蚜（145.76 万亩）在新疆阿克苏、喀什、和田主要种植区发生 140.32 万亩，同比增加 38.96 万亩，危害面积和程度均有逐年上升趋势。此外，板栗膏药病（5.12 万亩）、栗实象（47.13 万亩）在安徽六安，枣飞象（18.57 万亩）在陕西榆林局地偏重发生。

（四）香料调料类病虫整体轻度发生，西北西南局地偏重危害

全年累计发生 278.42 万亩，同比上升 23.51%，中度以下发生程度占比 95.48%，在西北、西南等主要产区轻度发生。但八角炭疽病（26.97 万亩）和八角叶甲（3.86 万亩）在广西百

色、河池、来宾，云南文山，棉蚜（42.85万亩）在新疆喀什等局部区域偏重危害。

此外，油茶病虫害发生94.31万亩，同比下降13.91%，在赣湘鄂等传统油茶产区轻度危害。桉树病虫害发生122.00万亩，同比下降3.89%，油桐尺蛾（58.10万亩）在桂东、桂中以及桂南局部地区速生桉人工林区危害较重，藤县、平南、兴宾、忻城局地偏重成灾。椰子织蛾（1.85万亩）在海南儋州、三亚危害严重，局地暴发成灾。

二、成因分析及存在问题

（1）经济林种类多，责任主体多，长期以来不能全面掌握经济林有害生物发生情况，难以有效统筹开展系统性监测预警和防治工作，预防和防治工作多为经济林农自发行为，水肥管理等成本提高，导致部分经济效益差、更新困难的树种病虫风险持续加剧。

（2）多地积极发展特色林果产业，种植面积持续扩大，桉树、毛竹等纯林面积迅速增长，经济林生态体系抵御病虫能力差，加之多地对经济林病虫害的潜在风险不重视，发生初期监测不到位，容易引发小病加大、大病成灾的现象，导致经济林有害生物发生面积居高不下，局地成灾。

（3）高温、干旱、台风等异常气候频发，对抗逆性较差的经济林影响较大，病虫害风险加剧，防治任务和防治难度加大，导致病虫害在部分地区大量发生。

三、2020年发生趋势预测

经济林病虫发生面积大，危害种类多，涉及责任主体多，难以统筹开展有规模有针对性的病虫害监测和防治工作。同时，多地积极发展特色林果产业，单一树种纯林种植面积持续扩大，自身抗病虫能力低下，为有害生物的发生提供有利环境。但经济林林农为发展有机林果，无公害防治意识较高，病虫害危害整体将得到一定控制。

综上预测：2020年竹类及经济林病虫整体发生平稳，但局部地区可能偏重，全年发生2700万亩。其中，竹类病虫在安徽、福建、重庆、湖南、广西、广东等大部轻度发生，但在闽中、粤中、桂东北、赣东北等局部地区可能偏重发生致

小范围成灾。水果病虫在甘肃、新疆、宁夏等地整体轻度发生。板栗病虫、核桃、枣等干果类病虫在主要产区发生平稳，但板栗疫病、核桃举肢蛾在陕南，核桃腐烂病在南疆，枣飞象在陕北局部地区可能危害偏重，枣疯病在陕西南部可能扩大发生范围，影响枣树产量。桉树病虫在广东、广西、福建等省区可能扩大危害面积，但整体轻度危害，油桐尺蛾可能在桂中、桂东和桂南，闽东南沿海危害较重。油茶病虫在湘西南可能扩大危害，黑跗眼天牛和油茶织蛾在江西大部老油茶林加重危害，在其他主产地将轻度发生。八角病虫在广西西部种植区，花椒窄吉丁在陕西关中平原偏重发生的可能性较大。

四、对策建议

（一）提高认识，高度重视

各地森防部门要清醒认识到经济林是促进农民增收，推动经济发展的重要支柱产业，涉及林农切身利益，关乎民生，问题重大。要高度重视病虫害防治工作，提高责任意识，积极做好防治工作的服务指导，在进行具体防治工作时，对不同病虫害防治措施要把好关、服好务，因地制宜采取适宜的无公害防治措施。

（二）强化监测预警，提前做好防治准备

各地切实做好病虫害日常监测工作，建立健全病虫害监测机制。根据当地气候条件和病虫害发生特点，督促指导基层加强监测预警，及时全面掌握林间病虫害发生动态，指导可能发生偏重发生的区域提前制定防治预案、做好防治药剂药械准备，做到防早防小。

（三）坚持综合治理，科学防治

各地要坚持"预防为主、科学防控、综合治理、促进健康"的方针，采用生物农药、农业、物理、化学等相结合的无公害综合防治措施开展病虫害防控工作，但要科学用药、规范用药，严防产生次生灾害。在科学控制病虫害灾害的同时，保证经济林生态和林下食品安全。

（主要起草人：周艳涛 王越 李晓冬 孙红 王玉玲 于治军 方国飞 董瀛谦；主审：闫峻）

北京市林业有害生物 2019 年发生情况和 2020 年趋势预测

北京市林业保护站

2019 年，北京市林业有害生物发生面积为 53.69 万亩，比 2018 年增加 10.01 万亩（22.92%），全市没有发生美国白蛾等重大林业有害生物灾害。预计，2020 年北京市林业有害生物发生面积为 49.66 万亩，比 2019 年发生面积减少 4.03 万亩（7.51%），总体呈轻度发生，白蜡窄吉丁、春尺蠖、柏肤小蠹、黄连木尺蠖等呈现上升趋势，栎掌舟蛾、栎粉舟蛾、黄褐天幕毛虫等呈现下降趋势，松材线虫病等有害生物有入侵的可能。

一、2019 年林业有害生物发生情况

（一）发生特点

（1）常发性有害生物发生面积有所上升。一是发生面积为 49.58 万亩，较 2018 年增加 8.84 万亩（21.70%）；二是危害程度总体表现为轻度发生，但美国白蛾、栎粉舟蛾、栎掌舟蛾、黄连木尺蠖等种类局地偏重现象表现比较突出。

（2）美国白蛾发生范围虽没有明显变化，但危害程度较去年有所增加。

（3）早春主要有害生物首次监测到的日期较去年明显提前。其中，春尺蠖成虫、双条杉天牛成虫、柳蜷叶蜂成虫首次发现日期分别提前 2、8、8 天。

（4）栎粉舟蛾、黄连木尺蠖等食叶害虫在北京市山区局地发生偏重，危害程度较去年有所增加，发生范围不断扩大。

（二）主要林业有害生物发生情况

1. 常发性林业有害生物发生情况

（1）虫害发生情况

发生面积为 47.41 万亩，占林业有害生物发生总面积的 88.30%，比 2018 年增加 8.68 万亩（22.41%）。

食叶害虫　发生面积为 37.79 万亩，占林业有害生物发生总面积的 70.39%，比 2018 年发生面积增加 9.92 万亩（35.59%）。主要表现为：一是杨树食叶害虫，主要包括春尺蠖、柳毒蛾、杨小舟蛾、杨扇舟蛾和杨潜叶跳象等，发生面积为 14.82 万亩，占林业有害生物发生总面积的 27.60%，比 2018 年减少 0.21 万亩（1.40%），其中，柳毒蛾发生面积为 1.52 万亩，较 2018 年减少 1.48 万亩（49.33%），杨潜叶跳象发生面积为 2.61 万亩，较 2018 年增加 1.25 万亩（91.91%）；二是松树食叶害虫，主要包括油松毛虫、落叶松红腹叶蜂、延庆腮扁叶蜂和黑颈腮扁叶蜂等，发生面积为 4.63 万亩，占林业有害生物发生总面积的 8.62%，比 2018 年增加 0.51 万亩（12.38%）；三是山区食叶害虫，主要包括栎粉舟蛾、栎掌舟蛾、黄连木尺蠖等，发生面积为 14.34 万亩，占林业有害生物发生总面积的 26.71%，比 2018 年增加 10.06 万亩（235.05%）；四是其他食叶害虫，主要包括国槐尺蠖、黄褐天幕毛虫、绵山天幕毛虫、黄栌胫跳甲等，发生面积为 4.01 万亩，占林业有害生物发生总面积的 7.47%，比 2018 年减少 0.43 万亩（9.68%）。

蛀干害虫　主要包括双条杉天牛、国槐叶柄小蛾、光肩星天牛、纵坑切梢小蠹、松梢螟及柏肤小蠹等，发生面积为 8.25 万亩，占林业有害生物发生总面积的 15.37%，比 2018 年减少 0.75 万亩（8.33%）。

刺吸类害虫　主要包括草履蚧、落叶松球蚜等，发生面积为 1.37 万亩，占林业有害生物发生总面积的 2.55%，比 2018 年减少 0.49 万亩（26.34%）。

（2）病害发生情况

主要包括杨树溃疡病、杨树烂皮病和杨树炭疽病等，发生面积为 2.17 万亩，占林业有害生物发生总面积的 4.04%，比 2018 年实际发生面

积减少0.16万亩(7.96%)。

2. 检疫性及危险性林业有害生物发生情况

美国白蛾等检疫性及危险性林业有害生物发生形势依然严峻。

美国白蛾 总体呈轻度发生，在城乡主要交通干线、重点敏感地区防控效果表现良好。发生面积为1.85万亩，较2018年增加0.82万亩(79.61%)。

白蜡窄吉丁 发生面积为1.13万亩，较2018年增加0.19万亩(20.21%)，在通州、门头沟、延庆等区局地危害偏重。

悬铃木方翅网蝽 发生面积为0.95万亩，较2018年增加0.18万亩(23.38%)，总体呈轻度发生，局地发生偏重，对景观造成一定影响。

红脂大小蠹 发生面积为0.18万亩，总体呈现零星、轻度发生。主要发生在门头沟、延庆、怀柔、密云等区。

(三)成因分析

1. 气候因素

2018/2019年冬季(2018年12月至2019年2月)北京地区平均气温为-3.4℃，接近常年同期(-3.1℃)；降水量为3.8毫米，比常年同期(8.3毫米)偏少5成多。

2019年春季(3~5月)北京地区平均气温为14.2℃，比常年同期偏高1.2℃；降水量为98.0毫米，比常年同期偏多3成多，导致春尺蠖、双条杉天牛、柳蜷叶蜂等有害生物春季发生期提前。

2. 新形势下林业有害生物发生情况呈现新特点

近年来，随着北京市一系列重点项目工程的实施，例如：北京市城市副中心建设、百万亩造林建设、世园会建设、冬奥会建设等，北京市绿化面积不断加大，林业有害生物的发生也呈现出新特点。一是造林地块中白蜡树种应用较多，为白蜡窄吉丁的发生危害及扩散提供了有利条件，同时也增加了防控难度；二是部分拆迁腾退地块、脏乱差地区及新造林地块成为美国白蛾新的偏重发生区，发生点多、网幕数多，局地发生偏重，形势严峻。

3. 防控意识仍需提高，薄弱环节有待加强

美国白蛾具有繁殖量大、寄主植物多、传播途径广、防治时期长等特点，使得部分防治责任单位容易出现麻痹厌战情绪，防治过程中易出现盲区和死角，造成疫情反弹。栎粉舟蛾、栎掌舟蛾、黄连木尺蠖等食叶害虫在山区发生面积扩大，由于山区地理环境复杂多样，常规监测方法效率低、覆盖面小，无法做到全面及时掌握。另外部分区资金投入不足，监测及防控时机掌握不准。

4. 监测预报体系有待优化，监测防控形成闭环

部分单位收到林业有害生物监测预警信息反应慢，行动滞后。林业有害生物监测预警信息的及时性、准确性、预见性仍需加强，信息传导体系的现代化、信息化建设有待加强，监测与防控工作机制仍需完善，畅通监测防控环节，形成林业有害生物防控工作闭环。

二、2020年林业有害生物发生趋势预测

预计2019/2020年冬季(2019年12月至2020年2月)，北京市大部分地区降水量为5~9毫米，常年同期为8.3毫米；平均气温为-2℃左右，比常年同期(-3.1℃)偏高。预计2020年春季(3~5月)，大部分地区降水量为70~90毫米，比常年同期(73.3毫米)略偏多；平均气温为13~14℃，比常年同期(13.0℃)略偏高。

预计，2020年北京市林业有害生物发生面积总体低于2019年实际发生面积，呈现下降趋势。其中呈上升趋势的种类主要有白蜡窄吉丁、春尺蠖、梨卷叶象、油松毛虫、黑胫腮扁叶蜂、黄连木尺蠖、绵山天幕毛虫、国槐尺蠖、刺蛾、光肩星天牛、双条杉天牛、柏肤小蠹、槐小卷蛾、松梢螟等，呈下降趋势的种类主要有悬铃木方翅网蝽、杨潜叶跳象、杨小舟蛾、柳毒蛾、延庆腮扁叶蜂、落叶松红腹叶蜂、栎粉舟蛾、栎掌舟蛾、苹掌舟蛾、黄栌胫跳甲、黄褐天幕毛虫、柳蜷叶蜂、榆蓝叶甲、纵坑切梢小蠹、草履蚧、落叶松球蚜、杨树烂皮病、杨树炭疽病等，基本持平的种类主要有美国白蛾、红脂大小蠹、杨扇舟蛾、缀叶丛螟、杨树溃疡病等(图2-1)。

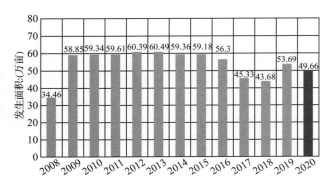

图 2-1　2008—2019 年病虫害发生面积与
2020 年预测面积对比图

（一）检疫性、危险性林业有害生物发生趋势

预计，2020 年发生的检疫性、危险性林业有害生物主要包括美国白蛾、红脂大小蠹、白蜡窄吉丁和悬铃木方翅网蝽等 4.40 万亩。

美国白蛾　根据越冬基数调查显示，越冬蛹平均为 1.67 头/株，有虫株率 8%，属轻度发生，局部地区虫口密度最高达 40 头/株，容易出现灾情。预计 2020 年发生面积为 1.87 万亩，比 2019 年增加 0.02 万亩（1.08%），总体依然表现为零星、轻度发生。除延庆外，各区均有发生。其中在密云、平谷、大兴、海淀、丰台、通州、顺义、朝阳、房山和昌平等区发生范围较大（图 2-2）。

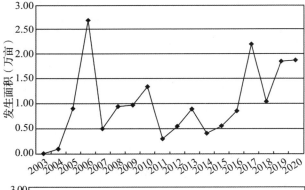

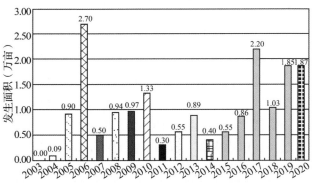

图 2-2　2003—2019 年美国白蛾发生情况及 2020 年预测

白蜡窄吉丁　根据越冬基数调查显示，平均有虫株率为 19%，预计，2020 年发生面积为 1.51 万亩，比 2019 年增加 0.38 万亩（33.63%），主要发生在近年来造林地块，部分区域有虫株率较大、危害较重。

红脂大小蠹　根据越冬基数调查显示，平均有虫株率为 5%，预计，2020 年发生面积为 0.18 万亩，与 2019 年持平，在山区部分区域防控压力依然较大。

悬铃木方翅网蝽　据越冬基数调查显示，越冬成虫平均为 16.66 头/株，平均有虫株率达 66.34%，属轻度发生，局部地区成虫密度高达 372 头/株，8 月之后容易出现灾情。预计，2020 年发生面积为 0.85 万亩，比 2019 年减少 0.10 万亩（10.53%）。

松材线虫病、苹果蠹蛾等重大外来有害生物入侵风险及防控压力加剧。

（二）常发性林业有害生物发生趋势

预计，2020 年常发性有害生物发生面积为 45.26 万亩，比 2019 年减少 4.32 万亩（8.71%）。其中食叶害虫发生面积 32.53 万亩，比 2019 年减少 5.26 万亩（13.92%）；蛀干害虫发生面积为 9.91 万亩，比 2019 年增加 1.66 万亩（20.12%）；刺吸类害虫发生面积为 0.97 万亩，比 2019 年减少 0.40 万亩（29.20%）。病害发生面积为 1.85 万亩，比 2019 年减少 0.32 万亩（14.75%）。

1. 食叶害虫发生面积呈下降趋势

主要包括杨树食叶害虫、松树食叶害虫、山区食叶害虫和其他食叶害虫，其中杨树食叶害虫发生面积为 14.71 万亩，比 2019 年发生面积减少 0.11 万亩（0.74%）。松树食叶害虫发生面积为 4.78 万亩，比 2019 年发生面积增加 0.15 万亩（3.24%）。山区食叶害虫发生面积 9.27 万亩，比 2019 年发生面积减少 5.07 万亩（35.36%）。国槐尺蠖等其他食叶害虫发生面积为 3.77 万亩，比 2019 年发生面积减少 0.24 万亩（5.99%）。

（1）杨树食叶害虫：主要包括春尺蠖、杨潜叶跳象、杨扇舟蛾、杨小舟蛾、柳毒蛾和梨卷叶象等。

春尺蠖　根据越冬基数调查显示，越冬蛹平均为 9 头/株，有虫株率为 29%，总体呈轻度发生，局部地区虫口密度最高达 635 头/株，极易出现灾情。预计，2020 年发生面积为 7.54 万亩，比 2019 年实际发生面积增加 0.51 万亩（7.25%），主要发生在昌平、大兴、房山、海淀、密云、顺义、通州、朝阳、怀柔、丰台、平谷、延庆等区，在怀柔、通州和昌平等区部分乡镇发生较重（图 2-3）。

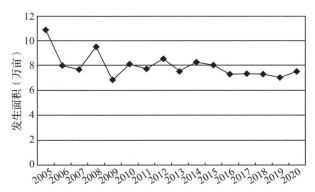

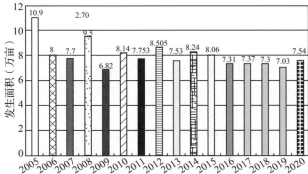

图 2-3　2005—2019 年春尺蠖发生情况及 2020 年预测

杨扇舟蛾　根据越冬基数调查显示，越冬蛹平均虫口密度为 9 头/株，平均有虫株率 16%，总体呈轻度发生，局部地区最高虫口密度为 372 头/株，易出现灾情。预计，2020 年发生面积为 2.17 万亩，比 2019 年实际发生面积减少 0.04 万亩（1.81%），主要发生在顺义、房山、昌平、密云、大兴、通州和海淀等区（图 2-4）。

杨小舟蛾　根据越冬基数调查显示，越冬蛹平均虫口密度小于 1 头/株，平均有虫株率 12%，属轻度发生。局部地区虫口密度达到 10 头/株，可能出现灾情。预计，2020 年发生面积为 1.14 万亩，比 2019 年实际发生面积减少 0.12 万亩（9.52%），主要发生在昌平、大兴、密云、怀柔、平谷等区（图 2-5）。

柳毒蛾　根据越冬基数调查显示，越冬幼虫平均虫口密度小于 1 头/株，局部地区虫口密度达 10 头/株，平均有虫株率 11%，属轻度发生。预计，2020 年发生面积为 1.41 万亩，比 2019 年

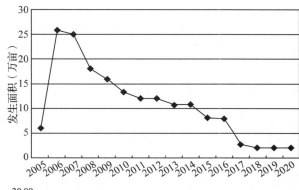

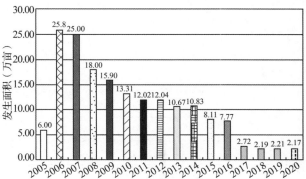

图 2-4　2005—2019 年杨扇舟蛾发生情况及 2020 年预测

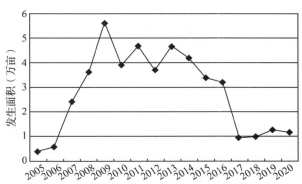

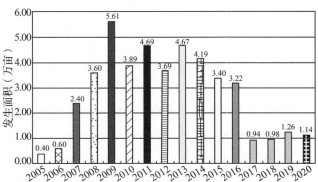

图 2-5　2005—2019 年杨小舟蛾发生情况及 2020 年预测

实际发生面积减少 0.11 万亩（7.24%），主要发生在密云、门头沟、昌平、大兴、房山、怀柔和海淀等区（图 2-6）。

杨潜叶跳象　根据越冬基数调查显示，越冬

成虫平均虫口密度为 2.7 头/株，有虫株率 25.8%，属轻度发生。预计，2020 年发生面积为 2.26 万亩，比 2019 年实际发生面积减少 0.35 万亩（13.41%），主要发生在房山、怀柔、平谷、海淀和延庆等区（图 2-7）。

（2）松树食叶害虫：主要包括油松毛虫、延庆腮扁叶蜂、落叶松红腹叶蜂和黑胫腮扁叶蜂等。

油松毛虫　根据越冬基数调查显示，平均虫口密度小于 1 头/株，有虫株率 19%，总体属轻度发生。预计，2020 年发生面积为 2.85 万亩，比 2019 年实际发生面积增加 0.21 万亩（7.95%），主要发生在密云、昌平和怀柔等区，在密云区穆家峪镇、不老屯镇、溪翁庄镇和密云水库管理处等区域部分地块呈重度发生（图 2-8）。

延庆腮扁叶蜂　根据越冬基数调查显示，越冬幼虫平均虫口密度为 3.7 头/平方米，有虫株率 19%，属轻度发生，局部地区最高虫口密度 32 头/平方米，发生较重。预计，2020 年发生面积为 1.0 万亩，比 2019 年实际发生面积减少 0.05 万亩（4.76%），主要发生在延庆区四海、香营及珍珠泉等乡镇（图 2-9）。

落叶松红腹叶蜂　据越冬基数调查显示，越冬幼虫平均虫口密度小于 1 头/株，最高虫口密度为 3 头/株，有虫株率 5%，属轻度发生。预计，2020 年发生面积为 0.58 万亩，比 2019 年实际发生面积减少 0.08 万亩（12.12%），主要分布在门头沟和房山等区（图 2-10）。

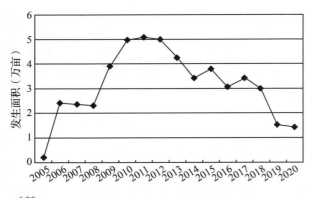
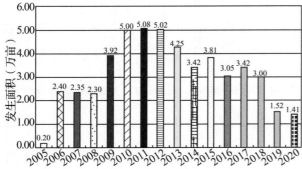

图 2-6　2005—2019 年柳毒蛾发生情况及 2020 年预测

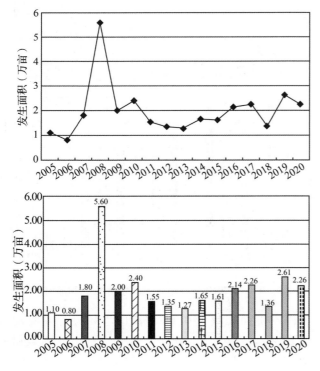

图 2-7　2005—2019 年杨潜叶跳象发生情况及 2020 年预测

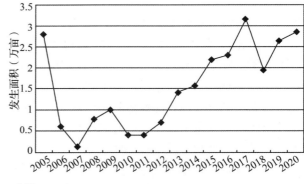
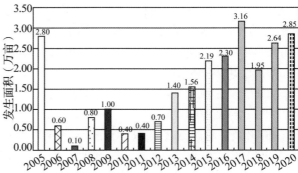

图 2-8　2005—2019 年油松毛虫发生情况及 2020 年预测

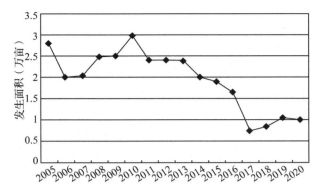

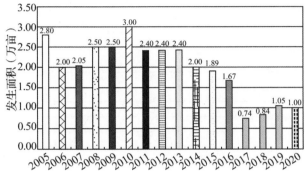

图 2-9　2005—2019 年延庆腮扁叶蜂发生情况及 2020 年预测

黑胫腮扁叶蜂　预计，2020 年发生面积为 0.3 万亩，比 2019 年实际发生面积增加 0.02 万亩（7.14%），主要分布在延庆等区。

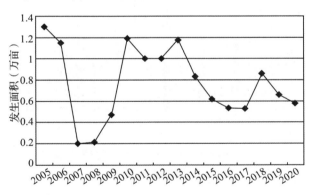

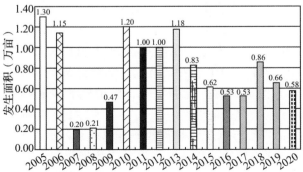

图 2-10　2005—2019 年落叶松红腹叶蜂发生情况及 2020 年预测

（3）山区食叶害虫：主要包括栎粉舟蛾、栎掌舟蛾、黄连木尺蠖、缀叶丛螟、苹掌舟蛾、刺蛾等，依然有偏重发生的可能，局部地区出现灾情的可能性比较大。

黄连木尺蠖　根据越冬基数调查显示，越冬蛹平均虫口密度为 2.8 头/株，最高虫口密度为 24 头/株，平均有虫株率 26%，总体呈轻度发生，局地发生偏重。预计，2020 年发生面积为 1.35 万亩，比 2019 年实际发生面积增加 0.43 万亩（46.74%），全市各山区均有不同程度发生，其中在密云、昌平、怀柔和延庆等区发生偏重（图 2-11）。

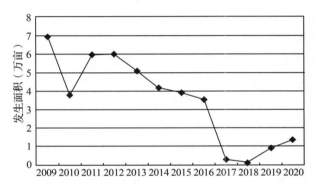

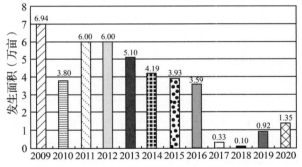

图 2-11　2005—2019 年黄连木尺蠖发生情况及 2020 年预测

栎粉舟蛾　根据越冬基数调查显示，越冬蛹平均虫口密度为 2.2 头/株，平均有虫株率 32.87%，总体呈轻度发生。局部地块最高虫口密度为 251 头/株，容易出现灾情。预计，2020 年北京山区均有不同程度发生，发生面积为 4.8 万亩，比 2019 年实际发生面积减少 2.76 万亩（36.51%），其中在平谷、怀柔、密云和昌平等区呈偏重发生。

栎掌舟蛾　根据越冬基数调查显示，越冬蛹平均虫口密度为 1.76 头/株，平均有虫株率 20%，总体呈轻度发生，局地发生偏重。预计，2020 年发生面积为 2.32 万亩，比 2019 年实际发生面积减少 2.73 万亩（54.06%），主要分布在怀柔和密云等区。

缀叶丛螟 预计，2020 年发生面积为 0.5 万亩，比 2019 年实际发生面积增加 0.02 万亩（4.17%），主要分布在门头沟等区。

刺蛾 主要包括黄刺蛾、中国绿刺蛾等多种，在北京山区均有分布，多为零星发生，其中在门头沟等区呈偏重发生，根据越冬基数调查显示，平均虫口密度 8 头/株，最高 19 头/株，预计，2020 年发生面积为 0.2 万亩，比 2019 年实际发生面积增加 0.01 万亩（5.26%），局部地块有虫株率 70%，容易出现灾情。

（4）其他食叶害虫：主要包括国槐尺蠖、黄褐天幕毛虫、绵山天幕毛虫、黄栌胫跳甲、榆蓝叶甲、柳蜷叶蜂等，预计 2020 年发生面积为 3.77 万亩。

国槐尺蠖 根据越冬基数调查显示，越冬蛹平均虫口密度为 4.7 头/株，有虫株率 30%，属轻度发生。局部地区虫口密度 94 头/株，容易出现灾情。预计，2020 年发生面积为 2.41 万亩，比 2019 年实际发生面积增加 0.2 万亩（9.05%）。主要分布在顺义、昌平、大兴、通州、海淀、房山、平谷、门头沟、朝阳、丰台和怀柔等区（图 2-12）。

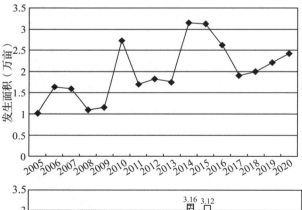

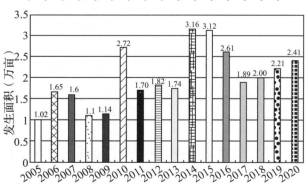

图 2-12 2005—2019 年国槐尺蠖发生情况及 2020 年预测

绵山天幕毛虫 根据越冬基数调查显示，平均虫口密度为小于 1 个卵块/株，最高 4 个卵块/株，平均有虫株率 12%，属轻度发生。预计，2020 年发生面积为 0.30 万亩，比 2019 年实际发生面积增加 0.01 万亩（3.45%），主要发生在门头沟等区（图 2-13）。

黄栌胫跳甲 根据越冬基数调查显示，平均虫口密度为 2.4 个卵块/株，有虫株率 24%，属轻度发生。预计，2020 年发生面积为 0.9 万亩，比 2019 年实际发生面积减少 0.02 万亩（2.17%），主要发生在门头沟、密云、昌平和房山等区（图 2-14）。

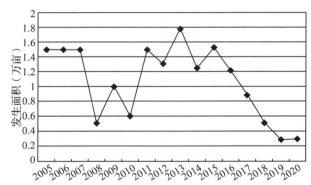

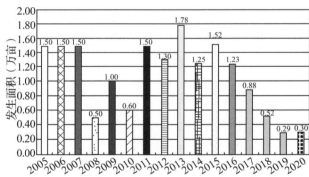

图 2-13 2005—2019 年绵山天幕毛虫发生情况及 2020 年预测

2. 蛀干害虫发生面积有所增加

预计，2020 年发生面积为 9.91 万亩，比 2019 年实际发生面积增加 1.66 万亩（20.12%），主要包括双条杉天牛、光肩星天牛、纵坑切梢小蠹、柏肤小蠹、槐小卷蛾、松梢螟和臭椿沟眶象等。

双条杉天牛 根据越冬基数调查显示，平均有虫株率 5%，预计，2020 年发生面积为 4.45 万亩，比 2019 年实际发生面积增加 0.62 万亩（16.19%），主要发生在密云、房山、怀柔、昌平、门头沟、海淀和丰台等区（图 2-15）。

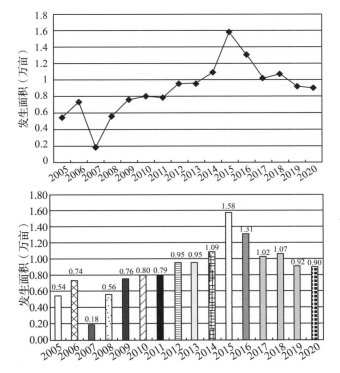

图 2-14   2005—2019 年黄栌胫跳甲发生情况及
2020 年预测

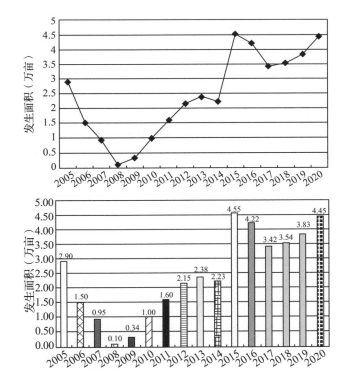

图 2-15   2005—2019 年双条杉天牛发生情况及 2020 年预测

光肩星天牛   根据越冬基数调查显示，平均有虫株率 14%，预计，2020 年发生面积为 1.31 万亩，比 2019 年实际发生面积增加 0.15 万亩（12.93%），主要发生在大兴、通州和房山等区

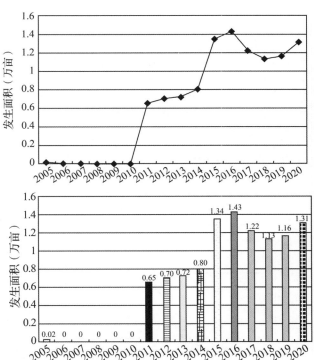

图 2-16   2005—2019 年光肩星天牛发生情况及 2020 年预测

（图 2-16）。

多毛切梢小蠹   根据越冬基数调查显示，平均有虫株率 20%，预计，2020 年发生面积为 0.78 万亩，比 2019 年实际发生面积减少 0.08 万亩（9.30%），主要发生在延庆和怀柔等区。

柏肤小蠹   根据越冬基数调查显示，平均有虫株率 7%，预计，2020 年发生面积为 1.0 万亩，比 2019 年实际发生面积增加 0.62 万亩（163.16%），主要发生在门头沟和密云等区（图 2-17）。

槐小卷蛾   根据越冬基数调查显示，平均有虫株率 46%，预计，2020 年发生面积为 1.42 万亩，比 2019 年实际发生面积增加 0.07 万亩（5.19%），主要发生在西城、东城、大兴、丰台、昌平、海淀、通州、房山、怀柔和平谷等区（图 2-18）。

3. 刺吸类害虫发生面积有所下降

主要包括草履蚧、落叶松球蚜、白蜡绵粉蚧、斑衣蜡蝉等，进入夏季后，容易出现扰民现象。

草履蚧   预计，2020 年发生面积为 0.92 万亩，比 2019 年实际发生面积减少 0.31 万亩（25.20%），主要发生在昌平、门头沟、丰台和通州等区。

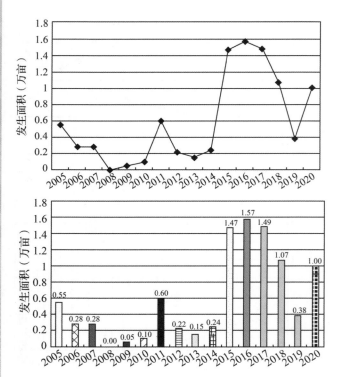

图 2-17　2005—2019 年柏肤小蠹发生情况及 2020 年预测

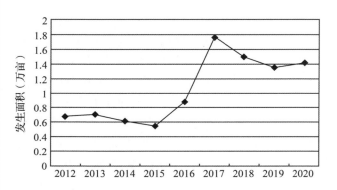

图 2-18　2012—2019 年槐小卷蛾发生情况及 2020 年预测

4. 病害发生面积有所下降

主要包括杨树溃疡病、杨树烂皮病及杨树炭疽病。

杨树溃疡病　根据越冬基数调查显示，平均感病株率 10%，预计，2020 年发生面积为 1.48 万亩，与 2019 年实际发生面积持平。主要发生在房山、昌平、顺义、大兴、平谷、密云和怀柔等平原造林地块。

杨树烂皮病　根据越冬基数调查显示，平均感病株率 6%，预计，2020 年发生面积为 0.28 万亩，比 2019 年实际发生面积减少 0.14 万亩（33.33%）。主要发生在昌平、大兴、顺义、怀柔和密云等区。

杨树炭疽病　预计，2020 年发生面积为

0.09 万亩，比 2019 年实际发生面积减少 0.18 万亩（66.67%）。主要发生在延庆、昌平和密云等区，在北部山区发生偏重（图 2-19）。

图 2-19　2012—2019 年病害发生面积及 2020 年
预测面积对比图

5. 部分有害生物在局部地区表现突出

一是鹅耳枥病虫害在北京市局部地区发生，在房山蒲洼、霞云岭等乡镇呈偏重发生，8 月下旬，严重地块叶片失绿，且有蔓延暴发趋势；二是白蜡绵粉蚧在丰台、平谷等区局地发生偏重；三是悬铃木方翅网蝽在大兴、通州、昌平和朝阳等区局地发生偏重，影响景观，容易引起扰民现象；四是小线角木蠹蛾在通州等区局地发生偏重；五是银杏、雪松、白皮松等林木的生理性病害在局部地区表现比较突出。

三、对策建议

2020 年，林业有害生物防控工作的指导思想是：以党的"十九大"精神为指导，全面贯彻习近平总书记关于生态文明建设的指示，以落实《国务院办公厅关于进一步加强林业有害生物防治工作的意见》（以下简称《国办意见》）和《北京市实施意见》为主线，紧紧围绕首都中心工作和北京市重点绿化任务，按照"统筹组织、条块结合、分类管理、分级负责、行业监督、属地落实"的原则，坚持预防为主、科学防控方针。加强重视程度、强化组织领导、加大创新力度、强调协同配合、提升履职能力，确保北京市林业有害生物防控工作落实到位。

1. 加大检疫检查力度，严防有害生物传播扩散

一是加强新一轮百万亩造林工程、城市副中心建设的林业植物检疫工作，加大产地检疫、调

运检疫和复检力度，强化第三方监管，确保苗木质量；二是结合京津冀"5·25"林业植物检疫检查专项行动，以松材线虫病为重点，加大检疫巡查，将隐患消灭在萌芽中；三是进一步落实冬奥会延庆赛区及周边区域林业有害生物检疫御灾措施，严把检疫关，严防松材线虫病传入。

2. 完善监测预警体系，确保预测预报准确高效

一是结合北京市园林绿化的新形势，进一步调整优化市级测报点，突出重点监测对象和主要监测区域，强化顶层设计，进一步夯实监测预警工作基础；二是升级林业有害生物测报 APP，增设林业有害生物巡查数据上报模块及分级预警模块，并通过 APP 上传下达等功能的实现，提升林业有害生物测报工作规范化、现代化、信息化水平；三是加大对"拍照识虫"社会虫情上报系统的应用推广力度，并不断对其进行完善，使之成为发布林业有害生物监测预警信息的平台，提高监测预警信息的覆盖面及传播效率；四是持续加大对冬奥会等重点工程、松材线虫病等重点林业有害生物种类等的监测巡查力度，逐步构建对主要林业有害生物发生情况的空地立体化监测系统，为精准防治提供更强有力的科技支撑。

3. 增强科学防控能力，大力推进绿色防控进程

根据 2020 年北京市林业有害生物发生趋势预测及短期动态监测预警情况，全力做好 2020 年林业有害生物防控工作。一是开展常发性和危险性食叶害虫的统防统治和联防联治工作；二是在全市主要地区组织实施飞机防治林业有害生物工作，依托飞防监管平台、自动混药加药设备等手段，不断提高飞机防治精准作业和精细化管理水平；三是重点区域大力推进绿色防控工作，加大生物和物理等防治技术推广力度；四是针对以美国白蛾、红脂大小蠹、松材线虫病为主的重大林业有害生物，加强宣传培训，积极组织开展应急演练，全力做好应急处置工作；五是做好林用农药的科学用药指导，引导全市规范科学使用林用药剂，促进农药减量和土壤污染治理。

4. 加大科技创新力度，为生态文明建设保驾护航

一是加快大数据平台体系建设。推进数字林业、智慧林业等新技术应用，力争将测报 APP、检疫追溯、社会虫情上报平台等北京市林业保护站大数据资源进行整合汇总，全面提高林业有害生物防控工作的智能化、信息化、社会化、自动化水平；二是扩大科技成果转化应用。结合工作实际，着力加强调查研究和科技攻关，加快"农药精准控制在北京地区的示范与推广"和"蠋蝽规模化繁育与应用技术示范推广"等中央财政林业科技推广示范资金项目的科研产出速率；加快科研院校、协会会员单位先进的科技成果转化，发挥智库优势，有效地把科技人员、企业和广大林果农联系起来，提高科技服务水平；三是提高专业服务水平。以实际需求为导向，创新宣传科普思路，强化人才队伍建设，为首都生态文明建设保驾护航。

（主要起草人：郭蕾　刘曦；主审：周艳涛）

03 天津市林业有害生物 2019 年发生情况和 2020 年趋势预测

天津市森林病虫害防治检疫站

天津市 2019 年林业有害生物发生面积 76.86 万亩，较 2018 年略有增加。其中病害发生 10.04 万亩，虫害发生 66.82 万亩，没有成灾林地。根据天津市近年来主要林业有害生物发生趋势以及林业发展情况、气象等因素，预测 2020 年林业有害生物发生面积较 2019 年略有上升，发生面积 78.2 万亩左右，其中病害发生 9.1 万亩，虫害发生 69.1 万亩。

一、2019 年林业有害生物发生情况

据统计，天津市 2019 年林业有害生物发生 76.86 万亩，其中轻度发生 69.04 万亩，中度发生 6.40 万亩，重度发生 1.42 万亩，全部进行了有效防治，无公害防治率为 100%，成灾率为 0。各类有害生物发生情况为：松材线虫病和红脂大小蠹未发生新疫情；美国白蛾发生面积 35.23 万亩，较 2018 年上升 6.80%；其他食叶害虫发生面积 26.82 万亩，较 2018 年下降 5.40%；枝干害虫发生面积 4.77 万亩，较 2018 年下降 9.32%；杨树病害发生面积 10.04 万亩，与 2018 年持平。

（一）发生特点

总的看来，2019 年天津市林业有害生物发生面积较 2018 年略有增加，增加 0.34%（图 3-1，图 3-2）。主要表现为以下特点：一是松材线虫病疫情未发生扩散。2018 年蓟州区首次发现 4 株松材线虫病致死油松，面积 360 亩，2019 年春季、秋季普查均未发现新疫情；二是未发现红脂大小蠹新疫情。2018 年蓟州区首次发现 2 株红脂大小蠹危害油松，2019 年未见新发生；三是美国白蛾发生面积有所上升。2019 年全市美国白蛾发生面积 35.23 万亩，较 2018 年上升 6.80%，但为害

不重，轻度发生的比例高达 98.66%；四是蛀干害虫发生面积持续下降。主要蛀干害虫光肩星天牛 2019 年发生面积 1.97 万亩，较 2018 年下降 18.27%。主要枝梢害虫松梢螟 2019 年发生 1.99 万亩，与 2018 年持平，但为害程度明显降低；五是杨树食叶害虫发生面积有所下降。2019 年杨树舟蛾发生面积 12.23 万亩，较 2018 年下降 15.97%，春尺蠖发生面积 8.94 万亩，较 2018 年下降 5.79%；六是国槐尺蠖的为害进一步加重。近几年国槐尺蠖在天津的分布范围不断扩大，发生为害程度在部分地区有加重趋势，2019 年国槐尺蠖的发生面积 4.20 万亩，较 2018 年增加 33.52%，且中重度发生的比例达 26.68%；七是栎粉舟蛾在蓟州山区发生范围扩大，发生面积 0.5 万亩。

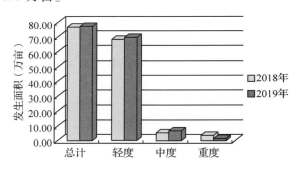

图 3-1 2018、2019 年林业有害生物发生程度对比

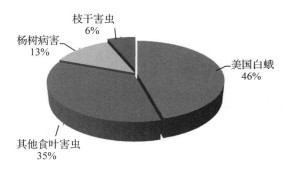

图 3-2 2019 年各类林业有害生物发生比例

(二)主要林业有害生物发生情况分述

1. 松材线虫病

发生于蓟州区北部山区，2018 年春季首次发现 4 株松材线虫病致死油松，面积 360 亩，2019 年春季、秋季普查均未发现新疫情。

2. 美国白蛾

各区均有发生，2019 年发生面积 35.23 万亩，较 2018 年增加 6.80%，其中轻度发生 34.76 万亩，占全部发生面积的 98.66%，中度发生 0.42 万亩，重度发生 0.05 万亩。

3. 红脂大小蠹

2018 年蓟州区首次发现 2 株红脂大小蠹危害油松，2019 年未见新发生。

4. 其他食叶害虫

包括春尺蠖、杨扇舟蛾、杨小舟蛾、国槐尺蠖以及杨树叶蜂、榆蓝叶甲、柳蜷叶蜂、栎粉舟蛾和刺吸式害虫悬铃木方翅网蝽、斑衣蜡蝉等，发生面积 26.82 万亩，其中轻度发生 21.21 万亩，中度发生 4.77 万亩，重度发生 0.84 万亩。发生面积大、分布范围广的有春尺蠖、杨扇舟蛾、国槐尺蠖、杨小舟蛾 4 种。

春尺蠖主要发生区为武清、静海区、宝坻区、西青区。2019 年发生面积 8.94 万亩，较 2018 年下降 5.79%，虽然仍以轻度发生为主，但中度发生面积明显增加。

杨扇舟蛾主要发生区为武清、宝坻区、蓟州区、宁河区。2019 年发生面积 8.57 万亩，较 2018 年下降 13.07%，以轻度发生为主，占全部发生面积的 97.29%。

杨小舟蛾发生于静海区、宝坻区、蓟州区、武清区。2019 年发生面积 3.66 万亩，较 2018 年下降 22.07%，虽然仍以轻度发生为主，但中度发生面积 8000 亩。

国槐尺蠖主要发生区为静海区、武清区、东丽区、宁河区、蓟州区，发生仍呈扩散趋势，且为害有加重趋势。2019 年发生面积 4.20 万亩，较 2018 年上升 33.52%。

杨树叶蜂类包括杨树黑点叶蜂与杨树直角叶蜂，2019 年武清区轻度发生面积 2000 亩，较 2018 年下降 50%。

悬铃木方翅网蝽在蓟州区、武清区、静海区等有分布，2016 年之前主要为零星分布，2019

年武清区轻度发生面积 6000 亩，与 2018 年持平。

栎粉舟蛾 2018 年首次发现在蓟州山区发生为害，寄主为栎类和板栗，2019 年发生面积扩大到 5000 亩。

其他种类发生情况为：柳蜷叶蜂发生面积 500 亩，斑衣蜡蝉发生面积 510 亩，榆蓝叶甲发生面积 465 亩。

5. 其他枝干害虫

枝干害虫包括光肩星天牛、松梢螟、白杨透翅蛾、白蜡窄吉丁、六星黑点豹蠹蛾、小木蠹蛾、国槐小卷蛾、日本双棘长蠹、沟眶象 9 种，以光肩星天牛和松梢螟为主，占枝干害虫发生量的 83% 以上（图 3-3）。

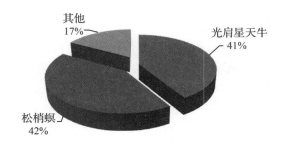

图 3-3　各种枝干害虫发生比例

光肩星天牛在全市均有分布，重点发生区为宝坻区、武清区、静海区。2019 年发生面积 1.97 万亩，较 2018 年下降 18.27%，且危害程度以轻度为主，占全部发生面积的 82.06%。

白杨透翅蛾发生于静海区和滨海新区，2019 年发生面积进一步减少，仅发生 1900 亩，较 2018 年下降 17.39%，且全部为轻度发生。

松梢螟发生于蓟州北部山区，2019 年发生面积 1.99 万亩，与 2018 年持平，但为害程度明显降低，2018 年全部为重度为害，而 2019 年轻度为害占 90%。

其他种类发生情况为：六星黑点豹蠹蛾发生面积 2200 亩，国槐小卷蛾发生面积 2185 亩，小木蠹蛾发生面积 1015 亩，白蜡窄吉丁发生面积 200 亩，日本双棘长蠹发生面积 400 亩，沟眶象发生面积 100 亩。

6. 杨树病害

包括杨树溃疡病和杨树烂皮病两种。2019 年发生面积 10.04 万亩，与 2018 年持平，其中轻度发生占全部发生面积的 88.57%。杨树溃疡病各区县均有发生，杨树烂皮病主要分布于静海区、宝坻区、蓟州区以及环城四区。

（三）原因分析

（1）松材线虫病疫情得到控制。2018年蓟州区发现松材线虫病疫情后，各级政府高度重视，立即进行了疫木粉碎焚烧处理，制订防治方案，财政下达专项资金进行防治，有效控制了疫情。

（2）未发生红脂大小蠹新疫情。2018年发现红脂大小蠹疫情后，蓟州区高度重视，立即按照相关规定进行了疫情处理，并要求在松材线虫病监测的同时进行红脂大小蠹监测。

（3）美国白蛾发生面积略有上升，但为害程度不重，仍以轻度发生为主，没有成灾，防治措施积极有效，面积的增加主要是寄主面积的增加导致。

（4）国槐尺蠖继续呈扩散趋势。天津市近几年新造林中国槐面积增加较快，而且片林比例增加，寄主相对集中，利于国槐尺蠖的扩散蔓延。

（5）杨树舟蛾类发生面积有所下降。杨扇舟蛾近几年在天津基本以轻度发生为主，杨小舟蛾发生面积也有所下降，虽然中度发生面积略有增加，但各地加强监测，适时防治，控制了其扩散危害。

（6）主要蛀干害虫发生面积进一步下降。由于天津大部分地区对光肩星天牛为害较重的柳树进行更新，而速生杨受害较轻，近几年光肩星天牛的发生面积逐年下降；而白杨透翅蛾主要发生区静海区，由于近几年由于树木结构调整，新植杨树比例降低，以及受害林分更新等原因，寄主面积进一步下降，发生面积减少；松梢螟发生为害减轻。2018年较重发生后，采取了有效防治，并进一步加强监测，2019年为害减轻，以轻度发生为主。

（7）栎粉舟蛾扩散较快。栎粉舟蛾2018年首次在天津发生，对其发生规律了解不多，且寄主分布在山区，较为零散，监测防治比较困难。

二、2020年林业有害生物发生趋势预测

（一）2020年总体发生趋势预测

根据近年来主要林业有害生物发生趋势、林业资源发展情况，结合近年气象条件、最后一代有害生物发生和防治情况、越冬基数调查以及有害生物发生规律等，预测天津市2020年主要林业有害生物发生面积较2019年略有增加，发生

面积在78.1万亩左右，但总体仍以轻、中度发生为主。其中病害发生9.1万亩，虫害发生69万亩，松材线虫病和红脂大小蠹无新发生。主要种类包括美国白蛾、杨树病害、春尺蠖、杨扇舟蛾、杨小舟蛾、国槐尺蠖、光肩星天牛、松梢螟以及悬铃木方翅网蝽和杨树叶蜂类，从大类来看，食叶害虫发生面积增加，而蛀干害虫发生面积近期仍呈下降态势。

（二）分种类发生趋势预测

1. 松材线虫病和红脂大小蠹

预测2020年无发生。预测依据：2018年春季发现疫情后，立即采取了防治措施，2018年秋季、2019年春季和秋季普查均未发现新疫情。

2. 美国白蛾

预测发生面积35.6万亩，较2019年略有增加，发生程度仍以轻、中度为主，但不排除村庄、养殖场周边会出现点状零散重度发生。预测依据：监测到位，防治技术成熟，基本可以控制其扩散蔓延（图3-4）。

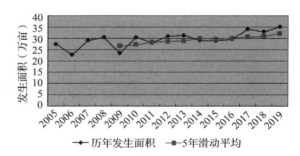

图3-4　美国白蛾发生趋势

3. 春尺蠖

预测发生面积9.7万亩，较2019年增加约0.8万亩。主要发生区为宝坻区、武清区、蓟州区、静海区。预测依据：2019年春尺蠖中度发生比例增加，轻度发生比例下降（图3-5）。

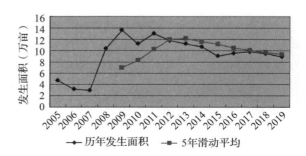

图3-5　春尺蠖发生趋势

4. 杨扇舟蛾

预测发生面积7.6万亩，较2019年减少约1万亩，主要发生在静海区、宁河区、蓟州区、宝坻区、武清区。预测依据：近几年杨扇舟蛾基本以轻度发生为主，尽管2019年局部区域中度发生，但只要加强监测防治，近期发生面积不会增加（图3-6）。

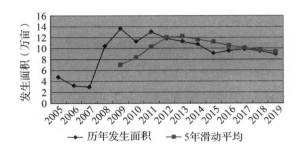

图3-6　杨扇舟蛾发生趋势

5. 杨小舟蛾

预测发生面积2.8万亩，较2019年减少约0.8万亩。主要发生在蓟州区、静海区、武清区、宝坻区，基本以轻度发生和低虫低感为主。预测依据：加大了监测和防治力度，有效地控制了其扩散趋势，降低了虫口基数（图3-7）。

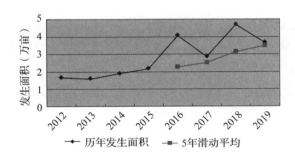

图3-7　杨小舟蛾发生趋势

6. 国槐尺蠖

国槐尺蠖预测发生面积3.7万亩，较2019年减少约0.5万亩。主要发生在静海区、武清区、宁河区、蓟州区、西青区、东丽区。预测依据：2019年部分地区国槐尺蠖发生较重，虫口基数较大，尽管加强了监测防治，但发生面积降幅不明显（图3-8）。

7. 光肩星天牛

预测发生面积1.9万亩，较2019年进一步下降，主要发生区为宝坻区、武清区、静海区、西青区以及滨海新区。预测依据：主要发生区宝坻区柳树进行更新，光肩星天牛发生面积继续下降（图3-9）。

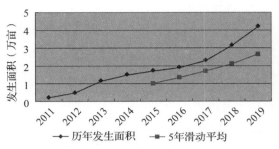

图3-8　国槐尺蠖发生趋势

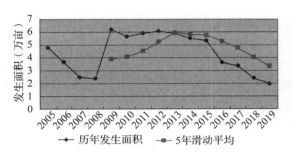

图3-9　光肩星天牛发生趋势

8. 杨树病害

包括杨树溃疡病与杨树烂皮病，预测发生面积9.1万亩，较2019年减少0.9万亩左右。预测依据：近年来，由于春季干旱、温差大等原因，杨树病害发生面积基本在10万亩左右，但近期新植杨树的比例降低，杨树溃疡病发生面积略有下降（图3-10）。

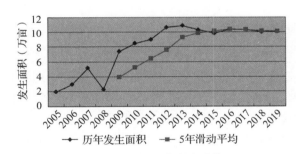

图3-10　杨树病害发生趋势

9. 松梢螟

预测发生面积2万亩，与2019年基本持平。预测依据：松梢螟在天津的为害周期为4~5年，2018年为害较重，尽管采取了防治措施，短期内将维持相近的发生面积，但为害程度会进一步减轻。

10. 悬铃木方翅网蝽

预测2020年发生面积0.75万亩，较2019年增加0.15万亩左右，主要发生区为武清区。预测依据：一是近年行道树引进、栽植悬铃木较为普遍，目前悬铃木面积2万多亩；二是悬铃木方翅网蝽繁殖量大，飞行能力强，传播速度快。

11. 栎粉舟蛾

预测2020年发生面积1.5万亩，较2019年有较大幅度增加，发生区为蓟州北部山区。预测依据：栎类和板栗树在蓟州山区广泛分布，虫口密度低时不易发现，而虫口密度积累到一定程度导致较大范围发生。

12. 木橑尺蠖

预测2020年发生面积2万亩，较2019年有较大幅度增加，发生区为蓟州北部山区。预测依据：木橑尺蠖有周期性发生和暴发特点，上一个发生周期时2007年成虫数量增加，2008年即较大面积发生，从2018年起监测到其成虫数量增加，而2019年更是明显增加，虫口基数积累较大。

13. 其他虫害

预测2020年发生面积1.5万亩左右，主要包括杨树叶蜂、榆蓝叶甲、柳蜷叶蜂、黄点直缘跳甲等食叶害虫以及六星黑点豹蠹蛾、小木蠹蛾、国槐小卷蛾、日本双棘长蠹、白蜡窄吉丁、沟眶象等枝干害虫以及斑衣蜡蝉。

三、对策建议

（一）加强宣传，落实责任，增加防治投入

在机构改革完成后，各职能单位应根据相关职责，明确责任，探索落实"双线目标管理责任制"的新机制，进一步提高各级政府和主管部门对森防工作的重视程度，加强基础建设，提高森防整体实力，增加各级财政的防治投入，降低林业有害生物为害，保护生态安全。

（二）加强检疫，科学防控，防止重大外来有害生物传播

一是继续全面开展美国白蛾防治及苗木调运检疫，防止美国白蛾疫情扩散；二是加强宣传、督导，克服麻痹怠惰情绪，坚持美国白蛾防治力度不减；三是全面做好松材线虫病检疫防控，对

调入、调出天津的松树及其制品进行严格复检和检疫检查，加大对辖区内所有松属植物和流通、贮存的松木及其制品的监测力度，一经发现不明原因死亡松树，及时检测、处理；四是采取多种措施对蓟州北部山区松林进行全面监测。

（三）加强杨树舟蛾、国槐尺蠖等食叶害虫的监测防治

食叶害虫中，国槐尺蠖的发生为害近几年呈上升趋势，杨树舟蛾2018—2019年局部区域中度发生，为害加重。为此，一是提高重视程度，加强监测调查，全面掌握其分布范围、发生面积和为害程度，及时发布虫情动态和预警信息；二是科学防治，降低危害损失。针对其发生、为害特点，科学制定监测和防治方案，适时开展防治，遏制其扩散势头。

（四）加强监测、防治技术研究，提高栎粉舟蛾防治效率

通过总结2018—2019年栎粉舟蛾防治经验，2020年计划采取以下防控措施：一是加强监测，全面掌握其发生范围和为害程度；二是因地制宜采取综合措施进行治理，如成虫期用高压汞灯（发电机）对重点地区进行防治，无人机点片精准防控幼虫等。

（五）全面监测，防止木橑尺蠖暴发

木橑尺蠖具有暴发为害特点，其食量大、扩散迅速，各有关区必须利用测报灯等加强成虫期监测，一旦发现成虫数量明显上升，提前做好防治计划，科学、及时开展防治。

（六）加强科技支撑，提高防治效率

继续加强防治措施的研究试验，不断探索高效、低成本、低污染的防治方法，搞好监测预报，掌握好防治适期，科学防治。对发生为害较重的有害生物，要不断引进先进的防治措施，进一步提高防治效果，降低为害程度。

（主要起草人：张素芬　郑杨；主审：周艳涛）

04 河北省林业有害生物 2019 年发生情况和 2020 年趋势预测

河北省林业和草原有害生物防治检疫站

【摘要】2019 年全省林业有害生物发生态势总体上平稳，全省林业有害生物发生面积 723.26 万亩，危害程度基本上在中度以下。预测 2020 年全省林业有害生物发生面积 715 万亩左右。与 2019 年相比略有下降，其中：虫害 620 万亩，病害 35 万亩，鼠（兔）害 60 万亩。2020 年要严格检疫监管，加强监测预警，做好物资储备，加大区域联防协作，突出关键区域和重点生态部位重大林业有害生物预防和治理，确保林业有害生物持续稳定控制。

一、2019 年林业有害生物发生情况

全省主要林业有害生物发生面积 723.26 万亩，同比上升 2.89%。其中森林虫害 641.56 万亩，同比上升 4.44%；病害 27.38 万亩，同比下降 12.99%；鼠（兔）害 54.31 万亩，同比下降 4.97%。全省林业有害生物测报准确率为 99.55%。全年共防治 1417.22 万亩次（图 4-1）。

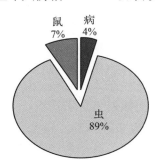

图 4-1　河北省森林病、虫、鼠份额图

（一）发生特点

2019 年河北林业有害生物发生特点为：总体发生情况比 2018 年略有上升，区域性局部危害偶有发生。一是美国白蛾和杨树舟蛾越冬基数大，受上半年河北地区气温较常年偏高影响，越冬代成虫羽化、第 1 代美国白蛾幼虫孵化较去年提前；二是各地加大了春尺蛾、美国白蛾等食叶害虫的防控力度，美国白蛾等食叶害虫发生总面积同比略有下降，河北大部分地区未发生大面积灾害；三是红脂大小蠹在

河北与内蒙古、辽宁交界的县（市），发生严重，发生面积同比增加明显，危害程度有偏重态势；四是秋季以杨扇舟蛾、杨小舟蛾、第 3 代美国白蛾危害为主，美国白蛾等重大外来有害生物没有出现新扩散；五是新的暴发、成灾种类不断出现，经济林病虫危害加重，成灾种类不断出现，如栎粉舟蛾今年继续在太行山、燕山山区板栗产区市县发生危害；六是外来有害生物入侵的危险性增大。

（二）主要林业有害生物发生情况

河北省林业有害生物 11 月至翌年 3 月为越冬期，基本无危害；4～10 月为危害期，最早危害的是春尺蛾和松毛虫等，到了 6 月，第一代美国白蛾幼虫和杨树食叶害虫危害达到了高峰，发生面积较大，也是全年新增有害生物危害面积最大的一个月。7～10 月，第 2、3、4 代杨树食叶害虫和第 2、3 代美国白蛾幼虫在第一代基础上都有所增加，各种经济林有害生物亦多在此时间段危害最为猖獗。具体情况：

松毛虫　发生 31.66 万亩，比去年上升 10.1%，中度以上占全部发生面积 20%。包括油松毛虫、赤松毛虫、落叶松毛虫，特别是燕山区的平泉、赤城局部地块发生严重，个别山坡虫口密度较大。发生面积较多的地区主要是石家庄、张家口和承德的部分县；落叶松毛虫发生进入低谷，其他地区同比则呈现平稳或下降趋势。

森林鼠（兔）　发生 54.31 万亩。发生面积下降 4.97%。但局部仍危害严重。棕背䶄、鼢鼠、野兔等在坝上地区发生严重，野兔在承德的围场、

丰宁和张家口的沽源等地危害较重。主要原因是：一是由于生态环境恶化，坝上地区大范围风电装机造成鼠兔天敌锐减，鼠密度积累增加，逐渐从低密度发展到相对较高的密度形成危害；二是鼠兔在冬季食物短缺，造成危害。

杨树虫害　发生 152.99 万亩。同比下降 0.86%。其中杨树食叶害虫发生面积为 143.53 万亩，与 2018 年发生基本持平。春尺蠖发生 75.32 万亩，主要发生在廊坊、衡水等部分县（市、区），危害较往年轻。主要是由于沧州、保定、邢台大面积推广阻隔法防治春尺蠖，防效明显，除个别地块外，基本没有出现大面积吃光的现象。进入 8 月下旬后，杨扇舟蛾、杨小舟蛾等害虫在部分道路路段、高速公路两侧和片林持续危害，但出现"吃糊""吃花"现象很少。杨树蛀干（梢）害虫发生 9.45 万亩，同比下降 11.35%，以杨干象、光肩星天牛为主的蛀干害虫连续几年发生面积减少，由原来的以沧州、衡水天牛危害为主，变为以唐山、承德杨干象危害逐渐加重，主要发生在唐山、承德、秦皇岛等县区。

杨树病害　发生 23.77 万亩，同比下降 6.05%，春季河北大部地区干旱少雨，雨季期间又持续高温、少雨，降雨量大大低于常年，再加上近年来造林选用良种大苗，同时加强了检疫，减少了带病苗木；加强工程造林抚育管理，林木生长良好，抗性提高，病害的发生减少。发生在河北省全境。

美国白蛾　发生 259.78 万亩，同比下降 3.13%。冀中地区稳中有降，冀东地区稳定。总体发生情况第一代发生较去年轻，越冬代成虫始见期较去年推迟，第一代幼虫虫口密度低，与去年同期基本相同，危害程度较轻。未发生大面积灾害。全年沧州、保定、衡水发生面积都有不同程度的下降，邢台、邯郸发生面积略有增加，但危害没有加重。全省除张家口市外其他市皆有发生危害。

红脂大小蠹　发生面积 20.28 万亩，同比上升 36.83%，危害程度较轻。涉及石家庄、邯郸、邢台、保定、张家口、承德 6 个设区市的 22 个县（市），在承德市区域与内蒙古、辽宁交界的县（市），发生有偏重态势，发生面积同比增加，再就是今年发生面积比 2018 年多 1/3，主要原因是河北省的两个林场（塞罕坝机械林场、木兰林管局）也有发生。

舞毒蛾　发生面积 11.72 万亩，同比上升 74.63%，主要发生在承德、张家口部分县。发生面积在连续 5 年大面积下降后，从去年开始反弹。其原因是该虫从低发生周期将要逐渐步入较高发生周期，是该虫自身的生物学特性所决定。

其他　天幕毛虫 17.19 万亩，同比去年上升 4.7%，主要发生在张家口、承德。松树叶蜂类 12.96 万亩。同比去年都有不同程度上升或发生面积较大的虫害有：黄连木尺蛾 10.17 万亩，落叶松尺蛾 13.62 万亩，落叶松鞘蛾 4.52 万亩，华北落叶松鞘蛾 3.62 万亩，其他森林虫害和经济林干果病虫害发生 99.24 余万亩，其中汉刺蛾 2.1 万亩，栎粉舟蛾发生高达 49.53 万亩。

（三）成因分析

河北省去冬今春（2018 年 12 月至 2019 年 2 月）的基本气候概况是：全省平均气温为较常年偏低，属正常年份；季内气温冷暖波动大，前期偏高，中后期偏低；平均降水量较常年偏少 34.9%，属于偏少年份。春季：全省平均气温较常年偏高 1.5℃，属显著偏高年份。全省平均降水量较常年偏多 3.2%，属于正常年份；夏季：全省平均气温比常年偏高 0.9℃，为 2001 年以来历史同期第二高；平均降水量较常年同期偏少 13.7%，属正常年份，但 6 月显著偏少，为历史 6 月第三少年。秋季：全省平均气温比常年偏高，平均降水量较常年同期偏少。

分析 2019 年全省森林有害生物发生的主要原因：一是去冬今春气候条件没有出现极端天气，有利美国白蛾、杨树食叶害虫发育越冬；二是森林结构单一，大面积杨树纯林，再加上频繁人为活动影响，生态系统脆弱，抵御病虫害能力差；三是栎粉舟蛾暴发危害严重，是因为夏季干旱、高温等特殊气候因素，利于害虫繁衍生长。再加上发生地点多为高山深山，坡陡林密，现有的机械难以开展防治作业。

美国白蛾、红脂大小蠹等害虫发生危害多在中度以下，基本实现稳定控制。一是林业有害生物防治队伍和基础建设经几十年发展，取得了长足进步，防控能力明显提升；二是重大林业有害生物防治得到了各级政府和相关部门的高度重视，认真落实政府和部门的"双线目标"责任制，组织领导不断加强，经费投入不断增加，监测预警、检疫御灾、应急救灾等体系不断完善，美国白蛾等重大林业有害生物今年得到了比较有效治理；三是外来有害生物定居本土化，有害生物的天敌跟进，形成了相对稳定的"食物链"，疫情逐渐趋于稳定。

二、2020 年林业有害生物发生趋势预测

（一）2020 年总体发生发生趋势预测

根据全省 2019 林业有害生物发生与防治情况和国家级林业有害生物中心测报点、全省重点测报点越冬基数调查，及各市森防站预测数据，结合林业有害生物发生规律及气象资料综合分析，经数学模拟分析以及分析历年发生情况，预测 2020 年全省林业有害生物发生面积 715 万亩左右，与 2019 年实际发生比略有下降。其中：虫害 620 万亩，病害 35 万亩，鼠（兔）害 60 万亩，危害程度大体上在中度以下。

（二）2019 年度预测结果评估

2019 年河北省森林有害生物实际发生以及主要虫害与年初的预测相吻合，见表 4-1。

表 4-1　2019 年预测与 2019 年发生及 2018 年度对比主要病虫害预测结果评估表

病虫种类	2019 年预测发生（万亩）	2019 年实际发生（万亩）	2018 年实际发生（万亩）	实际发生趋势	预测准确率（%）	预测结果
病虫害总计	720	723.26	702.9408	上升	99.55	吻合
虫害	625	641.56	614.3185	上升	97.35	吻合
病害	35	27.38	31.4715	下降	78.23	吻合
森林鼠兔	60	54.31	57.1509	下降	94.31	吻合
松毛虫	30	31.667	28.7471	上升	94.47	吻合
杨树蛀干害虫	11	9.45	10.66	下降	85.91	吻合
杨树食叶害虫	150	143.53	143.66	下降	95.69	吻合
松叶蜂类	10	12.96	13.1	上升	70.4	基本吻合
天幕毛虫	20	17.19	16.4116	上升	85.96	吻合
舞毒蛾	12	11.72	6.705	上升	96.48	吻合
美国白蛾	280	259.78	268.17	下降	92.78	吻合

从图中，我们可以清楚地看到 2019 年预测与 2019 年发生及 2018 年度发生面积总体上变化不大，但具体到单虫种发生面积变化有差异。其中舞毒蛾实际发生与 2018 年比，发生面积增加近 1 倍（图 4-2）。

（三）分种类发生趋势预测

1. 数学模型预测

依据 20 年来全省林业有害生物发生面积统计结果，利用预测预报系统软件进行自回归预测，对 2020 年发生面积预测结果见表 4-2：

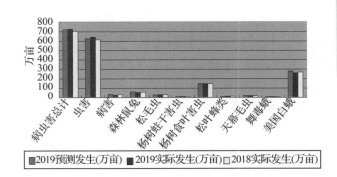

图 4-2　2019 年预测与 2019 年发生及 2018 年度主要病虫害预测结果对比图

表 4-2　河北省 2020 年几种主要病虫害预测　　单位：万亩

病虫鼠名称	2019 年发生	回归预测	综合预测
病虫害总计	723.26	722	715
病害合计	27.38	41	30

病虫鼠名称	2019 年发生	回归预测	综合预测
虫害合计	641.56	625	625
鼠害合计	54.31	57	60
松毛虫	31.66	41	30
杨树蛀干害虫	9.45	14.6	10
杨树食叶害虫	143.53	161	150
美国白蛾	259.78	254	270
红脂大小蠹等	20.28	14.1	21

2. 预测分析

美国白蛾　预测发生面积 275 万亩，与 2019 年实际发生比略有上升。主要发生在唐山、秦皇岛、廊坊、沧州、石家庄、保定、承德、衡水、邢台、邯郸等市。特点有变化，虫口密度不高、危害程度减轻，但疫点、疫情不会减少，应注意防止疫情反弹。形势依然严峻，各发生区要加大监测点密度，重点抓住第 1 代防治关键期，大大降低虫口基数，严防第 3 代严重危害。另外张家口市一定要加强监测，严防美国白蛾传入，一旦发现，果断扑灭（图 4-3）。

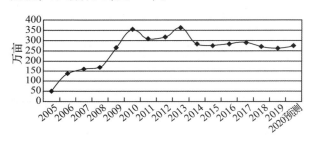

图 4-3　2020 年美国白蛾发生趋势预测图

松毛虫　预测发生面积 33 万亩，其中中度以上发生面积在 10 万亩以下。严重发生面积将与 2019 年持平。据河北省 12 个松毛虫诱捕监测点预报和燕山山区、太行山山区的虫情监测调查情况综合分析，油松毛虫开始逐渐进入下一个发生周期，危害将逐渐加重，需加强监测。冀北坝上地区的落叶松毛虫和承德市部分县、张家口市的赤城、尚义，石家庄的平山等县油松毛虫亦有抬头加重趋势。需防面积 10 万亩左右（图 4-4）。

红脂大小蠹等松树钻蛀性害虫　预测发生面积 20 万亩，与 2019 年基本持平。红脂大小蠹的危害，整体不会加重，但局部危害可能加重。特别是承德各县不容忽视，一定要加强监测。其他一些钻蛀类害虫如八齿小蠹、梢小蠹等发生呈平稳趋势，主要涉及燕山、太行山一带的市县区，

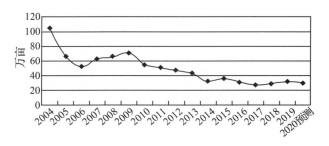

图 4-4　2020 年松毛虫发生趋势预测图

承德、张家口、邢台、石家庄、保定、邯郸等市的承德、隆化、平泉、围场、宽城、临城、内丘、沙河、赞皇、平山、涞源、武安、涿鹿、赤城等县以及承德避暑山庄（图 4-5）。

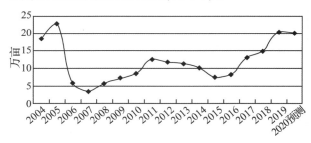

图 4-5　2020 年红脂大小蠹发生趋势预测图

杨树蛀干害虫　预测全省发生面积 10 万亩。主要虫种为杨干象、桑天牛、光肩星天牛等，呈稳中下降趋势，近年来杨干象危害在承德、唐山、秦皇岛等市有加重蔓延的趋势，不可掉以轻心。各市重点危害种类有主次，沧州光肩星天牛危害轻而桑天牛危害相对重，而光肩星天牛危害主要分布在沟渠、路旁的柳树；全省防治重点为沧州、衡水、廊坊、石家庄、保定、邢台等市（图 4-6）。

杨树食叶类害虫　预测全年发生面积 150 万亩。同比略有上升，春天和 9 月份时局部可能成灾。大面积集中连片的杨树纯林，面积大、范围广、治理难度大。主要种类为春尺蛾、杨扇舟

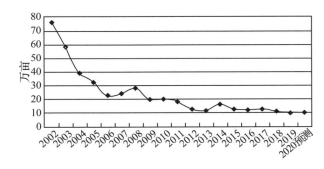

图4-6　2020年杨树蛀干害虫发生趋势预测图

蛾、杨小舟蛾、杨二尾舟蛾、杨毒蛾、杨白潜叶蛾等，春季，春尺蛾在廊坊、保定、衡水、沧州、邢台等市部分县(市、区)杨树林中危害比较严重，7月以后杨扇舟蛾、杨小舟蛾、杨毒蛾类等害虫将在平原及低山区各市县区的公路两侧，村庄、农田林网大面积发生，特别是进入8月以后，如果前期防治不到位，可能要局部成灾。主要原因是因为营造的大面积杨树纯林，林分抗虫能力差，加上发生范围广，防治难度较大(图4-7)。

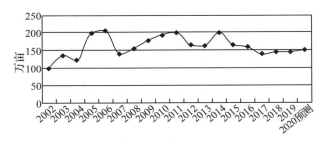

图4-7　2020年杨树食叶类害虫发生趋势预测图

天幕毛虫　预测发生面积20万亩，比2019年实际发生上升，主要发生在张家口、承德的山杏产区(图4-8)。

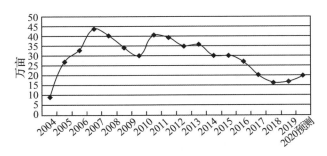

图4-8　2020年天幕毛虫发生趋势预测图

舞毒蛾　预测发生面积13万亩左右，开始从2018年的低谷逐渐呈上升趋势，主要发生在张家口、承德、唐山。2012年是舞毒蛾自1998年以来的一个高峰期，2015年下降到最低谷，预测2020年发生继续爬升，危害程度可能高于2019年(图4-9)。

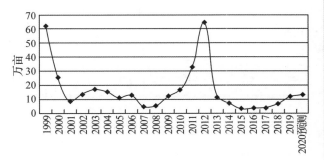

图4-9　2020年舞毒蛾发生趋势预测图

松叶蜂类　预测发生面积13万亩，比2019年实际发生呈上升态势。包括落叶松腮扁叶蜂、红腹叶蜂、锉叶蜂、阿扁叶蜂等，主要发生在承德和张家口的坝上地区及中南部太行山区松林。但是该类害虫发育龄期不整齐，又有滞育现象，防治困难，难于全面控制。因此不能掉以轻心，应加强监测。

鼠兔害　预测发生面积60万亩。主要是棕背䶄、草原鼢鼠、花鼠、托氏兔等种类。从全局看将呈平稳态势，不同鼠种、不同地区升降变化各异。重点发生在承德、张家口北部和坝上地区。各地要加强监测。主要原因是：一是退耕还林后山上不再种庄稼，鼠兔缺少食料在冬春季咬食造林地苗木；二是生态系统脆弱缺少天敌制约；三是禁猎之后人为扑杀野兔活动减少，使其种群数量上升；四是入冬以来降雪较多，是诱发棕背䶄发生危害增加的主要原因(图4-10)。

林木病害　预测发生面积33万亩。主要包括杨树溃疡病、杨树烂皮病、杨树黑斑病等，主要发生在平原农田林网，主要危害幼龄林，特别是冀中平原的东部地区。有可能局部地区流行严重。

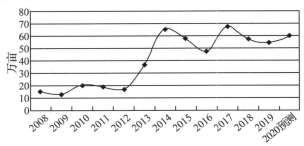

图4-10　2020年鼠兔害发生趋势预测图

其他主要虫害　预测发生面积 88 万亩。主要包括落叶松尺蛾、松针小卷蛾、松针卷叶蛾、金龟子、榆蓝叶甲、黄连木尺蛾、樗蚕、板栗红蜘蛛、核桃举肢蛾、沙棘木蠹蛾、栎粉舟蛾等虫害。

三、对策建议

（一）强化组织领导，落实防治责任

一要建立责任制度。二要健全工作机制。加强部门协调配合，形成"属地管理、政府主导、部门协作、社会参与"的工作机制。三要严格奖惩制度。加大对责任落实情况的检查督导。

（二）健全监测体系，加强监测预警

一是进一步加密监测网点，健全省、市、县三级测报网络，抓好国家级、省级测报点专业队伍和基层护林员测报队伍，完善测报网络体系建设。二是充分发挥专家群体的作用，及时分析监测结果，准确掌握虫情规律和疫情动态，提升数据分析的系统性、趋势预测的科学性和应用的时效性，提高预警预报能力。主动为广大林农群众提供准确及时的林业生物灾害信息和防治指导服务，及时发现灾情，发布预警信息和短期趋势预测的信息发布工作，减免灾害损失。三是充分发挥村级查防员的作用，切实搞好疫情、虫情监测和巡查，特别是要密切监控重点区域、窗口。四是利用科技进步，掌握测报新技术、新方法。利用化学信息、遥感和生物技术等新技术手段开展监测，形成有害生物立体监测预警体系，提高监测成效。

（三）严格检疫监管，严防疫情传播

切实加强外来林业有害生物风险评估体系建设，强化检疫监管，严防外来有害生物的传入。完善检疫信息系统建设，加强产地检疫、调运检疫和复检，开展远程诊断，提高检疫检验质量，防止危险性林业有害生物的扩散蔓延。

（四）深化联防联治，保证防控成效

加大联防联治、联防联检区域合作，加强京津冀重点生态部位重大林业有害生物预防和治理力度。全面落实《冀蒙辽红脂大小蠹联防联治协议》，推进红脂大小蠹等重大有害生物的联防联控，确保区域整体防效。

（五）创新防治机制，推进社会防治

鼓励和引导成立各类专业化防治组织，推进政府向社会化防治组织购买除治、监测调查等服务。完善专业防治组织资质资格认定制度，保障公平、公正和有序竞争。

（六）加强宣传培训，提高预防意识

充分利用广播、电视、报纸、网络等各种媒体广泛深入地宣传，增强全民防控减灾意识。

（主要起草人：梁傢林　屈金亮；主审：周艳涛）

05 山西省林业有害生物 2019 年发生情况和 2020 年趋势预测

山西省林业和草原有害生物防治检疫局

【摘要】2019 年，全省林业有害生物发生面积 345.88 万亩；预测 2020 年全省林业有害生物发生面积约 365 万亩。

一、2019 年林业有害生物发生情况

2019 年，全省林业有害生物发生面积 345.88 万亩，其中：轻度发生面积 310.19 万亩，中度发生面积 31.87 万亩，重度发生面积 3.82 万亩（图 5-1）。

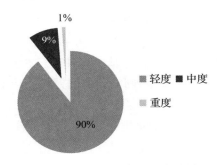

图 5-1 2019 年林业有害生物发生程度比重图

总发生面积中，虫害发生面积 232.58 万亩，比 2018 年的 249.50 万亩下降 6.78%；病害发生面积 23.32 万亩，比 2018 年的 24.96 万亩下降 6.57%；鼠（兔）害发生面积 86.89 万亩，比 2018 年的 82.00 万亩上升 5.96%；有害植物发生面积 3.09 万亩，比 2018 年的 2.40 万亩上升 28.75%（图 5-2）。

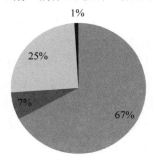

图 5-2 2019 年各类林业有害生物发生面积比例图

全年采取各种措施共防治各类有害生物面积 271.44 万亩，防治作业面积 349.07 万亩，其中，无公害防治面积 259.59 万亩，无公害防治率达 95.64%。

（一）发生特点

2019 年全省林业有害生物发生面积 345.88 万亩，与 2018 年 358.88 万亩相比，总体发生呈下降趋势，同比下降 3.62%（图 5-3），没有出现大面积灾情，但局部发生严重，主要表现为以下特点（图 5-4）。

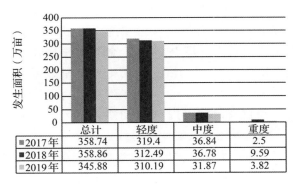

	总计	轻度	中度	重度
2017年	358.74	319.4	36.84	2.5
2018年	358.86	312.49	36.78	9.59
2019年	345.88	310.19	31.87	3.82

图 5-3 2017 年、2018 年、2019 年林业有害生物发生程度对比图

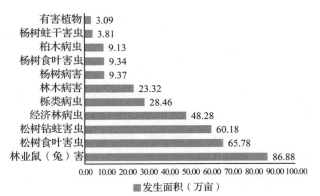

图 5-4 2019 年主要林业有害生物种类发生面积对比图

（1）食叶害虫总体呈下降趋势，但发生面积仍较大，个别种类危害仍较为严重。油松毛虫、靖远松叶蜂、落叶松鞘蛾稳中略有下降，危害减轻；松阿扁叶蜂、春尺蠖、杨柳毒蛾呈明显下降趋势；落叶松红腹叶蜂、舞毒蛾呈上升趋势；绿盲蝽、落叶松球蚜、松大蚜、龟蜡蚧、大青叶蝉、方翅网蝽等刺吸性害虫发生频次高，在部分地区危害较重。

（2）钻蛀类害虫总体处于稳定态势，与2018年相比略有下降，个别种类在局部地区发生仍较为严重。红脂大小蠹、松纵（横）坑切梢小蠹、微红梢斑螟、栎旋木柄天牛呈上升趋势；杨树天牛稳中有降；柏肤小蠹、双条杉天牛、日本双棘长蠹呈下降趋势；沙棘木蠹蛾呈明显上升趋势，在部分地区偏重发生。

（3）经济林病虫较2018年略有上升，同比上升1.77%。核桃举肢蛾、绿盲蝽、枣尺蛾发生呈上升趋势；枣飞象呈明显下降趋势，但在吕梁部分县偏重发生；核桃腐烂病、枣锈病、枣疯病发生呈上升趋势。

（4）林业鼠（兔）害较2018年呈上升趋势，危害程度有所加重，同比上升5.93%。

（5）林木病害较2018年有所减轻，同比下降6.57%。杨树腐烂病、松立枯病发生仍较重；杨树黑斑病同比下降19.92%；侧柏叶枯病在局部地区发生严重，同比上升74.43%，呈显著加重趋势。

（6）松材线虫病、美国白蛾入侵风险不断加大。继晋城沁水县发现松材线虫媒介昆虫松褐天牛，晋城、大同、太原和关帝林局、管涔林局等地又相继发现云杉花墨天牛、灰长角天牛两种传播松材线虫病新的媒介昆虫，但经检测鉴定未发现感染松材线虫病。

（二）主要林业有害生物发生情况分述

1. 松树钻类性害虫

发生呈下降趋势，局部地区危害有所加重，2019年发生面积60.18万亩，较2018年（62.92万亩）同比下降4.35%。

红脂大小蠹　全年发生41.12万亩，较2018年（39.75万亩）同比上升3.45%，晋城陵川和沁水、晋中和顺以及关帝林局、黑茶林局、太岳林局、中条林局、吕梁林局、太行林局部分林场危害较重。

微红梢斑螟　全年发生13.20万亩，较2018年（18.61万亩）同比下降29.07%，主要发生在大同、晋城、运城、临汾、晋中和中条林局等地。

松纵（横）切梢小蠹　全年发生4.51万亩，较2018年（4.30万亩）同比上升4.88%，主要发生在关帝林局、太行林局等地。

2. 松树食叶害虫

2019年发生面积65.78万亩，较2018年（74.26万亩）同比下降11.42%。

华北落叶松鞘蛾　全年发生23.23万亩，与2018年（23.28万亩）同比基本持平，处于相对稳定态势，在朔州应县、忻州代县和五台林局、管涔林局、黑茶林局、关帝林局个别林场危害仍较重。

靖远松叶蜂　全年发生10.41万亩，较2018年（12.94万亩）同比下降19.55%，分布在太原万柏林区、古交和关帝林局、太岳林局等地，在关帝林局个别林场偏重发生。

松阿扁叶蜂　全年发生9.89万亩，较2018年（16.17万亩）同比下降38.84%，主要发生在晋城沁水、临汾汾西以及运城万荣、平陆、闻喜、夏县和中条林局。

油松毛虫　全年发生8.57万亩，较2018年（10.18万亩）同比下降15.82%，主要发生在大同广灵、朔州朔城、忻州偏关、晋城泽州和中条林局等地。

落叶松红腹叶蜂　全年发生6.76万亩，较2018年（4.92万亩）同比上升37.40%，在大同浑源、太行林局、五台林局、关帝林局部分林场发生仍较为严重。

3. 杨树害虫

杨树食叶害虫　2019年发生面积9.34万亩，较2018年（11.75万亩）同比下降20.51%。其中，舞毒蛾全年发生3.61万亩，较2018年（2.57万亩）同比上升40.47%，主要发生在大同广灵、朔州朔城、晋中左权和吕梁林局等地。

杨树蛀干害虫　2019年发生面积3.81万亩，较2018年（3.83万亩）同比下降0.52%。其中，光肩星天牛全年发生2.07万亩，桑天牛全年发生0.89万亩，基本呈稳定态势，同比2018年（3.43万亩）下降13.70%，朔州、临汾、运城个别地区的杨柳树行道树发生仍较重。

4. 经济林病虫

2019 年发生面积 48.28 万亩,总体发生呈稳定态势,较 2018 年(47.44 万亩)同比上升 1.77%。其中,核桃举肢蛾全年发生 10.60 万亩,较 2018 年(7.64 万亩)同比上升 38.74%,主要发生在阳泉、晋中、吕梁、临汾、运城的部分县区;桃小食心虫发生 4.84 万亩,与 2018 年(4.82 万亩)基本持平,主要分布在吕梁临县、晋城阳城、运城稷山;枣飞象发生 2.11 万亩,较 2018 年(4.63 万亩)同比下降 54.43%,主要分布在吕梁临县、晋中太谷;沙棘木蠹蛾发生 3.56 万亩,较 2018 年(2.45 万亩)同比上升 31.18%,仅在朔州右玉发生;杏球坚蚧发生 2.03 万亩,较 2018 年(2.16 万亩)同比下降 6.02%,主要分布在大同天镇、广灵、灵丘和晋中太谷、运城临猗。核桃腐烂病发生 4.34 万亩,同比 2018 年(3.07 万亩)上升 41.37%,在大同、阳泉、长治、晋城、晋中、运城等核桃产区发生较重;核桃炭疽病发生 0.51 万亩,主要分布在运城部分县区;枣疯病发生 0.33 万亩,主要在晋中、临汾部分县区发生。

5. 林业鼠(兔)害

2019 年发生面积 86.88 万亩,较 2018 年(82.02 万亩)同比上升 5.93%。

中华鼢鼠 全年发生 41.08 万亩,较 2018 年(51.38 万亩)同比下降 20.05%,主要发生在晋西北丘陵黄土高原新造林地,尤以大同、朔州、忻州部分县区和杨树林局、五台林局、管涔林局、黑茶林局个别林场较重。

草兔 全年发生 42.18 万亩,危害明显加重,较 2018 年(28.92 万亩)同比上升 45.85%,其分布广、发生范围大,从南到北新造林地均不同程度受害。

6. 林木病害

2019 年发生面积 23.32 万亩,危害总体偏轻,较 2018 年(24.96 万亩)同比下降 6.57%。杨树黑斑病发生稳中有降,全年发生 8.20 万亩,较 2018 年(10.23 万亩)同比下降 19.84%,主要分布在朔州右玉、长治沁源、临汾洪洞;侧柏叶枯病发生 4.38 万亩,发生呈显著上升趋势,在长治沁县、晋城沁水、运城夏县、吕梁交城和关帝林局个别林场发生。

7. 有害植物

2019 年发生面积 3.09 万亩,较 2018 年(2.40 万亩)同比上升 28.75%。

8. 其他病虫

木橑尺蠖全年发生面积 18.33 万亩,较 2018 年(18.98 万亩)同比下降 3.42%,主要发生在晋城泽州、运城垣曲;栎旋木柄天牛全年发生 9.33 万亩,较 2018 年(6.97 万亩)同比上升 33.86%,主要发生在中条林局;绿盲蝽发生 3.80 万亩,较 2018 年(3.61 万亩)同比下降 5.26%;山西土白蚁发生 3.00 万亩,较 2018 年(3.61 万亩)同比下降 16.90%;国槐尺蛾发生 2.78 万亩,较 2018 年(3.15 万亩)同比下降 11.75%;华北蝼蛄发生 2.27 万亩,与 2018 年基本持平;春尺蠖发生 1.97 万亩,较 2018 年(2.86 万亩)同比下降 31.12%,主要分布在晋中、阳泉的个别县区和临汾尧都、襄汾。

(三)成因分析

1. 气候变化影响

2019 年,异常气候仍是影响山西省林业有害生物发生危害的主要因素。一是由于去年冬季雨雪少,温度较往年低,一定程度上降低了病虫越冬基数,林业有害生物危害有所减轻;二是春季干旱低温,遏制了部分虫害的滋生和蔓延。夏季集中降雨较多,又助长了一些病害的发生危害。

2. 森林资源状况

近年来,山西省注重营造混交林,树种结构逐步改善,一定程度上减少了病虫害集中连片的暴发,但已经成林的树种纯林面积比例仍然较大,林分结构不合理,林木抗逆性较差,抚育管理措施不科学,林业有害生物容易发生蔓延;一些新造林地普遍立地条件差,多为弃耕地、退耕地、灌木林地等地,林牧矛盾突出,鼠(兔)害缺少天敌制约,种群密度仍然较大。

3. 监测水平现状

全省监测网络体系日臻完善,监测技术和手段有效提高,监测覆盖率和准确率得到保障,为早发现、早防治提供了科学依据,避免了小灾酿大灾。但一些基层单位对防治工作仍不够重视,重造轻管,加之受监测手段落后和测报员技术能力制约,监测调查工作不到位,难以做到监测全覆盖和早发现,使一些病虫得不到及时有效的治理，边防治边扩散的现象仍然存在。

4. 防治措施实施

针对主要有害生物发生危害，各地突出重点，认真开展综合治理，实施联防联治，加之财政资金投入增加和森林保险理赔资金注入，以及飞防等先进防治手段的应用，提高了防治面积和成效，一些主要有害生物灾情得到有效控制，减轻了发生危害。

二、2020 年林业有害生物发生趋势预测

（一）2020 年总体发生趋势预测

根据山西省气象局 2020 年的气候趋势预测，参考历年资料、森林生态条件和病虫害周期性发生特点，结合各地越冬基数调查结果和防治现状，运用自回归模型、有效虫口基数预测法和逐步回归分析等方法，经综合分析预测，2020 年山西省林业有害生物发生面积约 365 万亩，总体发生较去年呈上升趋势，部分病虫鼠（兔）害仍将偏重发生。其中，枝梢及蛀干（根）害虫稳中略有上升，个别种类在局部地区可能成灾；食叶害虫总体处于稳定态势，但个别种类在局部地区仍将呈偏重发生；经济林病虫害发生较为稳定，与 2019年基本持平，局部地方可能发生灾情；林木病害发生稳中略有上升；鼠（兔）害发生较为稳定，发生面积与 2019 年持平，局部危害仍较重。

（二）分种类发生趋势预测

1. 松钻蛀类害虫

2020 年，松树钻蛀类害虫发生总体平稳，但由于近两年山西省一些林区发生多起面积较大的森林火灾，原来较为稳定的森林生态系统遭受破坏，加之松林抚育管理不到位，林内卫生条件较差，为钻蛀类害虫的传播提供了有利条件。预测 2020 年山西省松钻蛀类害虫发生将呈上升趋势，面积约 64 万亩。

红脂大小蠹　总体平稳，但受松林火灾、抚育管理影响，局部地区可能出现反弹，预测发生面积 44 万亩（图 5-5），主要发生在太原、晋中、晋城、临汾、忻州、长治和关帝林局、吕梁林局、太岳林局、黑茶林局、中条林局等地。

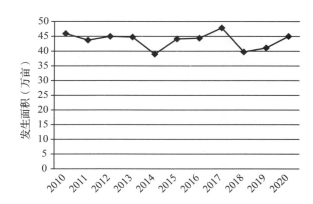

图 5-5　红脂大小蠹发生趋势预测图

微红梢斑螟　预测 2020 年发生面积 13 万亩，主要发生在大同、晋城、运城、临汾和中条林局等地。

2. 松树食叶害虫

受"厄尔尼诺"影响，2019 年冬季全省总体呈现暖冬气候，有利于害虫越冬，预测 2020 年松树类食叶害虫整体偏重发生，局部地区有小幅度下降，预测面积 70 万亩。

油松毛虫　越冬虫口基数较大，加之周期性发生特点，发生呈上升趋势，预测 2020 年发生面积 9.6 万亩（图 5-6），主要发生在大同、忻州、临汾、晋城以及中条林局等地；松阿扁叶蜂、落叶松红腹叶蜂等松叶蜂预测 2020 年发生面积 35万亩，与 2019 年基本持平，局部地区可能出现灾情；靖远松叶蜂稳中有升，在个别地区可能发生局部灾情，范围有扩大的趋势；华北落叶松鞘蛾由于近年来加大了防治力度，虫情得到有效控制，预测 2020 年发生面积 21.4 万亩，主要发生在管涔林局、五台林局、黑茶林局、关帝林局的部分林场。

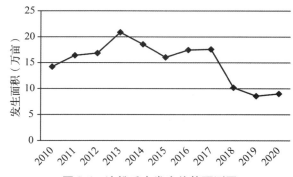

图 5-6　油松毛虫发生趋势预测图

3. 杨树害虫

杨树蛀干和食叶害虫 2019 年发生较重，越冬虫口基数较大，预测 2020 年发生稳中有升，

面积约 14 万亩。光肩星天牛发生呈平稳趋势，预测发生面积 2.3 万亩，不会发生新的较大灾情；桑天牛在临汾、运城、晋城等地发生较为稳定，危害程度将有所减缓；春尺蠖、杨柳毒蛾发生总体稳定，不会形成大的灾情；舞毒蛾在大同广灵、朔州朔城、晋中左权和吕梁林局等地发生，预测面积 3.5 万亩。

4. 经济林病虫

经济林病虫种类多、分布广，遍及全省红枣、核桃等经济林产区。预测 2020 年发生面积和危害程度较为稳定，发生面积约 47 万亩。其中，核桃举肢蛾、食芽象甲、桃小食心虫、杏球坚蚧、桑白蚧、日本龟蜡蚧、绿盲蝽等害虫越冬基数较大，发生面积稳中有升；核桃腐烂病、核桃黑斑病、枣锈病等病害发生总体稳中有降，但在个别地区仍将偏重发生；枣疯病发生范围仍将扩大，应引起重视。

5. 林业鼠（兔）害

随着造林绿化力度加大，未成林地面积逐年增加，野兔、中华鼢鼠等鼠兔种群密度较大，导致林业鼠（兔）害发生连续多年居高不下，通过连年持续有效综合治理，种群虽得到一定控制，但是危害面积仍较大，发生形势不容乐观。预测 2020 年鼠（兔）害发生面积 85 万亩（图5-7），比 2019 年略有下降。种类以中华鼢鼠、棕背䶂和草兔为主，主要分布在大同、朔州、忻州、晋中、临汾和省直各林局，北部地区较南部地区偏重发生。

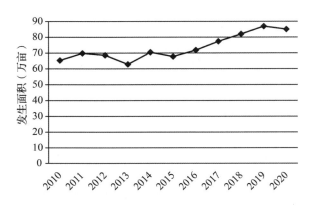

图5-7 鼠兔害发生趋势预测图

6. 林木病害

根据 2020 年山西省气候预测分析，夏季降水局部地区较往年偏少，林木病害整体发生平稳，将呈下降趋势，预测 2020 年发生面积约 25 万亩。其中，杨树腐烂病、松苗立枯病危害仍较重；杨树黑斑病发生稳中有降，预测发生面积 9 万亩，主要分布在朔州右玉、长治沁源；侧柏叶枯病发生平稳，预测面积 5 万亩，在个别地区将偏重发生。

7. 有害植物

种类主要为日本菟丝子，分布较广。由于这几年各地重视不够，防治不彻底，导致蔓延迅速，对一些灌木林地造成危害。预测 2020 年发生面积 4 万亩，主要以临汾、晋城、太原等地发生较重。

8. 其他有害生物

预测 2020 年发生面积 56 万亩。其中，木橑尺蠖、国槐尺蛾、沙棘病虫害、白蚁等越冬基数较大，发生呈上升趋势；蚜虫、草履蚧、牡蛎盾蚧、大青叶蝉、悬铃木方翅网蝽等刺吸性害虫发生频次高，发生程度轻度至中度，全省范围均有分布，预测发生面积约 10 万亩。

9. 重大外来有害生物

美国白蛾在山西省周边的北京、河北、河南、内蒙古均有发生，对山西形成包围态势；松材线虫病在山西省周边陕西、河南发生，最近疫区县距山西省直线距离不足 80 公里，随着贸易往来，入侵几率不断加大，在山西省发生疫情的可能性较大。近两年，山西一些地方相继发现松材线虫病媒介昆虫松褐天牛、云杉花墨天牛成虫和灰长角天牛危害，防控形势更加紧迫和严峻，需引起高度重视。

三、对策建议

（一）加强监测预报工作，提升灾害预警能力

进一步建立健全省、市、县、乡四级监测网络，落实监测责任，继续实施护林员巡查、森防专业人员重点核查的监测网格化管理，全面推行护林员监测日志制度，开展监测预警天空地立体网络体系建设，提高监测覆盖面。加强测报点管理，及时发布灾情预警信息，为科学控灾提供决策依据，全面提升林业有害生物监测预报水平。

（二）强化检疫御灾工作，防范有害生物入侵

进一步加强产地检疫和调运检疫，严格执行

《检疫要求书》和检疫审批制度，强化对苗木、松材制品的流通监管，加大检疫执法力度，严厉打击违法违规调运。落实各项防控措施，加强检疫阻截，认真组织开展秋季疫情普查和日常监测工作，严防松材线虫病、美国白蛾等重大林业有害生物入侵危害。

（三）加强科技支撑力度，提高防治减灾水平

加大林业有害生物防控科研和新技术推广力度，积极了解林业有害生物防治技术的发展，筛选适合山西省的防治新技术，进行引进消化吸收，提高科技转化率。大力推行人工、物理、天敌、引诱等无公害防治措施，加强林木抚育管理，通过修剪、平茬、间伐等措施，增强树势，保护生物多样性，提高抵抗病虫的能力，实现有害生物可持续控灾。

（四）开展森防知识宣传，提高公众防控意识

充分利用广播、电视、报刊、简报、宣传栏、宣传车等媒介途径开展多形式、全方位宣传，切实提高公众对林业有害生物危害性和危险性的认识，激发群众的参与主动性和积极性，增强全社会的防治意识，建立和完善林业有害生物防控长效机制。普及森防基础知识，以网络森林医院为服务平台，提升社会化服务水平。同时，进一步加大相关法律法规的宣传，为依法防治营造良好的社会环境。

（五）抓好基层技术培训，加强森防队伍建设

定期对基层森防人员开展业务培训，建立常态化培训机制，进一步提升一线业务人员监测、防治技术能力和业务水平。加强森防基础设施建设，强化队伍建设，提高森防队伍的整体素质。

（主要起草人：高洁　王晓俪；主审：周艳涛）

06 内蒙古自治区林业有害生物 2019 年发生情况和 2020 年趋势预测

内蒙古自治区森林病虫害防治检疫站

【摘要】2019 年，内蒙古自治区共发生各类林业有害生物 1158.64 万亩，其中轻度发生 640.41 万亩，中度发生 361.04 万亩，重度发生 157.19 万亩。与 2018 年比较，总体平稳，局部地区个别虫种灾情严重。检疫性林业有害生物发生面积稳中有降，但松材线虫病扩散蔓延到内蒙古潜在风险极大；突发性林业有害生物蔓延速度快，发生面积大；常发性林业有害生物多发、频发势头得到有效遏制；钻蛀性林业有害生物发生趋于平稳，危害程度减轻；林业鼠（兔）害继续呈现"双下降"趋势。

2020 年，内蒙古自治区林业有害生物发生面积将呈现下降趋势，预测发生面积为 1119 万亩左右，发生程度中度偏轻。

针对本地区林业有害生物发生特点，建议：一是加强林业有害生物监测体系建设，全面落实监测责任；二是强化检疫执法工作，从源头控制林业有害生物疫情扩散；三是加强防治能力建设，提高科技支撑含量；四是积极做好各项防灾应急准备；五是加强宣传，提高社会认知。

一、2019 年林业有害生物发生情况

2019 年，内蒙古自治区共发生各类林业有害生物 1158.64 万亩，同比上年度发生总量基本持平，其中轻度发生 640.41 万亩，中度发生 361.04 万亩，重度发生 157.19 万亩。2018 年预测发生 1115 万亩，测报准确率 96.09%。2019 年，内蒙古自治区虫害发生 874.44 万亩，同比上年度上升 5%；林业鼠（兔）害 231.28 万亩，同比上年度下降 6.02%；林木病害发生 52.93 万亩，同比上年度下降 28%（图 6-1）。

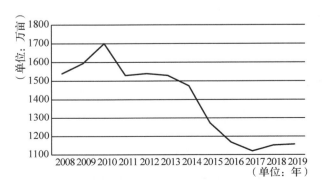

图 6-1　林业有害生物发生面积趋势图

根据各地年度防治管理目标任务考核，内蒙古自治区各种林业有害生物防治面积 654.7 万亩（累计防治作业面积 690.44 万亩次）。主要林业有害生物成灾率控制在 4.5‰ 以下（0.23‰），无公害防治率达到 97.05%，实现了预期管理任务指标。

（一）发生特点

2019 年，内蒙古自治区林业有害生物发生总体平稳，局部地区个别虫种灾情严重。检疫性林业有害生物发生面积稳中有降，但松材线虫病扩散蔓延至内蒙古的潜在风险极大；突发性林业有害生物蔓延速度快，发生面积大；常发性林业有害生物多发、频发势头得到有效遏制；钻蛀性林业有害生物发生趋于平稳，危害程度减轻；林业鼠（兔）害继续呈现"双下降"趋势。

（二）主要林业有害生物发生情况分述

1. 虫害

全区统计到发生虫害 122 种。其中：食叶害虫 61 种，合计发生面积 650.94 万亩；钻蛀性害虫 24 种，合计发生面积 114.18 万亩；地下害虫、种实害虫、刺吸类害虫、枝梢害虫等其他害虫 36 种，合计发生面积 99.3 万亩。发生面积 100 万

亩以上的 1 种(黄褐天幕毛虫),50 万亩到 100 万亩的 1 种(松毛虫),20 万亩到 50 万亩的 5 种,10 万亩到 20 万亩的 17 种,10 万亩以下的 98 种。

(1)检疫性林业有害生物发生情况

美国白蛾　发生面积 2.42 万亩,同比下降 34%。发生区在通辽市科尔沁左翼后旗(以下简称科左后旗)的 3 个镇。全年共诱捕到美国白蛾成虫 61 头,较 2018 年减少了 108 头。其中,诱捕到越冬代成虫 18 头,第二代成虫 43 头。

通辽市科尔沁左翼中旗(以下简称科左中旗)于 2019 年初确定为美国白蛾疫区,全年共诱捕到美国白蛾第二代成虫 5 头,诱到的成虫数量同比上年度减少了 3/4。在诱到成虫的监测点周围 200 米范围和疑似地区开展幼虫网幕调查,未发现美国白蛾幼虫。

红脂大小蠹　发生面积 19.07 万亩,同比下降 3%。自赤峰市 2017 年发现红脂大小蠹以来,该害虫在内蒙古自治区经过连续 2 年迅猛扩散后,2019 年蔓延势头减缓,发生面积、发生范围趋于平稳。发生区由赤峰市、通辽市的 8 个旗(县、区)减少成 6 个,赤峰市红山区、元宝山区 2019 年未发现活虫及危害状。

杨干象　发生面积 4.7 万亩,同比下降 14%,中度以上发生面积同比上年度下降 62.94%。发生趋势平稳,危害程度减轻,没有向外扩散蔓延的趋势。发生区在赤峰市和通辽市的 8 个旗(县、区)。

我国松材线虫病已扩散到 18 个省(自治区、直辖市)634 个县级行政区,呈现出点多面广、全域暴发之势,今年内蒙古自治区在全区范围内针对松材线虫病进行了普查和检疫、监测等执法督查,目前尚未观察到松材线虫病。

(2)突发性林业有害生物发生情况

黄褐天幕毛虫　周期性发生,范围广、面积大。发生面积 185.42 万亩,同比上升 9%,占全区林业有害生物总发生面积的 16%,仅在兴安盟发生面积就达到 109.36 万亩。发生区在兴安盟、通辽市、赤峰市、巴彦淖尔市、鄂尔多斯市等 10 个盟(市)的 35 个旗(县、区)(图 6-2)。

松毛虫　周期性发生,分布范围广,局部地区灾情严重。发生面积 85 万亩,同比上升 332.71%。在呼伦贝尔市柴河林业局发生严重地区平均虫口密度达到 350 头/株,有虫株率

100%,林相残破,状似火烧。发生区在全区除阿拉善盟、乌海市、巴彦淖尔市以外 9 个盟(市)的 25 个旗(县、区)。呼伦贝尔市柴河林业局发生面积达 52.65 万亩,重度发生就达到 44.72 万亩(图 6-3)。

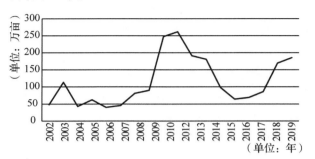

图 6-2　黄褐天幕毛虫发生面积趋势图

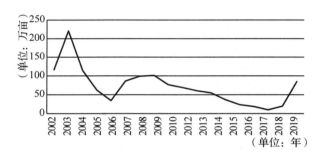

图 6-3　松毛虫发生面积趋势图

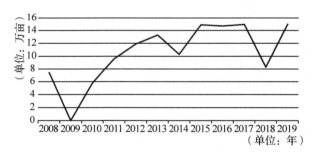

图 6-4　灰斑古毒蛾发生面积趋势图

白刺夜蛾　突发性强,蔓延速度快。发生面积 15.33 万亩,同比上升 337.91%,发生区在阿拉善盟的阿拉善左旗(以下简称阿左旗)和阿拉善右旗(以下简称阿右旗)。该虫在当地扩散蔓延势头极为迅猛,造成大面积白刺叶片被取食殆尽,中度以上发生面积达到 15.03 万亩,占发生面积的 98%。

灰斑古毒蛾　发生面积 14.99 万亩,同比上升 80.63%,发生区在鄂尔多斯市、巴彦淖尔市、阿拉善盟的 5 个旗(图 6-4)。

柽柳条叶甲　发生面积 7 万亩,同比上升

430.3%，发生区在阿拉善盟额济纳旗。

（3）食叶类林业有害生物发生情况

食叶类林业有害生物 2019 年整体呈现平稳下降的发生趋势，个别虫种发生面积略有增加，发生程度以轻度发生为主。

春尺蠖　发生面积 40.02 万亩，同比上升 10.87%，发生区在全区除呼和浩特市、通辽市和赤峰市以外 9 个盟（市）的 25 个旗（县、区）。其中鄂尔多斯市、阿拉善盟、包头市发生面积最大（图 6-5）。

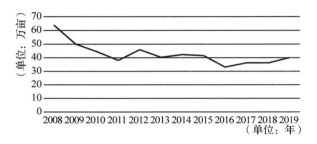

图 6-5　春尺蠖发生面积趋势图

柳毒蛾　发生面积 33.19 万亩，同比下降 2.61%，发生区在呼和浩特市、通辽市、鄂尔多斯市、呼伦贝尔市和锡林郭勒盟的 18 旗（县、区）。其中鄂尔多斯市的伊金霍洛旗发生面积最大（图 6-6）。

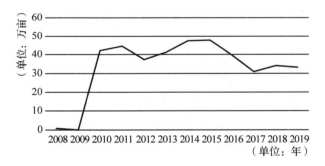

图 6-6　柳毒蛾发生面积趋势图

梦尼夜蛾　发生面积 32.16 万亩，同比基本持平，发生区在兴安盟、锡林郭勒盟的 5 个旗（林业局）。其中锡林郭勒盟的西乌珠穆沁旗发生面积最大。

榆紫叶甲　发生面积 20.98 万亩，同比下降 12%，发生区在通辽市、呼伦贝尔市、巴彦淖尔市、兴安盟和锡林郭勒盟的 11 个旗（县、区）。通辽市发生面积相对较大（图 6-7）。

远东龟铁甲　发生面积 19.02 万亩，同比下降 20.38%，发生区在呼和浩特市、乌兰察布市

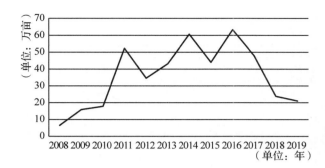

图 6-7　榆紫叶甲发生面积趋势图

和包头市沿大青山的 8 个旗（县、区）。呼和浩特市发生面积相对较大。

栎尖细蛾　发生面积 16.17 万亩，同比下降 18.06%，发生区在呼伦贝尔市扎兰屯市和南木林业局。

褛裳夜蛾　发生面积 14 万亩，同比下降 17.65%，发生区在阿拉善盟额济纳旗，危害胡杨叶片。

黛裳蛾　发生面积 12 万亩，同比持平，发生区在鄂尔多斯市的鄂托克旗，危害柠条新芽、嫩叶。

（4）钻蛀性林业有害生物发生情况

钻蛀性林业有害生物发生面积呈稳中有降的趋势，多以中、轻度发生为主。

光肩星天牛　发生面积 18.58 万亩，同比下降 2.44%，发生区在巴彦淖尔市、包头市、鄂尔多斯市、乌海市、呼和浩特市等 8 个盟（市）的 26 个旗（县、区）。巴彦淖尔市发生面积最大。成灾面积从 1.6 万亩下降到 0.65 万亩。通辽市科左后旗和库伦旗 2018 年光肩星天牛危害开始显现，虽然面积不大，但发生程度多以中度以上为主（图 6-8）。

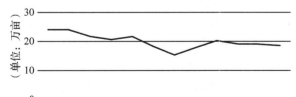

图 6-8　光肩星天牛发生面积趋势图

青杨天牛　发生面积 12.2 万亩，同比下降 35.08%，发生区在通辽市、鄂尔多斯市、巴彦淖尔市、兴安盟、赤峰市的 21 个旗（县、区）。鄂尔多斯市发生面积最大（图 6-9）。

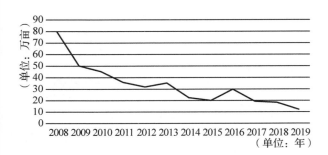

图 6-9　青杨天牛发生面积趋势图

红缘天牛　发生面积 18.3 万亩，同比下降 23.43%，发生区在鄂尔多斯市、乌海市的 4 个旗（区），危害濒危植物四合木。鄂尔多斯市鄂托克旗发生面积最大（图 6-10）。

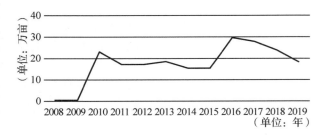

图 6-10　红缘天牛发生面积趋势图

沙棘木蠹蛾　发生面积 24.61 万亩，同比下降 14.55%，发生区在鄂尔多斯市、包头市、呼和浩特市、锡林郭勒盟、赤峰市和乌兰察布市的 9 个旗（县、区）。鄂尔多斯市发生面积最大。

2. 林业鼠（兔）害发生情况

2019 年林业鼠（兔）害在全区统计到发生 10 种，其中林业兔害 1 种，林业鼠害 9 种，发生范围包括 12 个盟（市）的 44 个旗（县、区），发生面积 231.28 万亩。内蒙古自治区林业鼠（兔）害继续呈现发生面积和发生程度"双下降"的趋势，发生面积同比上年度下降 6.02%；中度以上发生同比上年度下降 13.08%；成灾面积同比上年度下降 70.25%（图 6-11）。

大沙鼠　发生面积 137.73 万亩，同比下降 4.88%。发生区在阿拉善盟、巴彦淖尔市和乌海市的 9 个旗（区）。主要危害梭梭等荒漠植物，啃食树木幼嫩枝条（图 6-12）。

达乌尔黄鼠　发生面积 20.95 万亩，同比下降 5.64%，发生区在赤峰市、乌兰察布市、锡林郭勒盟的 9 个旗（县）。以盗食种子、幼苗根茎在飞播区及新造林地危害。

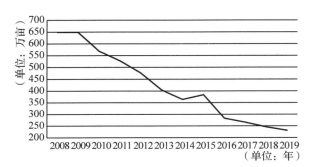

图 6-11　林业鼠（兔）害发生面积趋势图

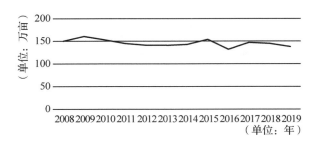

图 6-12　大沙鼠发生面积趋势图

鼢鼠　发生面积 13.68 万亩，同比下降 10%，其中东北鼢鼠在呼伦贝尔市和兴安盟的 4 个旗（市、局）发生；草原鼢鼠在通辽市、锡林郭勒盟的 3 个旗（县）发生；中华鼢鼠在呼和浩特市、鄂尔多斯市、乌兰察布市、通辽市的 6 个旗（县）发生。通过啃食针叶树根系，导致树木死亡。

野兔　发生面积 27.7 万亩，同比下降 17.31%，发生区在呼和浩特市和鄂尔多斯市的 7 个旗（县）。在早春和干旱缺水的时候，野兔啃食油松、樟子松幼树的树皮、嫩茎、嫩芽、树根，也盗食种子，严重影响造林成活率。

3. 林木病害发生情况

2019 年全区统计到发生病害 22 种，发生面积 52.93 万亩。主要有：杨树烂皮病、杨破腹病、杨叶锈病、杨根癌病、旱柳枯萎病、樟子松红斑病、松赤枯病、松梢枯病和部分经济林病害等。

以杨树烂皮病、杨破腹病、杨叶锈病为主的杨树病害 2019 年共发生 18.35 万亩，较 2018 年略有上升。广泛发生在赤峰市、通辽市、兴安盟、呼伦贝尔市、鄂尔多斯市等 11 个盟（市）的 34 个旗（县、区）。

2019 年旱柳枯萎病共发生 23.29 万亩，同比下降 10.26%，发生区在鄂尔多斯市 7 个旗（区），通过对感染旱柳枯萎病的病株和感病枝进行清除，有效地抑制了病原菌进一步扩散蔓延。

（三）发生原因分析

（1）林业有害生物自身发生发展规律导致部分林业有害生物周期性暴发。松毛虫、黄褐天幕毛虫等林业有害生物发生具有比较明显的周期性，根据历史经验判断，在东部地区8～10年为一个发生周期。上两次大暴发分别是2003年和2011年，经过增殖积累，2018年、2019年进入周期性大暴发年份。

（2）寄主植物空间、林间分布情况在一定程度上影响林业有害生物发生。在内蒙古东部地区黄褐天幕毛虫的主要寄主是山杏、柞树、榆树等，兴安盟、通辽部分县区山杏大面积集中连片，因此极易形成大面积灾害。草畜平衡、禁牧休牧等制度执行，草原生态环境得到明显改善。与往年相比，植被盖度相对较好，食物充足，鼠害从林地转移到草原、农田，对林地危害下降。

（3）气象因子是影响林业有害生物发生的重要因素。2018年全区大部分地区冬季气温偏高，2019年春季降水较少，越冬卵的孵化率、幼虫的成活率均高于往年，导致部分突发食叶害虫虫口密度大，扩散蔓延快，成灾面积大。赤峰市2019年春、夏气温比常年偏高1.6℃，降水比常年偏多91％，温度适宜、降水偏多导致烂皮病传播扩散，因此杨树烂皮病发生面积略有增加。

（4）由于内蒙古自治区西部地区自然环境恶劣、植被类型单一，生物多样性差，森林生态系统自我调控能力弱，造成森林生态系统稳定性差，为林业有害生物成灾提供了极为有利的条件。在气象等条件适宜的情况下，灾害快速扩散蔓延，危害程度严重。

二、2020年主要林业有害生物发生趋势预测

（一）2020年总体发生趋势预测

综合2019年内蒙古自治区林业有害生物发生防治情况、今冬明春中长期天气预测、林业有害生物发生规律和各地区越冬基数调查分析，2020年，内蒙古自治区林业有害生物发生面积将呈现下降趋势，预测发生面积为1119万亩左右，发生程度中度偏轻。其中：病害预计发生95万亩左右，虫害预计发生805万亩左右，林业鼠（兔）害预计发生219万亩左右。全区林业有害生物面积将呈稳中有降的趋势，发生程度将以中度偏轻为主。

2020年，重点监测松材线虫病、美国白蛾、红脂大小蠹、松毛虫、黄褐天幕毛虫等检疫性、暴发性林业有害生物，加强对荒漠植被林业有害生物监测，控制常发性林业有害生物，应注意防范维持平稳发展态势，不发生重大灾害；林木病害可能会有较大幅度的增加。及时了解和掌握发生动态，及时发布虫情信息，提前做好防控准备，争取做到"防早""防小"。

（二）分种类发生趋势预测

1. 检疫性林业有害生物发生预测

松材线虫病　距离内蒙古最近的松材线虫病疫区直线距离不足70公里，扩散蔓延到内蒙古可能性极大；随着电力、通讯等基础设施建设加快，电缆盘等松木制品及包装材料调入内蒙古的数量也会相应增加，疫情威胁迫在眉睫，压力巨大，形势严峻。

美国白蛾　预计发生3.7万亩左右，发生面积呈上升趋势，发生程度以中度为主。美国白蛾寄主范围广、适应性强、繁殖力强、天敌少、传播途径多，并且美国白蛾幼虫破网后防治，易留下死角，存在局部暴发成灾的可能性。

红脂大小蠹　预计发生14万亩左右，发生面积呈下降趋势，发生程度以轻度为主。扩散势头将得到控制，被害株率降低，但突发的林火，造成火烧迹地，不排除传入相邻盟市、相邻旗区的可能。

杨干象　预计发生4万亩左右，与2019年基本持平，略有下降。发生区仍集中在赤峰市和通辽市部分旗区。

2. 食叶类林业有害生物发生预测

各类松毛虫　预计发生79万亩左右，与2019年基本持平，略有下降。通过2019年兴安盟、呼伦贝尔市越冬基数调查，严重发生的林地幼虫株率52％左右，虫口密度在47头/平方米，越冬虫口密度较2018年140头/平方米有了较大幅度的降低。预计发生面积减少，发生程度以中度偏轻发生为主，局部地区仍有成灾的可能。发

生区域仍集中在呼伦贝尔市、兴安盟、通辽市和赤峰市的部分旗县，呼和浩特市、乌兰察布市也有可能大面积暴发。

黄褐天幕毛虫　预计发生153万亩左右，发生面积呈下降趋势。在今年越冬基数调查时，防治区很少见到越冬卵块，在一些防治死角或漏防地区有虫株率平均40%左右，平均虫口密度5块/株，70～210粒/块。黄褐天幕毛虫经过2018年和2019年两年大暴发，根据监测数据结合上两轮次大发生规律分析，黄褐天幕毛虫发生面积将会有所下降，村屯周围或零星山杏林可能成为2020年发生的重点区域。

梦尼夜蛾　预计发生9万亩左右，发生面积呈大幅下降趋势。主要发生在锡林郭勒盟和兴安盟。锡林郭勒盟有虫株率69%，平均虫口密度16头/株；兴安盟有虫株率70%，每平方米越冬蛹4头左右。越冬基数两地均低于往年。根据种群在林间的关系和历年观察经验，梦尼夜蛾往往和白桦尺蠖交替危害，因此2020年随着梦尼夜蛾发生面积的减少，白桦尺蠖发生面积可能会有大幅增加。

春尺蠖　预计发生40万亩左右，发生面积基本持平。主要分布在鄂尔多斯市、巴彦淖尔市和包头市，乌兰察布市、锡林郭勒盟也有少量分布。

柳毒蛾　预计发生43万亩左右，发生面积呈上升趋势。集中发生在鄂尔多斯市，危害沙柳。鄂尔多斯市气候干旱温暖，沙柳平茬作业少，越冬虫口基数大且鄂尔多斯市沙柳多为人工纯林，树种单一，生态环境较差，森林自我调节能力弱，柳毒蛾易于连片暴发。

榆紫叶甲　预计发生16万亩左右，主要发生在通辽市和兴安盟。越冬调查平均有虫株率70%，平均虫口密度20头/株，发生范围较大但发生程度以轻度为主。

栎尖细蛾　预测发生14万亩左右，发生面积呈下降趋势。据越冬前蛹期调查，标准地枯叶层1平方米样方平均虫蛹数达16头，和历年数据对比判断，危害程度中度偏轻。主要分布在扎兰屯市和南木林业局。

3. 钻蛀性林业有害生物发生预测

光肩星天牛　预计发生20万亩左右，与2019年基本持平。经巴彦淖尔市调查，在解析的15个样株中，虫态为幼虫及少量的卵，有虫株率35%，

平均虫口密度3头/株，最高单株虫密度为8头/株。据越冬基数判断发生面积变化不大，但发生程度会进一步减轻。通辽市库伦旗、科尔沁区和科左后旗是光肩星天牛的新发生疫区，现在多集中在城市行道树和绿化带上，发生程度以中度以上为主，2020年有扩散到农田林网的可能性。

青杨天牛　预计发生10万亩左右，发生面积呈下降趋势。鄂尔多斯市通过挂设啄木鸟招引木段和鸟屋使天敌数量小幅增加，清理枯死木使蛀干害虫寄主植物有所减少，抑制了青杨天牛的扩散。

红缘天牛　预计发生16万亩左右，发生面积呈下降趋势。发生区在鄂尔多斯市和乌海市，不会出现大的灾情。

沙棘木蠹蛾　预计发生21万亩左右，发生面积呈下降的趋势。主要因为严重发生地区的部分沙棘已经死亡，没有补植沙棘，随着寄主面积的不断减少，其发生面积也随之下降。

4. 林业鼠（兔）害发生预测

大沙鼠　仍将对西部荒漠植被健康生长产生威胁。阿拉善盟、乌海市、巴彦淖尔市2020年预计发生135万亩左右，与2019年基本持平。

兔害　由于鄂尔多斯市新造林地面积减少，幼树数量相应减少，保护性措施到位，野兔发生将呈现逐年下降趋势。2020年预计发生21万亩左右，较2019年减少6.7万亩。

达乌尔黄鼠　预计发生21万亩左右，与2019年基本持平。根据锡林郭勒盟调查，平均被害株率3.2%，死亡率0.01%，发生面积不会出现大的变化，但危害程度减轻，对林业建设的威胁逐年降低。

鼢鼠　预计发生10万亩左右，较2019年减少3.68万亩。受害林分多为樟子松、油松中幼林，鼢鼠啃食樟子松、油松的根茎，导致树木当年或者第二年死亡。

棕背䶄　预计发生6万亩左右；东方田鼠：预计发生7万亩左右，均与2019年基本持平。

三趾跳鼠　预计发生14万亩左右，较2019年减少1.9万亩。

5. 林木病害发生预测

杨树病害　预计发生17万亩左右，在全区赤峰市、通辽市、兴安盟、呼伦贝尔市、鄂尔多斯市等11个盟（市）都有可能发生，主要有杨树烂皮病、杨破腹病、胡杨锈病等。呼伦贝尔市和

兴安盟的部分地区，杨树由于多年遭受低温天气影响，冻害较为普遍，造成根基部树皮开裂形成杨破腹病。

旱柳枯萎病　根据旱柳枯萎病的发生规律、感病株分布情况分析，2020年鄂尔多斯市预计发生旱柳枯萎病20万亩左右，呈下降趋势。感病株率24.1%，以中度偏轻发生。

落叶松早落病　预计发生43万亩左右，主要分布在呼伦贝尔市和兴安盟。两地在调查中发现落叶松早落病有暴发的迹象，呼伦贝尔市感病株率为31%。兴安盟感病株率达到75%，均有扩散蔓延的趋势。落叶松早落病于2012年、2013年连续两年在呼伦贝尔市柴河林业局发生面积达到140多万亩，灾情极为严重。根据历史数据分析，该病在气象条件适宜时，扩散蔓延速度快，防治难度大，极易造成大范围、大面积灾情。

三、对策及建议

（一）加强林业有害生物监测体系建设，全面落实监测责任

提高国家级中心测报点、自治区级中心测报点和旗县测报站点的监测能力，不断完善测报体系建设。明晰各级林业有害生物专、兼职测报人员职责，落实责任制度。重点应放到一线监测人员调查数据的真实性，进行实绩考核，充分鼓励发挥乡村护林员举报虫情的作用，掌握林业有害生物原始调查数据的产生过程。加大基层测报人员的培训力度，开展监测调查技能培训，多渠道提高基层专、兼职测报员工作报酬，最大限度地稳定测报队伍。

始终以松材线虫病、美国白蛾等重大林业有害生物防控作为监测工作的重点，进一步完善落实"林业有害生物监测方案""监测调查工作历"，及时分析监测调查结果，准确掌握虫情规律和动态，做出科学准确的趋势分析预测。及时发布趋势预报，强化生产性预报，提高监测成效，为防治提供科学依据，减少灾害损失。真正做到"最及时的监测、最准确的预报、最主动的预警"。

（二）强化检疫执法工作，从源头控制林业有害生物疫情扩散

进一步完善调运检疫和复检工作，严格依法行政办事流程，强化检疫监管，堵塞漏洞。充分发挥村级专、兼职测报员的作用，切实搞好疫情普查，加强巡查、抽查，加强疫情源头管理。

（三）加强防治能力建设，提高科技支撑含量

积极推进防治机制创新，加强防治社会化、市场化、专业化进程，鼓励和引导成立各类专业化防治组织，支持林农建立自助防治队伍。加大有效易行的防治技术推广及重点基础研究，抓好现有科技成果总结、整理、筛选、推广工作。大力推广生物药剂、无公害农药施药技术，实现营林措施、防治新技术和生物防治的有机结合。充分保护和利用天敌资源，维持生态平衡，加强林木抚育管理，提高抵抗病虫能力。

（四）积极做好各项防灾应急准备

针对可能发生的林业有害生物，制定统一领导、部门协作、应对有力的专项防治预案和应急方案，加强应急演练和技术培训。建立大型药剂药械库，提早做好防治资金和药剂、药械等应急防控物资储备，一旦发生突发林业有害生物灾害，立即启动预案，果断处置，减少灾害损失。

（五）加强宣传，提高社会认知

根据《国办意见》，积极向当地政府汇报林业有害生物的发生情况，争取各级政府更大支持。积极向各级政府、业务主管部门宣传森防工作的重要性，树立在林业事业中的地位，引起领导思想上的重视，工作上的支持，营造良好的森防工作局面，切实形成"属地管理、政府主导、部门协作、社会参与"的工作机制。充分利用各种媒体广泛深入宣传，增强全民防治意识，形成群防群治的良好社会氛围。

（主要起草人：白艳　刘东力；主审：周艳涛）

07 辽宁省林业有害生物 2019 年发生情况和 2020 年趋势预测

辽宁省林业和草原有害生物防治检疫工作站

【摘要】2019 年辽宁省林业有害生物发生面积为 849.18 万亩，其中轻度发生 698.26 万亩，中度发生 125.81 万亩，重度发生 25.11 万亩，比 2018 年的 840.1 万亩，发生面积有所上升。总体发生特点为入侵重大林业有害生物呈多发蔓延态势，常发性林业有害生物发生面积总体呈平稳下降态势，松毛虫进入大发生周期，个别常发性害虫在部分地区危害较重。根据 2019 年全省林业有害生物发生与防治情况及主要林业有害生物发生发展规律，结合气象资料，综合分析预测，2020 年全省主要林业有害生物发生面积与 2019 年相比总体呈下降趋势，预测发生面积在 825 万亩左右，危害程度总体呈轻中度发生，但成灾面积有所增加，松材线虫病和红脂大小蠹有出现新疫点的可能，松毛虫在局部地区将造成较重危害。

一、2019 年林业有害生物发生情况

2019 年全省发生面积为 849.18 万亩，同比 2018 年，发生面积和重度发生面积分别增加 9.08 万亩和 5.59 万亩。全省成灾面积 12.44 万亩，成灾率为 1.39‰，较去年相比略有上升。其中病害发生 68.65 万亩，虫害发生 768.23 万亩，鼠兔害发生 12.31 万亩。采取各种措施防治，防治作业面积达 1041.74 万亩，无公害防治作业率达 97.97%（图 7-1）。

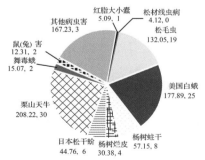

图 7-1　2019 年主要林业有害生物份额图（万亩，%）

（一）发生特点

（1）松材线虫病发生进入平稳期，没有新疫点数量增加。经过 3 年的除治，全省松材线虫病发生面积没有扩大化，而且拔除一个县区级疫点。其发生特点为：以木材集散地和加工厂、港口、物流中心等为核心，呈发散状分布。

（2）红脂大小蠹在朝阳和阜新地区发生呈平稳态势，但周边地区仍存在入侵的风险。目前朝阳的 7 个县区，阜新的 4 个县区均有分布，特点为零星分布。

（3）栗山天牛危害的天然次生林林分质量逐年下降。由于栗山天牛危害的不可逆性，目前全省的栗山天牛对栎树类的危害将逐渐加重，天然次生林林分的质量逐渐下降，枯死木将逐年增加。

（4）全省西部、东部、北部的部分地区的松毛虫仍处在大发生周期。由于 2019 年干旱少雨，受自然条件和松毛虫发生周期规律的影响，全省大部分地区松毛虫的发生面积和危害程度呈上升趋势。

（5）通过对病死和濒死树木的伐除更新，使得全省杨树干部病害发生面积大幅度减少。2019 年杨树干部病害共发生 47.15 万亩，比 2018 年的 51.57 万亩减少 4.42 万亩。其中杨树溃疡病由 2018 年的 17.87 万亩下降至 16.00 万亩。

（二）主要林业有害生物发生情况

1. 松材线虫病

2019 年全省疫情涉及范围为：大连市的沙河口区、甘井子区、中山区、西岗区和长海县；丹东市的振兴区、凤城市和宽甸满族自治县（以下简称宽甸县）；抚顺市的新宾溪满族自治县（以下

简称新宾县)、清原满族自治县(以下简称清原县)、东洲区、抚顺县和顺城区;本溪市的南芬区、明山区、溪湖区和本溪满族自治县(以下简称本溪县);沈阳市浑南区(东陵公园);铁岭市的铁岭县和开原市,辽阳市的辽阳县和灯塔市,共7个市的22个县级行政区40个乡镇级疫点。疫情发生的树种为黑松、红松、华山松、油松、落叶松和樟子松,林龄为25~72年。经普查,2019年长海县、本溪市南芬区、丹东市振兴区、宽甸县和开原市5个疫区未普查到病死松树,实现了无疫情。目前全省其他地区尚未发现新的疫情。

2. 红脂大小蠹

目前,全省14个地级市仅朝阳市、阜新市发生红脂大小蠹疫情,发生分布面积为5.09万亩,其中朝阳市红脂大小蠹分布面积3.97万亩,阜新市1.12万亩。涉及朝阳市(北票市、朝阳县、建平县、喀左县、凌源市、龙城区、双塔区)、阜新市(阜新蒙古族自治县、新邱区、太平区)10县(市)区。其中,阜新市彰武县未再次发现红脂大小蠹疫情。

3. 美国白蛾

美国白蛾发生面积总体呈下降。2019年美国白蛾发生面积为177.89万亩,占全省林业有害生物发生总面积的20.9%,比2018年(191.84万亩)减少了7.27%。其中轻度发生177.16万亩,中度发生0.73万亩。全省除朝阳市外,其他各市均有发生,大连、丹东发生面积较大,为轻度发生,今年全省没有出现新疫点。总体上二代发生不整齐,二代较一代发生程度偏重(图7-2)。

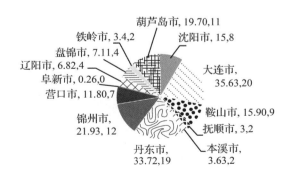

图7-2 2019年全省市级美国白蛾份额图(万亩,%)

4. 松毛虫

2019年全省松毛虫发生危害程度有所上升。全省松毛虫发生面积132.04万亩,占全省林业有害生物发生总面积的15.5%,比2018(75.74

万亩)增加56.3万亩。危害程度有所上升。主要发生区域在朝阳和葫芦岛两地。朝阳发生面积为81.29万亩,重度发生面积为3.62万亩,中度发生面积为27.78万亩,轻度发生面积为49.88万亩。葫芦岛发生面积12.9万亩,轻度发生12.3万亩,中度发生0.6万亩。本溪、铁岭、营口、锦州的部分地区有重度发生地块;阜新、大连、沈阳、鞍山均为轻度发生。抚顺新发生落叶松毛虫,区域为清原县、新宾县、东洲区,发生面积3.02万亩(图7-3)。

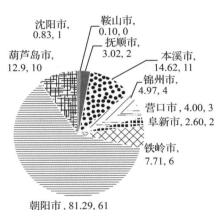

图7-3 2019年全省市级松毛虫份额图(万亩,%)

5. 杨树蛀干害虫

2019年全省杨树蛀干害虫发生呈下降趋势,发生面积67.75万亩,占全省林业有害生物发生总面积的7.9%,比2018年(72.5万亩)减少4.75万亩。其中轻度发生54.55万亩,中度发生12.45万亩,重度发生0.75万亩。杨树蛀干害虫包括杨干象、白杨透翅蛾、光肩星天牛、青杨天牛。杨干象全省发生面积49.07万亩,其中轻度发生面积39.41万亩、中度发生面积8.91万亩、重度发生面积0.75万亩。沈阳、锦州、铁岭地区发生面积较大,均在10万亩以上。阜新和朝阳地区的发生面积也接近10万亩。重度发生在锦州的凌海市、北镇市、黑山县、义县和朝阳的建平县、北票市和朝阳县(图7-4)。

6. 日本松干蚧

2019年全省日本松干蚧发生面积略有下降,发生程度略有减轻。全省日本松干蚧发生面积44.76万亩,比2018年(50.67万亩)减少5.91万亩。其中轻度发生43.94万亩,中度发生0.82万亩,无重度发生。主要发生在抚顺、本溪、丹东、辽阳、铁岭地区。抚顺轻度发生7.81万亩;

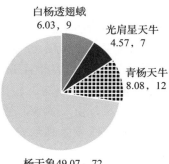

图7-4 2019年全省杨树枝干害虫份额图（万亩,%）

丹东轻度发生21.13万亩；辽阳轻度发生7.79万亩；本溪发生面积3.48万亩，其中轻度发生面积2.94万亩，中度发生面积0.54万亩（图7-5）。

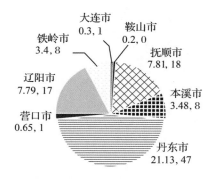

图7-5 2019年全省市级日本松干蚧份额图（万亩,%）

7. 栗山天牛

2019年全省栗山天牛发生呈平稳态势。发生面积208.22万亩，占全省林业有害生物发生总面积的24.52%，比2018年（210.63万亩）减少2.41万亩。其中轻度发生面积159.44万亩，中度发生面积42.22万亩，重度发生面积6.55万亩。重点发生区域为丹东，发生面积118.91万亩，占全省发生面积的57.1%。大连地区今年未发生栗山天牛（图7-6）。

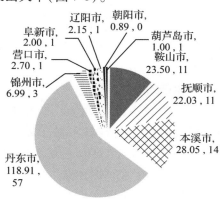

图7-6 2019年全省市级栗山天牛份额图（万亩,%）

8. 舞毒蛾

2019年全省舞毒蛾发生危害程度减轻，全省发生面积15.07万亩，比2018年（15.41万亩）万亩减少了0.34万亩。其中轻度发生面积11.80万亩，中度发生面积3.20万亩，重度发生面积0.07万亩。阜新、锦州、辽阳地区发生面积较大。阜新共发生4.60万亩，其中轻度发生3.25万亩，中度发生1.35万亩；锦州共发生1.73万亩，其中轻度发生1.28万亩，中度发生0.39万亩，重度发生0.07万亩；辽阳轻度发生2.28万亩。此外，沈阳、大连、丹东、营口、朝阳、葫芦岛等地区均有发生（图7-7）。

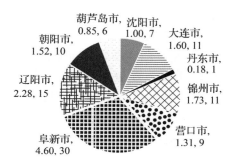

图7-7 2019年全省市级舞毒蛾份额图（万亩,%）

9. 杨树干部病害

2019年全省杨树干部病害发生面积下降，发生面积47.15万亩，比2018年（51.57万亩）减少了4.42亩。其中轻度发生36.83万亩，中度发生9.31万亩，重度发生1.0万亩。除抚顺、本溪、丹东之外，其他地区均有发生（图7-8）。

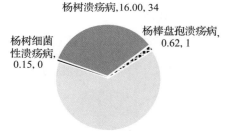

图7-8 2019年全省市级杨树干部病害份额图（万亩,%）

10. 森林鼠（兔）害

2019年全省森林鼠兔害发生面积减少，全省鼠兔害共发生面积12.31万亩，比2018年（17.25万亩）减少4.94万亩。鼠害发生面积4.69万亩，其中轻度发生面积4.20万亩，中度发生面积0.49万亩、重度未发生，发生在鞍山、抚顺、本溪、丹东、阜新；兔害发生面积7.62

万亩，其中轻度发生面积 6.73 万亩，中度发生面积 0.63 万亩，重度发生面积 0.26 万亩。主要发生在朝阳，发生面积 6.25 万亩，葫芦岛发生 1.38 万亩（图7-9）。

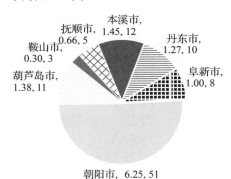

抚顺市，0.66，5
鞍山市，0.30，3
葫芦岛市，1.38，11
本溪市，1.45，12
丹东市，1.27，10
阜新市，1.00，8
朝阳市，6.25，51

图7-9 2019年全省市级鼠兔害份额图（万亩，%）

11. 其他林业有害生物

2019年全省其他林业有害生物发生呈下降趋势，发生面积 134.78 万亩，比 2018 年（146.89 万亩）减少 12.11 万亩。虫害以突发性害虫天幕毛虫、银杏大蚕蛾、榛实象、栗实象、核桃扁叶甲、杨潜叶跳象、杨毒蛾、杨扇舟蛾、纵坑八齿小蠹、松梢螟为主；病害以落叶松枯梢病和落叶松落叶病为主。

（三）成因分析

（1）松材线虫病多发的原因：根据松材线虫病 2019 年的发生特点及疫点分布范围分析，一是由于物流途径多，难以管控，造成带疫松木及其制品流入，导致松材线虫病入侵多地；二是松材线虫病在辽宁发生重大变异，突破了学术界普遍认为的生存北界，而且其发病过程、媒介昆虫、病症表象等同南方地区有很大不同，造成认知盲区；三是基层人员缺乏相关专业技术，造成对枯死松木的选样、采样、分离等技术偏差，导致没有及时检测到松材线虫实体。

（2）红脂大小蠹扩散的原因：2019 年新发现的红脂大小蠹疫点，为紧邻朝阳地区的阜新市，其地理位置和生态环境非常接近，适宜红脂大小蠹的发生与扩散。根据其发生范围及地理情况分析，很可能是自然迁飞入侵，但也不排除因物流途径导致的传播。

（3）栗山天牛发生危害加重的原因：一是由于栗山天牛的生活史周期为三年一代，幼虫在树干的木质部内危害时期长，对树木干部危害极大；二是由于栗山天牛为蛀干类害虫，对树木造成的危害不可逆；三是栗山天牛在全省分布范围广，除沈阳、盘锦之外的 12 个市均有分布。

（4）松毛虫发生危害加重的原因：一是近些年全省大部分地区进入松毛虫大发生的周期，造成松毛虫的发生和危害有所抬头；二是防治资金的投入局限，造成顾此失彼，出现遗留虫口地块和防治不彻底。

（5）杨树干部病害发生面积下降的原因：一是经过多年的病死木和濒死木采伐，大大降低了病原木数量，控制了传染源；二是淘汰易感杨树品种，选用抗病杨树品种，使得杨树干部病害得到有效控制。

二、2020 年林业有害生物发生趋势预测

（一）2020 年总体发生预测趋势

据辽宁省气象局发布的辽宁决策气象信息（2019 年第 85 期）预报，2019 年冬季（2019 年 12 月至 2020 年 2 月），全省平均降水量为 14.1 ~ 15.8 毫米，较常年同期（17.6 毫米）偏少 1 ~ 2 成；月平均气温为 −6.7 ~ −6.3℃，较常年同期（−7.3℃）偏高 0.6 ~ 1.0℃。

根据 2019 年全省林业有害生物发生与防治情况及主要林业有害生物发生发展规律，结合气象资料，综合分析预测，2020 年全省主要林业有害生物发生面积与 2019 年相比总体呈下降趋势，发生面积在 825 万亩左右，其中预测病害发生 75 万亩，虫害发生 739 万亩，鼠兔害发生 11 万亩。危害程度总体呈轻中度发生，但成灾面积有所增加。松材线虫病和红脂大小蠹等发生趋势趋于平缓；松毛虫的大发生周期开始回落，但在局部地区仍会造成较重危害；美国白蛾危害面积比上一年有所增加，个别常发性害虫和突发性害虫在部分地区危害加重；突发性虫害在部分地区有暴发成灾的可能（图7-10）。

（二）分种类发生预测趋势

1. 松材线虫病

预测 2020 年全省松材线虫病发生面积与

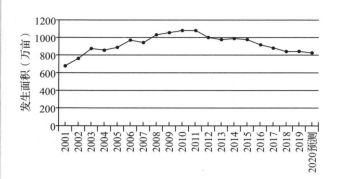

**图 7-10　2001—2019 年全省林业有害生物发生面积及
2020 年预测值**

2019 年相比总体持平，并略有上升。可能发生区域为沈阳、大连、抚顺、本溪、丹东、辽阳、铁岭等地区。虽然经过 2017—2019 三年的积极除治，但根据松材线虫病除治技术局限性和传播特点，周边地区面临随时传入的可能，全省各地仍有发生新疫点的趋势。

2. 红脂大小蠹

预测 2020 年全省红脂大小蠹发生与危害呈平稳态势，发生面积在 5 万亩左右。发生区域为朝阳的五县两区，阜新的阜蒙县、新邱区、太平区的过火立木林地内部和周围接壤林分。葫芦岛市、锦州市、沈阳市等周边区域依然存在疫情传入的高风险。

3. 美国白蛾

预测 2020 年全省美国白蛾发生与危害呈平稳态势，发生面积在 182 万亩左右。发生区域为养殖场周边、村屯道路两侧新植绿化带、市区及郊区接壤地区等。主要分布在沈阳、大连、营口、辽阳、鞍山、丹东、本溪、抚顺、锦州、葫芦岛、盘锦、铁岭等地。阜新、朝阳地区可能会出现新疫点（图 7-11）。

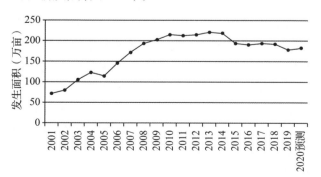

**图 7-11　2001—2019 年全省美国白蛾发生面积及
2020 年预测值**

4. 松毛虫

预测 2020 年全省松毛虫发生危害呈平稳态势，但不排除个别地块有成灾的情况，发生面积在 115 万亩左右。朝阳的凌源市、建平县、喀左县和朝阳县发生面积可能有所增加，局部地块危害可能有所加重；抚顺的清原县和新宾县，本溪的桓仁满族自治县（以下简称桓仁县），铁岭的昌图县和西丰县，葫芦岛的绥中县和建昌县的个别地块危害程度有可能加重；锦州的北镇市，营口的盖州市及沈阳、大连、鞍山等地预测轻度发生（图 7-12）。

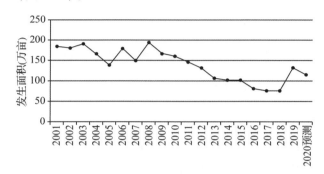

**图 7-12　2001—2019 年全省松毛虫发生面积及
2020 年预测值**

5. 日本松干蚧

预测 2020 年日本松干蚧发生危害总体呈平稳态势，发生面积在 43 万亩左右。丹东、抚顺、辽阳地区发生危害面积较大，大连、鞍山、本溪、营口、铁岭等地区均以轻度发生危害为主（图 7-13）。

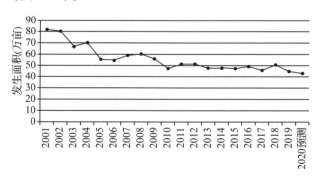

**图 7-13　2001—2019 年全省日本松干蚧发生面积及
2020 年预测值**

6. 杨树蛀干害虫

预测 2020 年杨树蛀干害虫发生面积呈下降趋势，发生面积在 62 万亩左右。杨树蛀干害虫以杨干象、白杨透翅蛾、光肩星天牛等天牛类为主。该类害虫在沈阳、锦州、阜新、铁岭、朝阳发生危害面积较大，大连、鞍山、本溪、丹东、营口、辽阳、盘锦、葫芦岛等地区以轻度发生危害为主（图7-14）。

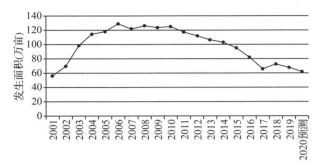

图7-14　2001—2019年全省杨树蛀干害虫发生面积及2020年预测值

7. 杨树干部病害

预测2020年杨树溃疡（烂皮）病等杨树干部病害发生危害呈下降趋势，发生面积在42万亩左右。其主要在沈阳、锦州、营口、阜新、铁岭、朝阳、葫芦岛地区发生危害面积较大，大连、鞍山、辽阳、盘锦等地以轻度发生危害为主（图7-15）。

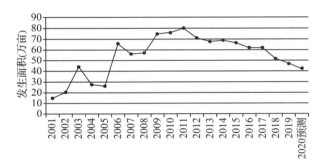

图7-15　2001—2019年全省杨树干部病害发生面积及2020年预测值

8. 栗山天牛

预测2020年栗山天牛发生危害呈上升趋势，发生面积在214万亩左右。栗山天牛在辽宁三年一代，2020年多数地区为成虫羽化期，因此会出现危害面积扩大危害程度加重的情况。特别是栗山天牛危害的不可逆性，目前全省的栗山天牛危害的林分质量将逐年下降，枯死木将逐年增加。其主要发生区域在丹东市的宽甸县和凤城市、鞍山的岫岩满族自治县、抚顺的抚顺县、本溪的本溪县和桓仁县。除沈阳、盘锦之外的12个市均有分布和发生（图7-16）。

9. 舞毒蛾

预测2020年舞毒蛾发生危害呈平稳态势，

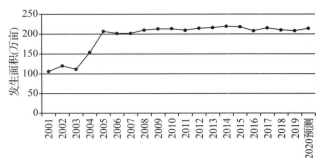

图7-16　2001—2019年全省栗山天牛发生面积及2020年预测值

发生面积在16万亩左右，阜新、丹东、辽阳等地发生的面积较大，大连、营口、朝阳、葫芦岛等地以轻度发生危害为主（图7-17）。

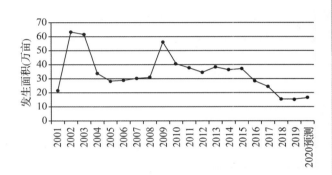

图7-17　2001—2019年全省舞毒蛾发生面积及2020年预测值

10. 森林鼠（兔）害

预测2020年森林鼠（兔）害发生将呈下降趋势，发生面积在11万亩左右。其中鼠害4万亩、兔害7万亩。鼠害主要在鞍山、抚顺、本溪、丹东、阜新地区发生。兔害主要发生在朝阳和阜新地区，葫芦岛也有少量分布（图7-18）。

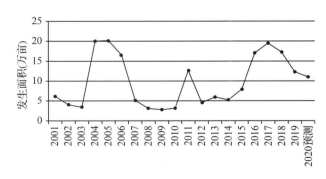

图7-18　2001—2019年全省鼠害发生面积及2020年预测值

11. 其他病虫害

预测2020年发生面积118万亩左右。病害主要是落叶松枯梢病和松林衰退病等；虫害主要是黄褐天幕毛虫、银杏大蚕蛾、松梢螟、杨毒蛾、杨树舟蛾类、榛实象、栗实象等（图7-19）。

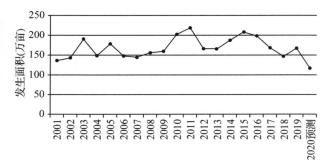

图 7-19　2001—2019 年全省其他病虫害发生面积及2020 年预测值

三、对策建议

（一）全面加强基层监测队伍建设

随着 2018—2019 年全省机构改革工作的推进，基层监测站点和人员队伍受到很大冲击。单纯依靠林业站人员已经无法做到全面及时准确的监测全省林业有害生物发生情况。只有进一步加强基层监测队伍管理，不断提高队伍素质，才能创造高水平的工作业绩。今后全省森防系统要不断加强队伍建设，组织学习培训，广泛开展科学试验和研究，强化能力培养，提高素质和技能，使森防工作的科技支撑力不断增强，进一步提升全省森防工作的水平。

（二）不断强化测报网络管理

加强对国家级测报点和监测点的管理，实现国家、省共同投入、合作管理、共享资源局面。严格规范国家级测报点直报数据；建立国家级中心测报点主测和监测对象数码影像库；进一步加强测报网络建设，适当增设省级测报点。积极推进省级监测预警能力提升项目建设。根据项目规划每年投入 300 万~500 万元，用于省级监测预警中心和市县级监测预警站点的建设，进一步提升全省森防工作的水平。

（三）继续坚持预防为主方针

做好重大、危险、突发性林业有害生物的适时预警和常发性林业有害生物的短期生产性预报，通过电视气象预报节目及其他平台，向社会和林农及时发布林业有害生物警示信息和宏观预测。

（四）持续开展全省林业有害生物普查工作

全面掌握辽宁省林业有害生物种类、分布、危害等方面的现状，摸清寄主植物、侵染病源、自然天敌、危害程度、发生范围、传播途径等基础数据，按照国家林草局的要求做好每五年开展一次的林业有害生物普查工作。将逐步建立健全林业有害生物实物成虫、生活史标本以及电子影像标本，详细掌握林业有害生物对森林资源及林业生产造成的损失，从经济、生态、社会三个方面分析外来入侵林业有害生物对当地的影响，建立全省林业有害生物数据库。

（五）加大投入应用监测预报新技术

积极探索基于高分辨率卫星遥感技术的大规模松材线虫病监测研究工作，借鉴遥感监测变色立木的经验，拓展应用高分辨率卫星遥感监测技术，对红脂大小蠹、松毛虫、杨树食叶害虫等灾情实施监测。同时要积极开展无人机监测预警、林业有害生物智能识别、空地一体化监测技术等研究工作，切实提高预测预报的技术水平，保证测报"两率"的不断提高。

（主要起草人：冯世强　柴晓东；主审：周艳涛）

08 吉林省林业有害生物 2019 年发生情况和 2020 年趋势预测

吉林省森林病虫防治检疫总站

【摘要】2019 年，吉林省主要林业有害生物发生形势呈现出危害种类多样化、防控难度大、发生范围广等特征。据统计，全省林业有害生物总发生面积为 503.97 万亩，较去年同期上升了 44.87%，上升的主要原因为落叶松毛虫发生面积大幅上升。根据各地对主要林业有害生物越冬前的调查结果，结合 2019 年全省各国家级、省级林业有害生物中心测报点监测数据分析，预测 2020 年吉林省林业有害生物发生面积有所上升，预测发生面积为 515.16 万亩（图 8-1）。

一、2019 年林业有害生物发生情况

2019 年全省应施调查监测的林业有害生物种类为 70 种，通过调查监测达到发生的种类为 55 种，全省应施调查监测面积为 48390.3 万亩，实施调查监测面积为 48344.09 万亩，全省平均调查监测覆盖率为 99.9%。2019 年全省林业有害生物发生总面积为 503.97 万亩，同比上升了 44.87%。按发生程度统计，其中轻度发生面积为 317.47 万亩，中度发生面积为 76.91 万亩，重度发生面积为 109.59 万亩。按发生类别统计，其中虫害发生面积 411.85 万亩，占总发生面积的 81.72%；病害发生面积为 32.34 万亩，占总发生面积的 6.42%；鼠害发生面积为 59.78 万亩，占总发生面积的 11.86%（图 8-2）。

2019 年全省林业有害生物预测发生面积为 535.67 万亩，实际发生面积为 503.97 万亩，测报准确率为 93.71%；成灾面积为 17.19 万亩，成灾率 1.39‰。

（一）吉林省林业有害生物发生特点

2019 年全省林业有害生物发生面积上升原因是暴发了落叶松毛虫特大灾情，其他大部分林业有害生物发生形势稳中有降，表现出以下特点：

（1）食叶害虫此消彼长。黑绒金龟、分月扇舟蛾、杨毒蛾、柳毒蛾、银杏大蚕蛾、榆紫叶甲下降趋势明显。落叶松毛虫发生面积 232.44 万亩，吉林省林业有害生物灾害应急处置指挥部启动了应急处置预案，经防治未造成较大面积灾害。

（2）外来林业有害生物美国白蛾未出现新的疫情，松材线虫病疫情进一步逼近。2019 年吉林省美国白蛾未出现新的疫情，越冬代在 10 个县（市、区）共诱捕到美国白蛾成虫 773 头，诱到成

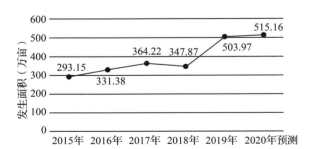

图 8-1　2015—2019 年吉林省林业有害生物发生面积及 2020 年趋势预测

图 8-2　2015—2019 年吉林省林业有害生物发生面积对比图

虫数量较上一年同期下降了51.32%。第1代在19个县(市、区)共诱到美国白蛾成虫2978头,诱到成虫数量较上一年同期下降了36.12%,本年度全省总发生面积为0.0964万亩。松材线虫病最近疫点距吉林省直线距离仅20公里,侵入风险极高、防控形势异常严峻,经普查目前尚未发现疫情。

(3)枝干害虫下降趋势明显。主要枝干害虫青杨天牛、栗山天牛、云杉八齿小蠹等发生面积有所下降,危害继续减轻。

(二)吉林省主要林业有害生物发生情况分述

1. 森林虫害

(1)干部害虫

主要包括栗山天牛、白杨透翅蛾、小蠹虫类。

栗山天牛　全省发生面积为19.98万亩,较去年同期上升了10.57%。主要分布于长春市的榆树市,吉林市的龙潭区、船营区、丰满区、永吉县、蛟河市、舒兰市、磐石市,辽源市的东丰县,通化市的辉南县、柳河县、梅河口市、集安市,省直单位的红石林业局(图8-3)。

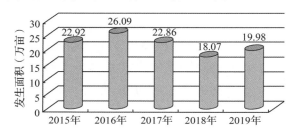

图8-3　2015—2019年吉林省栗山天牛发生面积

白杨透翅蛾　发生面积为5.71万亩,较去年同期上升了8.76%,主要分布于四平市的双辽市,松原市的宁江区、扶余市,白城市洮北区、镇赉县、通榆县、大安市。其中松原市的宁江区、白城市镇赉县呈中、重度发生,其他地区危害程度较轻(图8-4)。

小蠹虫类　包括落叶松八齿小蠹、云杉八齿小蠹、多毛切梢小蠹、纵坑切梢小蠹,发生面积合计16.52万亩,较去年同期下降了21.37%。其中云杉八齿小蠹发生面积15.2万亩。小蠹虫类发生区主要分布于吉林省的东部地区,包括长春市的净月区,通化市的通化县,白山市的抚松县、长白朝鲜族自治县(以下简称长白县)、长白

森经局,延边朝鲜族自治州(以下简称延边州)的安图县、黄泥河林业局、和龙林业局、八家子林业局、珲春林业局、大兴沟林业局,省直单位的临江林业局、松江河林业局、红石林业局。其中通化市的通化县,延边州的珲春林业局呈重度发生,其他地区均呈轻、中度发生(图8-5)。

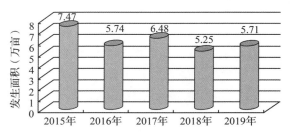

图8-4　2015—2019年吉林省白杨透翅蛾发生面积

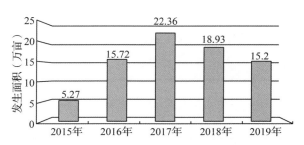

图8-5　2015—2019年吉林省云杉八齿小蠹发生面积

(2)枝梢害虫

主要包括青杨天牛、松树球蚜类。

青杨天牛　运用物理防治和生物防治相结合的防治措施,各单位积极组织人力物力对发生林分进行人工剪虫瘿和施放管氏肿腿蜂,使本年度全省青杨天牛防治效果非常明显。全省发生面积为26.11万亩,较去年同期下降了0.11%,其中轻度发生面积占81.04%。主要分布于吉林省中、西部地区,包括长春市的农安县,四平市的梨树县、双辽市,松原市的宁江区、前郭县、长岭县、乾安县、扶余市,白城市的洮北区、镇赉县、通榆县、洮南市、大安市(图8-6)。

松树球蚜类　包括落叶松球蚜、红松球蚜,发生面积合计7.88万亩,较去年同期下降了6.86%。主要分布于通化市的柳河县,白山市的抚松县、靖宇县、长白县、长白森经局,省直单位的临江林业局、三岔子林业局、松江河林业局、泉阳林业局、蛟河实验区管理局。

(3)食叶害虫

主要包括杨树食叶害虫、黑绒金龟、黄褐天幕毛虫、落叶松毛虫、银杏大蚕蛾、榆紫叶甲、美国白蛾。

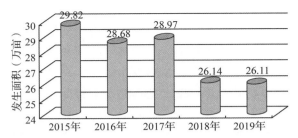

图8-6 2015—2019年吉林省青杨天牛发生面积

杨树食叶害虫　发生面积合计40.15万亩。其中：分月扇舟蛾，发生面积为9.11万亩，较2018年同期下降了9.71%，主要分布于白城市的大安市，省直单位的松江河林业局、泉阳林业局、露水河林业局。杨毒蛾发生面积为10.32万亩，较2018年同期下降了12.47%，主要分布于白城市的洮北区、镇赉县、洮南市。柳毒蛾发生面积为5.7万亩，较2018年同期下降了12.44%，主要分布于白城市的洮北区、大安市，全部为轻、中度发生，无成灾。

黑绒金龟和黄褐天幕毛虫　在吉林以危害杨属植物叶部为主。黑绒金龟发生面积为8.47万亩，较2018年同期下降了8.03%，主要分布于吉林省的西部地区，包括松原市的前郭县，白城市的镇赉县、通榆县、洮南市、大安市。黄褐天幕毛虫发生面积为13.36万亩，较去年同期上升了22.34%，主要分布于松原市的宁江区、乾安县，白城市的洮北区、镇赉县、通榆县、洮南市。

落叶松毛虫　2018年越冬前专项调查结果显示，全省1720万亩松林暴发了243万亩落叶松毛虫特大灾情，灾情发生面积之大、分布范围之广，为吉林省前所未有，呈现特大灾情红色预警级别，对全省生态建设构成严峻威胁，若不及时防控，必将造成特大生态灾害。对此，省委、省政府高度重视，省委书记巴音朝鲁、省长景俊海先后做出指示、批示，要求务必全力做好灾情防控工作，确保全省松林生态安全。2019年3月11日，省政府组织召开《全省松毛虫特大灾情应急处置预案启动暨松材线虫病疫情防控工作视频会议》，李悦副省长对全省松毛虫特大灾情应急处置工作做出全面部署，全省松毛虫特大灾情应急处置工作就此全面拉开序幕。2019年全省松毛虫发生面积为232.44万亩，较去年同期上升了810.46%，其中轻度发生面积92.87万亩，占总发生面积的39.96%；中度发生面积42.78万亩，占总发生面

积的18.4%；重度发生面积96.79万亩，占总发生面积的41.64%。其中吉林市的舒兰市，通化市的通化县、柳河县、梅河口市，白山市的浑江区，延边州的白河林业局、和龙林业局、天桥岭林业局发生面积均超过10万亩。在松毛虫特大灾情应急处置工作开展过程中，各地全面响应，各级政府严格履行防控主体责任，各级林草主管部门勇于担当作为，各相关部门密切协作，采取"飞机防治为主、地面防治为辅"的无公害防控对策，总防治作业面积累计达到474.6万亩，包括：飞机（无人机）防治作业面积190.1万亩，地面阻隔防治作业面积18.74万亩，地面喷（放）烟和喷雾防治作业面积138.23万亩，赤眼蜂生物防治面积126.8万亩，总体防治效果达到85%以上，全省松林生长正常，发挥出应有的森林生态和经济功能效益，较好地完成了应急处置工作任务，年度应急处置工作达到预期工作目标（图8-7）。

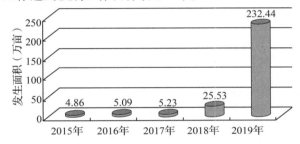

图8-7 2015—2019年吉林省落叶松毛虫发生面积

银杏大蚕蛾　发生面积10.53万亩，较2018年同期下降了19.06%。主要分布于吉林市的上营森经局，白山市的江源区、长白县，延边州的安图森经局，省直单位的临江林业局、湾沟林业局、泉阳林业局、露水河林业局、红石林业局、白石山林业局、龙湾保护局、蛟河实验局。由于各发生的森林经营单位高度重视，特别是采取人工收拣幼虫和蛹并有偿收购等防治措施，降低了发生林分的种群密度。

榆紫叶甲　发生面积为14.84万亩，较2018年同期下降了11.56%。主要分布于四平市的铁西区，松原市的乾安县，白城市的通榆县、洮南市，省直单位的向海保护局。

美国白蛾　为全面掌握全省诱捕情况，省森防检疫总站要求各地在规定时间内对美国白蛾越冬代和第一代成虫进行监测，并将成虫诱捕的数量进行统计并实行日报制度，以便于全面掌握全省诱捕情况。2019年共挂置美国白蛾性诱捕器

6117 套，其中越冬代挂置 2194 套，第一代挂置 3923 套。越冬代在 10 个县（市、区）共诱捕到美国白蛾成虫 773 头，诱到成虫数量较上一年同期下降了 51.32%。第 1 代在 19 个县（市、区）共诱到美国白蛾成虫 2978 头，诱到成虫数量较上一年同期下降了 36.12%。各美国白蛾幼虫发生单位在当地政府的领导下，在相关部门的指导下采取了积极有效的防治措施，使疫情得到了控制，使灾害降到了最低水平。2019 年全省共有 15 个美国白蛾疫区，分别为长春市的双阳区、长春经济技术开发区、长春汽车经济技术开发区、长春高新技术开发区；吉林市的吉林经济技术开发区；四平市的铁西区、梨树县、双辽市、公主岭市；通化市的集安市、梅河口市；辽源市的龙山区、西安区、东辽县、东丰县。疫区数量较上一年度没有发生变化；共有 8 个疫区发现幼虫，非疫区本年度没有新发现幼虫，全省总发生面积为 0.0964 万亩（图 8-8）。

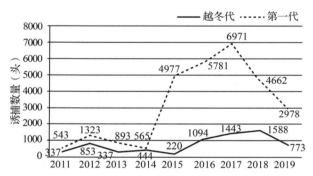

图 8-8　2011—2019 吉林省两代美国白蛾成虫诱捕数量比较

（4）球果类害虫

主要是梢斑螟类。

梢斑螟类　包括果梢斑螟、松梢螟，发生面积合计 16.5 万亩，较 2018 年同期下降了 51.87%。其中，果梢斑螟发生面积为 13.44 万亩，较 2018 年同期减少了 57.03%。主要分布于通化市的柳河县，白山市的江源区、抚松县，延边州的安图森经局、敦化林业局、白河林业局、汪清林业局、大兴沟林业局，省直单位的临江林业局、三岔子林业局、露水河林业局、白石山林业局。调查结果显示，果梢斑螟发生林分以天然次生林为主，红松在其中占比较小；同时即将成熟的新果在遭受松果梢斑螟危害后，会停止生长并脱落，导致红松母树林及人工红松种子园的种实质量和产量损失较大，球果被害率高达 87.3%，但对林木本身生长未造成较大危害。

针对吉林省梢斑螟为害的基本情况，省森防检疫总站要求各发生单位做好调查监测工作。并将结合自身林木种类、自然环境与气候特点把握梢斑螟的危害规律，找出发生特点，总结出防治梢斑螟的要点；同时，把握防治关键时期，合理使用药剂，做好梢斑螟的防治工作；针对梢斑螟越冬和成虫羽化的关键时期进行有效防治，控制梢斑螟的数量，降低球果被害率。

2. 森林病害

全省森林病害发生面积 32.34 万亩，较 2018 年同期下降了 3.95%。

杨树病害　包括杨树烂皮病、杨树溃疡病、杨树叶斑病，发生面积合计 5.93 万亩，主要分布于吉林省的中西部地区。以轻度发生为主，其中松原市的长岭县、乾安县呈中度发生，无成灾。

松树病害　主要有落叶松落叶病、落叶松枯梢病、松落针病等，发生面积合计 26.35 万亩，其中落叶松落叶病 17.52 万亩，较 2018 年同期上升了 0.23%，占全年松树病害发生面积的 66.49%。松树病害发生区主要分布于吉林省东南部地区，包括吉林市的丰满区、蛟河市、桦甸市、磐石市、上营森经局，通化市的集安市，白山市的靖宇县，延边州的图们市、敦化市、和龙市、安图县、安图森经局、敦化林业局、大石头林业局、黄泥河林业局、和龙林业局、八家子林业局、大兴沟林业局、天桥岭林业局，省直单位的湾沟林业局、松江河林业局、泉阳林业局、露水河林业局、红石林业局、白石山林业局、龙湾保护局、蛟河实验局（图 8-9）。

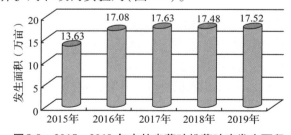

图 8-9　2015—2019 年吉林省落叶松落叶病发生面积

松材线虫病　本年度开展了两次松材线虫病专项调查工作。2017 年辽宁省多地发现松材线虫病疫情，且疫区最近距吉林省直线距离不足 20 公里，面对如此严峻形势，吉林省年初便按照国家林草局的统一要求，精心部署松材线虫病专项调查工作。

为使专项调查工作能够准确、全面、细致的开展，组织开展了"吉林省有害生物防治技术高级研修班"，为专项调查工作提供技术储备。春季专项调查工作开始后，省森防总站于8月中旬开始对全省松材线虫病专项调查工作进行督导，进一步强化了疫情防控工作的责任意识，对疑似疫情的取样鉴定操作给予指导，对督导中发现的问题及时予以纠正，以保障调查工作按要求保质完成。吉林省于2019年4~6月和8~10月，在全省开展松材线虫病春、秋季两季调查监测工作，调查面积达到4029.85万亩，累计取样8583株。经检测鉴定，吉林省辖区内未发现松材线虫病疫情分布。

3. 森林鼠害

全省森林鼠害发生总面积为59.78万亩，同比下降了10.83%，发生种类主要为棕背鮃、红背鮃、东方田鼠、大林姬鼠、黑线姬鼠。其中轻度发生面积56.65万亩。由于2018年度吉林省降水减少，但白山市、延边州局部冬季降雪较大，导致鼠类食物匮乏而啃食树木。发生区域以人工林为主，局部天然林有发生；同时退耕还林后栽植的新植林易受到鼠类的危害（图8-10）。

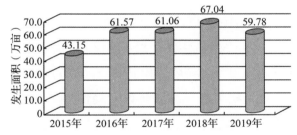

图8-10　2015—2019年吉林省森林鼠害发生面积

二、2020年吉林省林业有害生物发生趋势预测

依据全国林业有害生物防治信息管理系统数据、吉林省气象中心气象信息数据，结合各地对主要林业有害生物越冬前的调查结果，全省各国家级、省级林业有害生物中心测报点监测数据分析，预测2020年吉林省林业有害生物发生总体态势上升幅度不大，预测发生面积为515.16万亩，其中落叶松毛虫预测发生面积为120.08万亩，多为轻度发生。

栗山天牛　预测发生面积为20.23万亩。发生的区域主要分布在吉林市的龙潭区、船营区、丰满区、蛟河市、舒兰市、磐石市、永吉县，通化市的集安市、梅河口市、柳河县、辉南县，省直事业单位的红石林业局。

云杉八齿小蠹　预测发生面积为18.63万亩。发生的区域主要分布在延边州的黄泥河林业局、八家子林业局、汪清林业局、珲春林业局，白山市的长白县、抚松县，省直事业单位的松江河林业局、红石林业局、长白山保护局。

果梢斑螟　预测发生面积为122.79万亩。发生的区域主要分布在延边州的安图森经局、敦化林业局、大兴沟林业局、和龙林业局、白河林业局、汪清林业局，通化市的柳河县，白山市的抚松县，省直事业单位的临江林业局、三岔子林业局、松江河林业局、泉阳林业局、露水河林业局、白石山林业局。

日本松干蚧　预测发生面积为1.4万亩。发生的区域主要分布在吉林市的永吉县、蛟河市，通化市的辉南县、通化县，辽源市的市区、东辽县、东丰县，省直事业单位的红石林业局。

杨树枝干害虫　预测青杨天牛发生面积为22.82万亩、白杨透翅蛾发生面积为5.91万亩、杨干象发生面积为1.16万亩。主要分布于吉林省的中西部地区，以轻、中度发生为主。

落叶松毛虫　预测发生面积为120.08万亩。全省大部分地区均有发生。

杨树食叶害虫　主要包括分月扇舟蛾、杨扇舟蛾、杨小舟蛾、杨毒蛾、柳毒蛾等，预测发生面积为20.94万亩。主要分布在中西部地区，以轻、中度发生为主，危害程度较轻。

银杏大蚕蛾　预测发生面积为10.77万亩。发生的区域主要分布在吉林市的上森经营局，延边州的安图森经局，白山市的市直、江源区、长白县、长白森经局，省直事业单位的湾沟林业局、泉阳林业局、露水河林业局、红石林业局、白石山林业局、辉南森经局。

美国白蛾　将在2020年加大对美国白蛾的监测力度，在越冬代和第1代成虫期做好性诱监测；在第1代和第2代幼虫期做好调查工作，一旦新发现幼虫及时封锁扑灭，对现有疫点加大防治力度，努力不造成疫情扩散。

松树病害　预测落叶松病害发生面积24.59万亩；其中，松落针病预测发生面积7.43万亩，落叶松落叶病预测发生面积16.13万亩，落叶松枯梢病预测发生面积 1.03 万亩。主要分布于吉林省中东部山区。

杨树病害　杨树烂皮病、溃疡病仍将在中西部地区对幼林和新植林造成一定的危害，影响造林的成活率，对中幼龄林也会造成危害。预测发生面积 5.48 万亩。

森林鼠害　预测发生面积为 55.8 万亩。预计发生的区域主要分布于吉林市的船营区、丰满区、永吉县、舒兰市、磐石市、蛟河市、桦甸市、上森经营局，延边州的汪清县、敦化市、和龙市、图们市、安图县、安图森经局、黄泥河林业局、大石头林业局、敦化市林业局、和龙林业局、白河林业局、八家子林业局、汪清林业局、天桥岭林业局，四平市的伊通满族自治县，通化市的辉南县、梅河口市、柳河县、通化县，辽源市的东辽县、东丰县，白山市的浑江区、江源区、靖宇县、长白县、抚松县、长白森经局，省直事业单位的临江林业局、三岔子林业局、湾沟林业局、松江河林业局、泉阳林业局、露水河林业局、红石林业局、白石山林业局、辉南森经局、蛟河实验局、三湖保护局。

三、对策建议

针对当前林业有害生物灾害高发、频发、重大危险性林业有害生物入侵风险加剧，结合吉林省林业有害生物防治工作基本情况，制定如下对策：

（一）坚持政府主导、属地管理，进一步落实林业有害生物"双线"责任制度

坚持"政府主导、属地管理"层层分解落实政府和林业部门"双线"目标责任，是切实加大林业有害生物防控力度、遏制重大林业有害生物扩散蔓延的重要举措。林业有害生物防治工作的全局性和公益性决定了必须坚持政府主导，落实责任，各部门联动，强化重大林业有害生物的检疫封锁和应急除治，加大相关工作的检查督导力度，建立责任稽查和追究制度。

（二）在做好监测预报工作的基础上，完善防治计划，做好资金、物资储备工作

抓住害虫防治的各有利时机，采取有效措施做好防治工作。加大对林业有害生物防治工作的扶持和资金投入的力度，认真贯彻吉林省重大林业灾害资金和物资储备制度，确保森林资源的安全。同时，积极向国家和省财政申请专项防控资金，提前做好防治器械及防治药剂的政府采购，并与相关社会化防治组织提前签订防治作业合同，确保防治工作按时开展。

（三）突出重点区域，推进社会化防治服务，加大林业有害生物防治力度

探索社会化防治服务新模式，吸引社会化防治组织为林业有害生物防治工作提供专业服务。以减缓美国白蛾等重大林业有害生物扩散蔓延为目标，加大新发疫点治理力度，同时兼顾其他常规林业有害生物种类。重点防范城乡结合部、物流集散地、高速公路两侧等重点区域。采取切实有效措施遏制灾情，减轻灾害损失。

（四）多措并举开展松材线虫病监测调查工作，严防松材线虫病重大疫情传入

针对我国松材线虫病重大疫情持续北扩的严峻形势和防控工作实际需要，确定吉林松材线虫病防控工作目标。以专项调查和日常调查相结合的方式，以监测普查为重点，完善检疫、测报体系，加强防控能力建设，责任明确，分级管理，层层负责，努力提高全社会的防范意识，加强松木及其制品复检工作，严防松材线虫病重大疫情传入，确保传入后及时发现和迅速封锁扑灭。

（主要起草人：姜珊珊　皮忠庆；主审：王越）

09 黑龙江省林业有害生物 2019 年发生情况和 2020 年趋势预测

黑龙江省森林病虫害防治检疫站

黑龙江省 2019 年林业有害生物发生面积 375.35 万亩，与 2018 年相比上升 6%，危害以轻、中度为主。受气候条件、生物暴发周期等客观因素影响，2019 年黑龙江省松树食叶害虫危害出现加重的情况，落叶松毛虫全省多地暴发，危害严重。杨树食叶害虫危害有所减轻。杨树病害呈现上升态势。杨树蛀干害虫整体危害有所减轻，但在局部地区危害有加重的趋势。林业鼠害发生面积减少，局部地区捕获率有小幅度上升。依据黑龙江省各市（地）秋季调查，结合冬春气候趋势，预测 2020 年黑龙江省林业有害生物发生面积为 354 万亩，其中病害发生面积 46 万亩、虫害发生面积 232 万亩、林业鼠害发生面积 76 万亩。林业有害生物发生面积呈现下降趋势，危害以轻、中度为主。杨树病害、松树病害、杨树蛀干害虫和松钻蛀性害虫危害均呈现上升趋势，杨潜叶跳象、杨树舟蛾、落叶松毛虫等食叶害虫危害呈现下降趋势，林业鼠害情况相对平稳。

一、2019 年主要林业有害生物发生情况

2019 年黑龙江省林业有害生物发生总面积 375.35 万亩，与 2018 年相比上升 6%。其中轻度发生面积 212.59 万亩、中度发生面积 117.95 万亩、重度发生面积 44.82 万亩，成灾面积 1.13 万亩。全省病害发生面积 38.97 万亩，轻度发生 30.62 万亩，中度发生 7.27 万亩，重度发生 1.08 万亩，与去年发生情况基本持平。虫害发生面积 257.26 万亩，轻度发生 120.26 万亩，中度发生 93.26 万亩，重度发生 43.74 万亩，同比上升 19%。林业鼠害发生面积 79.12 万亩，轻度发生 61.7 万亩，中度发生 17.42 万亩，重度发生 5 亩，同比下降 20%。2019 年黑龙江省已实施防治面积 258.23 万亩（图 9-1、图 9-2、图 9-3）。

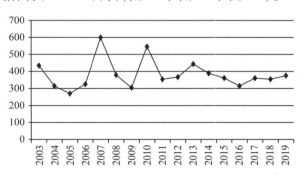

图 9-1 黑龙江省 2003—2019 年林业有害生物发生情况（万亩）

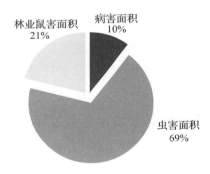

图 9-2 黑龙江省 2019 年林业有害生物发生情况

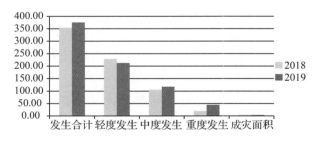

图 9-3 黑龙江省 2018 和 2019 年林业有害生物发生情况比较（万亩）

（一）发生特点

（1）具有周期性危害特点的害虫出现暴发。落叶松毛虫具有周期暴发的特性，黑龙江省近几年处于暴发的周期内，2018 年在黑龙江省东部地

区林间落叶松毛虫虫口密度增加，局地危害情况较为严重，出现暴发的趋势。2019年春季，受越冬虫口基数较大和早春高温干旱的影响，促使2019年落叶松毛虫在全省多地暴发，牡丹江、佳木斯等东部地区危害严重，出现了局地成灾的情况。

（2）次要害虫已成为林木的主要危害对象，偶发性害虫危害呈现上升趋势。果梢斑螟和樟子松梢斑螟历史上非黑龙江省主要危害种类，随着气候变化和虫口密度在林间自然累积等原因，近几年果梢斑螟和樟子松梢斑螟等松钻蛀性害虫对黑龙江省林木和果实的危害日趋加重，造成的经济损失也日益加大。2019年松钻蛀性害虫发生面积60.28万亩，占黑龙江省虫害发生面积的23%，已经成为黑龙江省对林木造成危害的主要种类。2019年以栎尖细蛾为主的栎类虫害发生面积15.79万亩，比2018年有较大幅度的增加，栎尖细蛾在黑龙江省也首次出现了大面积的危害。

（3）常发性的主要害虫危害呈现下降趋势。杨树食叶害虫危害整体平稳，杨树舟蛾危害呈现下降趋势。杨干象虽然在西部局部地区危害有上升趋势，有小面积重度危害发生，但全省危害整体呈现下降趋势。林业鼠害危害持续下降，大部分地区捕获率较低。

（二）主要林业有害生物发生情况

1. 杨树病害

杨树灰斑病发生面积有所增加。杨树病害全省发生面积31.96万亩，轻度发生24.62万亩，中度发生6.29万亩，重度发生1.05万亩，与2018年同比增加14%。发生的种类主要有杨灰斑病、杨树破腹病、杨树烂皮病和杨树溃疡病。其中杨树灰斑病发生面积21.92万亩，同比上升18%，在齐齐哈尔和绥化地区发生面积相对较大。杨树烂皮病全省发生面积6.54万亩，主要以轻、中度危害发生于绥化、大庆和佳木斯，与2018年同比下降20%，危害程度有所下降。杨树破腹病全省发生面积2.23万亩，与2018年同期比较发生面积增加1.73万亩，在哈尔滨和绥化地区呈现上升趋势（图9-4）。

2. 杨树食叶害虫

总体危害与去年基本持平，杨潜叶跳象危害呈现上升趋势，杨树舟蛾危害呈现下降趋势。杨

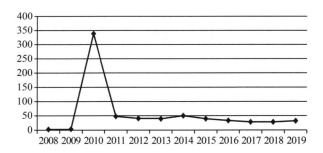

图9-4 黑龙江省2008—2019年杨树病害
发生情况（万亩）

树食叶害虫全省总计发生面积46.43万亩，轻度发生31.54万亩，中度发生12.13万亩，重度发生2.76万亩，与2018年同期基本持平，重度发生面积略有增加。发生的种类主要有杨潜叶跳象、分月扇舟蛾、杨小舟蛾、杨扇舟蛾、舞毒蛾、梨（杨）卷叶象、杨叶甲和杨毒蛾等。主要以轻、中度发生于哈尔滨、绥化和大庆等中、西部地区。杨潜叶跳象发生面积26.96万亩，与2018年同期比较上升18%，主要以轻度危害发生于齐齐哈尔、大庆和绥化。杨树舟蛾全省发生面积10.78万亩，与2018年同期比较下降13%，主要以轻、中度发生于哈尔滨和大庆（图9-5）。

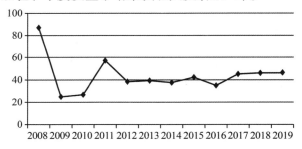

图9-5 黑龙江省2008—2019年杨树食叶
害虫发生情况（万亩）

3. 杨树蛀干害虫

整体发生呈现下降趋势，在局部地区有小面积重度发生。全省发生面积10.19万亩，轻度发生6万亩，中度发生4.02万亩，重度发生0.17万亩，与2018年同期相比下降18%。发生的种类主要有杨干象、白杨透翅蛾和青杨脊虎天牛等，主要以轻度危害发生于黑龙江省中、西部地区，局部地区有小面积重度发生。杨干象发生面积5.64万亩，同比下降7%，主要发生于哈尔滨、齐齐哈尔、绥化和大庆，其中绥化和齐齐哈尔发生面积相对较大，哈尔滨杨干象危害有加重趋势。绥化杨干象危害较去年有所减轻，最高有

虫株率为5%。白杨透翅蛾发生面积3.75万亩，同比下降28%。主要发生于大庆、绥化和齐齐哈尔等中、西部地区。青杨脊虎天牛发生情况基本与2018年持平（图9-6）。

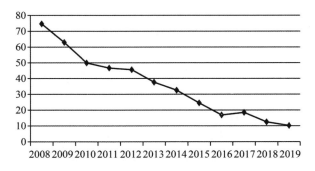

图9-6 黑龙江省2008—2019年杨树蛀干
害虫发生情况（万亩）

4. 松树病害

整体呈现下降趋势。全省发生面积7.01万亩，轻度发生6万亩，中度发生0.98万亩，重度发生300亩，与2018年同期比较下降35%。发生的种类有落叶松落叶病、松疱锈病、枯梢病和松瘤锈病。主要以轻、中度危害发生于鸡西、佳木斯和黑河，在黑河松瘤锈病局部地区有小面积重度危害发生（图9-7）。

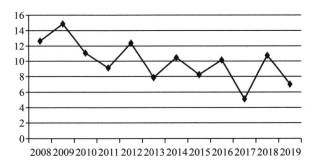

图9-7 黑龙江省2008—2019年松树病害
发生情况（万亩）

5. 松树食叶害虫

落叶松毛虫处于暴发状态，局地成灾，其他松树食叶害虫危害相对平稳。全省松树食叶害虫发生面积117.88万亩，轻度发生49.3万亩，中度发生41.59万亩，重度发生26.99万亩，与2018年比较发生面积增加了61%，危害较去年加重。发生的种类有落叶松毛虫、落叶松鞘蛾、落叶松红腹叶蜂和松阿扁叶蜂等（图9-8）。

落叶松毛虫全省发生面积112.63万亩，轻度发生46.06万亩，中度发生39.88万亩，重度

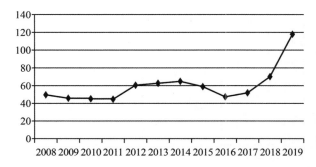

图9-8 黑龙江省2008—2019年松树食叶害虫
发生情况（万亩）

发生26.69万亩，与去年比较面积增加54.53万亩，同比上升160%。落叶松毛虫在黑龙江省除大庆市外均有不同程度发生，北部黑河地区和西部齐齐哈尔地区、中部绥化地区以轻度发生为主，局部地区有小面积重度发生。东部牡丹江、鸡西、佳木斯、鹤岗及哈尔滨东部地区以中、重度危害为主，局部地区成灾。哈尔滨宾县和依兰县、牡丹江林口县和牡丹峰风景区、佳木斯汤原县、桦南县和孟家岗林场、鸡西鸡东县、鹤岗市直属林场和双鸭山宝清县落叶松毛虫重度发生面积较大。其中佳木斯和牡丹江市发生程度最为严重，佳木斯汤原县重度发生面积达5万亩，越冬代最高虫口密度达4000条/株。佳木斯桦南县重度发生面积3.23万亩，累计重度发生面积4.73万亩，最高虫口密度650条/株，平均虫口密度36条/株。牡丹江林口县重度发生面积4.15万亩，最高虫口密度达400条，平均虫口密度85条以上。鸡西密山市最高虫口密度737头/株，平均虫口密度64头/株。大部分地区危害树种为落叶松，但在佳木斯汤原县、牡丹江林口县、牡丹峰风景区和市直属林场、鹤岗直属林场、鸡西绿海林业有限公司等地出现了危害红松的现象。受气象条件和采取系列防治措施等因素影响，一代落叶松毛虫在黑龙江省大部分地区发生情况相对越冬代有所减轻，重度危害主要集中于牡丹江地区（图9-9）。

落叶松鞘蛾全省发面积1.86万亩，轻度发生0.83万亩，中度发生0.8万亩，重度发生0.23万亩，同比下降38%。主要以轻、中度发生于黑河市爱辉区。

松阿扁叶蜂发生面积1.48万亩，同比降低60%。主要以轻度发生于大庆杜蒙县、佳木斯郊区、同江市和齐齐哈尔讷河市，危害程度呈下降

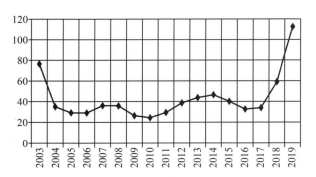

图 9-9　黑龙江省 2003—2019 年落叶松毛虫
发生情况（万亩）

趋势，危害发生范围有所扩大。

落叶松红腹叶蜂全省发生面积 1.13 万亩，轻度发生 0.91 万亩，中度发生 0.22 万亩，同比下降 69%。主要发生于哈尔滨、齐齐哈尔和鸡西市。

6. 松钻蛀害虫

全省发生面积 60.28 万亩，轻度发生 22.83 万亩，中度发生 30.04 万亩，重度发生 7.43 万亩，与 2018 年同期比较下降 13%，重度发生面积增加 38%。发生种类有樟子松梢斑螟（梢斑螟）、果梢斑螟和云杉小墨天牛等（图 9-10）。

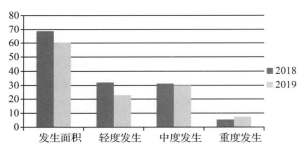

图 9-10　黑龙江省 2018 与 2019 年松钻蛀性
害虫发生情况比较（万亩）

樟子松梢斑螟（梢斑螟）全省发生面积 18.26 万亩，轻度发生 9.03 万亩，中度发生 9.01 万亩，重度发生 2223 亩，同比下降 18%，主要发生于齐齐哈尔、大庆、佳木斯、哈尔滨和绥化市。樟子松梢斑螟在齐齐哈尔地区均有不同程度发生，相对发生程度较重地区为拜泉县，主要以幼虫危害主干和粗壮的侧枝，造成流脂，严重的造成树头折断。在绥化地区发生面积为 4000 亩，发生面积同比上升 2.86%，平均被害率为 1.35%。

果梢斑螟整体危害面积下降，局部地区危害加重。全省发生面积 41.94 万亩，轻度发生

13.72 万亩，中度发生 21.02 万亩，重度发生 7.2 万亩，成灾面积 5762 亩，与去年同期比较下降 9%。主要发生于哈尔滨、鹤岗、佳木斯、七台河、牡丹江、鸡西、绥化市和尚志国有林场管理局。果梢斑螟在佳木斯地区、牡丹江穆棱和尚志管局危害呈现上升趋势。在鸡西和七台河地区危害程度有所减轻，危害面积有所减少。

云杉小墨天牛全省发生面积 800 亩，主要以轻度发生于七台河市直金沙林场。

7. 栎树虫害

全省发生面积 15.79 万亩，轻度发生 6.11 万亩，中度发生 4.11 万亩，重度发生 5.57 万亩，与 2018 年同期比较发生面积增加 9.6 万亩。发生的种类主要有栗山天牛、栎尖细蛾、柞褐叶螟和花布灯蛾。其中栎尖细蛾发生面积 10.69 万亩，轻度发生 1.08 万亩，中度发生 4.04 万亩，重度发生 5.57 万亩，主要发生于黑龙江省东宁市，在黑河市也有零星分布。栎尖细蛾为黑龙江省近几年首次大面积发生。

8. 林业鼠害

全省发生面积 79.12 万亩，轻度发生 61.70 万亩，中度发生 17.42 万亩，重度发生 5 亩，与 2018 年同期比较下降 20%。发生的种类主要有棕背䶄、红背䶄、大林姬鼠和黑线姬鼠。其中春季林业鼠害发生面积 51.79 万亩，其中轻度发生 41.89 万亩、中度发生 9.9 万亩，重度发生 5 亩，发生面积与 2018 年同期比较下降 28%，发生危害程度有所减轻。秋季林业鼠害发生面积 27.33 万亩，轻度发生 19.81 万亩，中度发生 7.52 万亩。发生面积基本与 2018 年持平。全省除齐齐哈尔市和大庆市外均有不同程度的发生。危害多发生于新植林和未成林中，主要危害樟子松、落叶松和红松幼苗（图 9-11）。

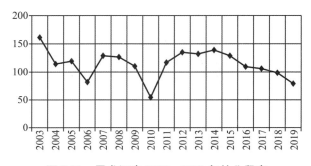

图 9-11　黑龙江省 2003—2019 年林业鼠害
发生情况（万亩）

（三）成因分析

（1）受气候因素影响较为明显。2018年冬季黑龙江省平均降水量为5.6毫米，大部地区降水偏少5～8成，局地偏少8成以上，平均气温为-14.9℃，比常年同期高2.7℃。2019年春季气温偏高，降水偏少。夏季气温偏低、降雨偏多，秋季气温偏高，降水偏少。冬季降雪偏少，春季气温回暖早有利于林业害鼠觅食，减少了对林木的危害。春季高温降水少使得落叶松毛虫出蛰早，上树危害时间提前，为松毛虫暴发提供了有利的气象条件。夏季高温多雨，加重了杨树病害的发病程度。

（2）虫口在林间累积、生物暴发周期的自然规律。落叶松毛虫在偶发区、防治薄弱区以及去年重度发生地区出现暴发情况，主要是落叶松毛虫处于暴发周期内，虫口在林间自然累积与气候条件异常，共同触发了落叶松毛虫暴发的特性。

（3）林分健康程度下降，生态环境脆弱。林分树种单一，易于病害、虫害集中连片暴发。

（4）预防为主的工作机制落实不到位，存在重防治轻监测的情况。部分地区监测工作存在盲区和死角，虫情发现不及时，错过最佳防治时机。

二、2020年林业有害生物发生趋势预测

（一）2020年总体发生趋势预测

依据全省各市（地）秋季调查结果，结合冬春气候条件，预测2020年黑龙江省林业有害生物发生面积约为354万亩，与2019年实际发生情况比较下降6%，预测病害发生面积46万亩，与2019年实际发生面积比较上升18%。预测虫害发生面积232万亩，与2019年实际发生面积比较下降10%。预测林业鼠害发生面积76万亩，与2019年实际发生面积比较下降4%。2020年林业有害生物发生面积呈现下降趋势，危害以轻、中度为主。杨树病害、松树病害、杨树蛀干害虫和松钻蛀性害虫危害均呈现上升趋势，杨潜叶跳象、杨树舟蛾、落叶松毛虫等食叶害虫危害呈现下降趋势，林业鼠害危害情况相对平稳（表9-1）。

（二）主要林业有害生物发生趋势预测

1. 杨树病害

呈现上升趋势。预测杨树病害全省发生面积35万亩，与2019年比较上升10%。发生的种类主要有杨树烂皮病、杨树灰斑病、杨树破腹病和杨树溃疡病，其中杨树灰斑病预测全省发生20万亩，同比下降7%，主要以轻度危害发生于绥化、大庆、哈尔滨和齐齐哈尔，在西部齐齐哈尔地区危害呈下降趋势，在哈尔滨、大庆和绥化等中西部地区危害面积呈现上升、危害程度有加重趋势。杨树烂皮病预测发生面积9万亩，与2019年比较上升38%。主要以轻、中度发生于绥化、大庆等中、西部地区。

2. 杨树食叶害虫

整体危害度呈现下降趋势。预测杨树食叶害虫全省发生面积43万亩，与2019年比较下降10%。主要以轻、中度发生于哈尔滨、绥化、大

表9-1 黑龙江省2020年林业有害生物预测发生面积与2019年发生面积比较 （万亩）

林业有害生物种类	2019年发生面积	2020年预测发生面积	同比情况（%）
林业有害生物合计	375.35	354.00	-6
病害合计	38.97	46.00	18
虫害合计	257.26	232.00	-10
林业鼠害合计	79.12	76.00	-4
杨树病害	31.96	35.00	10
杨树食叶害虫	46.43	43.00	-7
杨树蛀干害虫	10.19	12.00	18
松树病害	7.01	11.00	57
松树害虫	178.16	155.00	-13
栎树虫害	15.79	16.00	1
其他虫害	6.69	6.00	-10

庆、齐齐哈尔、黑河和伊春等中部、西部和北部地区。发生的种类主要有杨潜叶跳象、舞毒蛾、分月扇舟蛾、杨扇舟蛾、杨小舟蛾、白杨叶甲和梨卷叶象等。杨潜叶跳象发生面积呈现下降趋势，危害程度有加重的趋势，预测发生面积 20 万亩，与 2019 年比较下降 26%，主要以轻、中度危害发生于哈尔滨、齐齐哈尔、大庆和绥化等中西部地区，哈尔滨市阿城区为新发生地区。杨树舟蛾预测发生面积 10 万亩，与去年比较有下降趋势，主要以轻、中度发生于哈尔滨和大庆等南部和西南部地区，发生的种类有分月扇舟蛾、杨小舟蛾和杨扇舟蛾。分月扇舟蛾在哈尔滨地区有下降趋势。杨小舟蛾发生情况基本与往年持平。白杨叶甲预测发生面积 1 万亩，与去年比较有下降趋势，在哈尔滨尚志市有小面积新发生。梨卷叶象在哈尔滨地区危害有上升趋势。舞毒蛾预测发生面积 7 万亩，与 2019 年比较有小幅上升趋势，主要以轻、中度发生于齐齐哈尔、黑河、大兴安岭、鸡西、绥化、庆安和伊春地区，在齐齐哈尔甘南、黑河爱辉区有小幅上升趋势。

3. 杨树蛀干害虫

整体危害有小幅度上升趋势，西部、南部局部地区虫情有扩散趋势。预测杨树蛀干害虫发生面积 12 万亩，与 2019 年比较上升 18%。发生的种类主要有杨干象、白杨透翅蛾、青杨天牛和青杨脊虎天牛，主要发生于哈尔滨、绥化、大庆等中西部地区。杨干象、青杨天牛在绥化西部地区，青杨脊虎天牛在哈尔滨中部、南部地区危害虽然面积不大，危害有加重、危害范围有扩大的趋势。

4. 松树病害

呈现上升趋势。预测松树病害发生面积 11 万亩，与 2019 年比较上升 57%。主要以轻、中度危害发生于大兴安岭、佳木斯、鸡西和哈尔滨等地区。发生的种类主要为落叶松落叶病、松枝红斑病、松枯梢病和樟子松瘤锈病。其中落叶松落叶病预测发生面积 5 万亩，发生面积与去年相比有较大幅度的上升，松针红斑病预测发生面积 4 万亩，基本与去年持平。松枯梢病在哈尔滨阿城区、樟子松瘤锈病在黑河地区危害呈现小幅度上升趋势。

5. 松树食叶害虫

落叶松毛虫等松树食叶害虫全省总体危害呈现下降趋势，局部地区危害程度依然较重。预测松树食叶害虫发生面积 92 万亩，呈下降趋势。落叶松毛虫预测发生面积 86 万亩，与 2019 年实际发生面积比较下降 27%，危害呈减轻趋势，预测全省除大庆外均有不同程度发生，在牡丹江、鸡西、双鸭山、佳木斯等东部地区仍有大面积中度以上危害发生。落叶松毛虫 2019 年大面积暴发后，经过人为干预大部分地区种群数量有所下降，但部分地区虫口密度依然较高，危害仍在小范围内存在居高不下的态势，明年早春黑龙江省仍然存在气温偏高，局部地区降水偏少的可能，不排除在牡丹江市直属林场、穆棱县等东部地区出现局地成灾情况。落叶松鞘蛾预测发生面积 3 万亩，有小幅度上升。在齐齐哈尔地区发现伊藤厚丝叶蜂危害，预测发生面积 2000 亩，主要为轻、中度危害。

6. 松钻蛀害虫

果梢斑螟原危害严重地区危害程度呈现下降趋势，但危害范围有所扩大，虫情有进一步扩散的趋势。预测松钻蛀害虫发生面积 63 万亩，呈小幅上升趋势。果梢斑螟发生面积 44 万亩，与去年比较有小幅上升，主要以轻、中度发生于牡丹江、七台河、鹤岗、佳木斯、鸡西、哈尔滨、绥化和尚志管局，在牡丹江、佳木斯、鹤岗和七台河局部地区有小面积重度发生。牡丹江林口、海林和牡丹江市直属林场、鸡西密山、鹤岗萝北危害程度有进一步加重的趋势，牡丹江、哈尔滨地区虫情有扩散的趋势。预测樟子松梢斑螟发生面积 19 万亩，与 2019 年比较有小幅上升，主要以轻、中度发生于哈尔滨、齐齐哈尔、大庆、绥化、佳木斯和鸡西地区。齐齐哈尔地区危害情况相对稳定，哈尔滨、大庆和鸡西地区发生面积虽然不大，但虫情有进一步扩散和加重的趋势。云杉小墨天牛预测发生面积 1000 亩，主要发生于七台河市，危害呈缓慢上升态势。

7. 栎类害虫

总体情况相对平稳，栎尖细蛾、花布灯蛾呈小幅上升趋势。预测栎类害虫发生面积 16 万亩，与 2019 年发生情况基本持平。发生的种类有栎尖细蛾、栗山天牛、花布灯蛾和柞褐叶螟。栎尖细蛾预测发生面积 12 万亩，主要以中、重度危害发生于牡丹江东宁市，与 2019 年比较有小幅上升。栗山天牛危害情况基本稳定。花布灯蛾预测发生面积 3000 亩，主要以轻、中度危害为主，在哈尔滨市呼兰区局部地区有小面积重度危害。

8. 其他害虫

发生情况总体平稳。预测发生面积 6 万亩，发生的种类主要有黄褐天幕毛虫、榆紫叶甲和稠李巢蛾等。黄褐天幕毛虫危害呈现下降，榆紫叶甲有小幅上升趋势。

9. 林业鼠害

危害总体情况相对平稳，局部地区会有小面积重度危害发生。预测 2020 年林业鼠害发生面积 76 万亩，发生的种类主要为棕背䶄和红背䶄，林业鼠害整体情况相对平稳，全省除齐齐哈尔和大庆外均有分布，危害以轻、中度为主。气象预测黑龙江省今冬明春全省大部分地区气温偏高但降水偏多，降雪多不利于害鼠活动，北部伊春、大兴安岭局部鼠口密度偏大地区，危害出现加重的可能性较大，不排除在东部佳木斯桦南和桦川县、牡丹江林口县等部分地区林业鼠害有重度危害发生的可能。

三、对策建议

（一）多措并举，加强监测工作

一是要加强监测队伍建设。各级林业主管部门应提高对林业有害生物监测工作的重视程度，加强林业有害生物队伍建设，将林业有害生物监测工作纳入林业重点工作内容，加大对林业有害生物监测工作的资金投入，提高基层专（兼）职测报人员的待遇，解决基层实际困难，努力提高基层人员工作积极性。

二是要调整监测工作重心。要坚持预防为主的工作方针，将日常监测工作重心从常发性、主要性林业有害生物向偶发性、次要性林业有害生物倾斜，特别是要关注小面积新发生的林业有害生物，克服麻痹大意思想，提高风险防范意识，避免更多的次要性、偶发性害虫成为主要害虫，给经济和生态环境造成不可挽回的损失。

三是要重视基础性研究。基础性研究是开展林业有害生物防治等工作的基础，没有基础性研究作为有力的支撑，其他工作的开展有如空中楼阁，建议以林业实际生产需求为导向，加大对基础性研究工作的投入，依托各科研院校积极开展实用型基础性研究。

四是要积极发挥监测预警的作用。以国家级中心测报点建设为切入点，逐步提升监测工作的科技含量。以国家级中心测报点为引领，全面提升监测预警工作能力，切实发挥林业有害生物监测预警的作用。

五是加强重点种类和区域的监测。全省各地要未雨绸缪，防微杜渐，根据 2020 年林业有害生物发生趋势预测，针对新情况新趋势，结合各自实际情况，加大监测工作力度，做好必要的防治准备工作。齐齐哈尔等西部地区要重点加强对伊藤厚丝叶蜂的监测，避免出现大面积暴发和虫情扩散的情况。牡丹江等东部地区要针对落叶松毛虫虫情进一步扩散和可能出现重度危害的情况，提前做好监测和防治准备工作。西部和南部地区要密切关注青杨脊虎天牛和杨干象的虫情动态。针对东部地区果梢斑螟将出现虫情扩散的情况，与原重度发生区毗邻的地区要加强监测，防止虫情进一步扩散。同时各地应认真谋划做好美国白蛾、松材线虫病监测工作，确保做到第一时间发现，第一时间报告，第一时间除治。

（二）分类施策，倡导综合治理

积极落实预防为主的防治工作方针，摒弃重防治轻监测的思想。在防治工作上坚持分类施策的原则，积极倡导综合治理，减少化学农药的使用，降低对生态环境的影响，努力恢复生态环境的自我调节能力，实现良性循环。

（三）加强合作，严防疫情传入

加强省（市）和各地区之间的合作，提高信息共享，严把检疫关，避免由于人为因素导致检疫性和危险性林业有害生物传入。

（主要起草人：宋敏；主审：王越）

10 上海市林业有害生物 2019 年发生情况和 2020 年趋势预测

上海市林业病虫防治检疫站

【摘要】上海市森林面积 154.2 万亩，2019 年林业有害生物测报点监测数据统计，全市常发性林业有害生物发生面积 18.96 万亩，防治面积 18.83 万亩，防治作业面积 51.30 万亩次，无公害防治率 92.6%。全年林业有害生物成灾率 1.7‰。美国白蛾在金山区、松江区严重发生，危害水杉、池杉等寄主，染疫植株 2685 株，重度发生面积近 0.3 万亩，成灾面积近 0.1 万亩。发生特点为：美国白蛾点状分布、跳跃式发生危害，发生范围逐步扩散；新发现有害生物种类增加，分布范围扩大；常发性有害生物发生面积与 2018 年基本持平，个别种类在疏于管理的林地发生较重。

根据我市 2019 年有害生物发生情况、面临的形势和气象预测，2020 年上海市美国白蛾发生危害的形势更加严峻，分布范围进一步扩大。预测全市主要林业有害生物发生 19.3 万~21.3 万亩，生态林有害生物发生总面积比 2019 年增加，发生 15.2 万~16.5 万亩，经济林有害生物发生呈稳定态势，发生 4.1 万~4.8 万亩。

根据当前林业有害生物发生态势和特点，建议下一步做好五方面工作。一是转变工作思路，推进监测预报多元化服务化；二是多部门联合，全方位开展美国白蛾监测；三是强化源头管理，做好落地苗木复检工作；四是坚持科学防治，控制美国白蛾等重大林业有害生物灾情；五是加强林地抚育，确保林地健康。

一、2019 年林业有害生物发生情况

2019 年全市主要林业有害生物持续高发频发，美国白蛾在金山区、松江区严重发生，危害水杉、池杉等树种，染疫植株 2685 株，重度发生面积近 0.3 万亩，成灾面积近 0.1 万亩，且呈扩散趋势。据统计，全年常发性林业有害生物发生 18.96 万亩，与 2018 年持平，轻度发生 17.78 万亩、中度发生 1.02 万亩、重度发生 0.16 万亩。其中病害发生 1.883 万亩、虫害发生 17.074 万亩。主要生态林有害生物发生 14.110 万亩，与 2018 年持平，主要经济林有害生物发生 4.666 万亩，与 2018 年持平（图 10-1）。

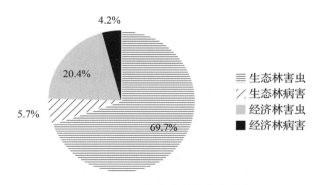

图 10-1　2019 年各类林业有害生物发生面积占总面积百分比

全市常发性林业有害生物防治面积 18.83 万亩，防治作业面积 51.30 万亩次。美国白蛾防治作业面积 6.97 万亩次。无公害防治率 92.6%，其中仿生措施防治占比 83.8%，人工物理措施防治占比 8.2%，生物措施防治占比 0.4%，营林措施防治占比 0.2%（图 10-2）。

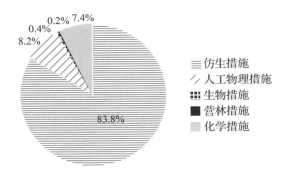

図 10-2 2019 年各类防治措施占防治总面积百分比

（一）发生特点

2019 年林业有害生物发生特点为：

1. 美国白蛾点状分布、跳跃式发生，发生范围逐步扩散

目前美国白蛾幼虫危害的区域主要是农田林网、主要交通干道、河道、美丽乡村建设的村级道路、村级绿化；危害树种为水杉、落羽杉、池杉、红叶李、北美枫香、枫香、梅花、桑树、桃树。美国白蛾发生范围扩散，在金山区、松江区的部分林地危害严重。

2. 新发现有害生物种类增加，分布范围扩大

2019 年崇明新发现雪松枝枯病，浦东新发现为害紫薇的黑斑瘤蛾 Nola melanota，为害香樟的圆率管蓟马 Litotetothrips rotundus，为害红叶李、樱花和紫薇的黑条刺蛾 Striogyia obatera，闵行新发现为害柳树的河曲丝叶蜂 Nematus hequensis 等有害生物种类，无患子小棉蚜、紫薇梨象、女贞粗腿象甲、枫香刺小蠹等害虫的分布范围进一步扩大，且在嘉定安亭发现无患子小棉蚜为害重阳木的现象。

3. 常发性有害生物发生面积与 2018 年基本持平，个别种类在疏于管理的林地发生较重

樟巢螟、刺蛾等食叶性害虫发生期推迟，发生面积较小；柿广翅蜡蝉等刺吸性害虫在部分疏于管理的林地发生较重；香樟齿喙象在浦东的部分林地发生范围扩大、且危害较重。

（二）主要林业有害生物发生情况分述

1. 检疫性、危险性有害生物

面对松材线虫病、美国白蛾、舞毒蛾和木毒蛾入侵上海的严峻形势，上海市加强了对松材线虫病等病虫的监测力度，以确保第一时间发现疫情，避免疫情扩散蔓延。

美国白蛾 全市 5 个区（嘉定、青浦、金山、松江和闵行）19 个街镇发现美国白蛾疫情，发生面积 1 万余亩，重度发生面积近 0.3 万亩，成灾面积近 0.1 万亩，且有进一步扩散蔓延的趋势。

越冬蛹调查情况：2 月 18 日至 3 月 17 日在全市范围内组织开展美国白蛾越冬蛹基数调查，历时 1 个月，共出动调查人员 89 人，对 9 个区 4635 个样地 17320 株寄主植物进行了调查，未发现美国白蛾越冬蛹。

越冬代成虫监测情况：全市共诱捕到美国白蛾越冬代成虫 3 头，在上海的始见期为 4 月 30 日，比 2018 年推迟 10 天。4 月 30 日，嘉定区华亭镇联一村诱捕到越冬代成虫 1 头，5 月 8 日青浦区崧泽广场、北菁园各诱捕到越冬代成虫 1 头。

第三代幼虫危害情况：9 月 20 日在金山区吕巷镇水果公园及周边绿带发现美国白蛾第三代幼虫危害后，陆续在朱泾镇、廊下镇、枫泾镇、金山卫镇、亭林镇、张堰镇、山阳镇和金山二工区发现危害，疫情发生点 169 个，发生树种为水杉、池杉、红叶李、枫香、桑、桃、梨，共计 2525 株，灾害严重且有扩散趋势。

9 月 25 日在松江区中央公园 1 株樱花上发现美国白蛾幼虫危害，陆续在泖港镇、叶谢镇、泗泾镇、车墩镇、石湖荡镇、新浜镇、方松街道和岳阳街道发现危害，发生树种为落羽杉，共计 158 株。

闵行区于 9 月 27 日在中春路 1777 号 2 株樱花上发现美国白蛾危害。

普查情况：在金山区、松江区和闵行区发现美国白蛾疫情后，9 月 27 日至 10 月 20 日，在全市范围内开展了地毯式的调查，涉及 9 个区，105 个乡镇、街道和工业区，7267 个调查地块，调查面积 350851.5 亩。调查结果为：染疫植株 2685 株，除金山区、松江区和闵行区外，其他区暂时未发现美国白蛾幼虫的危害。

锈色棕榈象 2019 年闵行、松江、金山、浦东、青浦、普陀等 6 个区 77 株加拿利海枣、1 株华棕发生锈色棕榈象疫情，其中 35 株已送至除害处理中心销毁，31 株原地焚烧销毁，4 株原地药水处理深埋，8 株采取防治手段。

舞毒蛾 8 月浦东祝桥测报点测报灯诱捕到 1 头舞毒蛾成虫。

木毒蛾　测报灯下诱捕到木毒蛾成虫 61 头，分布于奉贤区、浦东新区。

悬铃木方翅网蝽　发生 0.181 万亩，同比上升 14.6%。轻度发生。主要发生于道路两旁行道树。

扶桑绵粉蚧　全市共发生 27 平方米，分布于浦东、崇明区，均已采取除治措施。

2. 生态林有害生物

上海地区生态林面积 137.9 万亩，主要生态林有害生物发生面积 14.110 万亩，与 2018 年持平，发生程度大部分为轻度。

（1）病害

水杉赤枯病　发生 1.090 万亩，与 2018 年基本持平，与近 3 年均值持平，比近 5 年均值上升 38.7%（图 10-3）。其中轻度发生占比 89%，中度发生占比 9%，重度发生占比 2%。全市各区均有分布。

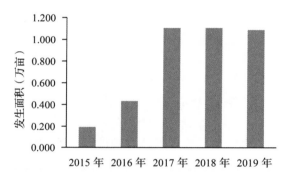

图 10-3　2015—2019 年水杉赤枯病发生趋势

（2）食叶性害虫

刺蛾类　发生 2.233 万亩，同比下降 14.3%，比近 3 年均值下降 7.2%，比近 5 年均值上升 17.3%（图 10-4）。其中轻度发生占比 99%，中度发生占比 1%。主要种类为黄刺蛾（2.152 万亩）、丽绿刺蛾（0.017 万亩）、褐边绿

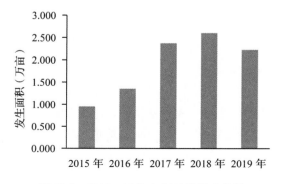

图 10-4　2015—2019 年刺蛾类发生趋势

刺蛾（0.064 万亩）等。全市各区均有分布。

樟巢螟　发生 4.650 万亩，同比下降 9.7%，与近 3 年均值基本持平，比近 5 年均值上升 39.6%（图 10-5）。第一代发生 1.947 万亩，第二代发生 2.703 万亩。其中轻度发生占比 98%，中、重度发生占比 2%。全市各区均有分布。

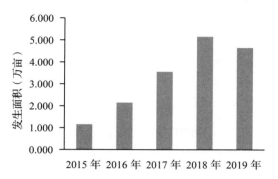

图 10-5　2015—2019 年樟巢螟发生趋势

舟蛾类　发生 0.353 万亩，同比下降 32.5%，与近 3 年均值基本持平，比近 5 年均值上升 17.3%（图 10-6）。其中轻度发生占比 98%，中度发生占比 2%。主要种类有杨小舟蛾（0.276 万亩）、杨扇舟蛾（0.044 万亩）、分月扇舟蛾（0.033 万亩）。杨小舟蛾越冬代（5 月份）、第四代发生面积较大，分别为 0.064 万亩、0.090 万亩。全市各区均有分布。

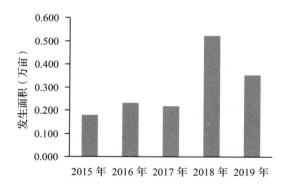

图 10-6　2015—2019 年舟蛾类发生趋势

黄杨绢野螟　发生 0.540 万亩，同比上升 10.0%，比近 3 年均值上升 17.9%，比近 5 年均值上升 41.4%（图 10-7）。其中轻度发生占比 92%，中度发生占比 7.5%，重度发生占比 0.5%。全市各区均有分布。

重阳木锦斑蛾　发生 0.876 万亩，同比上升 24.3%，比近 3 年均值上升 27.9%，比近 5 年均值上升 60.7%（图 10-8）。8～10 月第三、第四代发生面积较大，达到 0.751 万亩。其中轻度发生

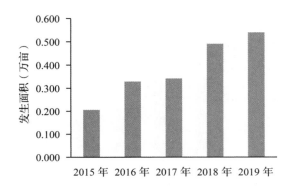

图 10-7　2015—2019 年黄杨绢野螟发生趋势

占比 77%，中度发生占比 17%，重度发生占比 6%。全市各区均有分布。

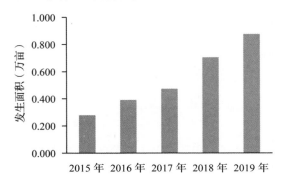

图 10-8　2015—2019 年重阳木锦斑蛾发生趋势

（3）刺吸性害虫

蚧虫类　发生 1.609 万亩，同比下降 5.6%，比近 3 年均值下降 17.4%，与近 5 年均值基本持平（图 10-9）。其中轻度发生占比 82%，中度发生占比 16.5%，重度发生占比 1.5%。主要种类有红蜡蚧（1.194 万亩）、藤壶蚧（0.415 万亩）。全市各区均有分布。

无患子小棉蚧　青浦练塘，嘉定安亭、江桥的 56 亩林地发生无患子小棉蚧，寄主有无患子、重阳木、苦楝。经防治虫情得到控制。

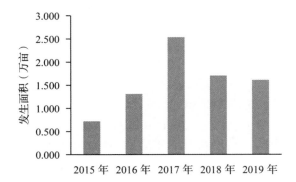

图 10-9　2015—2019 年蚧虫类发生趋势

柿广翅蜡蝉　发生 0.989 万亩，同比上升

219.0%，比近 3 年均值上升 81.1%，比近 5 年均值上升 151.0%（图 10-10）。其中轻度发生占比 92%，中度发生占比 6%，重度发生占比 2%。第一代发生面积较大达到 0.748 万亩，第二代发生 0.241 万亩。轻度发生。主要分布于崇明、松江、金山、青浦等区。

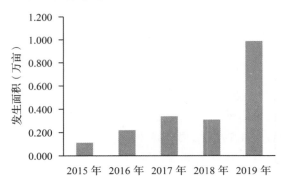

图 10-10　2015—2019 年柿广翅蜡蝉发生趋势

（4）蛀干性害虫

天牛类　发生 1.542 万亩，同比上升 8.0%。比近 3 年均值上升 6.9%，比近 5 年均值上升 38.4%（图 10-11）。其中轻度发生占比 91%，中度发生占比 8%，重度发生占比 1%。主要种类为星天牛（0.806 万亩）、云斑天牛（0.580 万亩）、桑天牛（0.156 万亩）。全市各区均有分布。

香樟齿喙象　发生 0.228 万亩，同比上升 5.6%，比近 3 年均值上升 5.1%（图 10-12）。其中轻度发生占比 93%，中度发生占比 5%，重度发生占比 2%。全市各区均有分布。

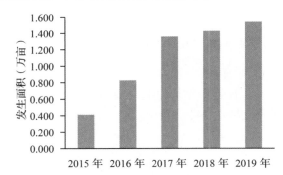

图 10-11　2015—2019 年天牛类发生趋势

枫香刺小蠹　发生 16 亩，中度至重度发生，分布于宝山、崇明、闵行、嘉定等区。

女贞粗腿象甲　发生范围扩大达到 330 亩，轻度发生，分布于宝山区。

小线角木蠹蛾　发生 10 亩，中度至重度发生，分布于宝山、嘉定、奉贤等区，寄主有栾树、杨树。

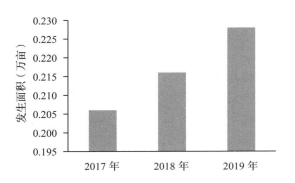

图 10-12　2015—2019 年香樟齿喙象发生趋势

3. 经济林有害生物

上海地区经济林面积 16.3 万亩，主要经济林有害生物发生面积 4.666 万亩，与 2018 年持平，发生程度大部分为轻度。

（1）病害

梨锈病　发生 0.236 万亩，与 2018 年持平，比近 3 年均值下降 11.3%，比近 5 年均值下降 9.6%（图 10-13）。其中轻度发生占比 98%，中度发生占比 2%。主要分布于浦东、奉贤、松江、金山、嘉定、宝山、崇明、青浦等区。

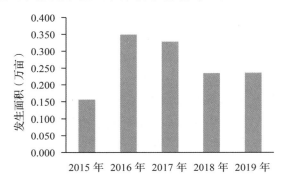

图 10-13　2015—2019 年梨锈病发生趋势

桃炭疽病　发生 0.131 万亩，同比上升 33.7%，比近 3 年均值上升 24.8%，与近 5 年均值持平（图 10-14）。轻度发生。主要分布于奉贤、金山、松江等区。

葡萄白粉病　发生 0.178 万亩，同比上升 165.7%，比近 3 年均值上升 14.1%，比近 5 年均值上升 34.8%（图 10-15）。全部为轻度发生。主要分布于嘉定、金山、松江等区。

柑橘树脂病　发生 0.248 万亩，同比下降 6.1%，比近 3 年均值上升 6.0%（图 10-16）。全部为轻度发生。主要分布于崇明区。

（2）害虫

梨小食心虫　发生 2.368 万亩，与 2018 年基本持平，比近 3 年均值下降 8.4%，比近 5 年均值

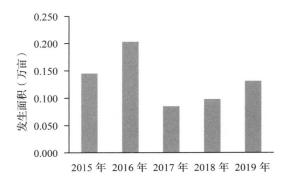

图 10-14　2015—2019 年桃炭疽病发生趋势

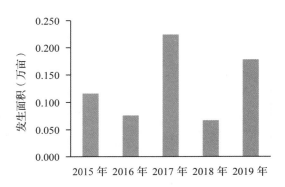

图 10-15　2015—2019 年葡萄白粉病发生趋势

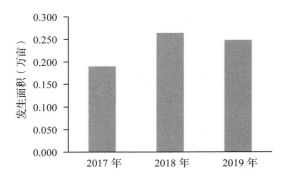

图 10-16　2015—2019 年柑橘树脂病发生趋势

上升 10.7%（图 10-17）。其中轻度发生占比 95%，中度发生占比 4.5%，重度发生占比 0.5%。主要分布于浦东、奉贤、金山、松江、崇明等区。

桃蛀螟　发生 0.878 万亩，同比上升 15.1%，比近 3 年均值上升 28.9%，比近 5 年均值上升 27.1%（图 10-18）。其中轻度发生占比 97%，中度发生占比 3%。主要分布于奉贤、金山、松江、崇明等区。

橘小实蝇　发生 0.033 万亩，同比下降 21.4%，比近 3 年均值下降 17.5%，比近 5 年均值下降 51.5%（图 10-19）。全部为轻度发生。8、9 月果实采收期比较严重。主要分布于松江区。

桃红颈天牛　发生 0.594 万亩，同比下降 14.0%，比近 3 年均值下降 15.7%，比近 5 年均

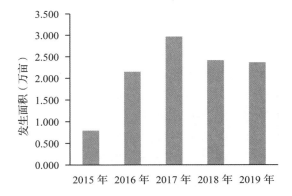

图 10-17　2015—2019 年梨小食心虫发生趋势

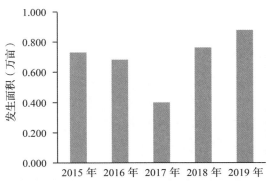

图 10-18　2015—2019 年桃蛀螟发生趋势

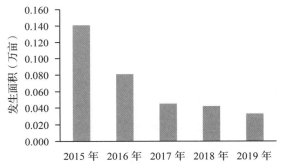

图 10-19　2015—2019 年橘小实蝇发生趋势

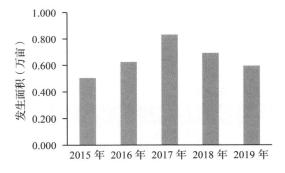

图 10-20　2015—2019 年桃红颈天牛发生趋势

值下降 8.5%（图 10-20）。其中轻度发生占比97%，中、重度发生占比 3%。主要分布于浦东、金山、奉贤、青浦、松江、崇明、宝山等区。

（三）成因分析

结合本市主要林业有害生物发生规律、防治措施以及气候因子等因素进行分析。

2019 年气候特点：与 2018 年相比，2019 年总体气温低，降水量和雨日多，日照时数少。2019 年 1～10 月，全市平均气温为 18.5℃，比去年同期低 0.3℃。降水量为 1402.5 毫米，比去年同期多 337.8 毫米。降水日数 116.1 天，比去年同期多 6.6 天。日照时数为 1326.5 小时，比去年同期少 367.0 小时。

1. 美国白蛾点状分布、跳跃式发生，发生范围逐步扩散

从目前发生区域分析，一是美国白蛾幼虫发生点主要集中在上海的西南角（金山区），靠近浙江嘉善，从浙江输入的可能性较大，但目前浙江省尚未公布疫区；二是各区在美丽乡村建设、村镇道路绿化时，所用苗木未办理《植物检疫证》，有违规调运苗木行为，且美丽乡村建设项目隶属于农口管理，存在相关部门缺乏监管或监管不到位的情况；三是近几年上海因工程建设、大型项目，大量从外省市调运苗木，美国白蛾可能随车辆运输传入、苗木带疫。从美国白蛾危害寄主植物来看，传入上海后，危害寄主发生了变化，主要危害水杉、落羽杉和池杉。

2. 新发现有害生物种类增加，分布范围扩大

2019 年新发生黑条刺蛾等 5 种有害生物，无患子小棉蚧等有害生物分布范围扩大，主要原因其一由于上海近年来大规模造林，苗木调运的过程中携带入新的有害生物种类可能性极大；其二本市由纯林、人工林构成的森林生态系统比较脆弱，高密度的造林模式使得林木成林后郁闭度较大，树势衰弱，极易引起小蠹虫、蚧虫等为害；其三尚未完全掌握新发有害生物的生活史及发生规律，防治措施也处于摸索阶段，对于这类有害生物的防控效果较差。

3. 常发性有害生物发生面积与 2018 年基本持平，个别种类在疏于管理的林地发生较重

（1）食叶性害虫发生期推迟，发生面积较小

2019 年冬春季持续阴雨，1～3 月降水日数为 46 天，显著多于 2018 年（33 天）、2017 年（29 天）、常年（33 天）同期；1～3 月日照时数为 218.6 小时，显著少于 2018 年（378.3 小时）、2017 年（379.1 小时）、常年（336.4 小时）同期

（图 10-21）。高湿少光照的天气条件不利于刺蛾、樟巢螟等食叶性害虫的越冬，因此虫口基数较小，第一代发生面积较小，全年发生面积较小，且发生期普遍推迟 1 周左右。

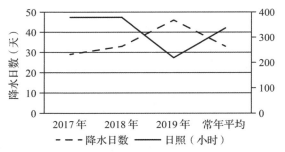

图 10-21　2017—2019 年及常年冬春季降水日数及日照对比

（2）刺吸性害虫在部分疏于管理的林地发生较重

今年呈现高湿少日照的气候特点，有利于柿广翅蜡蝉等刺吸性害虫的发育繁殖，加上防治不及时，在部分疏于管理且郁闭度高的林地内发生较重。

（3）香樟齿喙象在浦东的部分林地发生范围扩大且危害较重

近几年林地面积不断增加，天牛、香樟齿喙象的寄主面积增加；天牛、香樟齿喙象等蛀干性害虫为害的隐蔽性较强，监测难度较大；幼虫、蛹等发育阶段均在树体内完成，防治的难度较大，因此这类害虫呈扩散蔓延趋势，发生面积逐年增加。

二、2020 年林业有害生物发生趋势预测

（一）总体发生趋势预测

2020 年冬季气候预测：全市的平均气温较常年值（6.1℃）略高，降水总量较常年（164.7 毫米）略多，雨日较常年（27 天）略多，有阶段性阴雨。

针对全市林地面积增加和林分质量较差、外来有害生物入侵威胁不断加大，加之气候因子和外在环境条件影响以及林业有害生物发生规律等多种因素进行综合分析，预测 2020 年全市林业有害生物发生 19.3 万～21.3 万亩。美国白蛾发生危害的形势更加严峻，分布范围进一步扩大，发生面积达到 2.0 万亩；常发性有害生物发生面积总体与 2019 年持平，为 17.3 万～19.3 万亩（表 10-1）。

（二）分种类发生趋势预测

1. 检疫性有害生物传入和发生的形势更加严峻

预测 2020 年美国白蛾的发生点增加、发生范围扩散。2019 年发生美国白蛾幼虫的金山区、松江区的部分乡镇、街道及工业区由于已有越冬蛹，翌年仍会发生，部分林地重度至成灾暴发；2019 年诱捕到美国白蛾越冬代成虫的嘉定区、青浦区以及浦东新区、宝山区等 4 个疫区仍有监测到成虫的可能；与松江、金山接壤的青浦区、奉贤区、闵行区也有监测到成虫甚至幼虫的可能。随着苗木大量调运，带入美国白蛾风险巨大，需要加强对新造林地、美丽乡村建设、村镇道路绿化所用苗木落地复检复查工作。

2020 年锈色棕榈象将会呈多点零星暴发的趋势，主要发生于有加拿利海枣种植的住宅小区等；亚洲型舞毒蛾存在传入的风险；若春季少雨、干旱，悬铃木方翅网蝽则发生较重，预测 2020 年偏重发生。

2. 2020 年生态林有害生物发生总面积比 2019 年增加，发生 15.2 万～16.5 万亩

（1）美国白蛾分布范围扩散，发生危害 2.0 万亩

2019 年金山、松江区的部分乡镇、街道及工

表 10-1　2020 年林业有害生物发生趋势预测　　　　　　　　　　　　单位：万亩

有害生物种类	主要有害生物发生面积	主要发生种类
生态林病害	1.0～1.2	水杉赤枯病
生态林食叶性害虫	10.4～11.1	美国白蛾、刺蛾类、杨树舟蛾类、樟巢螟、重阳木锦斑蛾、黄杨绢野螟
生态林刺吸性害虫	2.0～2.2	蚧虫、柿广翅蜡蝉等
生态林蛀干性害虫	1.8～2.0	桑天牛、星天牛、云斑天牛、小线角木蠹蛾、香樟齿喙象
经济林病害	0.7～0.9	梨锈病、桃炭疽病、葡萄白粉病、柑橘树脂病
经济林害虫	3.4～3.9	桃红颈天牛、桃蛀螟、梨小食心虫、橘小实蝇
合计	19.3～21.3	

业区发生了第三代美国白蛾幼虫，越冬虫口基数较大，预测2020年美国白蛾发生2.0万亩。发生程度重度至成灾。全市范围均有发生的可能。

（2）水杉赤枯病及螨类发生面积与2019年持平，发生1.0万~1.2万亩

近几年加强了对水杉赤枯病及螨类的监测与防治，发生态势较平稳，预测2020年发生面积与2019年持平，为1.0万~1.2万亩。主要分布在水杉种植较多的青浦、崇明、浦东等区。6、7月梅雨期后，危害进入高峰期；对于景观道路林带、生态林，要加强监测，抓住防治适期，早防联防。

（3）其他食叶性害虫发生面积略大于2019年，发生8.4万~9.1万亩

刺蛾类 根据近6年的发生数据，用自回归法建立数学模型 $X(N)=0.7829 \times X(N-1)+1.1593 \times X(N-2)-1.0633 \times X(N-3)$，预测2020年刺蛾发生面积2.20万~2.40万亩。主要种类包括黄刺蛾、丽绿刺蛾、褐边绿刺蛾等。发生程度轻度。全市范围内均有分布。

樟巢螟 鉴于2019年樟巢螟第二代发生量较大，越冬虫口基数较大，受到2020年暖冬等气象因素影响，预测2020年樟巢螟发生面积略高于2019年，达到4.80万~5.00万亩。发生程度轻度至中度。全市范围内均有分布。

舟蛾类 根据近14年的发生数据，用自回归法建立数学模型 $X(N)=0.4023 \times X(N-1)+0.3958 \times X(N-4)+0.1375 \times X(N-2)$，预测2020年舟蛾发生0.30万~0.40万亩。发生程度轻度。8、9月世代重叠发生量较大。全市各区均有分布。

黄杨绢野螟 根据近14年发生数据，用自回归法建立数学模型 $X(N)=0.7938 \times X(N-1)+0.3561 \times X(N-8)-0.2007 \times X(N-2)$。预测2020年黄杨绢野螟发生0.40万~0.50万亩。发生程度轻度。全市范围内均有分布。

重阳木锦斑蛾 根据近9年发生数据，用自回归法建立数学模型 $X(N)=0.8481 \times X(N-1)-0.1894 \times X(N-2)+0.2232 \times X(N-3)$。预测2020年重阳木锦斑蛾发生0.70万~0.80万亩。发生程度大部分轻度，局部林地发生程度中度。主要分布于松江、青浦、奉贤等区。

（4）刺吸性害虫发生面积小于2019年，发生2.0万~2.2万亩

蚧虫类 预测2020年蚧虫类发生面积与2019年持平，达到1.60万~1.70万亩。主要种类有藤壶蚧、红蜡蚧等。发生程度轻度至中度。全市范围均有分布。

2020年无患子小棉蚧有扩散趋势，需继续加强对樱桃球坚蚧、榉树枝毡蚧等刺吸性害虫的监测。

柿广翅蜡蝉 根据近10年发生数据，用自回归法建立数学模型 $X(N)=0.5706 \times X(N-5)+0.2997 \times X(N-1)+0.0988 \times X(N-2)$。预测2020年柿广翅蜡蝉发生0.40万~0.50万亩。发生程度轻度。主要分布于松江、青浦、崇明等区。

（5）蛀干性害虫发生继续呈上升趋势，发生1.8万~2.0万亩。

天牛类 受虫口基数大及寄主面积增加等因素影响，近年来天牛的发生呈上升趋势，预测2020年发生1.60万~1.70万亩。主要种类有星天牛、桑天牛、云斑天牛等。若防治不到位部分林地可能出现中度至重度的危害。全市范围均有分布。

香樟齿喙象 预测2020年香樟齿喙象发生0.20万~0.30万亩。发生程度轻度至中度。通过近几年的大力监测与防治，该虫的发生程度得到控制。

枫香刺小蠹、小线角木蠹蛾、咖啡木蠹蛾等蛀干性害虫的发生范围将进一步扩大，且危害加重，部分林地可能出现树木大面积死亡。

3. 2020年经济林有害生物发生呈稳定态势，发生4.1万~4.8万亩

（1）病害发生面积与2019年持平，发生0.7万~0.9万亩

梨锈病 根据近13年发生数据，用自回归法建立数学模型 $X(N)=0.3738 \times X(N-1)+0.3173 \times X(N-2)+0.2677 \times X(N-8)$。预测2020年梨锈病发生0.21万~0.25万亩，发生程度轻度至中度。主要分布于浦东、奉贤、松江、金山、嘉定等区。

桃炭疽病 根据近14年发生数据，用自回归法建立数学模型 $X(N)=1.0304 \times X(N-1)+0.5952 \times X(N-2)-0.7571 \times X(N-3)$。预测2020年发生0.12万~0.15万亩，发生程度轻度。桃炭疽病是下半年主要的经济林病害，高温、高湿有利于病害发生。主要分布于奉贤、金山、松江等区。

葡萄白粉病　预测 2020 年发生面积略小于 2019 年，达到 0.12 万～0.15 万亩，发生程度轻度。7 月份随着气温升高，进入葡萄白粉病发病盛期。主要分布于嘉定、金山、松江等区。

柑橘树脂病　预测 2020 年发生面积与 2019 年基本持平，达到 0.24 万～0.28 万亩。发生程度轻度至中度，若 7、8 月降雨多且疏于防范则病害加重。主要分布于崇明区。

（2）害虫发生面积比 2019 年略小，发生 3.4 万～3.9 万亩

梨小食心虫　2019 年梨小食心虫发生量较大，越冬虫口基数较大，受到 2020 年暖冬等气象条件影响，预测 2020 年梨小食心虫发生面积与 2019 年基本持平，达到 2.30 万～2.50 万亩。发生程度中度。主要分布在浦东、金山、松江、奉贤等区。

桃蛀螟　根据近 13 年发生数据，用自回归法建立数学模型 $X(N) = 0.4897 \times X(N-4) + 0.2430 \times X(N-3) + 0.2232 \times X(N-1)$。预测 2020 年桃蛀螟发生 0.60 万～0.70 万亩。发生程度轻度。主要分布在浦东、金山、松江、奉贤等区。

橘小实蝇　根据近 8 年发生数据，用自回归法建立数学模型 $X(N) = 0.8455 \times X(N-3) + 0.3931 \times X(N-1) - 0.2515 \times X(N-2)$。预测 2020 年橘小实蝇发生 0.04 万～0.05 万亩。9、10 月是橘小实蝇发生的高峰期。主要分布于松江、金山等区。

桃红颈天牛　根据近 14 年发生数据，用自回归法建立数学模型 $X(N) = 1.2136 \times X(N-1) - 0.3010 \times X(N-2) + 0.0357 \times X(N-9)$。预测 2020 年桃红颈天牛发生 0.50 万～0.60 万亩，发生程度轻度至中度，部分老桃园发生较重。主要分布在浦东、金山、奉贤、松江等区。

三、对策建议

（一）转变工作思路，推进监测预报多元化服务化

真正发挥监测预报工作的防灾减灾作用，围绕"全面、真实、时效"目标，做到监测覆盖面广、预测预报精细化、面向社会服务多元化。以国家级测报点示范工作为引领，规范各区各级测报点的监测工作，确保高效、高质的完成数据采集、上报工作；同时，强化有害生物灾情报告管理制度，第一时间掌握疫情，及时发布预警信息，适时启动应急预案。

（二）多部门联合，全方位开展美国白蛾监测

根据美国白蛾生物学特性，与多部门联合，做好毗邻区、新造林地区、已发生区域美国白蛾监测、精准预防工作；推广运用测报灯、太阳能杀虫灯开展美国白蛾监测防治；尝试利用无人机等手段开展美国白蛾监测，确保全覆盖、无死角。

（三）强化源头管理，做好落地苗木复检工作

按照《植物检疫条例》《森林病虫害防治条例》，强化源头管理，做好造林、绿化苗木落地复检复查工作，确保用于造林的树种健康，合法、合格。造林设计时优先选择乡土树种，合理配置树种，营造由乔、灌木多数种组成的近自然森林群落。

（四）坚持科学防治，控制美国白蛾等重大林业有害生物灾情

根据"谁经营、谁受益、谁防治"的原则，做好重点区域、重点病虫的联防联治，并积极倡导科学防治、精准防治，规范用药，大力推广和应用成熟的有害生物防治技术；针对美国白蛾等检疫性有害生物，与农业、海关等部门联合开展监测、精准预报和联防联治，建立联防长效工作机制。

（五）加强林地抚育，确保林地健康

加强生态公益林养护管理，采取营林措施，对于健康状况较差的林地进行林分改造，对于密度过高的林地进行抚育间伐，增强林分的抗逆能力；保持林地卫生，及时清理病弱木和枯死木，减少病原。

（主要起草人：张岳峰　冯琛　韩阳阳　王焱；主审：王越）

江苏省林业有害生物 2019 年发生情况和 2020 年趋势预测

江苏省林业有害生物检疫防治站

【摘要】2019 年全省主要林业有害生物发生面积约 181.10 万亩，总体情况是中等偏重，局部成灾，其中轻度发生 168.32 万亩，中度 7.60 万亩，重度 0.85 万亩。发生特点为：松材线虫病病死株数保持下降，发生面积有所上升；美国白蛾疫情发生面积下降，全年未出现新增疫区；以舟蛾为主的杨树食叶害虫总体发生较轻，仅在局部地区发生吃光吃花现象；茶黄蓟马、介壳虫、坡面方胸小蠹等病虫在局部地区危害有加重趋势；其他有害生物稳中有降。

预测 2020 年全省主要林业有害生物发生面积约 210 万亩，同比有所上升，林木虫害面积约 192 万亩，病害面积约 16 万亩，有害植物面积约 2 万亩，其中重度发生约 8 万亩。松材线虫病发生面积、病死树数量基本持平或略有上升；美国白蛾疫情将在苏中、苏南局部地区进一步扩散蔓延，可能会出现新疫点、疫区；以舟蛾类为主的杨树食叶害虫发生面积同比略有上升；其他病虫害发生与危害发生趋于平稳或呈小幅上升趋势。

根据当前林业有害生物发生态势和特点，建议下一步做好六方面工作：一是强化组织领导，落实防控责任；二是强化监测预警，确保精准高效；三是强化依法监管，规范检疫行为；四是强化机制创新，推进绿色防治；五是强化科技支撑，提高防治水平；六是强化体系建设，提高应急救灾能力。

一、2019 年主要林业有害生物发生情况

据统计，2019 年全省主要林业有害生物发生面积 181.10 万亩，同比下降了 20.00%（图 11-1），林木病害发生面积 16.15 万亩，同比上升了 67.87%，其中松材线虫病发生面积 12.49 万亩，与 2019 年春季普查相比面积增大 3.19 万亩，病死株数 5.63 万株，与春季普查相比减少 0.42 万株。虫害发生 163.46 万亩，同比下降了 24.81%，其中美国白蛾发生面积 99.83 万亩，同比下降了 18.90%，占林业有害生物发生总面积的 55.12%，以舟蛾为主的杨树食叶害虫发生面积 25.04 万亩，同比下降了 71.58%；有害植物发生 1.48 万亩，同比下降了 30.84%（图 11-2）。全省主要林业有害生物监测覆盖率 99.32%，无公害防治率 95.75%，成灾率控制在 4.86‰，种苗产地检疫率 99.00%，全面实现年度防治管理目标。

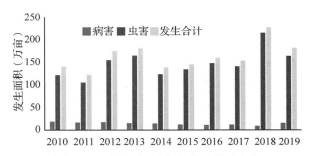

图 11-1　2010—2019 年江苏省林业有害生物发生面积柱状图

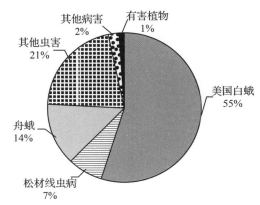

图 11-2　2019 年江苏省主要林业有害生物发生面积饼状图

（一）发生特点

一是全省林业有害生物发生面积同比有所下降，总体呈中等偏重，局部地区严重；二是松材线虫病受最新林调数据变更与8～11月连续干旱气象影响，发生面积有所上升；三是美国白蛾疫情控制及时有效，扩散态势受到明显遏制，全年未出现新增疫区；四是以舟蛾为主的杨树食叶害虫总体发生较轻，仅在局部地区发生吃光吃花现象；五是受林种树种单一、树势生长衰弱等因素影响，茶黄蓟马、介壳虫、坡面方胸小蠹等病虫在局部地区危害有加重趋势；六是松毛虫、杨树溃疡病、杨尺蠖、竹类害虫等发生面积稳中有降；七是有害植物发生略有下降。

林业有害生物监测预警重要事件：

（1）4月，常州市武进区、泰兴市等非疫区监测到美国白蛾成虫。

（2）5月，常州市金坛区、海安市、镇江市京口区等非疫区监测到美国白蛾成虫；常熟市虞山松树树势衰弱，遭受日本松干蚧危害，松针枯黄下垂，树势衰弱，受害面积区域较广。

（3）7月，东台市林场杨树成片林由于密度过大、树势生长衰弱等原因，加上坡面方胸小蠹的危害，杨树枯死近千株。

（4）8月，镇江市丹徒区、高新区等非疫区监测到美国白蛾成虫。

（5）9月，镇江市润州区、丹阳市等非疫区监测到美国白蛾成虫。

（6）8～11月，全省出现干旱气象，南部地区甚至出现特旱，削弱了松树抗性、加速了松树死亡、增大了防控难度，11月松材线虫病普查结果表明，全省松材线虫病发生面积同比有所上升。

（二）主要林业有害生物发生情况分述

1. 松材线虫病

2019年秋季疫情普查，全省普查面积85.48万亩，疫情发生面积12.49万亩，与2019年春季普查相比增加3.19万亩，病死株数5.63万株，与春季普查相比减少0.42万株（图11-3）。疫情范围涉及南京市的江宁区、雨花台区、栖霞区、玄武区、六合区、浦口区、溧水区、高淳区；镇江市的句容市、丹徒区、润州区、镇江高新区；

常州市的溧阳市、金坛区；无锡市的宜兴市、滨湖区、惠山区；扬州市的仪征市；淮安市的盱眙县；连云港市的连云区、海州区，共计7市21县（市、区）94乡镇级行政区。

苏北地区松材线虫病疫情集中分布在盱眙县和连云港云台山区，均为边缘孤立疫区，其中云台山区病死树多位于山腰之上、陡峭之处，清理难度较大。苏中地区仅有扬州市仪征市1个县级疫区，疫情集中分布在刘集镇，为边缘孤立疫区。苏南地区松材线虫病疫情多分布在丘陵山区，南京、常州、无锡、镇江等地疫区相互毗邻、连片分布。2019年，全省大部分地区保持了病死树数量和发生面积"双下降"趋势，扬州市仪征市多年来坚持采取综合防治措施，已连续两年实现疫情发生面积为0；南京市栖霞区、高淳区，无锡市惠山区、滨湖区，常州市金坛区，连云港市连云区，镇江市丹徒区疫情发生面积和病死树数量均大幅下降。无锡市宜兴市、南京市江宁区、淮安市盱眙县、连云港市海州区等地因受林调数据调整等影响，发生面积有所上升。

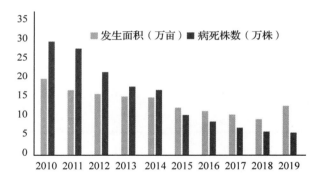

图11-3　2010—2019年江苏省松材线虫病发生面积与病死株数柱状图

2. 美国白蛾

美国白蛾疫情发生面积稳中有降，多处非疫区监测到美国白蛾成虫，全年无新增疫区。2019年全省发生面积99.83万亩，同比下降了18.90%，其中轻度发生95.17万亩，中度发生4.61万亩，重度发生0.04万亩，同比分别下降11.80%、66.76%、98.60%，全年未发现新增疫区，疫情得到较好的控制。由于各地积极采取防控措施，全省大多数地区美国白蛾发生较轻，网幕数量明显比去年同期少，仅连云港赣榆区局部地区出现吃光吃花现象。去年新发生区扬州市广陵区经严密监测、及时防治，主要是零星分布危害，极少量网幕，未形成成片危害。

目前全省美国白蛾疫情已扩散至苏北全部、苏中大部、苏南局部，范围涉及连云港、徐州、盐城、宿迁、淮安、扬州、泰州、南京等 8 个设区市，51 个县（市、区），615 个乡（镇、场）、6855 个村（居委会）（表 11-1）。2019 年 4 月中旬以来，常州市武进区、金坛区，泰兴市，镇江京口区、高新区、润州区、丹阳市，海安县相继监测到美国白蛾成虫，针对突发疫情，各相关市县随即启动应急预案，强化监测预防，及时防控疫情，各新发生区的疫情已得到有效控制。总体上看，疫情向南自然传播并随人为活动呈跳跃式扩散的风险依然存在，防控形势相当严峻。

表 11-1　2010—2019 年江苏省美国白蛾疫情发生情况统计表

年度	县级疫区		乡镇级疫点数		村级疫点数		发生面积	
	个数	同比增长（%）	个数	同比增长（%）	个数	同比增长（%）	万亩	同比增长（%）
2010	5	—	30	—	93	—	5	—
2011	12	140.0	89	196.7	847	810.8	24.5	390.0
2012	25	108.3	320	259.6	2417	185.4	56.5	130.6
2013	26	4.0	321	0.3	2727	12.8	65.1	15.2
2014	34	30.8	350	9.0	2923	7.2	71.3	9.5
2015	43	26.5	570	62.9	5999	105.2	96	34.6
2016	49	16.3	621	8.9	7635	27.2	115.1	19.8
2017	50	2	537	−13.5	6333	−17	105.7	−8.17
2018	51	2	611	13.7	6432	1.56	123.1	16.5
2019	51	0	615	0.65	6855	6.58	99.83	−18.90

3. 杨树食叶害虫

全省以舟蛾为主的杨树食叶害虫（主要是杨小舟蛾、杨扇舟蛾、分月扇舟蛾、绿刺蛾、扁刺蛾、黄刺蛾、杨黄卷叶螟，其中舟蛾类占 80%）发生较轻，未出现长距离或大范围吃光吃花现象。2019 年全省发生面积 25.04 万亩，同比下降了 71.58%，其中轻度发生 22.49 万亩，中度发生 2.50 万亩，重度发生仅有 0.04 万亩，为近十年危害程度最轻的年份（图 11-4）。

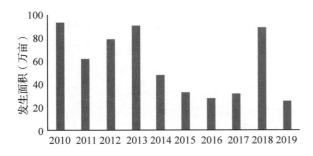

图 11-4　2010—2019 年江苏省舟蛾类杨树食叶害虫发生面积柱状图

受越冬基数高、夏季持续高温少雨等因素影响，2018 年多个地区杨舟蛾危害加重，少数地方杨树出现"夏树秋景"，个别路段可见"春夏秋冬"四季景象。2019 年江苏对杨舟蛾类食叶害虫的防控工作高度重视，年后及时开展越冬虫情调查，全面掌握越冬虫口基数情况，对虫口基数较高的地区全面及时开展预防性除治；在每代次杨树食叶害虫危害关键期，均及时汇总监测数据、发出预警信息，有针对性的指导全省在对重点地段开展应急性防治，有效压低了林间虫口基数。

7 月下旬以来，苏南地区连续高温少雨，杨树食叶害虫虫口基数迅速上升，在南京雍六高速江北区段、宁连公路局部地区、邗江区个别零散四旁树出现少量吃花现象。8 月上中旬受台风影响，沿海地区和苏北地区陆续出现暴雨到大暴雨，在一定程度上减轻了杨小舟蛾危害，压低了第四、五代虫口增长的速度。

4. 杨树枝干害虫

常见的杨树枝干害虫主要是草履蚧和桑天牛，2019 年全省杨树枝干害虫发生稳中有降。草履蚧整体危害较轻，发生面积 0.85 万亩，同比下降了 15.10%，主要在徐州市、连云港、淮安、盐城、宿迁等地发生（图 11-5）。主要原因有：一是针对近几年草履蚧在江苏省危害加重并在局部地区造成成林死亡的情况，年初及时组织全省开展草履蚧等早春害虫防控工作；二是2018年11月—2019年2月期间持续出现阴雨寡照天气，在一定程度抑制了草履蚧的发生。

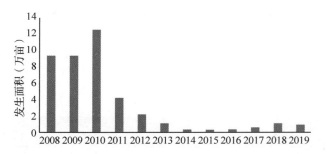

图11-5　2008—2019年江苏省草履蚧发生面积柱状图

桑天牛类（星天牛、光肩星天牛、云斑天牛等）等蛀干害虫发生1.26万亩，同比下降了10.63%。蛀干害虫危害主要发生在部分高速公路路段柳树、苏北栽植的部分北方品系杨树，以及近几年新造林地的栾树、红枫、栎树、女贞、薄壳山核桃等树种。由于天牛类蛀干害虫危害的隐蔽性，基层在调查过程中不易发现，通过测报系统上报的发生防治数据比实际发生的数据偏小。

5. 其他虫害

马尾松毛虫在苏州市、南京市、常州市等地基本处于"有虫无灾"状态，零星发生，危害较轻。以竹蝗、竹螟为主的竹类害虫在南京地区和宜溧山区也趋于平稳，2019年发生面积0.67万亩。2019年银杏超小卷叶蛾发生面积约2.87万亩，同比下降了45.54%，主要是2018年发生较重的邳州市及时采取预防性的地面防治和飞机喷药防治，压低了虫口基数，减轻了危害程度。近年来，茶黄蓟马在邳州市危害有加重发生趋势，2019年全市发生面积32.44万亩，同比上升15.86%，有虫株率近100%。小蠹虫类近几年来在苏州、南京等地的绿化景观林上危害加重。黑翅土白蚁危害香樟、杉木等树种，在无锡、镇江、扬州、苏州等地城市绿化带发生危害比较重。随着树种更新步伐加快，薄壳山核桃、乌桕、栾树、榉树、北美红枫等种植面积不断扩大，重阳木锦斑蛾、杨直角叶蜂、杨黄卷叶螟、线茸毒蛾、黄刺蛾、褐边绿刺蛾、丝棉木金星尺蛾、水杉尺蛾等次要害虫种群上升趋势明显，危害有所加重。

6. 其他病害

杨树溃疡病发生面积0.58万亩，危害程度比2018年略有上升，主要危害1~2龄杨树苗及6年生以上杨树，由于春天苏北部分地区干旱、新造林地杨树失水等原因，杨树溃疡病在个别地段加重发生。侧柏叶枯病在苏中、苏北地区部分衰弱树上发生较重。松树枯梢病、赤枯病在连云港的东海县、赣榆区、灌云县，徐州市的新沂市、邳州市、铜山区等地树势衰弱的松树上危害较重，造成连片死亡。杨树黑斑病、锈病、炭疽病，林苗煤污病、根腐病，园林植物白粉病等病害受春夏季阴雨天气影响，在局部地区危害较重。

7. 有害植物

葛藤、何首乌、野蔷薇等有害植物主要在苏南、苏中丘陵山区发生危害，2019年全省有害植物发生面积1.48万亩，同比下降32.42%。近年来随着葛藤开发利用率提高、苏南山区林地总体规模减少、人工除治和化学药剂防治力度加大，发生面积持续下降。

8. 重点监测预警对象

2019年5月中下旬以来，常熟市在虞山林场监测到部分松林受到以日本松干蚧为主的介壳虫危害，松针枯黄下垂，受害面积迅速扩大至虞山大部松林，造成部分松树死亡，严重发生面积达1700亩，对虞山的大部分松林和景区景观构成严重威胁。常熟市及时采取以清理受害松树为主的综合治理措施，将灾害控制在一定范围。2019年7月，东台市监测到东台林场成片林受到坡面方胸小蠹危害，发生面积迅速上升至万亩，重度危害（有虫株率20%以上）2240亩。东台林场杨树林种植过密、经营管理不善，造成树势生长衰弱，加上蠹虫危害造成近千株枯死。东台市及时采取清理害木、科学用药、预防性治理等综合手段，取得初步成效。危险性林业有害生物悬铃木方翅网蝽：分布范围已涉及南京、徐州、苏州、常州、淮安、连云港、盐城、扬州、泰州、宿迁等10个设区市，35个县（市、区），并在部分地区危害较重。

（三）成因分析

2019年江苏林业有害生物防控形势总体呈现出美国白蛾疫情扩散态势得到全面遏制、杨树舟蛾类食叶害虫发生危害大幅减轻、松材线虫病发生危害有所上升、部分次要病虫发生加重等特点，是多种因素叠加影响造成的。

1. 气候对林业有害生物发生危害的影响

2019 年江苏多次出现异常天气，直接影响着林业有害生物发生危害程度。一是去冬今春低温多雨。2018 年 11 月至 2019 年 2 月，出现持续阴雨寡照天气，空气湿度较大，有效积温偏低。一方面降低了越冬蛹的成活率，根据年初越冬基数调查数据，杨舟蛾和美国白蛾的越冬蛹平均有蛹株率、每株有蛹头数同比有所下降。另一方面影响了越冬代成虫羽化进度，2019 首次监测到美国白蛾越冬代时间比近 5 年平均日期推后一周，一二三代发育进度均推迟 4～5 天。二是夏季台风引发暴雨。8 月上中旬受台风影响，沿海地区和苏北地区陆续出现短暂暴雨到大暴雨，影响了美国白蛾和杨树食叶害虫发育进度和存活率。根据当时徐州市铜山区、泰州市兴化市、姜堰区等地的监测数据，林间虫口基数均比同期低。三是秋季干旱影响松材线虫病发生。受"厄尔尼诺"现象影响，8～11 月持续高温，降雨量为 1961 年来同期最少，大部分地区出现中度至重度干旱现象，南部地区甚至出现特旱。气象干旱一方面降低了松树自身的健康和抗性水平，另一方面也为松材线虫病疫区疫情发展创造了有利条件，导致少部分地区出现松树致死因素趋于复杂化和疫情反弹的现象。

2. 林业有害生物因寄主树种变化而越发复杂多样

一方面，全省现有林业资源多为 1949 年后营建的人工林，形成了苏北杨树、苏中"三杉"、苏南松林的总体格局，树种单一、林相单调，加上林种树种更新力度不足，造成生态系统脆弱，加之害虫抗药性不断增加，极易感染病虫并在局部迅速蔓延形成灾害。比如，东台市的杨树纯林生长过密，抚育采伐力度不足，导致杨树长势衰弱，加上坡面方胸小蠹侵染危害，灾害范围迅速增大。常熟市虞山林场松树生长过密、林分过熟，加之多年来林间抚育力度和清理范围减小，造成树势衰弱，日本松干蚧侵染后基数迅速增大并形成灾害。另一方面，随着全省"三化"造林绿化工作的深入推进，加大了对人工纯林的改造，大量种植乡土优势阔叶树种和观赏景观树种，林种树种不断增加，森林生态系统日趋稳定，生物多样性更加丰富，优势有害生物种群暴发成灾概

率下降。今年杨树食叶害虫发生危害同比大幅下降，苏北杨树种植面积大幅减少也是原因之一。但在短期内，林种树种结构的快速变化也有可能导致危害种类年度变化明显，次生性害虫危害水平上升。近年来，邳州市大量发展银杏产业，银杏纯林面积迅速增大，原有生态系统受到破坏，银杏病虫的生物抑制因子不足，导致危害水平上升。另外，大量苗木随绿化工程异地调运，为病虫害跨区域、大范围传播蔓延提供了机会，今年全省多地监测到美国白蛾成虫，随苗木调运而侵入的可能性极高。

3. 科学防控有效遏制林业有害生物发生危害态势

一是全面提高监测预警水平。年初，组织开展美国白蛾、杨树食叶害虫和早春害虫越冬代虫口基数调查，及时准确掌握害虫越冬虫口基数，并提出有针对性的防治建议。在林业有害生物发生危害关键期，根据各地监测数据，系统总结经验，全面分析灾情疫情，及时发布趋势预报，指导相关部门及林农采取有效措施，科学开展防控。据统计，全年共发布林木病虫情报 500 多期，计 4 万余份。二是积极开展检疫执法。全省以松材线虫病疫木检疫执法行动和"护绿"执法行动为契机，全面加强产地检疫、严格实施调运检疫、主动实施落地复检。在行动中，常熟市查处了未办理植物检疫证书进行林木繁殖材料网络销售的典型案例，江阴市、连云港市查处了违规调运松木的典型案例，这些典型案例有力震慑了违法违规调运林木及其产品的行为，有效阻截了林业有害生物的扩散蔓延。三是科学控灾减灾。江苏省坚持对松材线虫病、美国白蛾、杨树食叶害虫等重大林业有害生物实施工程治理，针对不同防治对象及危害特点，采取化学、生物、物理等多种措施，分类施策，科学防控，综合治理。同时，积极转变防治方式，大力推广无公害防治技术，保护生物多样性。2019 年全省防治作业面积超过 900 万亩次，其中无公害防治作业面积 928 万亩次，释放生物天敌超过 12 亿头，无公害防治作业率 97.45%。全省各地累计清除松材线虫病死树及衰弱木 16 万株，销毁病枝梢 8 万吨。美国白蛾防治作业面积累计超过 600 万亩次，其中飞机防治面积近 400 万亩次。

4. 森防体系不健全影响监测预警工作成效

江苏省各级森防机构一直存在体系不健全，

专职人员少、流动性大等问题。由于部分地区党委政府对林业有害生物防控工作重视不够，没有按照机构改革总体设计要求和相关法规规定，对林业有害生物防控职能职权进行科学规范界定，将监测、防治、检疫等职能切割碎化，造成防控机构和职能进一步弱化。改革后，从原林业有害生物防控机构转隶的人员仅有 672 人，占编制总数的 74.8%，其中，专职从事森防人员只有 274 人，仅占编制总数的 30.5%，与繁重的林业有害生物防治、检疫、监测任务及需求量相比，专职工作人员数量严重不足。全省从事森防工作的人员中，林业相关专业人员只占了 43.5%，其中植物保护及其相关专业人员仅有 6.5%；从职称结构来看，中级及以下的占了 65%；从年龄结构来看，40 岁以上占了 67.4%。总体来看，专业对口、职称较高、年龄较轻的比例较小，森防中坚力量匮乏。另外，公车改革后基层监测人员无车可用，加上监测手段落后、智能设备不足等，影响了基层监测人员的工作积极性，导致部分地区监测不全面、发现不及时、指导不准确，一定程度上造成了有害生物发生加重。

二、2020 年林业有害生物发生趋势预测

（一）2020 年总体发生趋势预测

1. 预测依据

一是越冬基数偏高，具有潜在风险。根据江苏省 11~12 月组织的对美国白蛾、杨舟蛾类杨树食叶害虫越冬前基数调查结果，美国白蛾平均 2.94 头/株，同比上升 17.13%。杨舟蛾类杨树食叶害虫平均 1.83 头/株，同比下降 10.73%。苏北美国白蛾老疫区虫口基数较高，成灾风险依然存在，防控形势依然严峻。二是气候因素多变，加大成灾概率。国家气候中心气候预测，2019—2020 年冬季，欧亚中高纬大气环流总体以纬向环流为主，东亚冬季风较常年同期偏弱，东亚槽偏弱、偏东，2019—2020 年冬季大概率是暖冬。冬季偏暖将导致林业有害生物越冬蛹死亡率下降，越冬蛹羽化提前，在越冬虫口基数较大地区会增加林业有害成灾风险。三是物流交通发

达，增加扩散风险。江苏省地处长江下游，是一个典型的平原林区省份，交通便利，物流频繁，日益频繁的物流、贸易、大量的苗木及林木制品跨区域调运，为林业有害生物的传播扩散提供了机会和条件。同时，部分地区存在苗木调运检疫、调运复检及疫木处置监管不力的情况，增加了疫情传播扩散的风险。四是树种结构调整，病虫种类增多。部分地区在选择造林树种时，片面追求新奇特、贪大求洋，未能充分掌握外来树种的生物学特性和生态适应性，大批量跨气候区调运苗木，盲目推广应用国外品种，致使部分新栽苗木及中幼龄林长势不佳，形成僵苗、老头树或低质低效林，林木自身不健康，防御能力弱，极易遭受林业有害生物侵害，可能会在局部地区暴发成灾。

2. 预测结果

2020 年江苏省主要林业有害生物发生面积约 210 万亩，同比略有上升，林木虫害面积约 192 万亩，病害面积约 16 万亩，有害植物面积约 2 万亩，其中重度发生约 8 万亩（图 11-6）。总体特点：松材线虫病发生面积、病死树数量基本持平或略有上升；美国白蛾疫情将在苏中、苏南地区局部进一步扩散蔓延，可能会出现新疫点、疫区，部分苏北老疫区可能会有所反弹；以舟蛾类为主的杨树食叶害虫发生面积同比有所上升，第三、四代种群数量可能急速增长，在高速公路、绿色通道两侧、部分村庄周围特别是在虫源地极易暴发成灾；其他病虫害发生与危害趋于平稳或呈小幅上升。

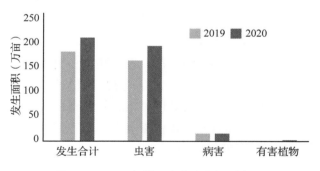

图 11-6　2020 年林业有害生物预测发生面积与 2019 年发生面积柱状图

（二）分种类发生趋势预测

1. 松材线虫病

近几年江苏省松材线虫病成片致死松树现象

已不多见,疫情呈零星分布,大多位于山势陡峭之处,清理难度较大。特别是2019年秋季受干旱气象影响,疫情发生面积有所上升,使防控形势更为严峻。2020年松材线虫病发生情况主要受两方面因素影响:一是今冬明春松材线虫病除治情况。新修订的《松材线虫病防治技术方案》《松材线虫病疫区和疫木管理办法》对松材线虫病疫情监测,疫木清理、处理、调运等均提出更高要求,疫情除治及监测任务更加繁重,而江苏省部分地区机构改革未完全到位,有可能导致责任落实不到位、防治人员不足、资金投入不足等问题,在这些地区疫情仍有反复可能性。二是气候条件的影响。若冬春季遇到恶劣天气,在一定程度上影响防治质量,疫情会有所反复;若夏秋之时遇高温干旱少雨天气,则立地条件差的丘陵山区松树死亡数量有增加可能,局部区域松树死亡数量有可能大幅上升。同时,2019年干旱气象对松材线虫病疫情的影响可能会表现出滞后效应,受干旱影响的松树会在2020年持续出现枯死症状,导致发生面积和病死株数有所增加。

预计2020年度松材线虫病发生面积将在13万亩左右,病死树数量将在6万株左右。扬州市仪征市已连续两年实现松材线虫病发生面积为0,达到了疫区拔除标准。近年来,淮安市盱眙县经大力防治,松材线虫病病死株数已降到百株以下,有望在2020年实现病死株数为0。虽然松木调运检疫愈发严格,但违规调运松木的情况时有发生,导致松材线虫病远距离传播导致新增疫点或疫区的风险依然存在。

2. 美国白蛾

近年来,美国白蛾已扩散至苏北全部、苏中大部、苏南局部,目前美国白蛾疫情的自然传播受长江天险以及沿江暖湿气候影响,扩散蔓延速度受到一定程度的遏制,但防控形势依然严峻,特别是林木种苗频繁异地调运、物流人流跨区域流动,美国白蛾疫情跳跃式扩散至非疫区风险加大。根据2019年越冬前基数调查,江苏省美国白蛾越冬蛹虫口基数偏高,如遇暖冬,成活率有所上升,疫情危害程度将加重。

预计2020年美国白蛾疫情呈缓慢上升趋势,发生面积约120万亩。徐州市、宿迁市、盐城市、连云港市、淮安市等地在飞防避让区及地面防控不力的区域仍将会暴发成灾。其中,淮安市

淮安区、涟水县,南京市江宁区,连云港市连云区等地虫口基数高、寄主面积大,若防控不力,将有偏重发生风险。南京市的秦淮区、雨花台区、高淳区、溧水区、江北新区,镇江市的城区、丹徒区、句容市、丹阳市、扬中市,泰州市的泰兴市、海陵区、高港区,南通市的海安市、如皋市、如东县,苏州市的太仓市、昆山市、吴江区等地与省内或省外美国白蛾疫区毗邻,都为高危区。2019年常州市武进区、金坛区、泰兴市、海安市、镇江市丹徒区、高新区、润州区、京口区、丹阳市先后性诱到美国白蛾成虫,2020年在这些地区发生美国白蛾危害的可能性极大,形势异常严峻。

3. 杨树食叶害虫

近几年杨树食叶害虫发生危害情况波动较大,主要受气候条件和防治成效影响。如今冬明春为暖冬气候,杨舟蛾越冬蛹成活率将上升,杨舟蛾越冬后虫口基数增大。若夏秋季出现高温少雨天气,将导致第二、三、四、五代杨舟蛾虫口数量暴增,重点危害公路两侧林网及生态坏境脆弱地区的杨树成片林,尤其是在杨舟蛾虫源地极易暴发成灾。

预计2020年以舟蛾类为主的杨树食叶害虫发生呈上升趋势,发生面积50万亩,可能在南京市六合区、浦口区、栖霞区,扬州市邗江区、高邮市、宝应县、仪征市,徐州市铜山区、丰县、沛县,镇江市句容市、丹阳市,淮安的涟水县、盱眙县、洪泽县,泰州市姜堰区、兴化市,连云港市东海县、灌云县,宿迁市宿城区等地中重度发生,在第三代、第四代将危害加重,甚至在局部地段暴发成灾。

4. 杨树枝干害虫

草履蚧主要危害沟、渠、路、河道两侧的杨树,危害严重的可以造成树木死亡。近几年主要在淮安市金湖县、淮安区,宿迁市泗洪县、泗阳县,连云港海州区、东海县,徐州市铜山区,盐城市东台市等地危害。通过提早预防、涂抹毒环、透明胶带阻隔等方法,已将草履蚧危害加剧态势控制住。预计2020年草履蚧发生呈平稳态势,发生面积1.5万亩。天牛类害虫重点危害生长较慢、长势衰弱的杨、柳、女贞等树种,同时红枫、栾树、栎树等树种危害也将加重。由于钻蛀类害虫防治难度,预计2020年危害略有加重,

预计发生面积 1.5 万亩左右。

5. 其他病虫害

预计 2020 年竹类害虫在丘陵山区发生面积稳中有降，危害面积 0.5 万亩左右。徐州地区的侧柏毒蛾、苏南地区的松毛虫危害程度基本持平；银杏超小卷叶蛾、茶黄蓟马、银杏病害等发生面积将随寄主面积变化而变化，危害程度可能加重；樟巢螟、重阳木锦斑蛾、杨潜叶蛾、苹掌舟蛾、杨直角叶蜂、女贞白蜡蚧、介壳虫、黑翅土白蚁等部分次要害虫发生面积将进一步扩大，在局部地区危害加重。

6. 生理性病害

据气候中心预计，2020 年气候变化异常，极端气候出现可能性较大，生理性病害发生风险极高。2020 年春季若出现倒春寒天气，喜温树种容易发生冻害；夏秋季若出现持续高温少雨天气，部分喜湿树种可能受灾，干旱致死，若出现持续暴雨天气，部分树木有可能受涝渍死。

7. 重点监测预警对象

将重点加强对扶桑绵粉蚧、红棕象甲、橘小实蝇、红火蚁、舞毒蛾、松树蜂、李痘病毒、小圆胸小蠹、悬铃木方翅网蝽、坡面方胸小蠹等重大检疫性、危险性有害生物的严密监测，确保及时发现，及时除治。

三、对策建议

（一）强化组织领导，落实防控责任

林业有害生物灾害属于自然灾害，防灾减灾工作是一项公益事业。林业有害生物防控就是通过保护生态、改善环境、保障经贸等作用而向社会提供公共产品。为了进一步做好林业有害生物防控工作，江苏省将按照《国办意见》和相关法律法规规定，强化组织领导，落实防控责任。按照属地管理原则，建立防治目标管理责任制。落实资金投入，将检疫、监测、应急防控经费列入地方财政预算，加快林业有害生物灾害纳入森林综合保险体系进程。严格执行《松材线虫病生态灾害督办追责办法》，加大对责任落实情况的检查督导和责任追究。

（二）强化监测预警，确保精准高效

按照"最及时的监测、最准确的预报、最主动的预警"要求，全面推进全省林业有害生物监测预警网络建设，为做好林业有害生物防控工作提供科学依据。全力组织实施好全省林业有害生物测报能力提升项目，加快构建覆盖全省城乡的林业有害生物监测预警体系。严格执行省级以上中心测报点绩效考核制度，全力推进中心测报点的高效运行。促进测报专群结合，巡查与定点调查结合。强化疫情信息的保密工作，严格按照有关规定传输报送。积极做好预报预警信息发布工作，及时为林农和社会提供服务。

（三）强化依法监管，规范检疫行为

实施检疫是法律法规赋予各级林业有害生物检疫防治机构的职责，必须依法履行。全面树立依法行政、依法监管的理念，依照法律规定履行职责、规范行为。严禁不具备法定主体资格的单位、不符合相关规定的人员从事检疫防治执法工作。各项执法行为必须依据法定程序和相关技术规程操作，严禁知法犯法、执法犯法。加强有害生物传播扩散源头管理，抓好产地、调运检疫和落地复检，严格执行"检疫要求书"制度。大力开展松材线虫病疫木检疫执法专项行动，严防疫木流失和疫情扩散。

（四）强化机制创新，推进绿色防治

进一步总结经验，锐意创新，积极探索适合江苏省情、林情特点，适应市场经济规律的防控机制。对松材线虫病、美国白蛾等重大林业有害生物实施工程治理，对松林集中区、木材进口口岸等生态敏感区域实施重点防治。积极推行区域联防联治，重点解决毗邻区防治难、有害生物跨区域传播严重的问题。加强部门协作，落实联席会议制度，联合开展监测调查、检疫执法和灾害除治。推进防治市场化、专业化和服务社会化，积极探索社会化防治组织市场准入、资质认定和承包防治等制度。积极推行无公害防治措施，实现绿色减灾和可持续控灾。

（五）强化科技支撑，提高防治水平

科技支撑是林业有害生物防治工作的重要保障。加大科技攻关扶持力度，组织开展林业有害生物关键防控技术研究，着力解决监测预报、快速检疫检验、天敌繁育、有害生物风险评估、综合防治等技术难题。加大科技成果转化和新技术推广应用力度，加强现有技术的组装集成，提高防治工作的科技含量。着力构建空天地一体化的林业有害生物监测网络和大数据分析决策系统，全面提升林业有害生物防控信息化、智能化水平。

（六）强化体系建设，提高应急救灾能力

稳固的体系是搞好林业有害生物防控工作的基础，是提高防治能力的前提。持续推进监测预警、检疫御灾、防治减灾三大体系建设，改善基础设施设备，提升防治能力。强化机构建设，按需配备专职人员，加强培训，提升履职能力。对机构不健全、人员配备不齐、检疫执法不规范的市、县（市、区），将不再委托其省际间林业植物检疫行政许可等相关事项。提高突发疫情、灾情、案情、舆情的应急处置能力。积极推进市、县级药剂药械应急储备库建设，购足备齐药剂药械，确保应急药剂药械调度及时，突发事件处置有力。

（主要起草人：刘俊　叶利芹　熊大斌　钱晓龙；主审：王越）

12 浙江省林业有害生物2019年发生情况和2020年趋势预测

浙江省森林病虫害防治总站

2019年，浙江省的林业有害生物总体偏重发生，达618.95万亩，较上年增加了301.88万亩，上升幅度近1倍。其中病害560.70万亩，虫害58.25万亩，成灾面积125.32万亩，防治面积400.24万亩，无公害防治面积397.45万亩，无公害防治率99.30%。根据2019年全省林业有害生物发生基数、发生规律，以及防治作业等人为干预因子，结合未来天气趋势，经省森防总站组织专家及市县测报技术人员综合分析、会商，预测2020年浙江省林业有害生物仍将偏重发生，全省的林业有害生物总发生面积预计将会在620万亩左右，与2019年相比基本持平，其中的周期性林业有害生物发生将会平稳、小幅波动上升。

一、2019年主要林业有害生物发生危害情况

截至2019年11月底，浙江省林业有害生物总发生面积618.95万亩，主要为轻度发生，计545.10万亩。与2018年相比，发生面积增加301.88万亩，同比上升95.21%（图12-1）。其中病害发生面积560.70万亩，占比90.59%，虫害58.25万亩，占比9.41%，成灾面积125.32万亩，成灾率15.53‰。

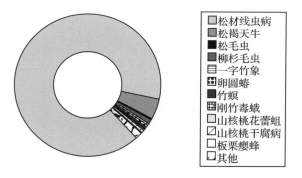

图12-1　浙江省2019年主要林业有害生物发生情况比重图

防治情况：全省防治面积400.24万亩，防治率88.07%；无公害防治面积397.45万亩，无公害防治率99.30%。

2019年发生的主要林业有害生物有：松材线虫病、松褐天牛、松毛虫、柳杉毛虫、一字竹象、卵圆蝽、竹螟、刚竹毒蛾、板栗瘿蜂、山核桃花蕾蛆和山核桃干腐病等11种，计609.84万亩，占总发生面积的98.54%。

（一）发生特点

（1）2019年发生的林业有害生物种类与历年基本相同，但松材线虫病发生程度加重或扩散迅速，使得全省林业有害生物发生形势和为害程度都较上年偏重发生（图12-2）。

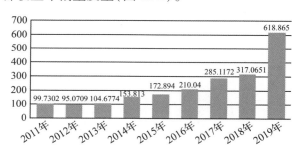

图12-2　浙江省2011—2019年林业有害生物发生情况变化（万亩）

（2）松杉类病虫为害面积持续增加：其中松材线虫病发生面积556.11万亩，同比上升408.14%，致死松树338.83万株，平均死树0.61株/亩，分布较广。发生特点是老发生区（宁波、舟山、湖州、绍兴等市）扩散蔓延的势头趋于稳定并开始下降，嘉兴全市已无松材线虫病疫情，而新发生区（温州、台州、丽水、金华等）正值疫情发生上升期，加之今年夏季高温干旱期长，松树抗病能力下降，感病发病率增加。

松褐天牛发生面积29.01万亩，同比大幅下降，致死松树3.72万株，平均死树0.13株/亩，主要集中在丽水、温州、台州、绍兴等地区，发

生面积零散。这些松林立地条件差，生长势弱，林内天牛虫口密度大，夏季高温干旱等影响，引发松树死亡。

松杉林食叶害虫全省发生面积 7.46 万亩。较上年 9.86 万亩，发生面积下降 2.40 万亩，降幅 24.29%。主要为马尾松毛虫、思茅松毛虫、柳杉毛虫等周期性食叶害虫局部发生。其中马尾松毛虫主要发生在杭州、丽水、金华、衢州等老发生区，2017 年达到发生高峰后发生面积逐年下降；柳杉毛虫发生区域一般都在高海拔山区，有不少是在湿地、自然保护区范围，从生物多样性保护考虑，基本不防治，目前仍处于发生高峰的末期。前几年发生较严重的松茸毒蛾今年虫口基数较低。

（3）经济林病虫发生有升有降。浙江省的经济林病虫主要集中在山核桃和板栗以及油茶、香榧等传统经济林，为害经济林病虫害发生面积 10.11 万亩，同比下降 23.19%。杭州的临安、建德、桐庐和淳安等天目山脉周边地区山核桃林，山核桃干腐病发生 4.18 万亩，山核桃花蕾蛆发生 2.95 万亩，山核桃其他病虫发生 0.26 万亩。山核桃的干腐病高发阶段已过去；板栗等传统经济林趋于稳定并下降。

（4）竹林有害生物发生 9.94 万亩，主要为一字竹象发生 2.62 万亩、卵圆蝽发生 4.03 万亩、竹螟发生 1.87 万亩，发生程度趋于稳定；在部分竹林发现毛竹基腐病，虽然程度较轻，但已引起竹产区监测人员的注意。

（5）危害园林绿地、景观林的银杏大蚕蛾、银杏细小卷蛾、樟蚕等害虫以往少见发生，2019 年各地监测到有一定的发生面积，虽然为害的面积零散、虫口密度不高，但可能会逐年增加。

（6）通过大范围监测、敏感地区重点诱捕、网幕期巡查，未发现美国白蛾。

（二）主要林业有害生物发生概况分述

1. 松杉林病虫害

浙江省松杉林病虫害主要有松材线虫病、松褐天牛、马尾松毛虫、柳杉毛虫和松茸毒蛾等，发生面积共 592.70 万亩，较 2018 年上升 102.96%。

松材线虫病　发生面积 556.11 万亩，致死松树 338.83 万株，平均死树 0.61 株/亩，发病面

积较 2018 年增加 446.67 万亩。分布在杭州、宁波、温州、湖州、绍兴、金华、舟山、衢州、台州、丽水 10 个设区市的 69 个县（市、区）的 831 个乡镇。发病面积和枯死松树较 2018 年上升幅度较大，分别达 408.14% 和 143.76%。发生特点是老发生区（宁波、舟山、湖州、绍兴等市）扩散蔓延的势头已趋于稳定并开始下降，嘉兴全市自 2016 年至今年秋季普查，未发现松材线虫病疫情；2019 年集中调查和秋季普查中发现杭州、宁波、温州 3 个设区市的萧山、余杭、海曙、洞头、鹿城、龙湾、瓯海、龙港 8 个新发生疫区。近年新发生的温州、台州、金华、丽水等这些区域正值发生上升期，加之今年夏季高温干旱期长，松树抗病能力下降，感病发病率增加，从调查情况看，这些松林立地条件差，生长势弱，林内天牛虫口密度大，其他林分如毛竹等侵入掠夺了松林的生长环境资源，压制了松林的正常生长，以及气候变化反常等影响，引发衰弱松木加速死亡，造成死树增加（图 12-3）。

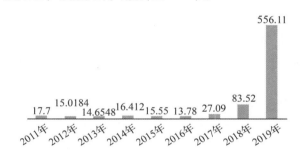

图 12-3　2011—2019 年全省松材线虫病发生面积和发生范围示意图（万亩）

松褐天牛　发生 29.01 万亩，发生林分范围发现枯死松树 3.72 万株，平均死树 0.13 株/亩，主要集中在杭州、湖州、绍兴、台州、金华、衢州等地区。发生特点是，从区域分析，主要集中在浙江南部和中部的地区的马尾松林以及少部分的黑松林分，发生面积较为分散，危害的区域逐渐缩小。从数据分析，目前发生面积回落，因而松褐天牛为害造成松树死亡株数也同样大幅下降（图 12-4）。

松杉类食叶害虫　全省发生面积 7.46 万亩，较上年 9.86 万亩，发生面积下降 2.40 万亩，降幅 24.29%。主要为马尾松毛虫、思茅松毛虫、柳杉毛虫等周期性食叶害虫局部发生。其中马尾松毛虫、思茅松毛虫发生面积 1.4 万亩，取食为害马尾

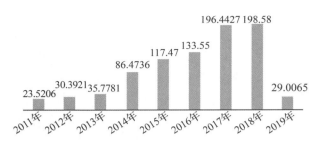

图 12-4　2011—2019 年全省松褐天牛发生面积和发生范围示意图（万亩）

松等树木针叶，主要发生在杭州、丽水、金华、衢州等老发生区，松毛虫是典型的周期性食叶害虫，从近些年发生规律看，发生区域相对稳定，整体区块稍稍向北偏移，呈局部块状发生，发生周期为 3～5 年，较 10 年前的 8～10 年一个发生周期大大缩短，最近这个周期从 2015 年发生上升到 2017 年达到发生高峰后，近年的发生面积持续下降；柳杉毛虫发生 6.08 万亩，取食为害柳杉和柏木针叶，发生区域一般都在高海拔山区，有不少是在湿地、自然保护区范围，从保护生物多样性考虑，仅采取跟踪监测手段，除景区、生产基地外基本不进行人工防治干预，而利用森林自然生态系统进行各种生物种群消长自我调节，目前仍处于发生高峰的末期。前几年发生较严重的松茸毒蛾今年虫口基数较低（图 12-5，图 12-6）。

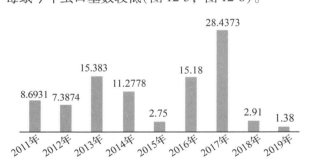

图 12-5　2011—2019 年全省松毛虫等食叶害虫发生面积和发生范围示意图（万亩）

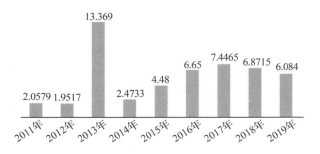

图 12-6　2011—2019 年全省柳杉毛虫发生面积图（万亩）

2. 竹林病虫害

2019 年竹林有害生物发生 9.94 万亩，同比下降 9.64%，主要为一字竹象 2.62 万亩、卵圆蝽 4.03 万亩、竹螟 1.87 万亩。刚竹毒蛾、黄脊竹蝗、竹叶蜂等有害生物，零星分布在衢州、湖州、丽水和宁波等地（图 12-7）。

经过多年综合治理，今年一字竹象、竹螟、卵圆蝽、竹叶蜂等一些常见的竹林有害生物发生趋于稳定。另一方面，由于近几年毛竹收购价格下滑，竹农经营竹林的积极性较低，部分地方的毛竹勾梢和劈山垦复等营林措施也相对减少，部分竹林病虫发生消长也有一定的变化，经营方式的改变，引起竹螟等种群变迁，同时天敌种群数量和种类大大增加，因此竹螟、刚竹毒蛾、竹叶蜂等发生呈下降趋势。

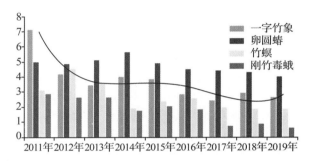

图 12-7　2011—2019 年全省主要竹林害虫发生面积变化图（万亩）

3. 经济林病虫害

全省为害经济林病虫害发生面积 10.11 万亩，同比上升 23.19%，浙江省的经济林主要为板栗、山核桃、香榧、油茶等干果、油料类林种（图 12-8）。

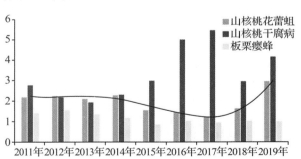

图 12-8　2011—2019 年全省山核桃、板栗病虫发生面积变化图（万亩）

山核桃病虫害主要集中在杭州的临安、建德、桐庐和淳安等天目山脉周边地区，发生面积 7.38 万亩，同比上升了 37.95%。其中山核桃干腐病发生 4.18 万亩，同比上升 42.18%；山核桃花蕾蛆发生 2.9466 万亩，较上年的 1.64 万亩，同比增长 79.67%；山核桃其他病虫发生 0.26 万亩。板栗病虫发生 1.80 万亩，其中栗瘿蜂 1.01 万亩。

此外，其他经济林病虫害发生 0.94 万亩。主要为危害油茶、香榧、林下经济和其他果树的小面积病虫等。

4. 园林绿化苗圃等其他病虫害

园林绿化苗圃、通道林等病虫害约发生 2.08 万亩，其中，樟巢螟 0.49 万亩，斜纹夜蛾 0.30 万亩，银杏大蚕蛾 0.65 万亩，木毒蛾 0.3 万亩，主要危害公路、绿化带以及苗圃地、城市景观林。另外，银杏细小卷蛾、樟蚕等以往少见发生的园林害虫，在各地监测中都有发现，虽然许多种类未达到发生为害标准且面积零星、量少，但也引起各市县的重视。

（三）成因分析

近几年浙江省林业有害生物发生发展呈上升趋势，经分析，气候异常，极端灾害性天气的频频出现，针对林业作物人为生产经营活动频繁，管理不善，干扰了林分的正常生长环境，对松材线虫病除治管理薄弱，防控意识和能力不足等是主要原因。

1. 异常气候气象条件变化，导致森林健康状况下降，扰乱林业有害生物发生节律

全球继续变暖，以及近年"厄尔尼诺""拉尼娜"现象交替出现等因素，出现暖冬及倒春寒，降雨量集中且分布不均，夏季浙江持续高温，进入秋季又出现持续干旱等极端天气，从而影响寄主的健康状况，诱发多种有害生物种群的猖獗暴发，大量树木因干旱失水，造成生长衰弱，蛀干类害虫乘机而入为害和传播病原，加剧了林木的受害和死亡。

2. 多种病虫交叉危害影响和自然扩散蔓延，导致松材线虫病疫情形势严峻

浙江地处亚热带季风区，松林分布广泛，而且绝大部分是松材线虫病高度感病的马尾松和黑松。发生区和未发生区之间没有天然屏障，通过检疫封锁等措施杜绝了人为长距离传播后，以自然传播的方式扩散蔓延已经成为浙江省松材线虫病传播的重要因素，造成边除治边扩散。虽然东部、北部嘉兴、宁波、湖州、绍兴、舟山等市的松材线虫病发生面积和病死树已连续多年下降，嘉兴已多年无疫情，但浙南的温州、丽水、台州、金华等地受高温干旱和松褐天牛、松毛虫为害等因素影响，相对严重，且呈加速趋势。向浙中、浙西、浙南的大面积松林扩散蔓延。

3. 环境变化和人为经营，导致部分有害生物在局部地区发生

新兴的经济林作物，如香榧、油茶等由于经济效益不断升高，当地发展新产业积极性很高，引种、扩种规模加大，这些新建立的林业特色产业园区森林生态、生物群落还处于极不平衡、不稳定的脆弱状态。另外，如山核桃等经济效益较高的林种由于林农过度经营，造成生境恶化、林分脆弱，一些传统经济林如板栗和毛竹林由于经济效益低下而失管；绿化苗木、景观植物受迁移、引种等人为干扰等影响，病虫随之带入种植地，造成有害生物为害加剧。

二、2020 年主要林业有害生物发生趋势预测

（一）总体趋势

浙江省 2020 年林业有害生物发生趋势，经专家及市县测报技术人员根据各市县预测分项数据、2019 年全省林业有害生物越冬基数、防治情况以及未来气候趋势，综合分析、会商，预测 2020 年浙江省林业有害生物仍将偏重发生，全省的总发生面积预计将会在 620 万亩左右，与 2019 年相比基本持平，而周期性林业有害生物发生将会趋于平稳、小幅波动上升。

松材线虫病在浙江发生多年，通过综合治理和林分改造，老发生区的发病面积和病死树正在逐步减少，但新疫区的发生面积和死树株数还会继续增加，全省发病面积、致死松树总体趋于缓慢减少。松褐天牛因统计口径以及为害原因鉴定技术提高，发生面积和为害树木数量将会继续回落。马尾松毛虫、柳杉毛虫等松杉林周期性食叶害虫的发生已进入发生周期低点。竹林病虫的发生面积受气候和大小年生产影响，将会有所减少；香榧、油茶等新兴经济林因引种扩种较多，

虽然发生面积不大，但有虫面积不小，为害将会在未来几年缓慢上升，其他如山核桃、板栗等传统经济林，通过这些年生态治理，经济市场调控、生产规模压缩，有害生物发生将进一步得到控制。园林绿地、景观林有害生物受人为干扰影响较多，为害的病虫种类和发生面积将会有小幅上升。浙江北部的杭嘉湖平原为美国白蛾适生区，寄主较多，传入的危险性极大。

（二）主要林业有害生物分项预测分析

1. 松材线虫病

基于 2019 年全省松材线虫病 547.30 万亩的疫情基数，加之传播媒介松褐天牛虫口基数高、新老发生区交替变化，全省总的发生面积会维持在目前的水平，局部地区疫情分布点多面广此消彼长，预测 2020 年松材线虫病疫情仍然比较严重，发生面积将在 540 万亩左右，略低于 2019 年，主要分布于全省 10 个市的 69 个县（市、区），以绍兴、台州、丽水、金华等地为严重发生区域（图 12-9）。

2. 松褐天牛

松褐天牛属钻蛀性害虫，防控难度大，林间种群控制是个长期过程，短期内无法得到有效压制。根据各地诱捕数据及近几年发生发展规律，近几年松褐天牛发生将趋于稳定，发生面积与致死松树数量回归正常水平，并会有一定程度的下降，故预测 2020 年全省将发生松褐天牛 25 万亩左右（图 12-10）。

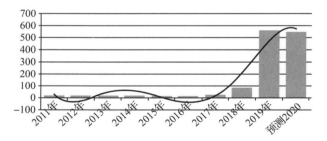

图 12-9 浙江省松材线虫病发生发展趋势图（万亩）

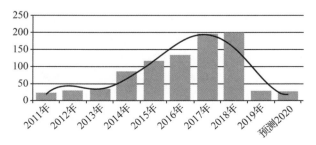

图 12-10 浙江省松褐天牛发生发展趋势图（万亩）

3. 松毛虫、柳杉毛虫等松杉林食叶害虫

松毛虫等松杉林食叶害虫预测发生面积约 13 万亩，其中松毛虫 6 万亩，柳杉毛虫约 7 万亩。马尾松毛虫为周期性食叶害虫，在浙江北部、中部地区如杭州、金华、衢州发生已处于低谷期，虫口密度处于较低水平，将会有一段相对稳定的低谷期，金华、丽水等地近几年的马尾松毛虫有一定的虫口基数，预测 2020 年全省发生面积约 4 万亩左右。柳杉毛虫的发生还处于高峰期，将缓慢回落，预测发生面积约 7 万亩，主要分布在丽水的遂昌、景宁，温州的文成、苍南、平阳和瑞安等高山远山地区。松茸毒蛾将不会大发生（图 12-11）。

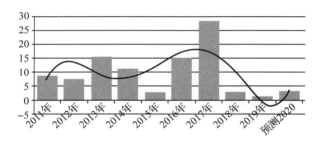

图 12-11 浙江省松毛虫发生发展趋势图（万亩）

4. 竹林病虫

全省竹林病虫预测 2020 年发生面积约 11 万亩，与 2019 年相比略有下降。其中，一字竹象发生约 2.6 万亩，主要分布于丽水的庆元、遂昌、龙泉，湖州的安吉和杭州的余杭等地；卵圆蝽约 4 万亩，主要分布于湖州的德清、安吉，宁波的余姚，杭州的余杭、富阳，衢州的龙游和丽水的遂昌等主要竹子产区；竹螟发生约 2.5 万亩，主要分布于衢州的江山、龙游、衢江，湖州的安吉、长兴、吴兴区、德清，杭州的余杭和宁波的余姚等地；刚竹毒蛾约 1 万亩，主要分布在丽水、衢州、温州等地；竹篦舟蛾、竹蝗等其他竹林病虫与 2019 年基本持平。将密切注意毛枯梢病和基腐病。

5. 经济林病虫

全省经济林病虫 2020 年预测发生面积约 8 万亩，同比持平。主要经济林病虫中，预测山核桃花蕾蛆的发生面积约 1.5 万亩，山核桃干腐病约 2 万亩，山核桃其他病虫约 1.2 万亩，主要分布于桐庐、淳安、建德和临安等山核桃产区；预测板栗病虫害发生约 2 万亩，其中栗瘿蜂发生面积约 1 万亩，桃柱螟约 0.2 万亩，板栗蚜虫 0.3 万亩，主要分布于新昌、上虞、开化、松阳、遂昌和庆元等板栗产区。其余经济林病虫害约1万亩，继续呈上升态势，预测有油茶煤污病、板栗潜叶蛾、香榧硕丽盲蝽和柿树病虫害等小规模发生（图12-12）。

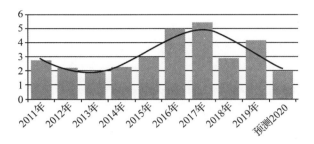

图12-12 浙江省山核桃干腐病发生发展趋势图（万亩）

6. 园林绿化苗圃等其他病虫

预测为害绿化通道、苗木等病虫害发生约为4万亩。其中樟巢螟预测发生面积约0.4万亩，樟萤叶甲约1.2万亩，主要为害杭州、温州和嘉兴、湖州等地的绿化行道树；木麻黄毒蛾约0.3万亩，白蚁0.2万亩，叶瘤丛螟约0.1万亩，主要为害当地的苗木和通道林防护林。其他零星发生园林绿地病虫合计约1.5万亩。受反常天气和人为经营影响，局部区域、个别病虫害有可能成灾，突发性病虫害发生的可能性加大。

三、林业有害生物防治对策

为更好地保护森林资源，维护森林生态环境安全，服务、指导林农有效防范林业有害生物发生成灾，下一阶段的对策思路是：以习总书记生态文明思想为指导，全面贯彻刘东生副局长在全国松材线虫病防治培训班上的讲话精神，加强领导，加大投入，强化措施；加强监测预报工作，扩展监测覆盖面，引进先进测报技术和手段，有效提高监测预报水平，探索推进测报、防治工作社会化服务进程，坚持全面预防、防治结合，调节森林生态自我修复功能，进一步加强林业有害生物防控工作，最大限度地减少林业有害生物灾害损失。

（一）重点做好危险性林业有害生物的预防和除治工作

继续抓好松材线虫病、美国白蛾疫情调查工作和跟踪监测，及时掌握疫情发生发展动态，为科学防控提供依据。进一步落实基层县、乡、村监测体系建设，推行监测网络化。结合森林抚育加快林相改造力度，创造自然和谐森林生态环境。同时，开展检疫执法专项行动，阻止危险性林业有害生物传播蔓延，加大疫木的管控力度，减少传播媒介松褐天牛的种群数量，控制疫病的传播。

（二）进一步强化全省监测预报能力建设

推进和完善全省监测预报网络整体布局、监测站点建设，结合国家级中心测报点，整合省市县级测报点，加大基础设施建设，充实监测力量，整合优质资源，充分调动基层监测站点的工作积极性，加强基层森防专业知识和技术培训，整体提升森防队伍监测预报、防治等能力和水平，利用社会力量实现以测报点为中心，探索、应用与生产密切相关的测报防治工作新机制、新方法；推广应用人工智能远程监控自动虫情测报灯、航天、无人飞机航拍监测技术等空天地一体化全方位技术体系。减少监测死角，提高监测准确度和效率，进一步优化监测手段。加强测报新技术研究，开发、应用先进的测报技术和设装备。

（主要起草人：金沙；主审：王越）

13 安徽省林业有害生物 2019 年发生情况和 2020 年趋势预测

安徽省林业有害生物防治检疫局

【摘要】2019 年，安徽省主要林业有害生物发生面积 576.7 万亩，较 2018 年减少 53 万亩；其中：轻度发生 551.8 万亩，中度发生 19.1 万亩，重度发生 5.8 万亩。病害发生 102.2 万亩，虫害发生 474.5 万亩。防治面积 509.2 万亩，防治率 88.3%，成灾率 1.92‰，无公害防治率 94.42%，测报准确率 92.3%。预测 2020 年安徽省属于林业有害生物中等偏轻发生年份，全省林业有害生物预测发生面积 546 万亩，局地可能成灾。

一、2019 年全省主要林业有害生物发生情况

（一）2019 年全省主要林业有害生物总体发生特点

总体上，全省林业有害生物发生面积较 2018 年下降。其中，美国白蛾发生面积降幅较大，沿淮及淮北地区趋于稳定，发生程度总体上较轻；松材线虫病继续扩散蔓延，发病面积增加，全省呈现点多面广的局面，严重威胁到大面积松林资源及黄山、九华山、天柱山等重要区域松林景观安全；杨树虫害发生面积与 2018 年基本持平，杨树病害较往年有所下降；松毛虫发生面积下降明显，危害程度总体较轻；松褐天牛、其他绿化苗木病虫的发生面积较 2018 年略有上升；经济林病虫害的发生面积与往年基本持平。

1. 2019 年主要林业有害生物发生构成情况（图 13-1）

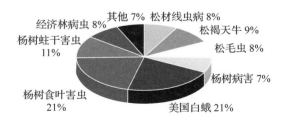

图 13-1　2019 年主要林业有害生物发生构成情况

2. 2015—2019 年主要林业有害生物发生面积对比（图 13-2）

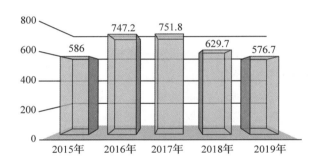

图 13-2　2015—2019 年主要林业有害生物发生面积对比（万亩）

3. 2019 年主要种类发生预测和实际发生吻合度对比（图 13-3）

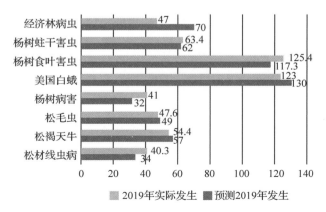

图 13-3　2019 年主要种类发生预测和实际发生吻合度对比

（二）2019年全省主要林业有害生物发生情况分述

1. 松材线虫病

根据2019年秋季普查结果统计，全省松材线虫病发生面积40.28万亩，病死松树27.85万株。2019年度松材线虫病疫情共涉及10个市49个县（市、区）301个乡镇（国有林场）。与2018年普查结果相比：一是全省疫情发生区数量仍为49个，马鞍山市花山区实现无疫情，芜湖市新增南陵县疫区；二是疫点数从282个增加到301个。在2018年的282个疫点中有15个疫点实现无疫情；三是死亡松树数量减少10.34万株，但发病小班、发病面积分别增加2089个、8.2万亩。

2. 美国白蛾

全省发生面积降幅较大，危害程度总体较轻。根据各地2019年美国白蛾普查结果统计，全省美国白蛾疫情分布面积365.46万亩，其中发生面积122.99万亩（轻度发生122.657万亩、中度0.327万亩、重度0.006万亩），有虫株率在0.1%以下的低虫口面积242.47万亩，疫情发生涉及13个市59个县（市、区）513个乡镇（场）。与去年同期相比，全省新增6个乡镇级疫情发生点。全年有3个县级疫区（合肥市的包河区、滁州市的琅琊区、铜陵市枞阳县），123个乡镇级疫点未发现美国白蛾幼虫及网幕。由于各地政府、林业主管部门高度重视美国白蛾的防控工作，加大防治资金投入，全省未出现集中连片成灾和扰民现象。

3. 松毛虫

全省松毛虫发生面积下降明显，危害程度总体较轻，其中思茅松毛虫下降幅度较大。全省松毛虫发生47.6万亩（其中马尾松毛虫40.3万亩、思茅松毛虫7.3万亩），比2018年减少11万亩，主要分布在滁州、六安、芜湖、宣城、池州、安庆、黄山等松林分布区。马尾松毛虫在铜陵市枞阳县、安庆市太湖县、池州市青阳县的局部区域发生较重。

4. 杨树病虫害（图13-4）

全省杨树食叶害虫发生面积125.4万亩，较2018年增加13.2万亩，整体危害程度较轻。为害种类主要是杨小舟蛾、杨扇舟蛾、黄翅缀叶野螟和春尺蠖，主要发生在合肥、淮北、亳州、宿州、蚌埠、阜阳、滁州、六安等杨树分布区的大多数县、市、区。杨扇舟蛾在阜阳市颍上县、亳州市蒙城县局部区域发生严重，杨小舟蛾在宿州市泗县局部区域造成危害。全省杨树天牛发生稳中有降，主要发生种类是桑天牛、光肩星天牛。全省发生面积62.9万亩，较2018年减少4.8万亩，主要在宿州市泗县、砀山县，蚌埠市怀远县，阜阳市阜南县、颍上县等局部区域造成危害。

杨树蛀干害虫 27%　杨树病害 18%　草履蚧 2%　杨树食叶害虫 53%

图13-4　2019年杨树病虫害构成情况

全省杨树病害以杨树黑斑病、杨树溃疡病为主，发生面积、危害程度均较2018年有所下降，全省发生面积42万亩，较去年减少12.2万亩，在阜阳市颍上县、宿州市灵璧县、亳州市蒙城县等局部区域危害较重。草履蚧发生面积上升明显，发生面积4.6万亩，较去年增加2.1万亩，主要分布在皖北宿州市、亳州市和淮北市，在宿州市埇桥区、萧县、砀山、灵璧县，亳州市涡阳县，淮北市烈山区发生较重。

5. 松褐天牛

全省发生面积54.4万亩，较2018年增加6.2万亩，主要分布在合肥、六安、马鞍山、芜湖、宣城、池州、安庆、黄山等松林分布区，普遍虫口密度较高，在黄山市黄山区，池州市东至县、青阳县，六安市舒城县等市局部发生较重。

6. 经济林病虫害

全省经济林病虫害发生面积略有下降，整体危害较轻。以板栗病虫害为主的经济林病虫害发生面积46.5万亩，较2018年下降3.1万亩，主要分布在六安、宣城、安庆等经济林分布较多的地区。其中，竹类病虫害发生18.5万亩，黄脊竹蝗在六安市舒城县、池州市东至县局部发生较重，板栗病虫害发生27万亩，板栗膏药病、栗实象在六安市舒城县局部区域危害较重。

（三）成因分析

1. 松材线虫病疫情继续扩散的原因分析

一是监测力度加大。新技术得到推广应用，

疫情发现更加及时。各地加大了疫情监测力度，同时无人机等监测技术在一些地方得到推广应用，疫情发现更加及时准确；二是异常天气因素。今年夏秋以来，安徽遭遇多年未遇的持续干旱，导致松树枯死数量大增；三是疫情传播途径复杂。近年来，全省高速公路、高铁纵横交错四通八达，供电设施、通讯项目等重点工程建设向高山远山延伸，特别是电商快递、网购物流迅猛发展，疫木传播途径隐蔽复杂，疫情远距离、跳跃式传播；四是防治工作难度大。松材线虫病治理缺乏经济有效的防治成套技术，现行技术环节多、操作难、成本高，容易出现漏洞，防治效果难以保证，加大工作难度；五是由于统计口径变化，导致 2019 年的病死松树数量超过 2018 年（图 13-5）。

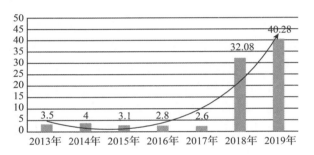

图 13-5　安徽省 2013—2019 年松材线虫病发生面积对比柱状图（万亩）

2. 美国白蛾危害程度下降的原因分析

安徽省 2012 年首次发现美国白蛾疫情后，疫情不断扩散蔓延，2016 年发生面积达到高峰，后持续下降，2019 年下降尤为明显。总体来看，美国白蛾疫情在淮北地区广为分布，江淮之间呈多处发生和多向扩散，疫点有所增加，长江流域美国白蛾疫情较为平稳。2014 年以来，全省各地逐步加大对美国白蛾防治投入，连续开展飞机防治，有效地遏制住美国白蛾快速扩散蔓延的势头，全省分布面积、发生面积自 2017 年逐年下降，危害程度减轻（图 13-6）。

3. 杨树病虫害发生较轻的原因分析

全省多地对美国白蛾开展了大面积美国白蛾飞机防治以及地面防治，对于抑制杨扇舟蛾等食叶害虫起到很好的效果，但是局部地区杨树舟蛾等食叶害虫发生有所抬头，原因是杨树食叶害虫发生期与美国白蛾不一致，局部地区杨树食叶害虫防治有所放松，导致杨扇舟蛾在局部地区发生较重。杨树蛀干害虫受外界影响小，加上近几年

老发生区皖北地区道路绿化提升、河道工程改造、树种结构调整等原因，杨树面积下降，树种单一局面有所改观，蛀干害虫发生面积也有所下降，随着树龄的增加，大部分蛀干害虫集中到枝梢部，危害较轻。草履蚧在 2010 年大发生，经过连续治理，2013 年后连续数年发生较轻，自 2017 年开始回升，2018 年草履蚧发生面积 2.51 万亩，2019 年增至 4.6 万亩；主要原因有：一是前些年的持续防治，老发生区虫口密度和种群数量大幅下降，防控效果明显，但无法做到根除；二是草履蚧发生危害具有一定的周期性，老发生区依然存在虫口分布，但多数仍处轻发生和低虫口分布状态，防治有所放松；三是新发生区正处虫口增殖上升阶段，虫口密度较高，危害明显加重。

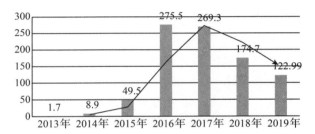

图 13-6　安徽省 2013—2019 年美国白蛾发生面积对比柱状图（万亩）

二、2020 年主要林业有害生物发生趋势预测

（一）2020 年总体发生趋势预测

在全面分析 2019 年林业有害生物发生和防治情况的基础上，根据国家级中心测报点对主要林业有害生物越冬前的虫口基数监测调查数据，结合其发生规律，并经过全省趋势会商会会商，预测 2020 年安徽省属于中等偏轻发生年份，发生面积较 2019 年将有所下降。预测 2020 年全省主要林业有害生物发生在 546 万亩左右，其中松材线虫病、松褐天牛、杨树食叶害虫与今年基本持平，美国白蛾、杨树病害、杨树蛀干害虫发生面积下降，松毛虫、草履蚧及经济林病虫危害将有所上升，一些突发性、偶发性病虫害仍然可能在局部小范围成灾。

（二）主要种类发生趋势预测（表 13-1）

1. 松材线虫病

经全省上下共同努力，松材线虫病防控工作取得了积极成效，疫情扩散蔓延速度减缓、危害程度降低，疫点数量增加趋缓。下一步将进一步贯彻落实《关于进一步加强松材线虫病防治工作的实施意见》《安徽省松材线虫病系统防控方案》，突出抓好松材线虫病系统防控方案、年度防治方案的实施，努力拔除一批孤立疫点、显要区域位置的疫情和新发疫情，预计 2020 年松材线虫病发生较 2019 年略有下降，预测发生面积 38 万亩左右，主要分布在滁州、安庆、黄山、合肥、六安、宣城、铜陵、池州、马鞍山、芜湖市等松林分布区。

2. 美国白蛾

经过连续几年大面积飞防，结合地面补防补空措施，全省美国白蛾快速扩散蔓延的势头得到有效遏制。但美国白蛾新增乡镇级发生点仍出现，老疫点也存在疫情反弹、局部成灾现象。全省美国白蛾防控形势依然严峻，防控工作丝毫不能松懈。预计 2020 年安徽美国白蛾发生面积继续下降，预测发生面积约 93 万亩，疫情在江淮及沿江地区仍呈现扩散蔓延态势，马鞍山市的花山区、雨山区、博望区、和县连续两年发现美国白蛾成虫，合肥市的肥西县、安庆市的望江县今年也发现了美国白蛾成虫，可能出现新疫情。

3. 杨树病虫害

预计以杨扇舟蛾、杨小舟蛾为主的杨树食叶害虫 2020 年发生面积 124 万亩左右，主要分布在合肥、淮北、亳州、宿州、蚌埠、阜阳、淮南、滁州、六安等杨树分布区，在局部地区有上升趋势，且有可能在局部地区发生较重。马鞍山、蚌埠等地通道长廊、退耕还林区域林间虫口基数较高，如遇到高温干旱天气，局部地区有暴发成灾的可能。全省杨树蛀干害虫危害下降，预测 2020 年发生 54 万亩，主要分布在合肥、亳州、宿州、蚌埠、阜阳、滁州、六安等地。杨树病害预计 2020 年发生面积、危害程度均下降，全省发生面积 35 万亩左右。假如明年夏季高温多雨，将有利于杨树病害发生，局部可能发生较重。草履蚧进入周期性上升阶段，预测 2020 年发生 7 万亩，主要分布在皖北宿州市、亳州市和淮北市。宿州市埇桥区、砀山县、萧县，亳州市涡阳县、蒙城县及淮北市烈山区的部分乡镇局部可能成灾。

4. 松毛虫

根据全省各地 2019 年松毛虫防治效果、越冬虫口基数数据和重点调查情况，结合安徽省松毛虫发生规律来看，预计 2020 年松毛虫危害有所上升，全省预测发生面积 52 万亩，主要分布在滁州、六安、宣城、池州、安庆、黄山等地，在黄山等局部区域可能发生松毛虫、松茸毒蛾混合危害。

5. 松褐天牛

预计 2020 年发生面积与 2019 年基本持平，预测发生 53 万亩左右，主要分布在合肥、滁州、六安、马鞍山、芜湖、宣城、池州、安庆、黄山等地。

表 13-1　安徽省 2020 年主要林业有害生物发生情况预测表（万亩）

林业有害生物种类	2019 年发生	2020 年预计	趋势	危害程度
总计	576.7	546	下降	局部成灾
松材线虫病	40.3	38	略有下降	
美国白蛾	123	93	下降	轻度
杨树食叶害虫	125.4	124	持平	轻度，局部成灾
杨树蛀干害虫	63.4	54	下降	轻度为主
杨树病害	42	35	下降	轻度为主
草履蚧	4.6	7	上升	局部较重
松褐天牛	54.4	53	基本持平	局部较重
松毛虫	47.6	52	上升	轻度，局部成灾
经济林病虫害	46.5	50	上升	轻度，局部成灾
其他	30	39	上升	轻度

6. 经济林病虫害

由于板栗、毛竹价格低迷，影响林农经营积极性，造成栗林、竹林缺乏管理。以板栗、竹类病虫害为主的经济林病虫害发生呈上升趋势，加之近年来我省大力推广油茶、薄壳山核桃种植，面积较大，导致油茶、薄壳山核桃病虫害发生面积增加。预计 2020 年发生面积 50 万亩左右，主要分布在六安、宣城、安庆、黄山等板栗、竹类等经济林产地。

7. 其他病虫害

由于大力推进退耕还林、创建生态文明等绿化工程，各地绿化树种向多样化发展，导致林木病虫害发生的种类和面积都随之上升，方翅网蝽、双条杉天牛及绿化苗木等病虫害逐年上升，预计 2020 年发生危害较 2019 年有所上升，发生面积 39 万亩左右。方翅网蝽发生范围较广而零散，宿州市、蚌埠市个别地段法国梧桐受害严重，且防治效果不明显，需加强防治。一些偶发性病虫害也可能在局部暴发成灾。

三、对策建议

（一）继续加强监测网络建设，提高监测预警能力

建立省、市、县、乡、村五级监测网络，依托林长制改革"五个一"平台，充分发挥各级林长以及护林员作用，及时报告林木异常情况。及时部署开展松材线虫病春、秋两次普查以及美国白蛾三次普查工作，并在普查期间进行督导以及技术指导，确保普查结果真实可靠。对 37 个国家级中心测报点防治能力提升项目建设进行跟踪指导，确保按期完成项目建设并发挥其骨干作用。积极探索应用无人机和卫星遥感等新技术开展林业有害生物监测。

（二）强化防治，实现控灾减灾

突出重点区域松材线虫病防治，认真落实《关于进一步加强松材线虫病防治工作的实施意见》《安徽省松材线虫病系统防控方案》，努力构建松材线虫病防治长效机制，强化重点区域松材线虫病防治和联防联治。重点实施好《环黄山风景区"八镇一场"松材线虫病防治方案》《黄山风景区松材线虫病防治暨黄山松保护方案》，确保黄山风景区松林和名松古松安全。督导各地组织开展美国白蛾等食叶害虫防治工作，确保美国白蛾防治任务得到全面落实。同时不能放松对松毛虫、杨树食叶害虫、主要经济林病虫害防治。

（三）继续开展松材线虫病疫木检疫执法专项行动

重点加强皖南山区、大别山区等重点区域工作，推动疫木检疫执法常态化。

（主要起草人：孙倩　叶勤文；主审：李硕）

14 福建省林业有害生物 2019 年发生情况和 2020 年趋势预测

福建省林业有害生物防治检疫局

据各地上报的数据，经过统计分析，福建省 2019 年林业有害生物发生情况及 2020 年发生趋势预测如下。

一、2019 年福建省林业有害生物发生情况

2019 年全省林业有害生物发生总面积 270.5 万亩，同比 2018 年 270.3 万亩基本持平。其中病害发生 22.2 万亩，虫害发生 248.3 万亩；轻度发生 246.5 万亩，中度发生 15.8 万亩，重度发生 8.2 万亩。防治面积 244.8 万亩，防治率 90.48%，其中无公害防治面积 244.4 万亩，无公害防治率 99.83%；成灾面积 3.8 万亩，成灾率 0.32‰；测报准确率 98.6%。

（一）发生特点

1. 疫情发生面积有所减少，但防控形势依然严峻

经过全省上下共同努力，艰苦奋战，防控取得一定成效。一是松材线虫病发生面积增速减缓，全省发生面积 9.4365 万亩，较 2018 年秋季普查 10.9233 万亩减少 1.4868 万亩；二是县级疫区数量得到有效控制，全省县级疫区 42 个，与今年上半年集中普查持平。厦门市海沧区已符合拔除疫情条件，等待省级核实确认；三是 8 个疫情县实现无疫情。清流县、将乐县、平和县、漳浦县、厦门市海沧区、泉州市台商区、惠安县、莆田市城厢区 8 个县（市、区）秋季普查未发现疫情。另一方面，全省松枯死树数量仍然较多，全省全年共有松枯死树 66.9 万株，其中沿海的宁德市、泉州市、福州市 3 个设区市的松枯死树数量均超过 3 万株，防控形势十分严峻。

2. 食叶害虫发生面积减少，但局地成灾

马尾松毛虫、松突圆蚧、刚竹毒蛾、黄脊竹蝗等食叶害虫 2019 年发生面积不同程度减少，但局地发生灾情，其中马尾松毛虫灾情较往年严重。其他食叶害虫成灾的还有：橙带蓝尺蛾危害罗汉松，在龙岩市新罗区、武平县、清流县等多个县（市、区）发生不同程度灾情，黄野螟危害罗汉松，主要发生在漳州市。

此外，杉木不明原因枯死在全省范围内持续发生，樟树不明原因枯死数量有所减少。

3. 松树蛀干害虫发生面积增加，疫情传播风险加剧

一是松墨天牛发生面积 67.1 万亩，同比 2018 年 50.2 万亩增加 33.7%；二是闽南沿海地区的松墨天牛世代重叠明显，给疫木管理、松材线虫病防控增加了很大难度，疫情传播风险加剧；三是今年大部分地区出现长期干旱天气，造成一些松树死亡，长势衰弱，为松墨天牛提供滋生条件。

（二）主要林业有害生物发生情况分述

按寄主树种分，一是针叶林主要林业有害生物发生 207.2 万亩，较 2018 年发生面积 202.1 万亩略增 2.5%；二是毛竹主要林业有害生物发生 43.1 万亩，较 2018 年发生面积 44.1 万亩减少 2.3%；三是桉树主要林业有害生物发生 7.65 万亩，较 2018 年发生面积 10.9 万亩减少 29.8%；四是板栗等主要林业有害生物发生 4.97 万亩，较 2018 年发生面积 5.5 万亩减少 10.4%；五是木麻黄主要林业有害生物发生 2.4 万亩，较 2018 年发生面积 1.57 万亩增加 53.2%。主要发生情况分述如下。

1. 针叶林主要林业有害生物

松材线虫病　扩散蔓延有所控制。全省松材线虫病发生面积 9.4365 万亩，分布在 8 个设区市、42 个县（市、区）、155 个乡镇。宁德市、福州市、泉州市危害较为严重，县级发生面积较大的是霞浦县、建瓯市、丰泽区、蕉城区、晋安区

发生面积均在 5000 亩以上，其中霞浦县的病死树数量达 8 万多株。

马尾松毛虫　发生面积 49.26 万亩，同比 2018 年 56.3 万亩减少 11.9%。武夷山、建阳区、浦城县发生面积均超过 3 万亩，今年在闽北大部分县市出现不同程度的灾情。

松突圆蚧　发生面积 64.2 万亩，同比 2018 年 68.4 万亩减少 6.1%。沿海各设区市均有分布，县级发生面积较大的是洛江区、南安市、涵江区发生面积均超过 7 万亩，未见成灾。

松墨天牛　发生面积 67.1 万亩，同比 2018 年 50.2 万亩增加 33.7%。各地均有分布，霞浦县、南安市、安溪县县级发生面积均超过 6 万亩，并在局地成灾。

萧氏松茎象　发生面积 7.8 万亩，同比 2018 年 8.5 万亩减少 8.2%，呈下降趋势。主要分布在龙岩市和三明市，县级发生面积较大的是清流、宁化、明溪，未见成灾。

柳杉毛虫　发生面积 3.4 万亩，同比 2018 年 4.0 万亩减少 15%。主要分布在宁德市、福州市，县级发生面积较大的是福鼎、霞浦、寿宁，局地成灾。

此外，杉木炭疽病、松针褐斑病、纵坑切梢小蠹、杉梢小卷蛾等针叶类林业有害生物局地小面积发生，未见成灾。

2. 竹类主要林业有害生物

毛竹枯梢病　发生面积 2.1 万亩，同比 2018 年 0.25 万亩有大幅增加。霞浦县、柘荣县、福鼎市发生面积较大。

刚竹毒蛾　发生面积 26.1 万亩，同比 2018 年 28.5 万亩减少 8.4%。主要分布在南平市、三明市、龙岩市，县级发生面积较大的是顺昌、武夷山、建瓯。

黄脊竹蝗　发生面积 11.2 万亩，同比 2018 年 12.3 万亩减少 8.9%，未见重度发生。发生面积较大的是长汀县、连城县、永安市。

毛竹叶螨　发生面积 2.0 万亩，同比 2018 年 1.6 万亩增加 25%。发生面积较大的是三元区、建瓯市、延平区。

竹镂舟蛾　发生面积 2.3 万亩，同比 2018 年 2.2 万亩增加 4.5%，分布在三明市。县级发生面积较大的是三元、沙县、梅列。

此外，光泽小异脩等 3 种竹节虫在闽北局地成灾。竹织叶野螟、竹茎广肩小蜂、大竹象、竹笋禾夜蛾、两色绿刺蛾等偶见发生，以闽中、闽北、闽西为主局地发生，未见成灾。

3. 桉树主要林业有害生物

桉树林业有害生物主要有桉树焦枯病、油桐尺蛾、桉树枝瘿姬小蜂、桉树袋蛾等，多发生在闽东南沿海的桉树种植区，发生面积 7.65 万亩，同比 2018 年 10.9 万亩减少 29.8%，主要分布在漳州市的漳浦、云霄、华安，莆田市的仙游、涵江，泉州市的南安、安溪。其中，发生面积占比最大的是油桐尺蛾，发生面积 7.48 万亩，同比 2018 年 9.96 万亩减少 24.9%。

4. 其他林业有害生物

木麻黄是福建沿海防护林主要树种，常见害虫有木麻黄毒蛾、星天牛、多纹豹蠹蛾，2019 年发生面积以木麻黄毒蛾为主，共 2.4 万亩，同比 2018 年 1.6 万亩增加 34.3%，主要分布在平潭综合实验区、莆田市、漳州市。危害板栗的主要林业有害生物有板栗疫病和栗瘿蜂等，其中板栗疫病发生面积 4.6 万亩，同比 2018 年 5.5 万亩减少 16.4%，分布在南平市。

（三）成因分析

1. 疫情得到初步遏制，防控形势比较严峻

为逐步实现省委省政府提出的"两个不增加"目标，今年来，福建省按照国家林业和草原局新修订的防治方案，加大疫情监测力度，推行疫木就地除害处理、开展松墨天牛综合防治、重点生态区位防御等一系列防控措施，初步控制了疫情向外扩散蔓延态势。但是防控形势依然不容乐观，究其原因，一是自然扩散。从周边的浙江省、江西省、广东省与福建省的交界地绝大部分均出现了疫情，从省内情况看，枯死松树数量仍然较多，疫情点多面广，而且松墨天牛在福建分布广、成虫活动时间长，成虫活动期为 3 月初至 11 月底，厦门、漳州、泉州等闽南沿海地区 12 月上旬还可诱捕到成虫，世代重叠非常明显。疫情自然扩散导致毗邻小班、乡镇、县发生疫情。二是人为扩散。近几年，交通工程、电网改造工程、建筑工程等建设迅速，工程建设调运使用了大量木质包装材料，疫情随包装材料传入成为重要途径之一。此外，受利益驱动，个别不法商人违规调运使用疫木，也是造成疫情人为扩散原因之一。

2. 林分树种比较单一，容易滋生病虫灾害

因松树易种植、易养护、生命力强等优点，前些年马尾松作为先锋树种在造林绿化中大量使用；因市场对工业原料、商品材、经济林的需求，还种植了大面积桉树林、毛竹林等，均为单一品系的纯林。林分结构简单，生物多样性程度低，生态系统极为脆弱，导致林分处于亚健康状态，为病虫滋生灾害创造了有利条件。油桐尺蛾等多在人工桉树林中暴发成灾，黄脊竹蝗、刚竹毒蛾、竹镂舟蛾等也均在毛竹连片纯林中出现过灾情，今年发生的橙带蓝尺蛾、黄野螟也主要在连片种植的罗汉松、沉香林中暴发成灾。

二、2020年林业有害生物发生趋势预测

（一）2020年总体发生趋势预测

根据2019年全省主要林业有害生物发生与防治情况，以及国家级林业有害生物中心测报点、林业有害生物普查提供的调查数据，结合林业有害生物发生规律及气象资料，运用病虫测报软件的数学模型进行分析，预计2020年全省林业有害生物发生面积约275万亩，总体比2019年略有增加，其中虫害约255万亩，病害约20万亩。

（二）分类发生趋势预测

按寄主树种分，一是针叶林主要林业有害生物预计发生213万亩，较2019年发生面积207.2万亩略增2.7%；二是毛竹主要林业有害生物预计发生40万亩，较2019年发生面积43.1万亩减少7.2%；三是桉树主要林业有害生物预计发生8.6万亩，较2019年发生面积7.65万亩增加11.9%；四是板栗等主要林业有害生物预计发生4.6万亩，较2019年发生面积4.97万亩减少7.4%；五是木麻黄主要林业有害生物预计发生1.5万亩，较2019年发生面积2.4万亩减少41%。

1. 针叶类主要林业有害生物

松材线虫病 预计发生面积10万亩以下。2020年将按照国家林业和草原局新制定的《松材线虫病防治技术方案》要求，在省委省政府的统一领导下，做好部署和落实。预计疫情面积、疫区和疫点数量都可能会得到有效控制，沿海的宁德市、福州市、泉州市仍将是松材线虫病的重灾区。

马尾松毛虫 预计发生面积53.3万亩，较2019年发生面积49.26万亩增加8.3%（图14-1）。闽北、闽中及闽西仍有可能局地暴发灾害。

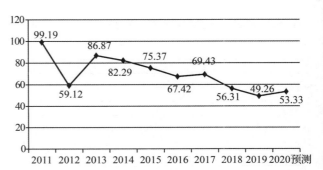

图14-1 马尾松毛虫历年发生面积及2020年预测（万亩）

松突圆蚧 预计发生面积58.06万亩，较2019年的发生面积64.19万亩略减9.5%（图14-2），主要发生在沿海地区，其中泉州市、福州市、莆田市、宁德市发生面积比较大，但成灾可能性小。

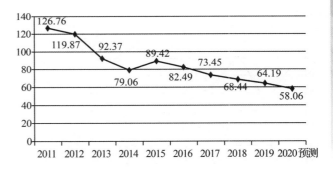

图14-2 松突圆蚧历年发生面积及2020年预测（万亩）

松墨天牛 预计发生面积68.49万亩，较2019年的发生面积50.21万亩增加36.40%（图14-3），沿海地区发生重于山区内陆。

萧氏松茎象 预计发生面积8万亩，与2019年发生面积7.8万亩基本持平（图14-4），主要发生在三明市，龙岩市和南平市，成灾可能性小。

此外，柳杉毛虫、松针褐斑病、杉木炭疽病、杉梢小卷蛾等松杉类林业有害生物预计仍将小面积发生，其中柳杉毛虫较有可能在宁德市、福州市局地成灾。

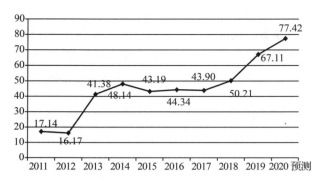

图 14-3　松墨天牛历年发生面积及 2020 年预测（万亩）

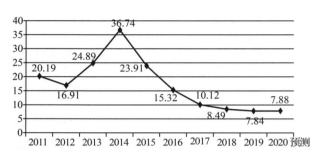

图 14-4　萧氏松茎象历年发生面积及 2020 年预测（万亩）

2. 竹类主要林业有害生物

毛竹枯梢病　预计发生面积 2.5 万亩，较 2019 年的发生面积 2.07 万亩增加 20.9%（图 14-5），在多地发生，高温、高湿天气可能诱发局地灾害。

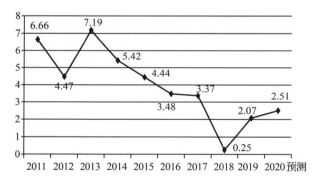

图 14-5　毛竹枯梢病历年发生面积及 2020 年预测（万亩）

刚竹毒蛾　预计发生面积 25 万亩，较 2019 年的发生面积 26.1 万亩减少 3.2%（图 14-6），主要分布在南平市、三明市、龙岩市，闽中地区可能局地成灾。

黄脊竹蝗　预计发生面积 9 万亩，较 2019 年的发生面积 11.2 万亩减少 21.5%（图 14-7），主要分布在龙岩市、三明市和南平市，成灾可能性较小。

毛竹叶螨　预计发生面积 1.7 万亩，较 2019

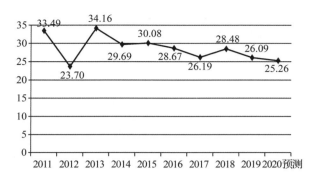

图 14-6　刚竹毒蛾历年发生面积及 2020 年预测（万亩）

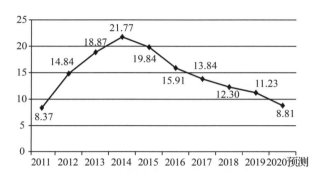

图 14-7　黄脊竹蝗历年发生面积及 2020 年预测（万亩）

年的发生面积 2.01 万亩减少 14.1%（图 14-8），主要分布在龙岩市、三明市、福州市和南平市，成灾可能性较小。

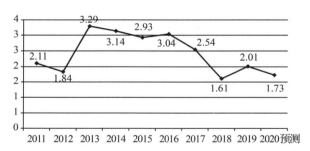

图 14-8　毛竹叶螨历年发生面积及 2020 年预测（万亩）

竹镂舟蛾　预计发生面积 2.4 万亩，较 2019 年的发生面积 2.34 万亩增加 1.8%（图 14-9），主要分布在三明市，局地成灾可能性较大。

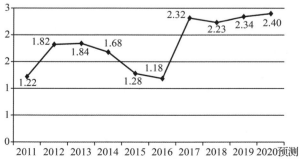

图 14-9　竹镂舟蛾历年发生面积及 2020 年预测（万亩）

此外，竹织叶野螟、竹茎广肩小蜂、大竹象、竹笋禾夜蛾、两色绿刺蛾仍将小面积发生，以闽中、闽北、闽西为主，成灾可能性较小。

3. 桉树主要林业有害生物

桉树林业有害生物预计发生面积8.6万亩，较2019年发生总面积7.6万亩增加11.9%，多发生在闽东南沿海的桉树种植区，主要有桉树焦枯病、油桐尺蛾、桉树枝瘿姬小蜂、桉树袋蛾等，其中发生面积占比最大的是油桐尺蛾，预计发生面积7.6万亩，局地成灾的可能性较大。

4. 其他林业有害生物

木麻黄主要林业有害生物（木麻黄毒蛾、星天牛、多纹豹蠹蛾等）预计发生1.5万亩，较2019年发生面积2.4万亩减少41%，其中木麻黄毒蛾发生面积占比较大，预计1.2万亩，主要分布在平潭综合实验区、漳州市、泉州市；板栗疫病发生面积4.6万亩，分布主要集中在南平市、宁德市；黑翅土白蚁、樟萤叶甲、脊纹异丽金龟将在福建省小面积局地发生，成灾的可能性小。

三、对策建议

（一）落实疫情防控要求

2020年福建省将贯彻落实国家林业和草原局新修定的《松材线虫病防治技术方案》要求，在省委省政府的统一领导下，做好疫情防控工作的部署和落实。突出对浙、赣、粤交界的县（市）以及武夷山、大金湖、冠豸山、梅花山、戴云山、清源山、太姥山、鼓山、湄洲岛、福州植物园等18个重点生态区位和世遗地、国家公园、自然保护区、重点风景名胜区等实施重点监测、重点防控。

（二）提高疫情调查水平

进一步推广和运用调查新技术、新手段，如航天遥感技术、"GPS"定位技术、无人机、引诱监测技术等，准确把握疫情发生发展动态，及时发现和处理松枯死树，提高疫情监测调查精度。同时，针对我省沿海地区部分县（市、区）森防检疫机构不健全、人员缺乏、技术力量薄弱的现状，建立并落实省（市）级集中检测、委托检测、分级检测等制度，切实加大取样鉴定力度，努力提高监测水平。

（三）完善监测管理机制

一是积极探索测报队伍管理机制，推行基层兼职测报员合同聘任制，实行兼职测报员、护林员网格化管理；二是积极探索政府购买监测调查服务的有效实现形式，在有条件的地方开展试点，进一步培育监测调查服务市场。

（主要起草人：刘鹏程；主审：李硕）

15 江西省林业有害生物 2019 年发生情况和 2020 年趋势预测

江西省林业有害生物防治检疫局

2019 年，江西省林业有害生物偏重发生。据统计，全年主要林业有害生物发生面积 557.98 万亩（图 15-1），同比上升 19.98%。经综合分析，预测 2020 年林业有害生物偏重发生，呈上升趋势，发生面积 560 万亩左右。

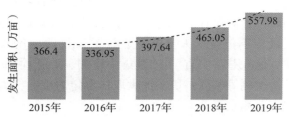

图 15-1 2015—2019 年全省林业有害生物发生总面积对比图

一、2019 年主要林业有害生物发生情况

2019 年全省林业有害生物偏重发生，发生面积 557.98 万亩，发生率 3.90%。按发生类别统计，病害 270.16 万亩，同比上升 73%；虫害 287.82 万亩，同比下降 6.7%。按发生程度统计，轻度 329.97 万亩、中度 54.10 万亩、重度 173.92 万亩（图 15-2），中、重度占 40.86%。成灾面积 34.30 万亩，成灾率 2.4‰。测报准确率为 89.2%。全年防治面积 490.10 万亩，无公害防治面积 485.98 万亩，无公害防治率 98.86%。

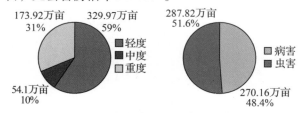

图 15-2 2019 年全省林业有害生物发生程度比重图及病虫大类比重图

（一）发生特点

松材线虫病呈全域发生态势，面临全面暴发风险；蛀干害虫分布范围广、危害重；突发性病虫害种类多，危害重；常发性食叶害虫总体平稳，处于低虫口状态；经济林病虫种类增多，发生面积趋于平稳。具体表现为：松材线虫病新增 17 个县级疫情发生区；松褐天牛危害重，在全省多地暴发成灾；银杏大蚕蛾等害虫突发成灾；松毛虫有虫不成灾；萧氏松茎象和油茶病虫害平稳（图 15-3）。

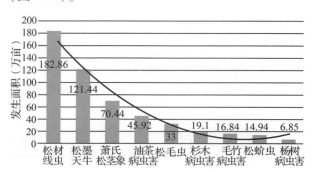

图 15-3 2019 年全省主要林业有害生物发生面积对比图

（二）主要林业有害生物发生情况

1. 松材线虫病

疫情发生区和发生面积激增。新增永修、瑞昌、修水、余江区、宁都、安远、瑞金市、袁州区、铜鼓、余干、万年、横峰、鄱阳县、弋阳县、青原区、资溪县、赣县等 17 个疫情发生区，截至 2019 年底，全省共有疫区（疫情发生区）84 个、疫点乡镇 481 个。发生面积 182.86 万亩，同比增加 96.34 万亩；病（枯）死松树 295.35 万株。

2. 松褐天牛

发生面积大，分布范围广，危害程度重。发生面积 121.44 万亩，同比上升 7%（图 15-4），其中重度发生 14.89 万亩。全省各地均有发生，发生面积超过 1 万亩的有 30 个县，特别是南康、进贤、庐山、宁都、南城等 6 个县均超过 5 万亩。全省因松褐天牛危害造成的枯死松树超过 71 万株，比去年增加了 40 万株，其中九江和抚州市超过 20 万株，宜春市超过 18 万株，鹰潭市超过 3 万株。

3. 马尾松毛虫

总体下降，有虫不成灾。发生面积 25.44 万

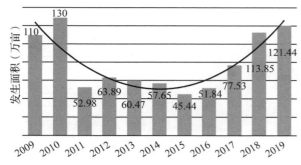

图 15-4 2009—2019 年松褐天牛发生面积示意图

亩，同比下降 40%（图 15-5）。越冬代发生 7.31 万亩，同比下降 50%，主要分布在安福、贵溪、鄱阳等 46 个县。第一代 9.44 万亩，同比下降 56%，超过 2000 亩的有兴国、南康、高安等 18 个县。第二代 8.69 万亩，同比上升 16%，以宜春、抚州、上饶、景德镇、吉安等市发生为重；其中高安、樟树、吉水、浮梁、鄱阳超过 3000 亩；铅山、樟树、上高、丰城低虫口面积超过 5000 亩。

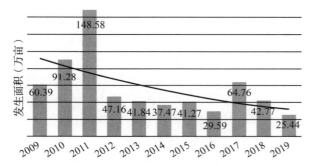

图 15-5 2009—2019 年马尾松毛虫发生面积示意图

4. 思茅松毛虫

发生呈下降趋势，仅在赣东北部分县市发生偏重。发生面积 7.60 万亩，同比下降 46%（图 15-6）。在 32 个县（市、区）有发生，以枫树山林场发生面积 1.38 万亩为最大，此外铅山 1.31 万亩，昌江 1.22 万亩，莲花 0.52 万亩。在铅山、吉安、崇仁等县思茅松毛虫与马尾松毛虫、松茸毒蛾混合发生，导致松树受害程度加剧，树势衰弱，有死树现象。

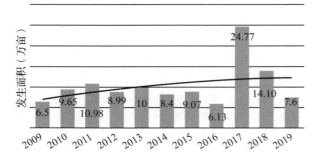

图 15-6 2009—2019 年思茅松毛虫发生面积示意图

5. 萧氏松茎象

总体平稳，局地仍严重。发生面积 70.44 万亩，持平（图 15-7）。其中吉水、宁都发生面积超过 10 万亩，靖安、永丰超过 5 万亩，安福、永修、吉安、修水、石城、枫树山林场、会昌、浮梁、于都、信丰等 10 个县（市、区）超过 1 万亩。在宁都县有 0.23 万亩成灾面积。

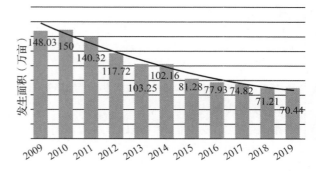

图 15-7 2009—2019 年萧氏松茎象发生面积示意图

6. 油茶病虫害

种类多，总体危害较轻。随着油茶产业的发展，纯林种植面积逐年增加，油茶病虫害也随之增多，宜春、上饶、赣州、萍乡等高产油茶和传统产区病虫发生较为严重。发生面积 45.92 万亩，同比下降 8%（图 15-8）。据不完全统计，全省造成危害的油茶病虫有 35 种，其中油茶炭疽病 16.84 万亩、油茶软腐病 12.56 万亩、油茶煤污病 9.0 万亩、黑跗眼天牛 4.93 万亩、油茶象 1.11 万亩、茶毒蛾 0.88 万亩、油茶织蛾 0.60 万亩。

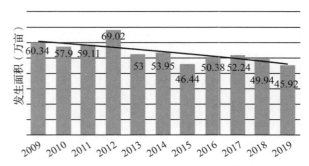

图 15-8 2009—2019 年油茶病虫害发生面积示意图

7. 竹子病虫害

总体发生略有下降，部分害虫持续危害。发生面积 16.84 万亩，同比下降 17%（图 15-9）。其中黄脊竹蝗 11.50 万亩，同比下降 20%，以湘东发生面积 2.65 万亩为最大，超过 5000 亩的有宜丰、高安、浮梁、莲花、安福等 5 个县（市）。刚竹毒蛾 1.48 万亩，同比下降 20%，主要分布在铜鼓、浮梁、上饶等县。环斜纹枯叶蛾继续在大余县发生 1.35 万亩，同比下降 18%；竹丽甲、中华丽甲 0.50 万亩。一字竹象 0.61 万亩、毛竹枯梢病 0.37 万亩、竹黑痣病 0.11 万亩、竹织叶野螟 0.08 万亩。

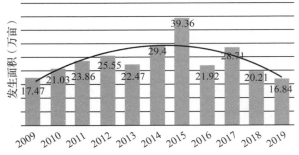

图 15-9　2009—2019 年竹子病虫害发生面积示意图

8. 杉木病虫害

维持平稳。发生面积 19.10 万亩，同比下降 13%（图 15-10）。其中杉木炭疽病 10.05 万亩，同比下降 18%，主要在湘东、莲花、浮梁、瑞金等地发生；黑翅土白蚁 8.10 万亩，同比下降 7%，主要在鄱阳、修水、武宁等县（市）危害较重；杉梢小卷蛾 0.78 万亩，主要在铜鼓、寻乌、安远等县发生较重。杉木细菌性叶枯病 0.12 万亩，分布在渝水、分宜。

9. 松蚧虫

松突圆蚧发生 14.94 万亩，持平，轻度发生。分布在赣州市龙南、全南两县，其中全南 4.39 万亩，龙南 10.55 万亩。湿地松粉蚧发生 0.95 万亩，持平，目前仍在定南、寻乌、龙南三县发生。

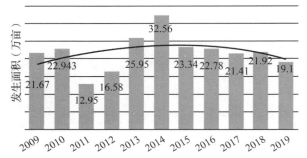

图 15-10　2009—2019 年杉木病虫害发生面积示意图

10. 杨树病虫害

总体下降。发生 6.85 万亩，同比下降 25%（图 15-11）。其中蛀干害虫 3.31 万亩、食叶害虫 3.10 万亩、病害 0.44 万亩，主要分布在吉安、宜春、南昌、上饶、抚州、九江等市通道绿化两旁和荒地、滩涂地种植的杨树林内。

11. 突发性病虫害

银杏大蚕蛾在全省多地突发成灾。发生面积 0.34 万亩。5 月上旬以来在赣北的濂溪、庐山、

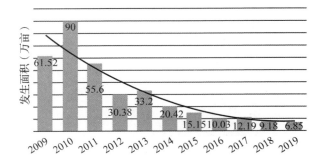

图 15-11　2009—2019 年杨树病虫害发生面积示意图

庐山管理局、修水、湾里、万载、铜鼓、莲花、婺源和德兴等多地突发，危害樟树、梓木等阔叶树。以濂溪区和湾里区危害最重，虫口密度高达上千条/株，叶片几近无存。松茸毒蛾发生 0.45 万亩，主要分布在峡江、安福、莲花、昌江、乐平，其中峡江县成灾面积 0.03 万亩。舞毒蛾在萍乡市局部突发成灾，发生面积 0.332 万亩。芦溪县银河镇部分阔叶树叶片被取食殆尽，成灾面积约 0.05 万亩。木荷空舟蛾在赣州市多地突发成灾，发生面积 1.68 万亩。主要分布在南康、章贡、赣县、于都等县（区），取食木荷叶片，对当地木荷混交林及木荷防火林带的生长构成潜在威胁。成灾面积 0.32 万亩。樟树病害连续造成死树。萍乡市多地樟树出现不明原因枯死，死亡樟树胸径最大达 50 厘米以上，共计 100 余株，分布在湘东、上栗、开发区、安源等地。其中湘东区云程公园自 2016 年至今，每年都有 10～20 株樟树枯死，其他县（区）从 2018 年开始零星枯死。杉木病害在局部突发导致死树。靖安、资溪、九江市八里湖新区出现杉木病害，造成杉木死亡。此外，在南昌市经开区发生 500 亩毛竹林不明原因死亡。

12. 其他有害生物

松针褐斑病 7.34 万亩，同比上升 9%，主要分布在赣州市各县（市、区）和抚州市的部分县（市、区）；桉树枝瘿姬小蜂 1.74 万亩，持平，分布在南康、龙南等地的桉树林内；黄翅大白蚁 0.97 万亩，分布在赣州市定南；马尾松赤枯病 0.71 万亩，分布在枫树山林场、弋阳、南城；松梢螟 0.71 万亩，同比上升 61%，分布在余干、弋阳、莲花、修水、等县（市、区）；枫毒蛾 0.28 万亩，在莲花、德兴、奉新等多地发生，以幼虫取食枫香树叶片，特别是对退耕还林地的枫香群集危害。油桐尺蛾 0.14 万亩，主要分布在湘东、分宜。

（三）成因分析

一是气象因素。受"厄尔尼诺"天气影响，今年以来江西省天气气候显著异常，旱涝灾害均属重发生年。

截至 12 月 3 日，江西省气温偏高，平均气温排历史第 8 高位；降水量与常年同期持平，但时空分布异常不均，6 ～ 7 月上半月先后遭遇强降雨袭击，洪涝灾害严重，7 月下半月开始至今持续高温、少雨，出现罕见夏秋冬气象干旱现象。

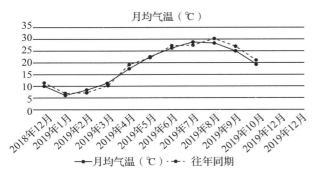

图 15-12　2018 年 12 月、2019 全年月均气温图

冬季至春季（1 ～ 5 月）全省持续阴雨寡照天气，日照时数显著偏少，全省阴雨总日数、无日照日数以及连续无日照日数均排 1961 年以来历史同期第 2 高位。3 月中下旬出现了大风、冰雹、强雷电、暴雨等多灾种叠加的灾害性天气过程，期间 42 个县（市、区）先后出现 8 级以上大风，风力以庐山 34.4 米/秒（12 级）为最大，赣北 26 个县市出现暴雨。雨季开始时间早、结束时间晚（3 月 5 日 ～ 7 月 15 日），导致雨季持续时间长，雨季持续期间，全省累计降水量较常年同期偏多 2 成；主汛期（6 月至 7 月上半月）全省降雨量创历史同期新高，较常年同期偏多 7 成，先后遭遇 4 轮强降雨袭击，连续暴雨过程次数较常年明显偏多，暴雨持续时间长、影响范围广、强度大。

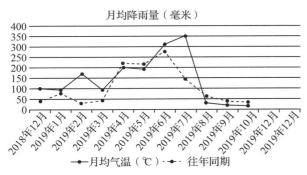

图 15-13　2018 年 12 月、2019 全年月均降雨量图

7 月 16 日至 11 月底，全省高温持续时间长，高温日数多地创新高，出现罕见气象干旱，致灾严重。平均气温、平均最高气温、高温日数均创历史同期新高。全省平均气温较常年偏高 1.7℃，平均最高气温偏高 2.5℃，高温日数偏多 21.9 天，均为 1961 年有完整气象记录以来同期第 1 高位。无雨日数、降水量均为历史同期之最。全省平均降水量仅 112 毫米，偏少 6.8 成，创历史同期新低。全省平均无雨日数 82.2 天，偏多 16.6 天，创历史同期新高。气象干旱发展蔓延并加重，伏秋旱气象指数为历年最高。8 月初赣北干旱露头，之后快速发展蔓延，9 月下旬至今全省气象干旱重旱以上面积占全省国土面积的 90% 以上。至 11 月 26 日，全省有 93% 的县（市、区）达气象干旱重旱以上等级。

暖冬和过多的雨水抑制了马尾松毛虫等食叶类害虫的发生。根据有效积温法，去冬今春气温偏高，有利于食叶类害虫如越冬代松毛虫提前恢复取食，2 月下旬至 3 月上旬偏多的雨水有利于林间真菌的繁殖，大大降低了越冬幼虫的存活率，从而引起马尾松毛虫种群密度的自然下降。6 月初幼虫期又遇上连续强降雨天气，雨水对幼虫的冲刷以及高湿有利于白僵菌的萌发，使本处于上升周期的赣南赣中松毛虫虫情得到了有效控制。

异常气候带来的风灾造成大量衰弱木，导致松褐天牛种群上升，且加快了染疫松木的死亡速度，死树数量激增。3 月中下旬强对流天气形成的风灾导致赣东北出现大量的松树倒伏、折枝，林间衰弱木大量增加，给松褐天牛提供了更多的产卵场所，使虫口基数加大；7 月中旬以来长时间、大面积的干旱，不仅导致马尾松、毛竹、杂灌等林木大量枯死，林间树势衰弱，而且干旱加快了感染松材线虫病松树死亡的速度，增加了松树枯死率，导致死树量大增。

春夏季高温多雨，有利于病菌的繁殖流行，导致松针褐斑病、竹黑痣病等发生面积上升。历史罕见的阴雨寡照天气，对油茶生长不利，导致病害加重，授粉不良、部分幼果腐烂脱落等。

二是发生周期和防治因素。2017、2018 年马尾松毛虫在赣东北信江上游一带的铅山、玉山以及贵溪暴发后，已进入消退期，使得全省的松毛虫虫口下降。黄脊竹蝗在经历了 2014—2015 年的大暴发后，也已进入消退期，全省发生面积呈下降趋势。

防治难度大，导致病虫情居高不下。松材线虫病防治一直是世界性难题，疫木除治清理的过程难以全面到位，加上传播媒介松褐天牛属钻蛀性害虫，生活隐蔽，防治难度极大，导致松材线虫和松褐天牛发生面积持续增加。毛竹林山高路陡，缺乏水源，防治工作组织难度大，病虫害发生后难以组织有效的防治，致使环斜纹枯叶蛾等部分害虫持续危害。

联防联治不到位、防治成效不佳。集体林权制度改革后，社会化防治机制建设严重落后，在林业收益没有成为林农重要收入的地方，"谁经营、谁防治"的责任制度难以成为林农共识，你防我不防的现象普遍存在，害虫得不到及时有效的控制，导致连年持续危害。

三是营造林和管理因素。一方面，近年来各地封山育林、低质低效林改造措施的实施，以及老百姓以煤气、液化气替代柴火烧饭的生活习惯改变，使得林相植被更加丰富，改变了纯林生物多样性差、害虫天敌少、森林自身抵抗病虫能力弱的缺点，使得本土害虫发生频次、危害程度下降。另一方面，现阶段采取的集中连片造纯林的方式，如营造油茶、湿地松、杉木林等，使得黑跗眼天牛、油茶"三病"、萧氏松茎象等病虫一旦造成危害，极易扩散蔓延成灾。

四是其他社会活动因素。松材线虫病疫情随高速公路、铁路、电力、通讯等基建项目传入，美国白蛾随苗木调入和物流运输入侵九江、南昌、景德镇、上饶等市的风险加大；在松材线虫病疫区，虽然林业部门开展了大量宣传，但是老百姓的法律和灾害意识不强，依然有偷盗、偷运等疫木流失的现象发生，导致疫情扩散蔓延。过度割脂对松树生长势破坏极大，导致松树易折，次生害虫多发。

二、2020 年主要林业有害生物发生趋势预测

（一）预测依据

1. 省气象台 2019/2020 冬季（12 月至翌年 2 月）及 2020 春季气候趋势预测

全省降水量偏多 0～2 成，为 260～300 毫米；全省平均气温较常年偏高 0～1℃，为 7.5～8℃。12 月中下旬冷空气过程频繁，可能出现阶段性低温雨雪冰冻天气。预计最冷时段出现在 1 月中旬，极端最低气温赣北、赣中可达 -6℃～-4℃，山区 -7℃～-5℃；赣南 -3℃～-1℃。预计 2020 年春季，全省平均降水量为 500～630 毫米（历年均值 636.0 毫米），偏少 0～2 成；全省平均气温为 17.5～18.5℃，偏高 0～1℃；出现持续性低温连阴雨的可能性较小。低温雨雪冰冻天气将使林间风折木、雪压木增多，降低树势。加之今年下半年持续高温干旱天气和重度干旱引起森林火灾导致的大量枯死木在林间难以清理到位，同时衰弱的树势和林间过火木的增加引发松褐天牛种群密度的上升；7～11 月的高温导致松褐天牛发育进度加快，使 1 年 2 代的县增加，2 年 3 代的地区 2 代天牛比例增加。预计明年的次生性害虫将增加，诸如松墨天牛、杉肤小蠹种群密度将上升。明年春夏季若遇高温多雨天气，林间病害将增加，诸如油茶"三病"、杉木炭疽病、杉木细菌性叶枯病将呈上升趋势；对松毛虫则有一定的抑制作用。

2. 数学预测模型

根据主要林业有害生物发生的历史数据，用时间序列分析法的自回归分析建立预测模型：$X(N) = a \times X(N-1) + b \times X(N-2) + c \times X(N-3)$［其中 a、b、c 为自回归系数，$X(N, N-1, N-2, \cdots\cdots)$ 为第 N 年病虫害发生面积］。

3. 各设区市趋势预测材料

各设区市、省直管县在综合各县区发生与预测情况的基础上，对 2020 年发生面积进行了预测，除南昌市下降、赣州市略下降外，其他设区市、省直管县的发生面积持平或上升。从主要的病虫害种类来看，各地预测松材线虫病、松褐天牛、马尾松毛虫、思茅松毛虫、萧氏松茎象、油茶病虫害总体上呈上升趋势；竹类病虫害、杉木病虫害、杨树病虫害、松蚧虫、松针褐斑病总体上持平（表 15-1）。

4. 2019 年有害生物越冬代发生情况、越冬基数调查数据

对于病害来说，越冬孢子数越多，则次年遇阴雨高温天气容易大暴发。从表中可以看出（表 15-2），松针褐斑病、杉木炭疽病、油茶煤污病、油茶炭疽病、油茶软腐病发生面积较大，预示着 2020 年松树、杉木、油茶病害将呈上升趋势。对于一年发生多代的虫害来说，越冬代数量的多寡，将对次年发生面积的大小起决定性的作用。越冬代数量的多寡可以从越冬代与全年发生面积的

表 15-1 江西省各设区市、省直管县 2020 年预测面积及趋势

单位:万亩

设区市、直管县	2019年发生面积	2020年预测面积	总体趋势	松材线虫病		松褐天牛		马尾松毛虫		思茅松毛虫		萧氏松茎象		竹类病虫害		油茶病虫害		杉木病虫害		杨树病虫害		松蚧虫		松针褐斑病	
				预测面积	趋势	预测面积	趋势	预测面积	趋势	预测面积	趋势	预测面积	趋势	预测面积	趋势	预测面积	趋势	预测面积	趋势	预测面积	趋势	预测面积	趋势	预测面积	趋势
南昌市	34.63	30	下降	13		20		0.1		0.05										0.1					
九江市	52.46	56.98	上升	16	持平	28	上升	2.5	上升	1		6.5	略上升		持平	1.62	持平	3.25	持平	1.1	持平				
萍乡市	25.65	25.3	持平	3.29	持平	6	上升	2.5	持平	3.5	持平	6	上升	3		4.7	下降	7.7	下降	0.4	持平				
新余市	21.99	21	持平	1.99	上升	0.8	上升	0.7	上升	0.8		1.2	上升	4.1		1.11	上升	0.3	持平	0.15	持平				
鹰潭市	4.99	5.35	上升	5.4	上升	2.5	上升	0.48	下降	0.21		0.23	下降	0.24		0.42	上升								
景德镇市	11.36	12.2	略上升	38	持平	4.8	上升	0.61	上升	0.07				0.37						0.1					
赣州市	124.45	125	上升	15	上升	28	上升	5	上升			20	上升	0.5		4.5	上升			3	略上升			5.5	持平
宜春市	60.67	62	上升	58	持平	5	持平	5	上升	4		12	上升	5		10	上升	5	持平	1		16	持平		
吉安市	104.09	108	持平	26	持平	4.5	略下降	4	上升	4	上升	0.5	上升	0.5	上升	8	上升	1		1					
抚州市	48.67	49	持平	8.3	上升	12	上升	5	上升	1				1.5		1	上升								
上饶市	40.97	41.2	持平					4	上升					1		12	上升	1		1.5					
共青城市	1.5	1.5	持平																						
	3.68		持平																						
丰城市	6.06	6	持平	0.63	下降	0.5		0.4	上升			0.2		0.3		3.6	持平			0.4					
南城县	7.04	4.94	下降			2.62	下降	0.05						0.01	持平			0.07	持平						
瑞金市	2.37	2.5	上升	0.6	上升	0.15	上升	0.16	上升			0.42		0.17	持平	0.6	持平	0.42						0.46	
安福县	7.4	7	持平			1.5	上升	0.5	上升	0.5	上升	3		0.4											
合计	557.98	557.97	上升	186.2		116.37		31		15.13		50.05		17.09		47.55		17.74		8.75		16		5.96	

主要病虫害 2020 年预测面积和趋势

比值来反映。比值越大，说明越冬代数量越大。从表中可以看出（表15-2），松褐天牛、马尾松毛虫、松茸毒蛾、茶黄毒蛾等越冬代数量较大，预示着2020年发生呈上升趋势。对于一年1代的害虫来说，越冬虫口基数调查显得尤为重要，越冬虫口基数多寡决定了次年发生面积的大小；从各市上报的趋势预测材料来看，今年的萧氏松茎象、思茅松毛虫等越冬虫口基数都较大，也预示着明年发生呈上升趋势。

（二）总体趋势

综合分析，预测江西省2020年林业有害生物偏重发生，发生面积560万亩左右，略重于2019年，其中病害265万亩，虫害295万亩。其中松材线虫病依然处于高发态势，松褐天牛危害持续严重发生，威胁各风景名胜区的生态安全；美国白蛾在与疫区毗邻的九江、南昌、景德镇、上饶等市入侵风险高；马尾松毛虫整体处于低虫口期，但在赣中、赣南局部地区可能偏重发生；

表15-2 江西省9~11月主要林业有害生物越冬虫口基数及低虫低感面积

序号	有害生物名称	发生合计（亩）	发生重度（亩）	成灾面积（亩）	低虫低感病面积（亩）	1年发生代数	全年发生面积（亩）	越冬虫口占比（%）
1	有害生物合计	1815059.74	513683.85	283725.99	642757.69			
2	病害合计	1151277.48	416666.85	282160.69	194182.50			
3	松针褐斑病	6345.00			1050.00		73410	
4	杉木炭疽病	39621.00	28.00	52.00	3492.00		100521	
5	杨树炭疽病	1100.00						
6	油茶煤污病	41000.00	100.00	20.00	40166.00		90006	
7	油茶炭疽病	63442.00	545.00	110.00	53885.50		168351	
8	油茶软腐病	45289.00	300.00	70.00	38956.00		125599	
9	竹黑痣病	1100.00					1100	
10	毛竹枯梢病	2045.00			1265.00		3695	
11	杉木细菌性叶枯病	550.00			550.00		1200	
12	虫害合计	663762.26	97017.00	1565.30	448575.19			
13	黄脊竹蝗	4030.00			1150.00	1代	114905	3.51
14	黑翅土白蚁	6120.00			13600.00		80958	7.56
15	星天牛	4616.00			3029.00	1代	13273	34.78
16	光肩星天牛	4189.00			2275.00	1代	10991	38.11
17	桑天牛	2741.00			420.00	1代	5134	53.39
18	云斑白条天牛	2094.00			500.00	1代	3745	55.91
19	松褐天牛	455078.56	96867.00	821.00	301339.19	1~2代	1214351.36	37.48
20	油茶象	4345.00			45.00	0.5代	11082	39.21
21	萧氏松茎象	69014.00		8.00	9523.00	0.5代	704429.5	9.80
22	一字竹象	1977.00			3405.00	1代	6137	32.21
23	油茶织蛾	3040.00	100.00	115.00	4580.00	1代	5954	51.06
24	松梢螟	6496.00			5181.00	1~4代	7096	91.54
25	思茅松毛虫	4510.00			6310.00	1~2代	76028	5.93
26	马尾松毛虫	62036.00	50.00	21.30	61864.00	2~3代	254388	24.39
27	环斜纹枯叶蛾	4000.00		600.00		1代	13500	29.63
28	杨二尾舟蛾	740.00			1350.00	2~3代	2467	30.00
29	杨扇舟蛾	3115.70			1730.00	5~6代	16579	18.79
30	分月扇舟蛾	1890.00				6~7代	3875	48.77
31	杨小舟蛾	1526.00			2509.00	4~5代	8062	18.93
32	松茸毒蛾	800.00			2850.00	3代	4510	17.74
33	茶黄毒蛾	3980.00			1990.00	2~3代	8772	45.37
34	刚竹毒蛾	4140.00			22152.00	4代	11860	34.91

表 15-3　2020 年主要林业有害生物发生预测　　　　　　　　　　　　　　　单位：万亩

序号	种类	设区市预测汇总	模型数值预测结果	综合判断	2019 年实际发生	同比	发生程度
	合计	557.97	551.24	560	557.98	上升	偏重
1	松材线虫病	186.2	176.89	187	182.86	上升	偏重
2	松褐天牛	113.75	111.12	122	121.44	上升	偏重
3	萧氏松茎象	50.05	68.36	71	70.44	持平	平稳
4	马尾松毛虫	30.95	32.15	30	25.44	上升	偏轻
5	油茶病虫害	47.55	52.36	50	45.92	上升	偏重
6	竹子病虫害	17.08	22.13	20	16.84	上升	平稳
7	杉木病虫害	17.67	21.63	20	19.1	持平	偏轻
8	松蚧虫	16	19.77	16	15.89	持平	偏轻
9	通道树木病虫	8.75	9.64	10	6.85	上升	偏轻
10	美国白蛾					有传入风险	风险大

油茶等经济林病虫害种类多，危害加重（表 15-3）。

（三）分种类趋势预测

1. 松材线虫病

根据近 10 年的数据，通过自回归法建立的预测模型为 $X(N) = 0.8547 \times X(N-1) + 0.5083 \times X(N-4) - 0.3690 \times X(N-2)$，综合分析，预计发生 187 万亩左右，呈上升趋势。主观上，各级政府高度重视，2019 年省委、省政府针对松材线虫病提出"三年攻坚战"的战略目标；各地按照省委、省政府的指示和会议精神，继续打响庐山、三清山、梅岭、龙虎山、井冈山等重点生态区保卫战；11 月下旬，省林业局对思想上认识没有到位、技术上把关不严、资金上投入不足的 3 个设区市林业局、14 个县政府进行了约谈，一系列措施将对压缩松材线虫病疫情起到重要作用。但客观上，随着高速公路、高铁、电力、通讯等基础设施建设的进一步加快，疫情随物流和高速公路等交通干线快速传播的风险加剧，新疫情传入的几率依然很大；媒介昆虫松褐天牛发生面积大，危害重；异常天气导致的枯死树数量激增；疫木处理能力严重不足，这些都预示着松材线虫病在江西省已进入全面暴发流行期，疫情向重点林区、山区扩散，防治难度加大。

2. 松褐天牛

根据近 10 年的数据，通过自回归法建立的预测模型为 $X(N) = 0.4748 \times X(N-6) + 0.3218 \times$ $X(N-1) + 0.1612 \times X(N-5)$，综合分析，预计发生 122 万亩，仍呈暴发态势。受高温干旱天气的影响，2019 年树干枯致死和火灾木数量激增，达 71 万株，全面清理难度极大，林间大量的枯死、濒死木将导致松褐天牛种群密度增加。预计在庐山、铅山、万年、资溪、信州、临川、宜黄、樟树、丰城、濂溪、宜丰、新干、鄱阳、万安、南康等 38 个县（市、区）危害较重，特别是在发生火灾、且过火面积大的新建、丰城、武宁、广信、赣县天牛等次生害虫种群将上升明显。

3. 马尾松毛虫

根据近 10 年的数据，通过自回归法建立的预测模型为 $X(N) = 0.5768 \times X(N-6) + 0.6446 \times X(N-1) - 0.1793 \times X(N-2)$，综合分析，预计发生 30 万亩，总体呈上升趋势。在大发生后赣北的九江、景德镇、上饶、鹰潭等市呈下降趋势，呈现低虫口状态。处于发生周期上升期的赣南和赣中的赣州、吉安、抚州等市呈上升趋势。主要分布在赣州市的南康、兴国、于都、赣县、上犹、宁都，吉安市的吉安县、吉水、泰和、永丰，抚州市的临川、东乡、崇仁、乐安、南丰、金溪、宜黄、南丰、广昌等县（市、区）。如果不及时采取防治措施，局部地区有可能暴发。抚州大部分地区的马尾松毛虫将与思茅松毛虫相伴发生。

4. 思茅松毛虫

根据近 10 年的数据，通过自回归法建立的预测模型为 $X(N) = 0.6123 \times X(N-6) + 0.2949 \times X(N-1) + 0.0608 \times X(N-5)$，综合分析，预计发

生 15 万亩，呈上升趋势。随着湿地松栽植面积的不断扩大，思茅松毛虫已从突发性害虫转变为常发性害虫，并经常与马尾松毛虫混合发生危害。预计 2020 年主要发生在赣中的崇仁、临川、东乡、乐安、资溪、吉安县、峡江、永丰和赣北的修水、武宁、永修、彭泽、都昌等县（市、区）。

5. 萧氏松茎象

根据近 10 年的数据，通过自回归法建立的预测模型为 $X(N) = 1.5867 \times X(N-1) - 0.8429 \times X(N-2) + 0.2366 \times X(N-3)$，综合分析，预计发生 71 万亩，呈持平或略上升趋势。主要分布在赣南的赣州市、赣中的吉安和抚州市、赣北的九江、景德镇、宜春、新余等市。在赣州市，除章贡、南康、兴国以外的 14 个县（市、区）都有发生，局部地区由于种群密度上升，甚至有暴发的趋势；在吉安市的吉水、吉安和新干，九江市的修水、武宁和永修，宜春市的奉新县、宜丰县、靖安县，景德镇市各县区，新余市的分宜和仙女湖，抚州市的南丰等县（市、区），仍会维持较高虫口。

6. 油茶病虫害

根据近 10 年的数据，通过自回归法建立的预测模型为 $X(N) = 0.5961 \times X(N-2) - 0.1085 \times X(N-1) + 0.5138 \times X(N-7)$，综合分析，预计发生 50 万亩，呈上升趋势。随着油茶种植面积的不断扩大，春夏季的持续降雨，油茶炭疽病、软腐病、煤污病都将有一定程度的上升，局部可能成灾。黑跗眼天牛和油茶织蛾等蛀干害虫防治难，在油茶林内虫口不断累积，发生面积的增加和危害程度应会逐渐加重。在一些管理粗放的老油茶林内茶毒蛾、油茶象将发生严重。主要分布在赣北的宜春、新余、九江、上饶、鹰潭和赣中的吉安市、赣南的赣州市，在宜春和新余市各县区均有发生，九江市分布在修水、武宁，上饶市分布在广丰、上饶、铅山、横峰、弋阳、余干，鹰潭市分布在贵溪，吉安市分布在永丰、新干和峡江，赣州市分布在安远、会昌、兴国、寻乌、上犹、信丰。

7. 竹子病虫害

根据近 10 年的数据，通过自回归法建立的预测模型为 $X(N) = -0.9704 \times X(N-3) + 0.4646 \times X(N-2) + 1.5174 \times X(N-1)$，综合分析，预计发生 20 万亩，呈持平趋势。其中黄脊

竹蝗预计发生 13 万亩，主要分布在赣西北的湘东、宜丰、奉新，赣东北的横峰、弋阳、德兴、浮梁、贵溪，赣中的资溪和赣南的安远、会昌、兴国、寻乌、上犹、信丰等县（市、区）。特别是在赣东北的横峰、弋阳、德兴局部地区有暴发成灾可能。刚竹毒蛾在上饶市作为周期性害虫，已有多年未发生，根据发生周期规律，虫口密度有可能会逐渐上升，弋阳、铅山部分乡镇可能会有中、高虫口发生，局部地区可能暴发成灾。在萍乡市刚竹毒蛾、毛竹枯梢病发生面积会有所增加。

8. 杉木病虫害

根据近 10 年的数据，通过自回归法建立的预测模型为 $X(N) = 0.8243 \times X(N-4) + 0.1505 \times X(N-5) + 0.1054 \times X(N-3)$，综合分析，预计发生 20 万亩，呈持平或略上升趋势。其中杉木炭疽病预计发生 10 万亩，主要分布在赣北的安源、余江、分宜等地。黑翅土白蚁预计发生 8 万亩，局部地区有成灾可能，主要分布在赣北的鄱阳、信州、进贤、安源、丰城、修水、武宁、永修、德安、九江、瑞昌等县（市、区）。

9. 美国白蛾

预计可能入侵浮梁、彭泽、湖口等县。一是根据国家林业和草原局今年第 7 号公告，美国白蛾向长江以南扩散趋势明显；二是美国白蛾传播扩散速度极快。2019 年，与江西省毗邻的安徽省和湖北省各新增 1 个疫区。其中安徽省望江虽不是疫区，但已诱捕到成虫，离江西省九江市彭泽县、景德镇市浮梁县直线距离不足 100 公里；安徽省贵池区和繁昌县疫区离上饶市直线距离不足 100 公里；湖北省疫区安陆市、应城县离九江市武宁县直线距离不足 200 公里；按照美国白蛾每年向外扩散 35～50 公里的规律，该害虫入侵江西省的风险高，防控形势严峻。

10. 其他有害生物

松突圆蚧、湿地松粉蚧预计轻度发生 16 万亩，持平，主要分布在龙南、定南、全南和寻乌。桉树枝瘿姬小蜂预计发生 1.5 万亩，主要分布在赣州市有桉树种植的县（市、区），桉树砍伐后导致萌发芽的增加，新发萌条更易遭小蜂为害。绿化树木病虫害预计发生 10 万亩，呈上升趋势。主要分布在通道绿化两旁和荒地、滩涂地种植的杨树，以宜春、南昌、抚州、九江、上饶

等市发生为重。松针褐斑病预计发生 7 万亩，持平。主要分布在赣州市各县（市、区）和抚州市的东乡、广昌等县。松梢螟预计发生 1 万亩，呈下降趋势。

三、对策与建议

（一）定目标、强责任，"三年攻坚"在路上

一是按照省政府"三年攻坚战"的部署，积极落实各级政府的防控主体责任，强化年度目标责任考核，按照"抓两头、控中间、保重点"的工作思路，开展好松材线虫病除治工作；二是持续开展庐山、三清山、井冈山、龙虎山、梅岭等重点区域松材线虫病防控保卫战，全面清理重点区域及其周边的死树，加大对古树名木的打孔注药保护力度，确保历史文化景观安全；三是加强联系指导，督促和指导各地按照 2019—2020 年度除治方案，全面落实《松材线虫病防治技术方案》和《松材线虫病疫木和疫区管理办法》，严格执行以疫木清理为核心，以严格疫木管理为根本的措施，加强疫木除治和监管，确保圆满完成年度除治工作任务。

（二）抓监测、重预警，"技术创新"提质量

一是认真实施 36 个国家级中心测报点防治能力提升项目，以点带面，提升全省林业有害生物监测预报工作的规范化、信息化、科学化；二是督促各地组织开展病虫情日常监测，根据病虫害发生情况，及时编发《病虫情预警》指导开展防治；重点在 6 ~ 10 月病虫高发期，做好松毛虫、油茶病虫害以及其他突发病虫害的调查与核实，确保全面掌握情况；三是指导和督促国家级中心测报点按照工作历、实施方案的要求，及时组织开展主测对象的系统观测，保质保量完成监测任务；四是开展和应用遥感、无人机等航天航空技术在灾情监测和趋势预测中的应用，发挥"江西省林业有害生物应急指挥中心""林业有害生物远程诊断室"的功能，提升监测预警能力和水平；六是利用好监测预警成果，不定期开展短、中、长期会商，按时完成数据的系统上报及国家交办的其他任务。

（三）供技术、抓联防，"服务效能"升能力

一是通过举办培训班、编发资料、下基层等方式，为林农提供防治技术服务。实施油茶病虫害无公害防治项目，通过无公害防治技术示范，总结推广油茶病虫害防治技术；二是继续加强全省林用药剂药械安全使用管理，定期完成全省林业有害生物灾害应急报告。加强联防片工作指导，强化联防片联防联治作用；三是加强与江西省林科院、江西农业大学、江西省环境工程职业学院等高校科研交流，推进各科技创新实施项目实施；四是多渠道提升行业与社会化防治能力。

（四）强执法、出重拳，"检疫执法"抓亮点

一是持续推进全省 8 个森林植物临时检疫检查站标准化建设；二是主要抓好产地检疫、调运检疫和复检工作。立足"双随机一公开"工作，深入开展联合执法行动，对涉木违法行为保持高压打击态势；三是利用"966312"举报电话开展有奖举报活动，广泛宣传，动员全民参与和监督。利用电视、广播、微信、微博等媒体广泛宣传林业有害生物的发生特点、危害性及其预防、防控政策法规和防控技术，争取全社会的理解、支持、配合，引导公众共同参与到林业生物灾害防控工作中来。

（主要起草人：彭观地　侯佩华　李红征占明；主审：李硕）

16 山东省林业有害生物 2019 年发生情况和 2020 年趋势预测

山东省森林病虫害防治检疫站

【摘要】2019 年全省主要林业有害生物偏重发生，发生面积 770.38 万亩，同比上升了 5.89%。主要发生特点：一是外来林业有害生物发生形势严峻。松材线虫病在威海、烟台两市局部地区暴发，并在鲁中、鲁东形成新的扩散，危害严重，疫情面积和因病致死树木大幅度上升；日本松干蚧发生面积、致死树木双下降，但在鲁中、鲁东地区危害仍然严重，造成松树生长衰弱，局部地区出现树木死亡；悬铃木方翅网蝽继续扩散；美国白蛾危害程度减轻，发生面积仍然居高不下。二是本土易暴发林业有害生物得到有效控制。杨树病害、杨树食叶害虫、杨树蛀干害虫、松树和侧柏有害生物发生面积下降，危害程度减轻。三是因为冬春干旱，导致局部地区松烂皮病、刺吸性害虫、蛀干害虫发生面积增加。

全面分析山东省森林状况、气象因素、林业有害生物发生规律、2019 年全省发生及防治情况，经专家会商，综合各市意见，预测 2020 年全省林业有害生物呈中度偏重发生态势，发生面积同比下降，在 750 万亩左右。常发性林业有害生物比较平稳，但外来林业有害生物将进一步扩散蔓延，局部地区仍有可能成灾。松材线虫病呈多发态势，老疫区疫情反弹，多点跳跃式扩散蔓延，全省有松林地区均有发生新疫情的可能，随着防控力度的加大，发生面积趋于平稳，因病致死树木将呈下降趋势；日本松干蚧、悬铃木方翅网蝽继续扩散蔓延，危害严重；美国白蛾处于反弹期，发生面积仍处高位。

针对当前林业有害生物发生态势和特点，提出以下防治建议：一是立即部署，开展疫区枯死松树清理专项行动；二是加快遥感技术推广应用，开展松材线虫病督导核查；三是加强监测预报工作，提高灾害预报预警能力。

一、2019 年林业有害生物发生情况

根据森防报表数据，2019 年全省主要林业有害生物发生面积 770.38 万亩（轻度发生 726.93 万亩，中度发生 26.9 万亩，重度发生 16.55 万亩），

同比上升 5.89%。其中病害发生 226.33 万亩，同比上升 88.29%；虫害发生 561.95 万亩，同比下降 8.05%（图 16-1）。全省共投入防治资金 63911.15 万元，防治作业面积 4628.72 万亩次。

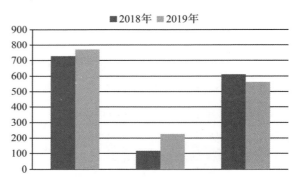

图 16-1　近两年林业有害生物发生情况（万亩）

（一）发生特点

受气候因素的影响，2019 年全省林业有害生物属偏重发生年份，局部地区危害严重。今年监测的 33 种重要林业有害生物中，松材线虫病、杨树黑斑病、松烂皮病、泡桐丛枝病、草履蚧、悬铃木方翅网蝽、松墨天牛、双条杉天牛、杨白纹潜蛾、白杨透翅蛾、槐尺蛾等 11 种病虫发生面积上升，其他 22 种林业有害生物发生面积下降（表 16-1）。主要发生特点：一是外来林业有害生物发生形势仍然严峻。松材线虫病在威海、烟

台局部地区暴发，并在鲁中、鲁东形成新的扩散，危害严重，疫情面积和因病致死树木大幅度增加；日本松干蚧发生面积、致死树木双下降，但在鲁中、鲁东地区危害仍然严重，造成松树生长衰弱，局部地区出现树木死亡；悬铃木方翅网蝽继续扩散；美国白蛾危害程度减轻，但是发生面积居高不下。二是本土易暴发林业有害生物得到有效控制。杨树病害、杨树食叶害虫、杨树蛀干害虫、松树和侧柏有害生物发生面积下降，危害程度有所减轻。三是因为冬春干旱，导致局部地区松烂皮病、刺吸性害虫、蛀干害虫发生面积增加。

表 16-1　山东省 2018—2019 年主要林业有害生物发生情况

病虫名称	2018 年发生面积(万亩)	2019 年发生面积(万亩)	同比上升(%)
病虫害总计	727.53	770.38	5.89
病害总计	116.36	226.34	94.52
松烂皮病	9.05	9.06	0.11
杨树黑斑病(褐斑病)	38.04	39.32	3.36
杨树溃疡病	57.24	52.35	−8.54
板栗疫病	1.86	1.69	−9.14
泡桐丛枝病	0.95	0.99	4.21
松材线虫病	17.17	123.14	617.18
虫害总计	611.17	561.95	−8.05
日本龟蜡蚧	0.92	0.46	−50.00
草履蚧	4.59	5.01	9.15
日本松干蚧	36.15	32.3	−10.65
悬铃木方翅网蝽	15.47	16.38	5.88
光肩星天牛	13.76	13.17	−4.29
桑天牛	4.80	4.61	−3.96
锈色粒肩天牛	0.16	0.15	−6.25
松墨天牛	18.67	36.67	96.42
双条杉天牛	5.38	6.05	12.45
大袋蛾(南大蓑蛾)	0.67	0.29	−56.72
杨白潜蛾	3.91	3.92	0.26
白杨(杨树)透翅蛾	0.38	0.99	160.53
松梢螟	2.57	2.49	−3.11
春尺蠖	32.68	26.39	−19.24
黄连木尺蛾(木橑尺蠖)	0.13	0.08	−38.46
槐尺蛾	0.93	1.68	80.65
赤松毛虫	9.49	5.88	−38.04
杨扇舟蛾	40.18	32.97	−17.94
杨小舟蛾	93.75	74.38	−20.66
美国白蛾	300.20	295.31	−1.63
舞毒蛾	1.08	0.71	−34.26
侧柏毒蛾	3.54	2.95	−16.67
杨毒蛾	9.38	8.22	−12.37
枣叶瘿蚊	1.31	1.21	−7.63
松阿扁叶蜂	12.85	10.66	−17.04
杨直角(扁角)叶蜂	4.32	1.48	−65.74
朱砂叶螨(红蜘蛛)	8.56	5.52	−35.51

（二）主要林业有害生物发生情况分述

1. 美国白蛾

全省发生面积 295.31 万亩，同比下降 1.63%（图16-2）。16 市均有发生，青岛、潍坊、日照、临沂、滨州等 5 个市发生面积同比上升；其他 11 个市发生面积同比下降。济南、枣庄、烟台、潍坊、济宁、临沂、滨州等 7 市局部地区中、重度发生。惠民县、莒南县发生面积在 10 万亩以上，无棣、博兴、滨城、费县、峄城、河东、黄岛、东明、莒县、东昌府、牡丹、沂南、章丘、高青、滕州等 19 个县（市、区）发生面积在 5 万～10 万亩。全省投入 20585.07 万元，防治作业 3418.09 万亩次，除烟台、威海 2 市外，其他 14 个市飞机防治 2933.95 万亩，取得较好的防治效果，没有出现大面积成灾现象。第 3 代在局部地区出现反弹，城乡结合部，县、乡交界处，以及水源地周围、沿海虾蟹等特殊养殖区、市区居民区等防治困难的地方，发生较重，局部成灾。

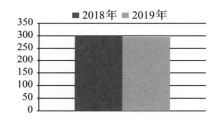

图16-2 近两年美国白蛾发生情况（万亩）

2. 松材线虫病

受连续两年极端气候影响，松材线虫病自 2018 年开始在山东省呈暴发态势，形势危急。全省发生面积 123.14 万亩，同比上升 617.18%（图16-3）。病死树 672.66 万株，同比上升 862.73%。截至目前，全省有济南、青岛、烟台、济宁、泰安、日照、威海、临沂等 8 个市、23 个县（市、区）、141 个乡（镇、街道、林场）发生松材线虫病，同比增加了 2 个市（济南、济宁），5 个县（区）（五莲县、莱芜区、莒南县、泗水县、岚山区），44 个乡（镇、街道、林场）。全省投入 27717.76 万元，防治作业 134.57 万亩次。自 2016 年省财政增加了财政专项资金投入，支持各地除治工作，市、县两级采取购买服务进行无人机监测、病死树除治工作，大部分地区疫木

清理及时，但也有部分区域，因为资金不足、招标迟缓等原因导致疫木没有及时除治或除治不彻底，加上气候异常干旱等因素助势，疫情在局部地区暴发。

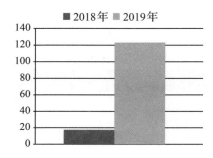

图16-3 近两年松材线虫病发生情况（万亩）

3. 悬铃木方翅网蝽

发生面积 16.38 万亩，同比上升 5.88%（图16-4）。全省投入 893.15 万元，防治作业 41.33 万亩次。在烟台、潍坊、济宁、滨州等市局部地区发生较重，8 月出现叶片枯黄现象。自 2012 年开始监测以来，发生面积呈逐年上升趋势。

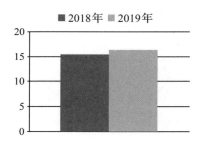

图16-4 近两年悬铃木方翅网蝽发生情况（万亩）

4. 日本松干蚧

发生面积 32.3 万亩，同比下降 10.65%（图16-5）。2019 年在淄博新发现危害，老发生区除潍坊发生面积略有上升，其他地方均有不同程度下降。在济南、泰安、临沂等市局部地区危害严重，加上连年天气干旱等因素，造成松树生长衰弱，致死松树 0.38 万株。全省投入 1446.46 万元，防治作业 56.87 万亩次。

5. 杨树溃疡病

发生面积 52.35 万亩，同比下降 8.54%（图16-6）。全省投入 1312.46 万元，防治作业 79.69 万亩次。博兴、商河、曹县、牡丹、黄岛、惠民等 6 个县（市、区）发生面积在 2 万亩以上，局部地区中重度发生。

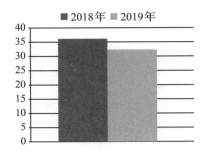

图 16-5　近两年日本松干蚧发生情况（万亩）

6. 杨树黑斑病

发生面积 39.32 万亩，同比上升 3.36%（图 16-6）。全省投入 876.37 万元，防治作业 57.34 万亩次。单县、曹县、郓城、商河、夏津等 5 个县（市、区）发生面积在 2 万亩以上，局部地区中重度发生。

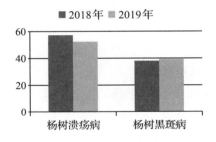

图 16-6　近两年杨树病害发生情况（万亩）

7. 杨扇舟蛾

发生面积 32.97 万亩，同比下降 17.94%（图 16-7）。全省投入 1297.8 万元，防治作业 104.9 万亩次。莱西、平度、博兴、高青、沾化等 5 个县（市、区）发生面积在 2 万亩以上，局部地区中重度发生。

8. 杨小舟蛾

发生面积 74.38 万亩，同比下降 20.66%（图 16-7）。全省投入 2820.12 万元，防治作业 323.02 万亩次。莱西、平度、西海岸、胶州、即墨、高青、邹平等 7 个县（市、区）发生面积在 2 万亩以上，局部地区中重度发生。全省第 1、2 代发生较轻，第 3、4 代在局部地区出现反弹。

9. 春尺蠖

发生面积 26.39 万亩，同比下降 19.24%（图 16-7）。全省投入 496.68 万元，防治作业 54.03 万亩次。郓城、高新、牡丹、巨野、曹县、滨城、单县、邹平、东明、历城、莘县等 11 个县（市、区）发生面积在 1 万亩以上，局部地区中

重度发生，个别地区出现叶片被吃残、吃光现象。

10. 杨毒蛾

发生面积 8.22 万亩，同比下降 12.37%（图 16-7）。全省投入 242.83 万元，防治作业 16.27 万亩次。招远、莱西、寿光、平度、龙口、西海岸等 6 个县（市、区）发生在 0.5 万亩以上，局部地区中度发生。

11. 杨白潜蛾

发生面积 3.92 万亩，同比上升 0.26%（图 16-7）。全省投入 51.98 万元，防治作业 4.2 万亩次。主要发生在菏泽市，均为轻度发生。

12. 杨扁角叶蜂

发生面积 1.48 万亩，同比下降 65.74%（图 16-7）。全省投入 38.89 万元，防治作业 1.48 万亩次。在淄博、德州两市局部地区轻度发生。

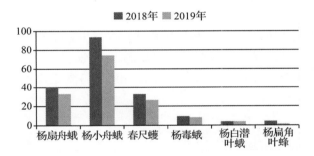

图 16-7　近两年杨树食叶害虫发生情况（万亩）

13. 光肩星天牛

发生面积 13.17 万亩，同比下降 4.29%（图 16-8）。全省投入 386.29 万元，防治作业 35.79 万亩次。牡丹、新泰、定陶、曹县、巨野、薛城、台儿庄等 7 个县（市、区）发生面积在 0.5 万亩以上。枣庄、烟台市局部地区中重度发生。

14. 桑天牛

发生面积 4.6 万亩，同比下降 3.96%（图 16-8）。全省投入 60.04 万元，防治作业 5.04 万亩次。牡丹区、巨野县发生面积在 0.5 万亩以上。

15. 白杨透翅蛾

发生面积 0.99 万亩，同比上升 160.53%（图 16-8）。全省投入 24.68 万元，防治作业 1.27 万亩次。在青岛、东营、烟台、日照、滨州等市轻度发生。

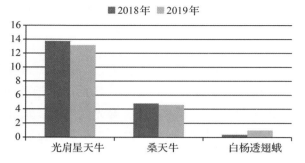

图 16-8　近两年杨树蛀干害虫发生情况（万亩）

16. 松烂皮病

发生面积 9.06 万亩，同比上升 0.11%（图 16-9）。全省投入 670.28 万元，防治作业 15.49 万亩次。牟平、栖霞、西海岸、崂山、莱阳、莱州等 6 个县（市、区）发生面积在 0.5 万亩以上，烟台市局部地区中度发生。

17. 赤松毛虫

发生面积 5.88 万亩，同比下降 38.04%（图 16-9），有松林地区普遍轻度发生。全省投入 95.32 万元，防治作业 11.76 万亩次。西海岸、莱芜、乳山、荣成等 4 个县（市、区）发生面积在 0.5 万亩以上。

18. 松墨天牛

发生面积 36.67 万亩，同比上升 96.42%（图 16-9）。全省投入 3578.98 万元，防治作业 139.45 万亩次。崂山、荣成、文登、乳山、环翠、牟平、徂徕山、临港、高区、经区、刘公岛、莱阳、长岛、崂山林场、城阳等 15 个县（市、区、林场）发生面积在 0.5 万亩以上。近几年发生面积逐年增加的主要原因，一是因为松材线虫病的扩散，有松林地区对媒介昆虫松墨天牛的监测力度加强；二是引进先进诱捕器后，原来监测不到松墨天牛的有松林地区，都能够诱捕到松墨天牛成虫。

19. 松阿扁叶蜂

发生面积 10.66 万亩，同比下降 17.04%（图 16-9）。全省投入 51.52 万元，防治作业 13.81 万亩次。鲁山、徂徕山、莱芜、泰山、沂源、原山等 6 个县（市、区、林场）发生面积在 0.5 万亩以上。泰安市局部地区中、重度发生。

20. 松梢螟

发生面积 2.49 万亩，同比下降 3.11%（图 16-9）。全省投入 49.93 万元，防治作业 3.81

万亩次。主要在青岛、日照两市局部地区轻度发生。

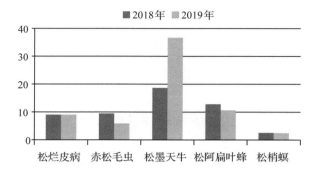

图 16-9　近两年松树有害生物发生情况（万亩）

21. 双条杉天牛

发生面积 6.05 万亩，同比上升了 12.45%（图 16-10）。全省投入 190.92 万元，防治作业 8.81 万亩次。平阴、滕州、泰山林场、南山、章丘等 5 个县（市、区、林场）发生面积在 0.5 万亩以上，济南、枣庄两市局部地区中、重度发生。

22. 侧柏毒蛾

发生面积 2.95 万亩，同比下降 16.67%。全省投入 64.96 万元，防治作业 4.92 万亩次。滕州市、平阴县发生面积在 0.5 万亩以上，枣庄市局部地区中、重度发生（图 16-10）。

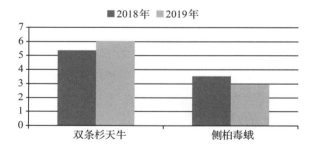

图 16-10　近两年侧柏有害生物发生情况（万亩）

23. 板栗疫病

发生面积 1.69 万亩，同比下降 9.14%（图 16-11）。全省投入 40.21 万元，防治作业 2.2 万亩次。日照、济宁两市局部地区轻度发生，枣庄、临沂两市局部地区中度发生。

24. 日本龟蜡蚧

发生面积 0.46 万亩，同比下降 50%（图 16-11）。全省投入 5.66 万元，防治作业 0.46 万亩次。在峄城、山亭、庆云、无棣、乐陵等 5 个县（市、区）轻度发生。

25. 枣叶瘿蚊

发生面积 1.21 万亩,同比下降 7.63% (图 16-11)。全省投入 27.58 万元,防治作业 1.32 万亩次。东营、河口、庆云、乐陵、沾化等 5 个县(市、区)局部地区轻度发生。

26. 红蜘蛛

发生面积 5.52 万亩,同比下降 35.51%。全省投入 161.07 万元,防治作业 5.96 万亩次。市中、东港、五莲、费县、莒南、沾化等 6 个县(市、区)局部地区轻度发生(图 16-11)。

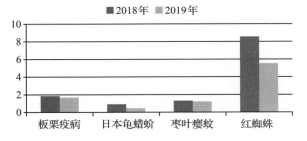

图 16-11 近两年经济林有害生物发生情况(万亩)

27. 大袋蛾

发生面积 0.29 万亩,同比下降 55.72%,全省投入 9.7 万元,防治作业 0.47 万亩次。在烟台市局部地区零星发生。

28. 泡桐丛枝病

发生面积 0.99 万亩,同比上升 4.21%,全省投入 18.37 万元,防治作业 1.22 万亩次。在菏泽市局部地区轻度发生。

29. 锈色粒肩天牛

发生面积 0.15 万亩,同比下降 6.25%,全省投入 4.22 万元,防治作业 0.13 万亩次。在淄博、聊城两市局部地区发生。

30. 槐尺蛾

发生面积 1.68 万亩,同比上升了 80.65%,全省投入 68.36 万元,防治作业 3.91 万亩次。主要在潍坊、枣庄、淄博、滨州等市局部地区轻度发生。

31. 舞毒蛾

发生面积 0.71 万亩,同比下降了 34.26%,全省投入 57.85 万元,防治作业 11.42 万亩次。在泰安、临沂、德州等市局部地区轻度发生。

32. 草履蚧

发生面积 5.01 万亩,同比上升了 9.15%,全省投入 68.86 万元,防治作业 4.97 万亩次。在济南、淄博、济宁、临沂、滨州、菏泽等市局部地区轻、中度发生。

33. 木橑尺蠖

发生面积 0.08 万亩,同比下降 38.46%。全省投入防治经费 2.09 万元,防治作业面积 0.1 万亩次。在淄博市局部地区轻度发生。

(三)发生原因分析

1. 外来林业有害生物处于暴发期

因为林业有害生物的发生发展具有自身规律性,目前松材线虫病、日本松干蚧处于暴发期,美国白蛾处于反弹期。松材线虫病在胶东局部地区暴发,在鲁中、鲁东快速蔓延。日本松干蚧近几年从沿海蔓延到鲁东、鲁中,并暴发成灾,虽然经过近两年的防治取得了一定的成效,但形势仍不容乐观。美国白蛾已经连续 3 年反弹。悬铃木方翅网蝽为新传入有害生物,正处于扩散蔓延期。

2. 异常高温干旱气候对林业有害生物的发生造成较大影响

今年山东遭遇 1951 年以来最严重的高温干旱,1 月 1 日到 7 月 22 日,全省平均降水量仅 178.4 毫米,偏少 44.3%,为历史同期最少,6~8 月高温持续时间长,对全省林业有害生物的发生产生较大影响。对大多数害虫起到一定的抑制作用,2019 年虫害明显减轻。但是局部地区松墨天牛危害严重,松材线虫病暴发。在一定程度上加重了松材线虫病的危害程度,一是松材线虫繁殖加快,因病致死树木提前一个月表现症状,死树明显增多;二是松墨天牛虫口密度明显提高;三是导致部分衰弱树死亡。

3. 有些地方政府对松材线虫病除治重视力度不够导致局部区域暴发

有些地方政府对松材线虫病危害性认识不足,对除治工作重视不够,安排部署不及时,财政投入不足,存在松材线虫病除治不及时、不规范,疫木流失等现象,加上 2019 年长时间高温干旱异常气候影响导致松材线虫病在局部地区暴发,扩散蔓延。

4. 属地管理、各负其责难以落实

因为林业有害生物灾害的特殊性,涉及行业部门多,协调困难,全面防治难以实现,总是存在防控漏洞,留下虫源,导致虫情不断反复。特别是有些地方与驻地军队协调不力,导致松材线虫病不能及时发现,病死树不能及时除治,成为向周围扩散蔓延的传播源。

5. 缺乏科学有效的防治技术

近几年飞机防治效果明显,但飞防使用最多的灭幼脲等仿生制剂对生态环境产生影响,而且对虾蟹、桑蚕、蜜蜂、蚂蚱等有杀伤,特殊养殖区和居民区防治受限,留下漏洞和死角,成为向外扩散的虫源地,导致虫情反复。对于松材线虫病、蛀干害虫、刺吸性害虫,目前缺少经济高效的防治技术,难以取得理想防治效果。

6. 监测技术落后,灾情不能及时发现

目前全省主要依靠地面人工监测,视野受限,特别是山区难以到达的地方,松材线虫病早期疫情很难发现,日本松干蚧早期危害基本看不到,出现大面积死树后才能发现,严重影响除治效果。

7. 准确测报,科学防治,取得实效

各级森防站对2019年的发生形势经过会商作出了准确的判断,预测2019年美国白蛾、杨小舟蛾在多地反弹,日本松干蚧在鲁中地区扩散蔓延。各级根据预测意见提前编制防治实施方案,将有关防治费用列入预算,对美国白蛾、杨小舟蛾等食叶害虫实施了以飞机防治为主的综合防治,对日本松干蚧实施了以打孔注药为主的综合防治,取得良好的效果,发生面积虽然同比略有上升,但因为防治及时有效,没有造成严重灾害。

二、2020年主要林业有害生物发生趋势预测

(一)2020年总体发生趋势预测

经过专家会商,全面分析2019年全省发生及防治情况,结合森林状况、气象因素、主要林业有害生物历年发生规律,综合各市意见,预测2020年林业有害生物呈中度偏重发生态势,发生面积稳中有降,在750万亩左右。总体发生特点:外来林业有害生物继续扩散蔓延,危害严重。松材线虫病呈多发态势,老疫区疫情反弹,由沿海向内陆跳跃式扩散蔓延,全省有松林地区均有发生新疫情的可能,发生面积将趋于平稳,因病致死树木将有所下降;日本松干蚧、悬铃木方翅网蝽继续扩散蔓延,危害严重;美国白蛾处于反弹期,发生面积居高不下。常发性林业有害生物发生相对平稳。松墨天牛随着松材线虫病疫情面积的扩大,发生面积继续上升;松阿扁叶蜂在山区危害仍然严重;春尺蠖呈下降趋势,但在局部地区仍有暴发成灾的可能;杨小舟蛾在局部地区虫口密度较大,仍可能局部暴发成灾;其他林业有害生物发生面积平稳或者呈下降趋势。预测依据:

(1)综合16市预测意见,2020年发生趋势下降。5个市预测上升,2个市预测持平,9个市预测下降。33种林业有害生物中,各市预测12种上升,5种持平,16种下降(表16-2、表16-3)。

表16-2 各市预测2020年林业有害生物总计发生面积

单位名称	2019年发生面积(万亩)	预测2020年发生面积(万亩)	发生趋势	单位名称	2019年发生面积(万亩)	预测2020年发生面积(万亩)	发生趋势
合计	687.15	739.93	上升				
济南市	71.68	70	下降	泰安市	35.72	33.55	下降
青岛市	82.52	50.93	下降	威海市	38.69	117.28	上升
淄博市	23.66	26.13	上升	日照市	20.05	15.05	下降
枣庄市	38.49	36	下降	临沂市	68.69	59	下降
东营市	13.40	12.8	下降	德州市	27.35	27	持平
烟台市	34.61	58.66	上升	聊城市	32.63	40	上升
潍坊市	24.17	23.2	下降	滨州市	71.75	61.33	下降
济宁市	18.91	24	上升	菏泽市	84.82	85	持平

表 16-3　各市预测 2020 年林业有害生物分种类发生情况

单位名称	2019 年发生面积（万亩）	预测 2020 年发生面积（万亩）	发生趋势	单位名称	2019 年发生面积（万亩）	预测 2020 年发生面积（万亩）	发生趋势
病虫害总计	687.15	756.24	上升	大袋蛾	0.29	0.62	上升
病害总计	125.20	220.31	上升	杨白潜蛾	3.92	4	上升
松烂皮病	9.06	7.95	下降	白杨透翅蛾	0.99	0.58	下降
杨树黑斑病	39.32	36.82	下降	松梢螟	2.49	1.75	下降
杨树溃疡病	52.35	49.92	持平	春尺蠖	26.39	29.8	上升
板栗疫病	1.69	1.62	下降	木撩尺蠖	0.08	0.1	上升
泡桐丛枝病	0.99	1	持平	槐尺蛾	1.68	1.47	下降
松材线虫病	123.14	123	持平	赤松毛虫	5.88	5.19	下降
虫害总计	561.95	535.93	下降	杨扇舟蛾	32.97	23.86	下降
日本龟蜡蚧	0.46	0.45	持平	杨小舟蛾	74.38	63.03	下降
草履蚧	5.01	5.07	上升	美国白蛾	295.31	264.37	下降
日本松干蚧	32.30	28.76	下降	舞毒蛾	0.71	0.85	上升
悬铃木方翅网蝽	16.38	18.76	上升	侧柏毒蛾	2.95	2.6	下降
光肩星天牛	13.17	14.32	上升	杨毒蛾	8.22	5.07	下降
桑天牛	4.61	4.53	下降	枣叶瘿蚊	1.21	1.2	持平
锈色粒肩天牛	0.15	0.2	上升	松阿扁叶蜂	10.66	9.8	下降
松墨天牛	36.67	37.19	上升	杨直角叶蜂	1.48	1.52	上升
双条杉天牛	6.05	6.18	上升	朱砂叶螨	5.52	4.66	下降

（2）历年发生规律。从全省历年发生面积趋势图看，从 2007 年到 2011 年处于上升期，2012—2016 年处于下降，2017—2019 年连续 3 年出现反弹，预测 2020 年呈稳中有降趋势（图 16-12）。

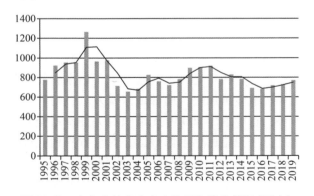

图 16-12　山东省林业有害生物历年发生情况（万亩）

（3）防治情况。大部分地区是 2019 年 5～6 月对食叶害虫实施飞机防治，经过 2 代至 4 代的积累，虫口基数上升，下半年虫情开始反弹，局部地区危害较重，2020 年下半年局部地区暴发的概率较大。2020 年多市仍计划对美国白蛾、杨小舟蛾等食叶害虫进行飞机防治，预计不会出现大面积成灾现象。

（4）越冬基数调查情况。从各地调查结果看，杨扇舟蛾、杨小舟蛾、赤松毛虫、日本松干蚧有虫株率有所上升，其他有虫株率下降。虽然今年越冬基数多数同比有所下降，但是悬铃木方翅网蝽、松阿扁叶蜂、美国白蛾、日本松干蚧、春尺蠖、杨小舟蛾在局部地区越冬基数仍然较高，在有暴发成灾的可能。

（二）分种类发生趋势预测

1. 美国白蛾

预测 2020 年发生面积稳中有降，发生 260 万亩左右，大多数地区轻度发生。但烟台、威海、日照、济宁、菏泽、聊城、临沂、莱芜、泰安市局部地区，以及其他漏防区域发生仍然严重，如防控不力，可能会暴发成灾。预测依据：

（1）疫情分布情况。2019 年全省 16 个市均有美国白蛾疫情。临沂、枣庄、济宁、菏泽、聊城、德州、滨州市与外省交界处形势严峻。

（2）综合 16 市预测意见，2020 年发生面积下降。3 个市预测上升，1 个市预测持平，12 个市预测下降（表 16-4）。

表 16-4　各市预测 2020 年美国白蛾发生面积

单位名称	2019 年发生面积（万亩）	预测 2020 年发生面积（万亩）	发生趋势
全省合计	295. 31	264. 37	下降
济南市	29. 13	24	下降
青岛市	19. 95	12. 12	下降
淄博市	5. 82	5. 8	持平
枣庄市	22. 27	20	下降
东营市	5. 65	5. 2	下降
烟台市	6. 89	4. 96	下降
潍坊市	7. 42	6. 68	下降
济宁市	9. 53	11	上升
泰安市	12. 24	11. 99	下降
威海市	7. 67	6. 56	下降
日照市	11. 12	6	下降
临沂市	50. 17	45	下降
德州市	10. 35	9. 5	下降
聊城市	22. 65	27	上升
滨州市	45. 77	38. 56	下降
菏泽市	28. 68	30	上升

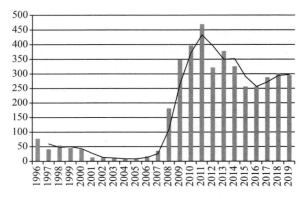

图 16-13 山东省美国白蛾历年发生情况（万亩）

（3）越冬基数同比有所下降。全省调查 193229 株树木，有虫株数 2234 株，活虫口数 6421 头，全省平均有虫株率 1.16%，同比下降了 0.7%。其中济南、烟台、济宁、潍坊、泰安、临沂、聊城等市有虫株率 2% ~5%；其他市有虫株率 2% 以下。从各市越冬基数调查情况来看，各市有虫株率虽然有所下降，但都能找到活虫，泗水县、梁山县有虫株率在 30% 以上，微山县、阳谷县、莒南县、临港区有虫株率在 10% 以上，2020 年局部地区暴发成灾的概率较大。

（4）2019 年取得一定防治成效。全省投入 20585.07 万元，防治作业 3418.09 万亩次；除烟台、威海 2 市外，其他 14 个市飞机防治 2933.95 万亩。对预测发生较重区域进行了以飞机防治为主的综合防治，取得较好的防治效果，没有出现大面积成灾现象。

（5）历年发生规律处于反弹期。从美国白蛾历年发生趋势图看，自 2005—2011 年呈上升趋势，2012—2016 年发生面积下降，2017 年、2018 年连续两年发生面积出现反弹，2019 年与去年基本持平，预测 2020 年呈稳中有降趋势（图 16-13）。

2. 松材线虫病

预测松材线虫病在山东进入了一个快速扩散蔓延期，疫情县数量将继续增加的概率较大，但随着重视力度加大，预计发生面积同比持平或下降，在 123 万亩左右，因病致死树木将会减少。2015 年增加了芝罘、莱山、牟平、福山、环翠、乳山、李沧、城阳、黄岛 9 个县级疫区。2016 年春普查又发现日照市东港区有松材线虫病疫情。2017 年增加了青岛市的即墨市。2018 年增加了栖霞市、临沭县、泰山林场 3 个县级疫区。2019 年增加了五莲、莱芜、莒南、泗水、岚山等 5 个县级疫区。预测 2020 年烟台、青岛、威海、日照、临沂、泰安、济南、济宁等市疫情可能进一步扩散。潍坊、淄博两市已经连续 7 年没有检出松材线虫，从省内外防治经验看，松材线虫病难以彻底根除，2020 年检出松材线虫的可能性很大。有松林分布的地区均有发生新疫情的可能。预测依据：

（1）松材线虫病疫区将执行最严格的疫木清理措施。近两年受异常气候影响，山东省松材线虫病扩散蔓延加快，局部地区暴发。针对严峻的形势，省厅拿出 800 万元组织有关处室对全省松林进行了卫星遥感影像判读，对全省松树枯死情况进行了摸底。并将卫星遥感判读结果发到各市，要求各市务必于 4 月底前完成枯死松树清理工作。2020 年 5 月起，将使用分辨率 0.1 米的无人机进行核查，对行动迟缓，除治不彻底，疫木监管不严的，将进行追责问责。预计会对疫情区起到很好的震慑效果，老疫区发生会相对稳定，但不排除发生新疫情的可能。

（2）使用高新监测技术有效指导疫木除治工作的开展。2019 年对全省松林采用卫星遥感监测，2020 年省厅将组织防灾减灾工作处、国土测绘院、国土空间数据和遥感技术中心、林业规划测绘院、省森防站采用高分辨率无人机对全省松林进行低空遥感监测，将有效指导和促进疫木的清理。

（3）气候因素影响。从山东省松材线虫病发生情况看，气候因素一定程度上加重加速了松材线虫病的危害及扩散蔓延，每当遇到极端气候，低温或者干旱，发现新疫区的概率增加。自 2015 年以来的干旱气候与近几年的扩散有很大影响，2018 年 7 月中旬至 8 月上旬胶东地区连续 40 天未降雨，今年全省大范围长时间的高温干旱，导致局部地区松墨天牛危害严重，松材线虫病在局部地区暴发。

（4）发生规律。松材线虫病自 2009 年至 2013 年在我省连续 4 年发生面积、病死树数量双下降，2014 年开始反弹。2015 年新增加了 9 个县级疫区，2016 年新增加了 1 个市 1 个县级疫区，2017 年增加 1 个县级疫区，2018 年增加了 2 个市 3 个县，2019 年增加了 2 个市 5 个县。松材线虫病在山东进入了一个新的快速扩散蔓延期，今后几年发生面积及疫情县数量继续上升的几率比较高（图 16-14）。

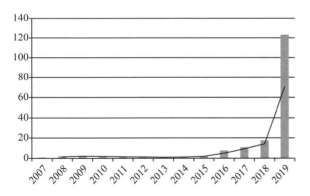

图 16-14　山东省松材线虫病历年发生情况（万亩）

3. 悬铃木方翅网蝽

悬铃木方翅网蝽是近几年新传入的外来林业有害生物，虽然各市普遍加大了监测与防治力度，危害程度得到遏制，但仍呈扩散蔓延趋势，预测 2020 年发生面积呈上升趋势，可能达到 18 万亩，主要在城区和交通要道发生。

（1）各市预测意见，2020 年发生面积呈上升趋势。10 个市预测发生面积上升，3 个市预测持平，2 个市预测下降，德州市没有对此预测（表16-5）。

表 16-5　各市预测 2020 年悬铃木方翅网蝽发生面积

单位名称	2019 年发生面积（万亩）	预测 2020 年发生面积（万亩）	发生趋势
全省合计	16.38	18.76	上升
济南市	0.78	1	上升
青岛市	0.00	0.3	上升
淄博市	1.10	1.25	上升
枣庄市	0.41	0.41	持平
东营市	0.30	0.4	上升
烟台市	0.50	0.5	持平
潍坊市	4.25	4.1	下降
济宁市	2.32	3	上升
泰安市	1.34	1.2	下降
威海市	0.68	0.69	上升
日照市	0.18	0.18	持平
临沂市	0.49	0.56	上升
聊城市	1.64	2.7	上升
滨州市	0.60	0.75	上升
菏泽市	1.78	2	上升

（2）越冬基数仍然处于高位。全省调查 13289 株树木，有虫株数 1919 株，平均有虫株率 14.44%，同比下降 4.9%。部分地区越冬虫口基数比较高，济南、枣庄两市有虫株率在 20% 以上。

（3）防治效果不理想。各地均加大了对悬铃木方翅网蝽的防治力度，但因为寄主树木多在城区，树木高大且比较分散，防治困难，防治效果不理想。

4. 日本松干蚧

胶东半岛老发生区虫情比较平稳，不会造成大的灾害。近几年在鲁东、鲁中快速扩散蔓延，在临沂、济南、泰安、潍坊等市危害严重，加上连年天气干旱等因素，造成松树生长衰弱，局部地区出现树木死亡，但各地防治力度加大，取得比较好的效果。预测 2020 年发生面积 28 万亩左右，呈下降趋势。预测依据：

（1）取得了一定的防治成效。2019 年发生严重的地区，虽然进行了打孔注药等措施防治，取得了一定的防治效果，受害比较重的树木经过防治后已经返绿，虫口密度降低。但是因为防治困难，效率比较低，大部分轻度发生地区没有进行防治，预计 2020 年如果遇到极度寒冷或者干旱气候，还会进一步加重。

（2）综合各市预测意见，2020年发生面积下降。8个发生日本松干蚧的市，3个预测上升，1个预测持平，4个预测下降（表16-6）。

表16-6　各市预测2020年日本松干蚧发生面积

单位名称	2019年发生面积（万亩）	预测2020年发生面积（万亩）	发生趋势
全省合计	32.30	28.76	下降
济南市	10.36	10	下降
青岛市	0.02	0.02	持平
淄博市	0.64	1.02	上升
烟台市	8.35	8.4	上升
潍坊市	2.23	2.24	上升
泰安市	3.80	3.2	下降
日照市	1.01	0.9	下降
临沂市	5.89	3	下降

（3）从越冬基数调查结果看，有虫株率明显高于2018年。全省调查7306株树木，有虫株数2767株，平均有虫株率37.87%，同比上升了24.28%。济南的莱芜区有虫株率76.86%；临沂的莒南县有虫株率46.67%；泰山林场有虫株率40%；潍坊的临朐县有虫株率为51.9%。

5. 杨树病害

预测发生面积呈稳中有降趋势，杨树溃疡病发生面积50万亩左右，在菏泽以及临沂、济南、滨州市的部分区域发生较重。预测杨树黑斑病发生面积在35万亩左右，主要发生在菏泽市。预测依据：

（1）防治情况。在飞防美国白蛾过程中，使用尿素作为沉降剂，加之2019年虫害对树木危害较轻，杨树生长旺盛，病害发生较轻。2020年部分地区还会采取飞防措施，对杨树生长有利，抗病性增强。

（2）林分情况。山东省杨树幼林比例大，易发生杨树溃疡病。现有树种结构中，107杨易感染杨树溃疡病。中林46杨为杨树黑斑病的高感病树种，且栽植密度大，为病害的流行创造了有利条件，如果夏季降雨量大，还会大面积流行。

（3）2019年杨树黑斑病发生面积较大的地区，因为提前落叶可能会引起杨树二次抽叶，导致生长势弱，易发生杨树溃疡病。

（4）历年发生规律。根据历年发生规律，杨

树溃疡病、杨树黑斑病呈稳中有降趋势（图16-15）。

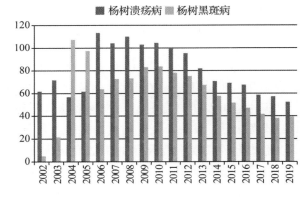

图16-15　山东省杨树病害历年发生情况（万亩）

6. 杨树食叶害虫

预测2020年发生面积稳中有降趋势，局部地区仍有暴发成灾的可能。杨扇舟蛾在青岛、潍坊、泰安、临沂等市的局部地区可能中度偏重发生。杨小舟蛾在济南、青岛、枣庄、潍坊、济宁、泰安、德州、聊城等市局部地区中重度发生，如防控不力可能暴发成灾。杨毒蛾在胶东半岛局部地区发生较重。春尺蠖在沿黄两岸特别是菏泽、德州、聊城、济宁、枣庄、济南等市局部地区危害严重，可能点片状成灾。预测杨扇舟蛾发生面积25万亩左右，杨小舟蛾发生面积70万亩左右，杨毒蛾发生面积5万亩左右，春尺蠖发生面积30万亩左右，杨白潜叶蛾发生面积4万亩左右，杨扁角叶蜂发生面积1万亩左右。预测依据：

（1）防治成效显著。2019年全省对春尺蠖、杨树舟蛾实施飞机防治310万亩，取得了很好的防治效果，大部分地区看不到危害状。

（2）越冬基数。综合来看，春尺蠖有所下降，但杨小舟蛾、杨扇舟蛾都有所上升。春尺蠖：全省调查树木34412株，有虫株数445株，平均有虫株率1.29%，同比下降了0.24%。杨小舟蛾：全省调查56844株树木，有虫株数1526株，平均有虫株率2.68%，同比上升了1.09%。杨扇舟蛾：全省调查59602株树木，有虫株数在763株，平均有虫株率1.28%，同比上升了0.21%。

（3）历年发生规律。从山东省历年发生规律看，杨小舟蛾处于暴发期，春尺蠖、杨扇舟蛾、杨毒蛾、杨白潜叶蛾处于下降趋势（图16-16）。

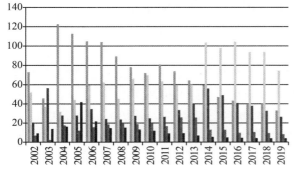

图 16-16　山东省杨树食叶害虫历年发生情况（万亩）

（4）综合各市预测意见，2020 年杨树食叶害虫呈下降趋势。

杨小舟蛾：6 个市预测发生面积上升，2 个市预测持平，7 个市预测下降。综合各市意见，2020 年发生面积下降（表 16-7）。

表 16-7　各市预测 2020 年杨小舟蛾发生面积

单位名称	2019 年发生面积（万亩）	预测 2020 年发生面积（万亩）	发生趋势
全省合计	74.38	63.23	下降
济南市	7.40	10	上升
青岛市	24.94	12.16	下降
淄博市	3.54	3.02	下降
枣庄市	3.33	3.46	上升
东营市	0.69	0.69	持平
烟台市	0.97	0.69	下降
潍坊市	2.96	4.12	上升
济宁市	3.08	3	下降
泰安市	2.29	2.39	上升
日照市	1.12	0.87	下降
临沂市	3.97	3.43	下降
德州市	4.90	5	上升
聊城市	2.69	3	上升
滨州市	2.50	1.2	下降
菏泽市	10.00	10	持平

春尺蠖：9 个市预测上升，东营市预测下降，综合各市意见，发生趋势上升（表 16-8）。

7. 杨树蛀干害虫

近几年杨树蛀干害虫呈稳中有降的趋势，预测 2020 年发生面积与去年基本持平。光肩星天牛发生面积 14 万亩左右，桑天牛发生面积 4 万亩

表 16-8　各市预测 2020 年春尺蠖发生面积

单位名称	2019 年发生面积（万亩）	预测 2020 年发生面积（万亩）	发生趋势
全省合计	26.07	29.8	上升
济南市	5.27	6	上升
淄博市	0.95	1.88	上升
枣庄市	0.00	0	
东营市	0.79	0.7	下降
潍坊市	0.39	0.51	上升
济宁市	0.84	2	上升
泰安市	0.64	0.69	上升
德州市	0.10	0.6	上升
聊城市	0.68	3	上升
滨州市	2.06	3.42	上升
菏泽市	3.45	3.5	上升

左右，白杨透翅蛾发生面积 1 万亩左右。预测依据：

从历年发生规律看，处于下降趋势，但是蛀干害虫防治比较困难，发生相对平稳，预测 2020 年发生面积同比基本持平（图 16-17）。

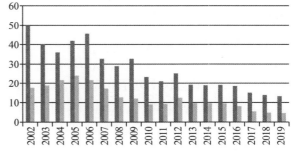

图 16-17　山东省杨树蛀干害虫历年发生情况（万亩）

8. 松树有害生物

预测 2020 年松树有害生物发生面积呈上升趋势。预测松墨天牛有所上升，赤松毛虫、松梢螟发生面积基本持平，松烂皮病发生面积有所下降。预测发生面积分别为赤松毛虫 5 万亩，松烂皮病 8 万亩，松墨天牛 36 万亩，松阿扁叶蜂 10 万亩，松梢螟 2 万亩左右。预测依据：

（1）防治情况。青岛、烟台、威海市对松墨天牛施行了飞机防治，虫口密度明显下降。人工摘茧、毒笔涂环等措施防治松毛虫取得了良好的效果，虫口密度一直维持在较低的水平，近期内不会出现大的灾情。

（2）林分状况。近年来采取封山育林和抚育措施，森林生态环境得到较大的改善，天敌种类增多，生物多样性增加，森林生态系统自身的调控作用得到加强，对有害生物的发生起到了有效的抑制作用。

（3）气象因素。松烂皮病发生程度与春秋季降水密切相关，如果 2019 年冬季和 2020 年春季继续干旱，发生面积可能会上升。

（4）历年发生规律。从松树有害生物历年发生规律看，除松墨天牛、松阿扁叶蜂、松梢螟呈上升趋势外，其他有害生物稳中有降趋势（图 16-18）。

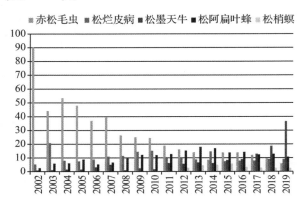

图 16-18　山东省松树有害生物历年发生情况（万亩）

（5）越冬基数。赤松毛虫：全省调查树木21533 株，有虫株数 240 株，平均有虫株率1.11%，越冬基数同比上升了 0.35%。松阿扁叶蜂：全省调查树木 4142 株，有虫株数 1796 株，平均有虫株率 43.36%，同比下降了 28.59%。泰山林场有虫株率高达 100%，鲁山林场有虫株率79.94%。松墨天牛：全省调查树木 25865 株，有虫株数 352 株，平均有虫株率 1.36%，越冬基数同比下降了 0.36%。

（6）综合各市预测意见，预测松墨天牛上升，松阿扁叶蜂在局部地区危害加重，松烂皮病发生面积下降；其他松树害虫发生基本稳定，不会形成大的灾害。

9. 侧柏有害生物

预测双条杉天牛、侧柏毒蛾发生面积将进一步下降。预计双条杉天牛发生 6 万亩，侧柏毒蛾发生 3 万亩左右。预测依据：

（1）防治情况。双条杉天牛发生区积极采取清理死树、饵木诱杀、释放管氏肿腿蜂等有效防治措施，取得一定成效。

（2）气象因素。山东省连续多年较为干旱，侧柏长势衰弱，双条杉天牛为弱寄生有害生物，发生面积可能上升，局部地区危害严重。

（3）林分状况。近年来采取封山育林措施，森林生态环境得到较大的改善，天敌数量增多，对害虫起到了较好的抑制作用。

（4）历年发生规律。从历年发生趋势看，双条杉天牛、侧柏毒蛾呈下降趋势（图 16-19）。

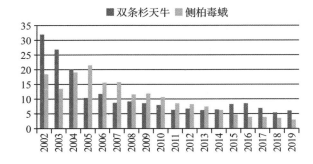

图 16-19　山东省侧柏有害生物历年发生情况（万亩）

（5）综合各市预测意见。双条杉天牛为下降趋势，侧柏松毛虫、侧柏毒蛾趋于稳定。

10. 经济林有害生物

经济林有害生物发生面积呈稳中有降趋势。预测板栗疫病发生 2 万亩，枣叶瘿蚊发生 1 万亩，红蜘蛛发生 5 万亩，日本龟蜡蚧发生 1 万亩左右。

11. 其他有害生物

预测 2020 年发生总面积同比持平。预测刺槐有害生物木橑尺蠖发生 0.5 万亩；泡桐有害生物大袋蛾发生 1 万亩，在淄博、东营、烟台、日照等地轻度发生；泡桐丛枝病发生 1 万亩，菏泽、淄博等地零星发生。国槐有害生物锈色粒肩天牛发生 0.5 万亩，主要在淄博、聊城等地零星发生。槐尺蛾发生 1 万亩，零星发生；舞毒蛾发生 1 万亩；草履蚧发生 5 万亩。

三、对策建议

根据山东省林业有害生物灾害发生特点及对2020 年林业有害生物发生趋势研判，建议：

（一）立即部署，开展疫区枯死松树清理专项行动

当前最主要、最紧急的任务就是疫区枯死松树的清理。根据卫星遥感影像判读数据，山东省

23个疫情县，除泰山外，其他22个疫情县枯死松树约12万亩，威海的环翠区、文登区、荣成市，烟台的牟平区，为重灾区。各级应立即制定疫木清理方案，筹集资金，多措并举，严格按照国家新修订的技术方案要求，务必于4月30日前完成枯死松树清理工作。各级林业主管部门要组织林业技术人员全程跟踪监督，确保疫木按照国家标准进行处理。

（二）加快遥感监测技术应用进度，开展松材线虫病疫情督导核查

深入贯彻落实《国办意见》和全国松材线虫病专家座谈会精神，以"全面监测、强化督导、形成威慑、促进工作"为目标，加大卫星和无人机遥感监测技术应用力度，构建全面监测、服务指导与核查问责相结合的管理机制，全面提升重大林业有害生物监管水平，遏制松材线虫病快速扩散势头。一是对重要自然保护区、风景名胜区，如泰山、蒙山、沂山、鲁山、五莲山、崂山、昆嵛山、徂徕山及沿海防护林等重点区域开展多频次定期遥感监测，及时监测松树枯死情况；二是对疫情严重区实行动态监测，及时掌握疫情发展动态，科学指导开展除治工作；三是对重点区域除治工作进行动态核查监测，监督松材线虫病除治任务完成情况。

（三）加强监测预报工作，提高灾害预报预警能力

监测预报是林业有害生物防治工作的基础和关键，要进一步创新工作机制，完善监测体系、全面落实监测责任、提升科技含量，注重监测预报的防灾减灾实效，突出监测预报的公共服务职能，在造成灾害之前，做出预报预警，向政府和社会发布，指导做好防灾减灾工作。各市要针对本地重要林业有害生物，制订适合本地实际的全年监测预报工作方案。16市均要制订美国白蛾、杨小舟蛾监测预报工作方案；沿黄河两岸涉及的市，均要制订春尺蠖监测预报工作方案；济南、淄博、潍坊、泰安、临沂等市要制订日本松干蚧的监测预报工作方案；济南、青岛、烟台、泰安、济宁、日照、威海、临沂等市要制订松材线虫病和松墨天牛的监测预报工作方案。

（主要起草人：张秋梅　张方成　毛懋　夏长虹；主审：李晓冬）

17 河南省林业有害生物 2019 年发生情况和 2020 年趋势预测

河南省森林病虫害防治检疫站

【摘要】河南省 2019 年林业有害生物发生面积总计 813.71 万亩，其中，病害发生面积 157.69 万亩，虫害发生面积 656.02 万亩，病害、虫害发生面积均减少；发生率为 11.8%，同比减少 42.38 万亩、下降 4.95%，连续 5 年发生面积呈递减趋势；全省 2019 年林业有害生物发生整体偏轻，松材线虫病扩散，美国白蛾危害减轻、常发性林业有害生物发生危害稳步下降。预测 2020 年河南全省发生面积约为 793.94 万亩，其中，病害发生面积 167.67 万亩，虫害发生面积约 626.27 万亩，同比下降约 2.43%，总体发生呈下降趋势。

一、2019 年主要林业有害生物发生情况

河南省 2019 年林业有害生物发生面积总计 813.71 万亩，其中，轻度发生面积 738.97 万亩，中度发生面积 61.86 万亩，重度发生面积 12.87 万亩；总体危害轻于去年，仅有零星成灾，成灾面积 1.51 万亩，成灾率 0.22‰（图 17-1）。

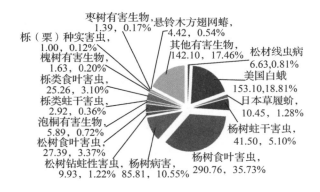

图 17-1 河南省 2019 年主要林业有害生物发生情况图（万亩）

枣树有害生物，1.39，0.17%
悬铃木方翅网蝽，4.42，0.54%
栎（栗）种实害虫，1.00，0.12%
其他有害生物，142.10，17.46%
松材线虫病 6.63，0.81%
槐树有害生物，1.63，0.20%
美国白蛾 153.10，18.81%
栎类食叶害虫，25.26，3.10%
日本草履蚧 10.45，1.28%
栎类蛀干害虫，2.92，0.36%
杨树蛀干害虫，41.50，5.10%
泡桐有害生物，5.89，0.72%
松树食叶害虫，27.39，3.37%
杨树食叶害虫，290.76，35.73%
松树钻蛀性害虫，9.93，1.22%
杨树病害，85.81，10.55%

2018 年 11 月预测 2019 年发生面积为 851.1 万亩，实际发生面积为 813.71 万亩，测报准确率为 95.40%；各类林业有害生物防治面积为 733.33 万亩，防治作业面积为 1459.50 万亩，其中，无公害防治面积 697.82 万亩，无公害防治率 95.16%。

（一）发生特点

2019 年河南省林业有害生物以轻度发生为主，为近 5 年发生面积最小年份。松材线虫病呈扩散态势，美国白蛾危害减轻，常发性林业有害生物发生危害稳步下降（表 17-1）。

1. 松材线虫病呈扩散趋势

据全省松材线虫病普查结果，全省松材线虫病发生面积 6.63 万亩，同比增加 1.97 万亩、上升 42.27%，发生于信阳市新县，南阳市淅川县，三门峡市卢氏县，洛阳市栾川县，新增疫点 5 个乡镇（林场）；分别为：三门峡市卢氏县狮子坪乡，信阳市新县八里畈镇、新集镇、田铺乡，固始县国有林场王店林区，呈现由点到面扩散趋势。

表 17-1 近 5 年林业有害生物发生总面积与杨树食叶害虫发生面积对比表　　　　　　单位：万亩

类别/年份	2015 年	2016 年	2017 年	2018 年	2019 年
林业有害生物发生总面积	896.81	884.08	878.96	856.09	813.71
杨树食叶害虫发生面积	350.14	307.37	306.92	305.46	290.76

2. 美国白蛾虽疫点增加,但总体危害减轻,发生面积减少

2019 年,商丘市睢县、信阳市新县发现美国白蛾新疫情,新增 2 个县级行政区。全省美国白蛾发生面积 153.10 万亩,同比减少 15.79 万亩、下降 9.35%,以轻度发生危害为主,偶有成灾现象,美国白蛾危害较往年减轻。

3. 常发性林业有害生物发生危害稳步下降

河南省自 2015 年以来,林业有害生物发生总体呈现稳步下降趋势。全省林业有害生物发生总面积由 2015 年的 896.81 万亩,下降为 2019 年的 813.71 万亩,平均每年减少约 21 万亩;作为河南省发生面积最大、危害最重的杨树食叶害虫,由 2015 年的 350.14 万亩,下降为 2019 年的 290.76 万亩,平均每年减少约 15 万亩,发生面积、危害程度双双下降。

(二)主要林业有害生物发生情况

1. 松材线虫病

据全省松材线虫病普查结果,全省松材线虫病发生面积 6.63 万亩,发生率 1.92%,同比增加 1.97 万亩、上升 42.27%,占全省林业有害生物总发生面积的 0.54%。发生于信阳市新县,南阳市淅川县,三门峡市卢氏县,洛阳市栾川县,固始县,涉及 23 个乡(镇、林场)(图 17-2)。

(1)信阳市 疫情仍旧控制在新县,发生面积 6.10 万亩,枯(濒)死松树约 52419 株。分布在新县郭家河乡、卡房乡、苏河镇、陡山河乡、千斤乡、陈店乡、泗店乡、箭厂河乡、吴陈河乡、浒湾乡、八里畈镇、田铺乡、新集镇和国有新县林场共计 14 个疫点乡镇(镇、场),八里畈镇、田铺乡、新集镇为新增乡镇。

(2)南阳市 疫情在淅川县和西峡县,淅川县发生面积 0.03 万亩,西峡县今年春秋两次普查均未发现松材线虫病疫情。

(3)三门峡市 疫情仍控制在卢氏县,发生面积 0.42 万亩,其中新增乡镇狮子坪乡。

(4)洛阳市 疫情发生面积 0.05 万亩,在栾川县城关镇 1 个行政村。

(5)省直管县固始县 疫情发生面积 0.03 万亩,新增国有林场王店 1 个林区。

2. 美国白蛾

美国白蛾发生面积 153.1 万亩,其中,轻度发生 147.11 万亩、中度发生 5.34 万亩、重度发生 0.65 万亩,以轻度危害为主,同比下降 9.35%,占全省林业有害生物总发生面积的 18.82%(图 17-3、表 17-2)。

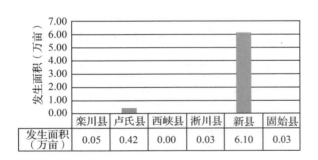

	栾川县	卢氏县	西峡县	淅川县	新县	固始县
发生面积(万亩)	0.05	0.42	0.00	0.03	6.10	0.03

图 17-2 河南省 2019 年松材线虫病分地区发生情况

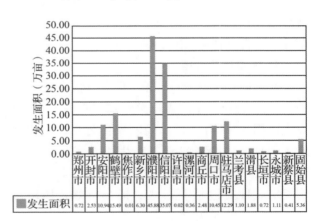

	郑州市	开封市	安阳市	鹤壁市	焦作市	新乡市	濮阳市	信阳市	许昌市	漯河市	商丘市	周口市	驻马店市	兰考县	滑县	长垣市	永城市	新蔡县	固始县
发生面积	0.72	2.53	10.94	15.49	0.01	6.30	45.88	35.07	0.02	0.36	2.48	10.45	12.29	1.10	1.88	0.72	1.11	0.41	5.36

图 17-3 河南省 2018 年美国白蛾发生情况

表 17-2 河南省 2019 年美国白蛾发生情况一览表

行政区划	发生面积(万亩)	发生区域
濮阳市	45.88	全市
信阳市	29.97	新县除外
驻马店市	12.29	全市
鹤壁市	15.49	浚县、淇县、淇滨区、山城区

行政区划	发生面积（万亩）	发生区域
安阳市	10.93	内黄县、汤阴县、安阳县、文峰区、北关区
周口市	10.45	川汇区、沈丘县、项城市、西华县、郸城县、淮阳县、扶沟县
新乡市	6.30	除辉县市外各县（区）
商丘市	2.48	梁园区、睢阳区、夏邑县、虞城县、民权县、民权林场
开封市	2.53	龙亭区、顺河回族区、鼓楼区、祥符区、开封新区、通许县、尉氏县
郑州市	0.72	中牟县、金水区、惠济区
许昌市	0.02	建安区、鄢陵县
漯河市	0.36	全市
焦作市	0.01	修武县、武陟县
兰考县	1.10	全县
滑县	1.88	全县
长垣县	0.72	全县
永城市	1.11	全市
新蔡县	0.41	全县
固始县	5.36	全县

商丘市睢县、信阳市新县出现新美国白蛾疫情，表中数据不含新疫情。

截至目前，美国白蛾疫情区域涉及濮阳、安阳、鹤壁、新乡、郑州、开封、许昌、周口、商丘、信阳、驻马店、漯河、焦作 13 个省辖市以及滑县、长垣县、兰考县、永城市、固始县、新蔡县 6 个省直管县（市），共计 81 个县（市、区）。

3. 杨树食叶害虫

发生面积 290.76 万亩，其中，轻度发生面积 264.47 万亩、中度面积发生 22.34 万亩、重度发生面积 3.94 万亩，以轻度发生为主；同比下降 4.81%，占全省林业有害生物总发生面积的 35.73%，是河南省发生面积最大的林业有害生物类别。种类包括春尺蠖、杨小舟蛾、杨扇舟蛾、杨扁角叶爪叶蜂、黄翅缀叶野螟、杨白潜蛾、杨毒蛾、杨柳小卷蛾、白杨叶甲、铜绿异丽金龟、黄刺蛾，以春尺蠖、杨小舟蛾、杨扇舟蛾为主，全省各地均有分布（图 17-4 和图 17-5）。

春尺蠖　发生面积 13.16 万亩，轻度、中度、重度发生面积分别为 10.08 万亩、2.68 万亩、0.40 万亩，轻度发生为主；同比下降 23.51%。主要发生于濮阳、郑州、安阳、商丘、开封、新乡、鹤壁、平顶山等 8 个省辖市以及滑县、长垣、兰考等 3 个省直管县，共计 42 个县（市、区）。濮阳、郑州、安阳、商丘发生面积相

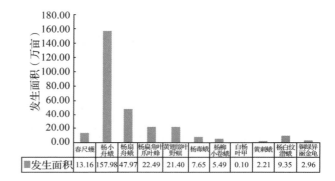

	春尺蠖	杨小舟蛾	杨扇舟蛾	杨扁角叶爪叶蜂	黄翅缀叶野螟	杨毒蛾	杨柳小卷蛾	白杨叶甲	黄刺蛾	杨白纹潜蛾	铜绿异丽金龟
发生面积	13.16	157.98	47.97	22.49	21.40	7.65	5.49	0.10	2.21	9.35	2.96

图 17-4　河南省 2019 年杨树食叶害虫分种发生情况

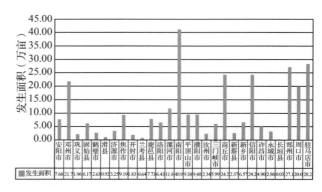

	安阳市	邓州市	巩义市	固始县	鹤壁市	滑县	济源市	焦作市	开封市	兰考县	鹿邑县	洛阳市	漯河市	南阳市	平顶山市	濮阳市	汝州市	三门峡市	商丘市	新蔡县	新乡市	信阳市	许昌市	永城市	郑州市	周口市	驻马店市
发生面积	7.68	21.71	1.96	6.17	2.63	0.92	3.25	9.19	1.83	0.64	7.35	6.43	11.84	40.99	9.38	9.40	2.34	5.99	24.23	7.65	7.24	24.90	2.86	0.03	27.10	20.02	28.2

图 17-5　河南省 2019 年杨树食叶害虫分地区发生情况

对较大。

杨树舟蛾　合计发生面积为 205.95 万亩，占全省杨食叶害虫发生面积的 70.83%，其中，杨小舟蛾发生面积 157.98 万亩、杨扇舟蛾发生面积 47.97 万亩；发生面积同比减少 6.05 万亩、

下降 2.85%。全省各地均有分布，成灾面积 0.28 万亩。

杨扁角叶爪叶蜂 发生面积 22.49 万亩，同比下降 7.87%，占全省杨树食叶害虫发生面积的 7.73%，全省各地均有分布。

黄翅缀叶野螟 发生面积 21.40 万亩，同比基本持平，占全省杨树食叶害虫发生面积的 7.36%，全省各地均有分布。

其他杨树食叶害虫 种类有杨毒蛾、杨柳小卷蛾、白杨叶甲、黄刺蛾、杨白纹潜蛾、铜绿异丽金龟等，发生面积 27.76 万亩，全省各地均有分布。

4. 杨树病害

发生面积 85.81 万亩，其中，轻度发生 74.95 万亩、中度发生 9.41 万亩、重度发生 1.45 万亩，同比减少 6.22 万亩、下降 6.76%，占全省林业有害生物总发生面积的 10.55%。种类有杨树溃疡病、杨树烂皮病、杨树黑斑病、杨树白粉病。以轻度危害为主，全省各地均有分布（图 17-6 和图 17-7）。

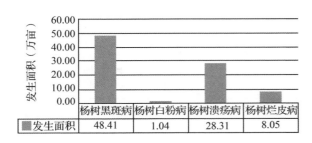

	杨树黑斑病	杨树白粉病	杨树溃疡病	杨树烂皮病
发生面积	48.41	1.04	28.31	8.05

图 17-6 河南省 2019 年杨树病害分种发生情况

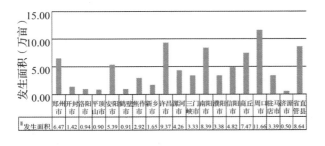

图 17-7 河南省 2019 年杨树病害分地区发生情况

5. 杨树蛀干害虫

发生面积 41.5 万亩，其中，轻度发生 38.08 万亩、中度发生 3.1 万亩、重度发生 0.32 万亩，发生面积同比减少 2.23 万亩、下降 5.10%，占全省林业有害生物总发生面积的 5.10%，以轻度发生为主，全省均有分布；自 2015 年以来，已

经连续 5 年发生面积递减，种类有光肩星天牛、桑天牛、星天牛（图 17-8、图 17-9）。

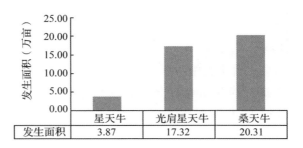

	星天牛	光肩星天牛	桑天牛
发生面积	3.87	17.32	20.31

图 17-8 河南省 2019 年杨树蛀干害虫分布发生情况

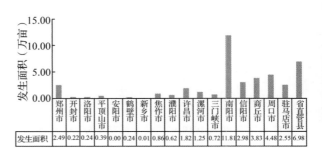

	郑州市	开封市	洛阳市	平顶山市	安阳市	鹤壁市	新乡市	焦作市	濮阳市	许昌市	漯河市	三门峡市	南阳市	信阳市	商丘市	周口市	驻马店市	省直辖县
发生面积	2.49	0.22	0.24	0.39	0.00	0.24	0.01	0.86	0.62	1.82	1.25	0.72	11.81	2.98	3.83	4.48	2.55	6.98

图 17-9 河南省 2019 年杨树蛀干害虫地区发生情况统计

6. 日本草履蚧

发生面积 10.45 万亩，其中，轻度发生 9.29 万亩、中度发生 1.02 万亩、重度发生 0.14 万亩，同比增加 0.66 万亩、上升 6.74%，连续 3 年呈略有上升趋势，占全省林业有害生物总发生面积的 1.28%。发生在郑州、洛阳、平顶山、安阳、鹤壁、新乡、焦作、濮阳、许昌、漯河、三门峡、商丘、周口、驻马店、济源等 16 个省辖市及兰考、滑县、永城 3 个省直管县（市），共计 56 个县（市、区），其中，安阳、焦作、鹤壁、漯河、郑州发生面积相对较大，局部虫口密度较高，焦作市的沁阳市零星成灾（图 17-10）。

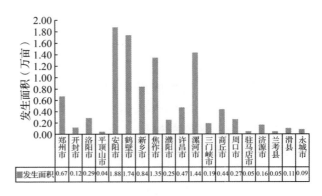

	郑州市	开封市	洛阳市	平顶山市	安阳市	鹤壁市	新乡市	焦作市	濮阳市	许昌市	漯河市	三门峡市	商丘市	周口市	驻马店市	济源市	兰考县	滑县	永城市
发生面积	0.67	0.12	0.29	0.04	1.88	1.74	0.84	1.35	0.25	0.47	1.44	0.19	0.44	0.27	0.16	0.16	0.05	0.11	0.09

图 17-10 河南省 2019 年草履蚧分地区发生情况

7. 松树叶部害虫

发生面积 27.39 万亩，其中，轻度发生 19.94 万亩、中度发生 5.46 万亩、重度发生 1.99 万亩，发生面积同比增加 1.91 万亩、上升 7.50%，占全省林业有害生物总发生面积的 3.37%；种类为中华松针蚧、松阿扁叶蜂、马尾松毛虫、华北落叶松鞘蛾、油松毛虫、松梢螟（图 17-11 和图 17-12）。

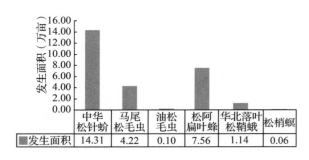

	中华松针蚧	马尾松毛虫	油松毛虫	松阿扁叶蜂	华北落叶松鞘蛾	松梢螟
发生面积	14.31	4.22	0.10	7.56	1.14	0.06

图 17-11　河南省 2019 年松树叶部害虫分种发生情况

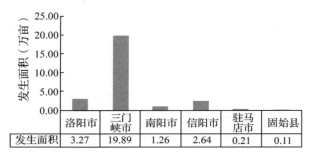

	洛阳市	三门峡市	南阳市	信阳市	驻马店市	固始县
发生面积	3.27	19.89	1.26	2.64	0.21	0.11

图 17-12　河南省 2019 年松树叶部害虫分地区发生情况

中华松针蚧　发生面积 14.31 万亩，同比基本持平；分布于三门峡市陕州区、卢氏县、灵宝市、河西林场和洛阳市栾川县，部分林区由于受地理条件限制，防治效果一般，有零星成灾现象，成灾率 0.75‰。

松阿扁叶蜂　发生于三门峡市的渑池县、卢氏县、灵宝市、河西林场和洛阳市嵩县、栾川县，发生面积 7.56 万亩，部分林区有零星成灾现象，成灾面积 0.19 万亩，成灾率 1.58‰。

马尾松毛虫　发生面积 4.22 万亩，以轻度发生为主，分布于南阳市南召县、唐河县、桐柏县，信阳市浉河区、平桥区、光山县、商城县，驻马店市确山县、泌阳县及固始县。

华北落叶松鞘蛾　分布于洛阳市栾川县、嵩县，三门峡市卢氏县，发生面积 1.14 万亩，同比基本持平。

油松毛虫　在三门峡市卢氏县轻度发生 0.1

万亩。

松梢螟　主要分布于洛阳市栾川县，轻度发生面积 0.06 万亩。

8. 松树钻蛀性害虫

种类有松墨天牛、纵坑切梢小蠹、红脂大小蠹。发生面积 9.93 万亩，其中，轻度、中度、重度发生面积分别为 9.28 万亩、0.65 万亩、0.01 万亩，同比下降 26.88%，占全省林业有害生物总发生面积的 1.22%（图 17-13 和图 17-4）。

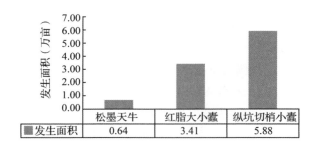

	松墨天牛	红脂大小蠹	纵坑切梢小蠹
发生面积	0.64	3.41	5.88

图 17-13　河南省 2019 年松树钻蛀害虫分种发生情况

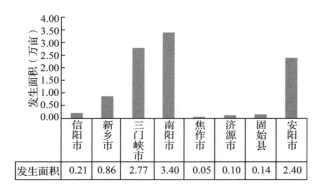

	信阳市	新乡市	三门峡市	南阳市	焦作市	济源市	固始县	安阳市
发生面积	0.21	0.86	2.77	3.40	0.05	0.10	0.14	2.40

图 17-14　河南省 2019 年松树钻蛀害虫分地区发生情况

松纵坑切梢小蠹　轻度发生面积 5.88 万亩，同比发生面积略有增加。主要发生于三门峡市卢氏县、灵宝市，南阳市南召县、西峡县、内乡县、淅川县，信阳市浉河区、平桥区、光山县。

红脂大小蠹　轻度发生面积 3.41 万亩，发生在新乡市辉县市、焦作市修武县、安阳市林州市和济源市的部分乡镇（林场）。

松墨天牛　轻度发生面积 0.64 万亩，发生率 1.39%，生于南阳市西峡县、桐柏县和直管县固始县。

9. 栎类叶部害虫

发生面积 25.26 万亩，占全省林业有害生物总发生面积的 3.10%，轻度为主；同比减少 1.7 万亩、下降 6.31%。种类有栎黄掌舟蛾、栓皮栎尺蛾、黄连木尺蛾、栎粉舟蛾、黄二星舟蛾、栓皮栎薄尺蛾、舞毒蛾、栗黄枯叶蛾。主要发生在郑州、洛阳、平顶山、安阳、三门峡、驻马店、南阳、济源 8 个省辖市和汝州、固始 2 个省直管县（市）（图 17-15 和图 17-16）。

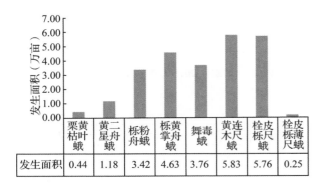

图 17-15　河南省 2019 年栎类叶部害虫分种发生情况

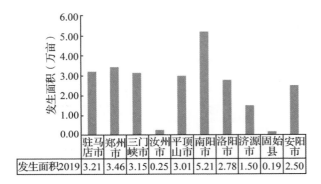

图 17-16　河南省 2019 年栎类叶部害虫分地区发生情况

栓皮栎尺蛾　发生面积 5.76 万亩，同比减少 2.47 万亩，主要发生在郑州市新密市，平顶山市鲁山县、舞钢市、郏县、叶县，南阳市南召县、方城县、西峡县、镇平县、内乡县、淅川县、桐柏县，驻马店市确山县、泌阳县，省直辖县汝州市。

黄连木尺蛾　发生 5.83 万亩，同比减少 0.67 万亩，发生在洛阳市新安县、栾川县，安阳市林州市，三门峡市陕州区、灵宝市、渑池县；其中，安阳市林州市发生面积较大。

栎黄掌舟蛾　发生 4.63 万亩，同比略有上升。主要分布在洛阳市新安县、嵩县、汝阳县，平顶山市卫东区、叶县、鲁山县、郏县、舞钢市，驻马店市驿城区、确山县、泌阳县，以及省直管的汝州市；其中平顶山市的舞钢市、驻马店市的泌阳县发生面积相对较大；洛阳市嵩县有小面积成灾。

舞毒蛾　发生面积 3.76 万亩，同比略有上

升，以轻度发生为主；主要发生在郑州市登封市、洛阳市新安县和嵩县、安阳市林州市，其中，安阳市林州市和郑州市登封市发生面积相对较大，未出现成灾现象。

栎粉舟蛾　发生 3.42 万亩，同比有所上升，以轻度发生为主，主要发生在洛阳市新安县、嵩县、汝阳县、宜阳县，南阳市南召县、西峡县、镇平县、内乡县、淅川县及济源市；其中，济源市和南阳市淅川县发生面积较大。

黄二星舟蛾　发生 1.18 万亩，同比略有上升，主要发生在驻马店市驿城区、确山县、泌阳县，其中，泌阳县发生面积较大。

栗黄枯叶蛾　发生 0.44 万亩，同比略有下降，以轻度发生为主；主要发生在洛阳市新安县、嵩县和省直管县固始县，其中，新安县发生面积较大。在洛阳市嵩县成灾面积 0.01 万亩，成灾率 0.04‰。

栓皮栎薄尺蛾　发生面积 0.25 万亩，轻度发生，主要分布在驻马店市确山县、泌阳县，其中，以泌阳县发生为主。

10. 栎类蛀干害虫

发生面积 2.92 万亩（其中，轻度发生 2.45 万亩、中度发生 0.06 万亩、重度发生 0.03 万亩），同比增加 0.38 万亩、上升 14.92%，连续 3 年发生面积呈递增趋势；种类有栎旋木柄天牛、云斑白条天牛（图 17-17 和图 17-18）。

栎旋木柄天牛　发生面积 2.23 万亩，其中，

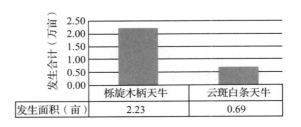

图 17-17　河南省 2019 年栎类蛀干害虫发生情况

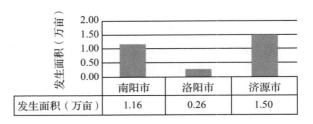

17-18　河南省 2019 年栎类钻蛀性害虫地区发生情况

轻度发生 2.14 万亩、中度发生 0.06 万亩、重度发生 0.03 万亩，主要发生在洛阳市嵩县、汝阳县、宜阳县，南阳市西峡县、淅川县，济源市；其中，济源市发生面积相对较大，洛阳市嵩县有小面积成灾，成灾面积 0.08 万亩。

云斑白条天牛　轻度发生面积 0.69 万亩，同比略有上升，发生在南阳市西峡县、淅川县。

11. 泡桐有害生物

发生面积 5.89 万亩，种类有泡桐丛枝病、北锯龟甲、大袋蛾；其中，轻度发生 4.38 万亩、中度发生 1.27 万亩、重度发生 0.24 万亩，发生面积同比减少 0.4 万亩、下降 6.36%（图 17-19）。在郑州、开封、洛阳、鹤壁、新乡、三门峡、商丘 7 个省辖市和巩义、兰考、汝州、滑县 4 个直管县（市）的部分县（市、区）发生危害。

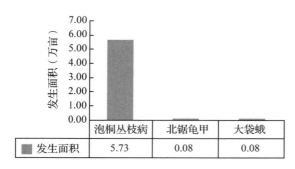

图 17-19　河南省 2019 年泡桐有害生物发生情况

12. 槐树有害生物

发生面积 1.63 万亩，同比下降 6.86%，轻度发生；种类为刺槐尺蠖、刺槐外斑尺蠖、桑褶翅尺蛾、刺槐白粉病、刺槐叶斑病，发生于郑州、洛阳、安阳、新乡、商丘、济源 6 个省辖市及滑县、汝州 2 个省直管县（市）。

13. 枣树有害生物

发生面积 1.39 万亩，其中，轻度发生 0.92 万亩、中度发生 0.39 万亩、重度发生 0.08 万亩，种类有枣尺蛾、桃蛀果蛾、枣疯病，发生于郑州市新郑市、安阳市内黄县。其中，枣疯病发生面积相对较大，有零星成灾（图 17-20）。

14. 核桃有害生物

发生面积 3.55 万亩，其中，轻度发生 3.00 万亩、中度发生 0.54 万亩、重度发生 0.01 万亩，同比基本持平；种类包括核桃举肢蛾、核桃细菌性黑斑病、核桃溃疡病（图 17-21 和图 17-22）。发生在洛阳市洛宁县、伊川县、汝阳县、偃师

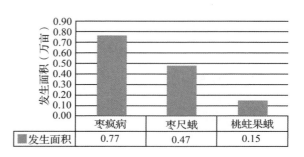

图 17-20　河南省 2019 年枣树有害生物发生情况

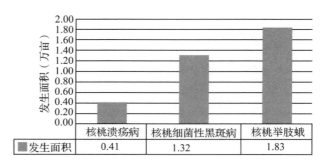

图 17-21　河南省 2019 年栎类叶部害虫分地区发生情况

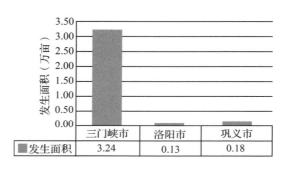

图 17-22　河南省 2019 年栎类蛀干害虫发生情况

市、孟津县，三门峡市渑池县、卢氏县、灵宝市、湖滨区及直管县（市）巩义市。

15. 悬铃木方翅网蝽

发生面积 4.42 万亩，其中，轻度发生 3.96 万亩、中度发生 0.3 万亩、重度发生 0.16 万亩，成灾面积 0.01 万亩；同比下降 13.67%。发生在郑州市、开封市、洛阳市、平顶山市、新乡市、商丘市、以及直管县（市）巩义市、兰考县的法国梧桐栽植区。

16. 栎（栗）属种实害虫

发生面积 1 万亩，轻度危害，主要种类为剪枝栎实象，发生在信阳市商城县。

17. 其他有害生物

发生面积 142.1 万亩，其中，轻度发生 128.12 万亩、中度发生 10.53 万亩、重度发生 3.45 万亩，同比下降 1.72%；其中，病害 56.6

万亩,虫害85.37万亩。种类较多,有松针褐斑病、合欢枯萎病、重阳木锦斑蛾、黄连木种子小蜂、杉肤小蠹、绿盲蝽、锈色粒肩天牛、淡妖异蟓、膜肩网蝽、合欢木虱、丝棉木金星尺蛾、纽绵蚧等,全省各地均有分布。

(三)成因分析

1. 气候因素可能不利于林业有害生物发生危害

2018/2019 年冬季,季平均降水量为 52.3 毫米,较常年同期偏多 23%,比去年同期偏多 15%。季平均气温为 1.9℃,较常年同期偏低 0.3℃,比去年同期偏低 0.5℃。

2019 年春季,全省出现明显降温过程,3 月下旬全省最低气温平均降温幅度为 10.5℃;全省有 98% 的县(市)达到中等以上冷空气标准,其中 24% 的县(市)达到强冷空气标准,55% 的县(市)达到寒潮标准;5 月气象干旱迅速发展,截至 5 月 31 日,全省出现不同程度的气象干旱,中西部和豫西北的大部、豫南和豫北的部分地区以及豫东局部达到重度气象干旱标准和特旱标准。

2019 年夏季,高温日数增多,全省夏季平均高温日数 25.7 天,较常年同期偏多 13.6 天,为 1961 年以来历史同期第五多;7 月全省大部分地区出现重度以上等级气象干旱,其中豫北、豫东的大部以及豫南的局部出现特旱。

2019 年秋季,大部分地区气温偏高,降雨偏少。

越冬期雨水偏多,气温偏低,有效压低了越冬虫口密度,导致冬季美国白蛾、杨树食叶害虫等主要有害生物越冬基数降低。春季气温降低明显,导致有害生物发育延迟;春季干旱夏季、秋季降雨偏少影响寄主植物生长从而影响有害生物的生存环境和营养物质的获取,并会导致寄主物候变化与昆虫发生不同步,使害虫缺乏食物造成死亡率升高;夏季高温日数增多,从而使美国白蛾、杨树食叶害虫等有害生物发育历期延长、交配能力降低、产卵量减少、影响卵孵化、寿命缩短或导致死亡等。这些气候不利于林业有害生物发生危害,一定程度上导致全年林业有害生物发生面积减少、危害程度降低。

2. 松材线虫病呈扩散趋势

河南省 2019 年全年气候呈现高温期长、降水量偏少的特点,高温干旱的气候,不利松树生长,衰弱的松树数量明显增加,吸引松墨天牛在其上产卵,进一步加重了松材线虫病的传播;2018 年新的技术标准规定,在松墨天牛成虫羽化期禁止采伐松树疫木,各疫区普遍反映,松树疫木数量较往年同期增加。气候因素和除治措施的变化,可能导致河南省松材线虫病发生面积较往年扩大。

3. 美国白蛾和常发性林业有害生物杨树食叶害虫危害减轻

全省各级政府和林业主管部门十分重视美国白蛾、杨树食叶害虫等重大(重要)林业有害生物的防治工作,飞机防治技术日趋成熟,防治力度不断加大。同时,随着河南生态省建设提升工程的实施,森林河南建设的逐步开展,生态廊道树种结构发生了显著改变,全省防护林、经济林、特种用途林的比重不断上升,植被类型日趋多样,杨树树种面积比重明显下降,美国白蛾、杨食叶害虫发生面积稳步下降,危害程度显著减轻,基本实现了"有虫不成灾"的控制目标。

二、2020 年主要林业有害生物发生趋势预测

(一)2020 年总体发生趋势

据河南省气候中心预测,全省大部分地区 2019/2020 年冬季、2020 年春季和夏季气温偏高 0~1℃,降水较常年偏少 0~2 成。

根据全省近年来林业有害生物发生和防治情况、主要林业有害生物近期林间越冬前基数调查结果和发生发展规律、各市预测情况以及主要寄主植物栽培和管护状况,结合气象因素,预测 2020 年全省主要林业有害生物发生面积约为 793.94 万亩,其中,病害发生面积 167.67 万亩,虫害发生面积约 626.27 万亩,病害可能上升,但总体较 2019 年呈下降趋势(图 17-23 和图 17-24,表 17-3)。

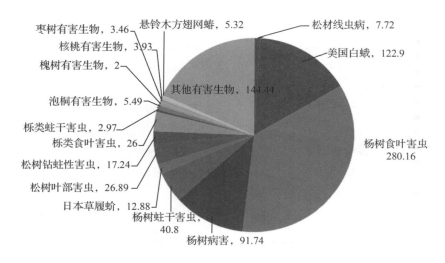

图 17-23　河南省 2020 年发生趋势预测示意图（万亩）

表 17-3　河南省 2020 年总体发生趋势预测

区划名称	2019 年发生面积（万亩）	2020 年预测发生面积（万亩）	发生趋势	区划名称	2019 年发生面积（万亩）	2020 年预测发生面积（万亩）	发生趋势
河南省	813.71	794.25	下降	信阳市	89.01	92.02	上升
郑州市	55.64	52.52	下降	周口市	52.23	47.66	下降
开封市	7.51	7.50	持平	驻马店市	57.54	55.75	下降
洛阳市	19.56	18.44	下降	济源市	9.06	8.75	持平
平顶山市	18.66	23.59	上升	巩义市	5.52	5.89	上升
安阳市	34.56	35.32	基本持平	兰考县	2.97	2.98	持平
鹤壁市	23.38	23.86	持平	汝州市	6.02	6.95	上升
新乡市	20.10	20.25	持平	滑县	3.70	3.06	下降
焦作市	23.28	24.46	上升	长垣县	1.06	1.12	持平
濮阳市	62.26	48.01	下降	永城市	8.17	8.50	上升
许昌市	24.22	23.81	基本持平	鹿邑县	9.88	9.75	下降
漯河市	22.17	20.16	下降	新蔡县	4.12	3.84	下降
三门峡市	60.34	60.86	基本持平	邓州市	40.01	40.00	持平
南阳市	85.06	87.00	上升	固始县	16.09	11.77	下降
商丘市	51.60	50.44	下降				

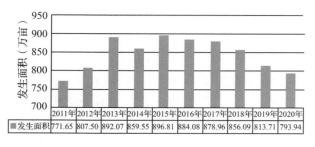

图 17-24　河南省历年林业有害生物总体
发生情况及 2020 年趋势预测

（二）2020 年主要林业有害生物发生趋势预测

松材线虫病呈扩散趋势，美国白蛾呈稳定下降趋势。杨树病害、草履蚧、松树钻蛀性害虫、槐树有害生物、核桃有害生物、枣树有害生物、悬铃木方翅网蝽、其他林业有害生物发生呈上升趋势；杨树食叶害虫、泡桐有害生物发生呈下降趋势；杨树蛀干害虫、松树叶部害虫、栎类食叶害虫、栎类蛀干害虫发生将基本持平。

1. 松材线虫病呈扩散趋势

预测 2020 年发生面积 7.72 万亩。预测已发生区可能出现新的乡级疫点，与疫情发生区毗邻的光山县、罗山县和商城县等地可能出现新的疫情（预测数据不含新疫情数据）（图 17-25，表 17-4）。

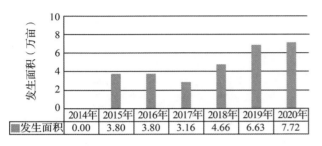

图 17-25　河南省历年松材线虫病发生
情况及 2020 年发生预测

表 17-4　河南省 2020 年松材线虫病发生预测

区划名称	2019 年发生面积（万亩）	2020 年预测发生面积（万亩）	发生趋势
河南省	6.63	7.72	上升
信阳市	6.1	6.1	持平
三门峡市	0.42	0.52	上升
南阳市	0.03	1	上升
洛阳市	0.05	0.03	持平
固始县	0.03	0.07	上升

2. 美国白蛾呈稳中下降趋势

预测发生面积 122.90 万亩，与 2019 年相比，发生呈下降趋势，主要分布在河南省京广线以东大部分县（市、区），有逐渐向西蔓延的趋势；发生面积呈递减趋势，疫区周边可能出现新的疫点（图 17-26，表 17-5）。

表 17-5　河南省 2020 年美国白蛾发生趋势预测

区划名称	2019 年实际发生面积（万亩）	2020 年预测发生面积（万亩）	发生趋势	区划名称	2019 年实际发生面积（万亩）	2020 年预测发生面积（万亩）	发生趋势
河南省	153.10	122.90	下降	商丘市	2.48	2.49	基本持平
郑州市	0.72	0.54	下降	信阳市	35.07	27.90	下降
开封市	2.53	2.55	持平	周口市	10.45	8.39	下降
安阳市	10.94	12.11	上升	驻马店市	12.29	11.30	下降
鹤壁市	15.49	15.28	下降	兰考县	1.10	1.20	上升
新乡市	6.30	5.91	下降	滑县	1.88	1.50	下降
焦作市	0.01	0.02	上升	长垣县	0.72	0.70	下降
濮阳市	45.88	29.38	下降	永城市	1.11	0.80	下降
许昌市	0.02	0.30	上升	新蔡县	0.41	0.55	上升
漯河市	0.36	0.78	上升	固始县	5.36	1.20	下降

开封、安阳、焦作、许昌、漯河以及直管县兰考县发生略呈上升趋势，其他 8 市及 5 个直管县美国白蛾疫区发生呈下降趋势。预计全省美国白蛾发生呈下降趋势。

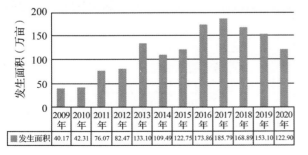

图17-26　河南省历年美国白蛾发生情况及 2020 年发生预测

3. 杨树食叶害虫继续呈现下降趋势

预测发生面积 280.16 万亩，发生面积将会减少，局部可能出现成灾现象。种类有春尺蠖、杨小舟蛾、杨扇舟蛾、黄翅缀叶野螟、杨白潜蛾、杨扁角叶爪叶蜂、黄刺蛾、杨柳小卷蛾、柳毒蛾、铜绿异丽金龟等，全省各地均有分布（图 17-27，表 17-6）。

郑州、洛阳、安阳、新乡、许昌、漯河、三门峡、商丘、信阳、周口、驻马店 11 省辖市以及巩义、兰考、汝州、滑县、新蔡、邓州、固始 7 个直管县（市）发生预计呈下降趋势，开封、平顶山、鹤壁、焦作、濮阳、南阳、济源 7 个省辖市

表 17-6　河南省 2020 年各市杨树食叶害虫发生趋势预测

区划名称	2019 年实际发生面积（万亩）	2020 年预测发生面积（万亩）	发生趋势	区划名称	2019 年实际发生面积（万亩）	2020 年预测发生面积（万亩）	发生趋势
河南省	290.76	280.16	下降				
郑州市	27.10	26.11	下降	信阳市	24.25	23.54	下降
开封市	1.83	1.87	上升	周口市	20.08	18.97	下降
洛阳市	6.43	6.31	下降	驻马店市	28.29	26.31	下降
平顶山市	9.38	11.09	上升	济源市	3.25	3.60	上升
安阳市	7.68	7.02	下降	巩义市	1.96	1.59	下降
鹤壁市	2.63	2.91	上升	兰考县	0.64	0.55	下降
新乡市	6.57	6.09	下降	汝州市	2.34	1.86	下降
焦作市	9.19	9.22	上升	滑县	0.92	0.80	下降
濮阳市	9.40	10.39	上升	长垣县	0.03	0.11	上升
许昌市	4.90	4.47	下降	永城市	2.86	2.95	上升
漯河市	11.88	9.84	下降	鹿邑县	7.73	8.50	上升
三门峡市	5.99	5.87	下降	新蔡县	2.37	2.04	下降
南阳市	40.96	42.00	上升	邓州市	21.72	19.80	下降
商丘市	24.23	20.85	下降	固始县	6.17	5.52	下降

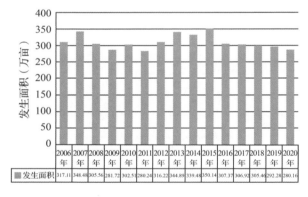

图 17-27　河南省历年杨树食叶害虫发生情况及
2020 年发生预测

以及长垣、永城、鹿邑 3 个直管县（市）发生预计呈下降趋势。

其中，春尺蠖发生会略有增加，预测发生面积 14.92 万亩，主要分布在郑州市、开封市、洛阳市、平顶山市、安阳市、鹤壁市、新乡市、濮阳市、商丘市 9 个省辖市和兰考县、长垣县、滑县 3 个省直管县（表 17-7）。

杨树舟蛾（杨小舟蛾、杨扇舟蛾）预计发生面积 197.44 万亩，发生呈下降趋势，全省各地均有分布（表 17-8）。

表 17-7　河南省 2020 年春尺蠖发生趋势预测

区划名称	2019 年实际发生面积（万亩）	2020 年预测发生面积（万亩）	发生趋势	区划名称	2019 年实际发生面积（万亩）	2020 年预测发生面积（万亩）	发生趋势
河南省	13.16	14.92	上升				
郑州市	4.58	4.70	上升	新乡市	0.46	0.58	上升
开封市	0.29	0.45	上升	濮阳市	3.75	4.87	上升
洛阳市		0.28	上升	商丘市	1.04	1.13	上升
平顶山市	0.02	0.09	上升	兰考县	0.05	0.05	持平
安阳市	2.61	2.41	下降	滑县	0.13	0.10	上升
鹤壁市	0.22	0.21	下降	长垣县	0.00	0.05	上升

表 17-8 河南省 2020 年各市杨树舟蛾发生趋势预测

区划名称	2019 年实际发生面积（万亩）	2020 年预测发生面积（万亩）	发生趋势	区划名称	2019 年实际发生面积（万亩）	2020 年预测发生面积（万亩）	发生趋势
河南省	205.95	197.44	下降				
郑州市	17.52	16.51	下降	信阳市	17.30	17.30	上升
开封市	1.51	1.41	下降	周口市	18.99	17.62	下降
洛阳市	3.19	2.93	下降	驻马店市	18.65	17.50	下降
平顶山市	8.09	9.50	上升	济源市	3.00	3.50	上升
安阳市	4.84	4.35	下降	巩义市	1.96	1.59	下降
鹤壁市	1.92	2.13	上升	兰考县	0.23	0.21	下降
新乡市	4.58	4.16	下降	汝州市	2.07	1.79	下降
焦作市	6.60	6.92	上升	滑县	0.49	0.40	下降
濮阳市	3.35	3.25	下降	长垣县	0.00	0.01	上升
许昌市	3.30	2.98	下降	永城市	2.21	2.25	上升
漯河市	10.44	8.78	下降	鹿邑县	7.73	8.50	上升
三门峡市	1.82	1.79	下降	新蔡县	1.20	1.03	上升
南阳市	34.88	36.00	上升	邓州市	13.08	11.40	上升
商丘市	13.32	10.96	下降	固始县	3.68	2.70	下降

其他杨树食叶害虫发生面积 67.80 万亩，主要种类有黄翅缀叶野螟、杨白潜蛾、杨扁角叶爪叶蜂、黄刺蛾、杨柳小卷蛾、柳毒蛾、铜绿异丽金龟等，全省各地均有分布，预计发生呈下降趋势。

4. 杨树病害发生呈上升趋势

预测发生面积 91.74 万亩，发生面积增加，主要种类有杨树黑斑病、杨树溃疡病、杨树烂皮病、杨树白粉病、杨树灰斑病等，叶部病害以杨树黑斑病为主，干部病害以杨树溃疡病为主，全省各地均有分布（图 17-28）。

大部分市杨树病害预计发生呈上升趋势，仅有中部的许昌、漯河 2 个省辖市以及兰考、汝州、滑县、鹿邑、新蔡、固始 6 个直管县（市）发生预计呈下降趋势；预测全省整体杨树病害发生呈上升趋势（表 17-9）。

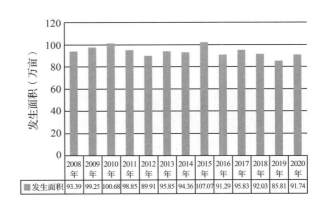

图 17-28 河南省历年杨树病害发生情况及2020 年发生预测

表 17-9 河南省 2020 年杨树病害发生趋势预测

区划名称	2019 年实际发生面积（万亩）	2020 年预测发生面积（万亩）	发生趋势	区划名称	2019 年实际发生面积（万亩）	2020 年预测发生面积（万亩）	发生趋势
河南省	85.81	91.74	上升				
郑州市	6.47	7.13	上升	信阳市	4.82	5.73	上升
开封市	1.42	1.50	上升	周口市	11.66	10.57	上升
洛阳市	0.94	1.03	上升	驻马店市	3.39	4.08	上升
平顶山市	0.90	1.10	上升	济源市	0.50	0.50	持平
安阳市	5.39	5.51	上升	巩义市	0.37	0.39	上升

（续）

区划名称	2019 年实际发生面积（万亩）	2020 年预测发生面积（万亩）	发生趋势	区划名称	2019 年实际发生面积（万亩）	2020 年预测发生面积（万亩）	发生趋势
鹤壁市	0.91	1.10	上升	兰考县	0.42	0.40	下降
新乡市	1.66	2.10	上升	汝州市	0.44	0.29	下降
焦作市	2.92	3.28	上升	滑县	0.42	0.30	下降
濮阳市	3.38	3.91	上升	长垣县	0.05	0.05	持平
许昌市	9.37	8.78	下降	永城市	0.98	1.35	上升
漯河市	4.26	3.68	下降	鹿邑县	1.10	0.13	下降
三门峡市	3.33	3.44	上升	新蔡县	0.52	0.45	下降
南阳市	8.39	9.00	上升	邓州市	3.89	7.30	上升
商丘市	7.47	8.35	上升	固始县	0.45	0.30	下降

5. 杨树蛀干害虫发生基本持平

预测发生面积 40.80 万亩，发生面积基本持平，主要种类有桑天牛、星天牛、光肩星天牛、杨干透翅蛾等，全省各地均有分布（图 17-29）。

据各市预测情况统计，杨树蛀干害虫发生面积略有增加的省辖市和省直管县（市）有 13 个，发生面积有所减少或略有下降的省辖市和省直管县（市）有 10 个，基本持平的省辖市和省直管县（市）有 5 个，预计总体发生面积会基本保持稳定趋势（表 17-10）。

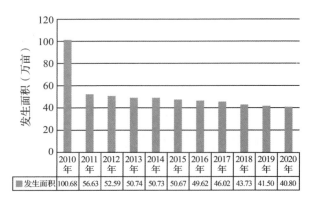

图 17-29　河南省历年杨树蛀干害虫发生情况及 2020 年发生预测

表 17-10　河南省 2020 年杨树蛀干害虫发生趋势预测

区划名称	2019 年发生面积（万亩）	2020 年预测发生面积（万亩）	发生趋势	区划名称	2019 年发生面积（万亩）	2020 年预测发生面积（万亩）	发生趋势
河南省	41.50	40.80	下降				
郑州市	2.49	1.061	下降	商丘市	3.83	4.00	上升
开封市	0.22	0.23	持平	信阳市	2.98	2.96	下降
洛阳市	0.24	0.28	上升	周口市	4.48	4.59	上升
平顶山市	0.39	0.45	上升	驻马店市	2.55	2.58	上升
安阳市	0.00	0.02	上升	巩义市	0.90	0.93	上升
鹤壁市	0.24	0.23	下降	兰考县	0.02	0.02	持平
新乡市	0.01	0.06	上升	汝州市	0.06	0.04	下降
焦作市	0.86	1.15	上升	长垣县	0.01	0.01	持平
濮阳市	0.62	0.67	上升	永城市	0.40	0.30	下降
许昌市	1.82	1.93	上升	鹿邑县	0.91	0.72	下降
漯河市	1.25	1.24	下降	新蔡县	0.72	0.65	下降
三门峡市	0.72	0.73	基本持平	邓州市	3.64	3.70	上升
南阳市	11.81	12.00	上升	固始县	0.33	0.25	下降

6. 日本草履蚧发生持续上升

预测发生 12.88 万亩，连续 6 年发生持续呈上升趋势，河南省大部分省辖市和省直管县（市）均有分布（图 17-30）。

全省 18 个草履蚧发生区中，有 14 个省辖市和省直管县（市）预测上升，其他预测略呈下降趋势，总体上，全省草履蚧发生呈上升趋势（表 17-11）。

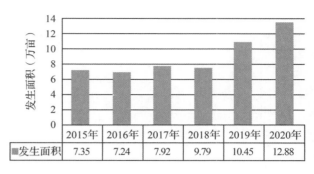

图 17-30 河南省历年来草履蚧发生情况 2020 年发生的趋势预测

表 17-11 河南省 2020 年草履蚧发生趋势预测

区划名称	2019 年实际发生面积（万亩）	2020 年预测发生面积（万亩）	发生趋势	区划名称	2019 年实际发生面积（万亩）	2020 年预测发生面积（万亩）	发生趋势
河南省	10.45	12.88	上升	许昌市	0.47	0.49	上升
郑州市	0.67	2.08	上升	漯河市	1.44	1.37	下降
开封市	0.12	0.15	上升	三门峡市	0.19	0.19	持平
洛阳市	0.29	0.29	持平	商丘市	0.44	0.75	上升
平顶山市	0.04	0.15	上升	周口市	0.27	0.28	上升
安阳市	1.88	1.82	下降	驻马店市	0.05	0.04	下降
鹤壁市	1.74	1.76	上升	济源市	0.16	0.25	上升
新乡市	0.84	1.33	上升	兰考县	0.05	0.06	上升
焦作市	1.35	1.41	上升	滑县	0.11	0.10	下降
濮阳市	0.25	0.26	上升	永城市	0.09	0.10	上升

7. 松树叶部害虫基本保持稳定发生趋势

预测发生面积 26.89 万亩，自 2008 年以来，全省松树叶部害虫发生在 26 万亩左右，基本保持稳定；主要种类有马尾松毛虫、油松毛虫、松阿扁叶蜂、中华松针蚧、华北落叶松鞘蛾。主要分布在洛阳、三门峡、南阳、信阳、驻马店 5 个省辖市以及固始县（图 17-31）。

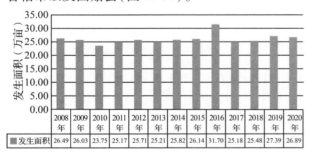

图 17-31 河南省历年松树叶部害虫发生情况及 2020 年发生预测

洛阳、三门峡、南阳、驻马店 4 市发生面积略有增加，信阳市和固始县发生面积有所减少，预计全省松树叶部害虫发生和 2019 年相比将基

本持平，保持稳定发生趋势（表 17-12）。

表 17-12 河南省 2020 年松树叶部害虫发生趋势预测

区划名称	2019 年发生面积（万亩）	2020 年预测发生面积（万亩）	发生趋势
河南省	27.39	26.89	下降
洛阳市	3.27	3.39	上升
三门峡市	19.89	20.00	上升
南阳市	1.26	2.00	上升
信阳市	2.64	1.19	下降
驻马店市	0.21	0.25	上升
固始县	0.11	0.06	下降

8. 松树钻蛀性害虫发生呈上升趋势

预测发生面积约 17.24 万亩，呈上升趋势。主要种类有松墨天牛、纵坑切梢小蠹、红脂大小蠹。主要分布在洛阳市、安阳市、新乡市、焦作市、三门峡市、南阳市、信阳市、济源市 8 个省辖市以及固始县（图 17-32）。

红脂大小蠹主要分布在安阳、焦作、新乡、济源 4 市；纵坑切梢小蠹主要分布在三门峡、南

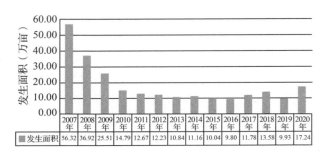

图 17-32　河南省松蛀干害虫历年发生面积及 2020 年发生趋势预测

阳、信阳 3 市；松墨天牛作为松材线虫病的传播媒介，在河南省分布范围逐步扩大，发生面积逐步增加，已成为河南省主要的松树钻蛀性害虫，主要分布在信阳、南阳 2 个省辖市以及固始县松材线虫病发生区，发生面积增加幅度较大（表 17-13）。

表 17-13　河南省 2020 年松树钻蛀性害虫发生趋势预测

区划名称	2019 年发生面积（万亩）	2020 年预测发生面积（万亩）	发生趋势
河南省	9.93	17.24	上升
安阳市	2.40	2.55	上升
新乡市	0.86	0.94	上升
焦作市	0.05	0.05	基本持平
三门峡市	2.77	2.81	上升
南阳市	3.40	3.30	下降
信阳市	0.21	7.22	上升
济源市	0.10	0.10	基本持平
固始县	0.14	0.27	上升

9. 栎类叶部害虫发生将保持稳定态势

预测发生面积 26 万亩，持续保持基本稳定。种类有黄连木尺蛾、栗黄枯叶蛾、栓皮栎尺蛾、栎粉舟蛾、黄二星舟蛾、栎黄掌舟蛾、舞毒蛾等。分布于郑州市、洛阳市、平顶山市、安阳市、三门峡市、南阳市、信阳市、驻马店市、济源市 9 个省辖市以及汝州、固始 2 个省直管县（市）（图 17-33）。

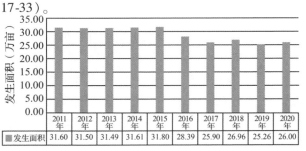

图 17-33　河南省栎类叶部害虫历年发生面积及 2020 年发生趋势预测

平顶山、南阳、驻马店 3 个省辖市以及汝州市预测发生面积略有增加，洛阳、三门峡和济源市发生面积略有减少，郑州、安阳 2 个省辖市以及固始县发生面积基本持平；预计全省栎类食叶害虫发生持平或略有上升（表 17-14）。

表 17-14　河南省 2020 年栎类食叶害虫发生趋势预测

区划名称	2019 年发生面积（万亩）	2020 年预测发生面积（万亩）	发生趋势
河南省	25.26	26.00	基本持平
郑州市	3.46	3.45	基本持平
洛阳市	2.78	2.54	下降
平顶山市	3.01	3.50	上升
安阳市	2.50	2.50	持平
三门峡市	3.15	3.23	下降
南阳市	5.21	5.50	上升
驻马店市	3.21	3.43	上升
济源市	1.50	1.00	下降
汝州市	0.25	0.65	上升
固始县	0.19	0.20	基本持平

10. 栎类蛀干害虫发生保持稳定

预测发生面积 2.97 万亩，发生面积基本持平。种类为栎旋木柄天牛、云斑白条天牛，分布于洛阳市、南阳市、信阳市、济源市 4 个省辖市（图 17-34）。

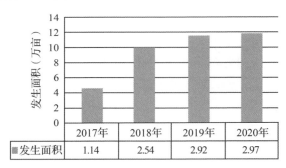

图 17-34　河南省栎类蛀干害虫历年发生面积及 2020 年发生预测

洛阳和南阳 2 市栎类钻蛀性害虫发生略呈上升趋势，济源市发生基本持平。预测全省栎类钻蛀性害虫发生持续上升（表 17-15）。

表 17-15　河南省 2020 年栎类钻蛀性害虫发生趋势预测

区划名称	2019 年发生面积（万亩）	2020 年预测发生面积（万亩）	发生趋势
河南省	2.92	2.97	上升
洛阳市	0.26	0.27	上升
南阳市	1.16	1.20	上升
济源市	1.50	1.50	持平

11. 泡桐有害生物发生危害继续呈下降趋势

预测发生面积5.49万亩，发生面积有所减少。主要种类为泡桐丛枝病、北锯龟甲、大袋蛾等，分布于郑州市、开封市、洛阳市、鹤壁市、新乡市、三门峡市、商丘市7个省辖市以及巩义、兰考、汝州、滑县、鹿邑5个省直管县(市)(图17-35)。

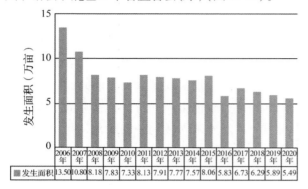

图17-35 河南省泡桐有害生物历年发生情况及2020年发生趋势

12. 槐树有害生物发生危害略呈上升趋势

预测发生面积约2万亩，发生面积略有增加。主要种类为刺槐白粉病、刺槐叶斑病、刺槐尺蠖、刺槐外斑尺蠖、桑褶翅尺蛾等，分布于郑州市、洛阳市、安阳市、新乡市、商丘市、济源市6个省辖市及汝州、滑县2个省直管县(市)(图17-36)。

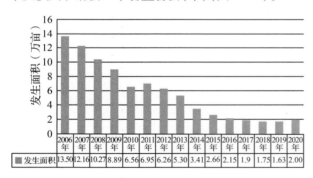

图17-36 河南省历年来槐树有害生物发生情况及2020年发生趋势预测

13. 枣树有害生物发生呈上升趋势

预测发生面积约3.46万亩，发生面积增幅较大。种类为枣疯病、枣尺蛾、桃蛀果蛾等。分布于郑州市、安阳市、三门峡3个省辖市。

据各市预测统计，发生区郑州市、安阳市、三门峡市发生预测均呈上升趋势，预计全省发生呈上升趋势(表17-16)。

表17-16 河南省2020年枣树有害生物发生趋势预测

区划名称	2019年发生面积(万亩)	2020年预测发生面积(万亩)	发生趋势
河南省	1.39	3.93	上升
郑州市	0.99	1.20	上升
安阳市	0.40	0.41	上升
三门峡市		1.85	上升

14. 核桃有害生物发生危害持续上升

预测发生面积约3.93万亩，发生面积略有增加，连续3年发生呈上升趋势。种类为核桃举肢蛾、核桃溃疡病、核桃细菌性黑斑病。分布于洛阳市、三门峡市2个省辖市和巩义1个省直管市(表17-17)。

表17-17 河南省2020年核桃有害生物发生趋势预测

区划名称	2019年发生面积(万亩)	2020年预测发生面积(万亩)	发生趋势
河南省	3.55	3.93	上升
洛阳市	0.13	0.25	上升
三门峡市	3.24	3.47	上升
巩义市	0.18	0.21	上升

15. 悬铃木方翅网蝽发生呈上升趋势

预测发生面积5.32万亩，发生面积有所增加，局部会有小面积成灾，主要分布于郑州市、开封市、洛阳市、平顶山市、新乡市、商丘市6个省辖市和巩义、兰考、邓州3个省直管县(市)(表17-18)。

表17-18 河南省2020年悬铃木方翅网蝽发生趋势预测

区划名称	2019年发生面积(万亩)	2020年预测发生面积(万亩)	发生趋势
河南省	4.42	5.32	上升
郑州市	2.15	2.71	上升
开封市	0.06	0.05	基本持平
洛阳市	0.23	0.21	基本持平
平顶山市	0.32	0.30	基本持平
新乡市	0.23	0.45	上升
商丘市	0.83	0.65	下降
巩义市	0.22	0.30	上升
兰考县	0.38	0.35	下降
邓州市	0.00	0.30	上升

16. 其他林业有害生物发生呈上升趋势

预测发生面积144.44万亩，发生面积有所增加。主要种类为杨树锈病、松落针病、松针褐斑病、杉木炭疽病、杉木细菌性叶枯病、锈色粒肩天牛、黄连木种子小蜂、杉肤小蠹、膜肩网蝽、红蜘蛛、蚜虫、介壳虫等，全省均有分布。

三、对策建议

根据河南省当前林业有害生物发生特点及形势，建议如下：

（一）切实做好松材线虫病防控工作，减缓蔓延趋势

结合 2018 年新修订的《技术方案》《管理办法》，切实分析扩散原因，查找问题根源，认清形势，强化责任，加强松材线虫病的监测和巡查，提高监测水平，研究遏制方法，打好松材线虫病攻坚战。

（二）落实预防为主方针，进一步加强基层监测预警能力建设

要进一步健全预防工作机制，将预防为主体现在生产布局上。河南省 38 个国家级中心测报点基础设施和设备严重老化和落后，目前监测工作仍以人工地面调查为主，依靠人工目测开展工作，不能适应当前形势的发展。要加大资金投入力度，改变目前重救灾轻预防的分配模式，尽快实施国家级中心测报点防治能力提升建设项目，提升国家级中心测报点地面网络监测能力；逐步开展无人机遥感立体监测及物联网等科学新技术

的应用，加快省、市级层面独立获取监测调查信息能力的基础建设；有条件的地方，可以通过尝试购买监测调查等社会化服务，拓宽监测预报领域，提高基层监测预报水平。

（三）突出重点区域，切实做好林业有害生物防控工作

紧紧围绕《森林河南生态建设规划》（2018—2027 年）提出的"一核一区三屏四带多廊道"的总体布局，加大重点生态部位重大林业有害生物预防和除治力度，加强联防联治、联防联建区域合作。加强郑州、洛阳、开封自贸区和航空港贸易区等重点区域外来入侵物种的防范，积极推进绿色防治，进一步规范防治作业行为，减少农药污染，保障森林健康。

（四）积极依靠科技进步，加大新技术和成果的推广应用力度

加强与气象、农业等相关部门的协作，建立生产、科研合作平台；加大应用型科技成果推广力度，尤其要加大卫星遥感技术和无人机监测技术应用力度，重点解决基层生产急需、经济实用的监测调查、快速检疫检验技术以及重大林业有害生物防治等实用性技术；积极探索政府购买林业有害生物监测、防治等社会化服务新途径。

（主要起草人：方松山　朱雨行；主审：李晓冬）

18 湖北省林业有害生物 2019 年发生情况和 2020 年趋势预测

湖北省林业有害生物防治检疫总站

【摘要】2019 年湖北省林业有害生物偏重发生，发生面积 671.11 万亩，同比持平。外来林业有害生物扩散蔓延势头得到一定遏制，发生面积和危害程度同比略有下降；本土常发性林业有害生物发生面积下降，危害程度以轻、中度为主，局部成灾。具体表现为：一是松材线虫病在部分疫区得到一定控制，发生面积和病死松树数量有所下降，但局部疫情发生严重；二是美国白蛾得到有效控制，主要在鄂东北发生危害；三是全国性检疫对象红火蚁得到控制，未出现新疫情；四是马尾松毛虫发生面积同比持平，局部危害偏重；五是松褐天牛发生面积上升；六是杨树病虫害、竹类、经济林病虫害、有害植物等发生面积有所下降；七是鼠兔害发生面积同比持平。

针对林业有害生物严峻发生形势，全省上下采取有效措施积极防治，全年防治面积 628.7 万亩，主要林业有害生物成灾率控制在 3.28‰ 以下，无公害防治率达到 92.1%，测报准确率达到 96.8%，种苗产地检疫率达到 100%，实现了预期目标管理任务指标。

经综合分析，预计 2020 年全省林业有害生物仍将偏重发生，全年发生面积 620 万亩。外来林业有害生物松材线虫病、美国白蛾发生形势仍然严峻，在部分区域呈扩散蔓延态势；松褐天牛、杨树、经济林病虫害呈上升趋势，危害偏重；马尾松毛虫、华山松大小蠹危害得到一定程度控制，发生面积和危害程度下降；竹类病虫害、有害植物维持平稳发生态势。

一、2019 年林业有害生物发生情况

2019 年湖北省林业有害生物发生面积 671.11 万亩（同比持平），成灾面积达 46 万亩（同比上升 0.9%）。其中：虫害发生 487.74 万亩（同比上升 4.4%），病害发生 177.59 万亩（同比下降 10.7%），森林鼠兔害发生 5.78 万亩（同比持平），另外有害植物 116.8 万亩（同比下降 10.9%）（图 18-1）。

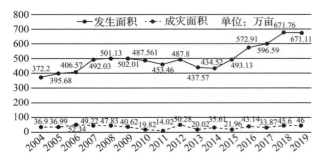

图 18-1 2004—2019 年湖北主要林业有害生物发生面积、成灾面积

（一）发生特点

一是松材线虫病在部分疫区得到一定控制，发生面积和病死松树数量有所下降，但局部疫情发生严重；二是美国白蛾得到有效控制，主要在鄂东北发生危害；三是全国性检疫对象红火蚁得到控制，未出现新疫情；四是马尾松毛虫发生面积同比持平，局部危害偏重；五是松褐天牛发生面积上升；六是杨树病虫害、竹类、经济林病虫害、有害植物等发生面积有所下降；七是鼠兔害发生面积同比持平。

（二）主要林业有害生物发生情况分述

1. 松材线虫病

据 2019 年秋季普查，松材线虫病发生面积 145.7 万亩，病死树数量 121 万株，较上年同期，发生面积减少 10.7 万亩，病死树数量减少 52 万株，下降 30.01%，荆州市石首市实现了无疫情。疫情涉及武汉市、宜昌市、荆门市、咸宁市、黄

冈市、十堰市、孝感市、襄阳市、随州市、恩施土家族苗族自治州（以下简称恩施州）、黄石市、荆州市、鄂州市等13个市（州），82个县（市、区），415个乡镇（图18-2）。

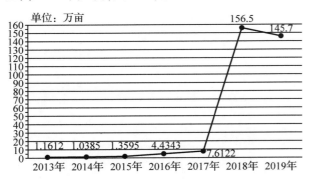

图18-2　2013—2019年湖北松材线虫病发生面积

松材线虫病防控取得一定成效，主要得益于：2018年以来，省委省政府高度重视疫情防治工作，各地除治力度显著加强，防治效果明显。一是病死树清理力度空前。2018—2019年度，全省共清理病死树和干旱火灾等原因致死松树444.8万株，其中病死树280.4万株，消灭了大量疫源。二是媒介昆虫松褐天牛防治力度加大。2019年4~9月，各地积极开展天牛防治，施药防治面积达223.8万亩，诱捕器诱杀137.9万头，松林内松褐天牛密度明显降低。三是检疫封锁力度加大。全省扎实开展疫木检疫执法专项行动，办理案件105件，其中行政案件98件，刑事案件7起，有力打击并威慑了违法违规行为。

2. 美国白蛾

据监测调查，全省美国白蛾发生0.99万亩，同比下降18.2%，与孝感市大悟县接壤的黄冈市红安县华家河镇秦湾村今年首次发现第一代美国白蛾幼虫危害，美国白蛾在鄂东北由点状到线状发生，分布于孝感市除汉川外的大悟县、安陆市、孝昌县、云梦县、孝南区、应城市，随州市广水市、随县，襄阳市襄州区、枣阳市。国家林草局2019年第6号公告撤销襄阳市宜城市、潜江市2个疫区，襄阳市襄州区、枣阳市2个疫区实现无疫情。疫情发生后，各疫区高度重视，积极防治。一是按照突出重点，分区治理的策略，对孤立的区域综合运用人工剪除网幕、杀虫灯诱杀、喷洒无公害药剂等措施，拔除孤立疫点；对连片发生区域，采取高射程喷雾防治。二是开展联防联治。

积极建立联防机制，在孝感、随州等地开展县际联防，实行信息互通，确保统防统治，不留防治死角。在各方努力下，较好地控制了美国白蛾疫情，未造成大的危害，未引发扰民事件（图18-3）。

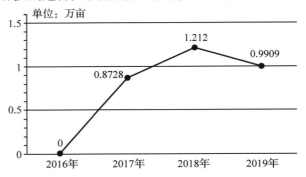

图18-3　2016—2019年湖北美国白蛾发生面积

3. 红火蚁

红火蚁是全国检疫性有害生物，2018年10月29日，首次在武汉市蔡甸区玉贤街发现疑似红火蚁疫情。11月2日，取样送往国家林业和草原局林业有害生物检验鉴定中心鉴定。11月5日，确认为红火蚁。经调查，红火蚁是由个体业主从南方引进苗木而携带传入。2019年蔡甸区委托专业公司进行除治，监测面积3900亩，防治面积415亩，共扑杀蚁巢1688个，红火蚁疫情得到有效控制，未发现新疫情。

4. 马尾松毛虫

马尾松毛虫是湖北省广泛分布的周期性害虫，2016—2017年为发生高峰期，2018年进入消退期，2019年发生面积131.03万亩，较2018年基本持平。主要发生在黄冈市各县、武汉黄陂区和宜昌夷陵区、远安县，发生区平均虫口密度20条/株，发生区最严重的区域虫口密度达69条/株。武汉市黄陂区飞机防治越冬代松毛虫50万亩，黄冈市飞机防治越冬代松毛虫76万亩，有效防控松毛虫的大发生（图18-4）。

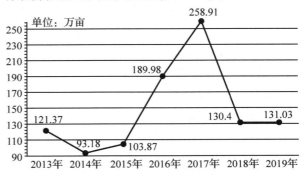

图18-4　2013—2019年湖北马尾松毛虫发生面积

5. 松褐天牛

松褐天牛是松材线虫病的传播媒介,在全省广泛分布,虫口密度大时可致松树死亡。全省发生 177.21 万亩,同比上升 43.6%。主要发生在荆州市的松滋市,武汉市的黄陂区,黄冈市的罗田县、红安县、英山县、麻城市,荆门市的京山县、钟祥市,宜昌市的夷陵区、宜都市、秭归县,十堰市的张湾区、房县等地。2019 年全省各地积极开展防治,施药防治 223.8 万亩,其中飞机防治作业面积 132.9 万亩。悬挂诱捕器 1.2 万套,诱杀松褐天牛 137.9 万头。对重点保护地区实施树干注射,保护松树 30.5 万株。在未发现疫情的林分中,使用天敌进行预防,共释放花绒寄甲成虫 242 万头,挂放卵卡 47.8 万张。此外,开展了湖北省松褐天牛成虫发生规律研究项目,为有效防治提供科学依据(图 18-5)。

图 18-5　2013—2019 年湖北松褐天牛发生面积

6. 华山松大小蠹

华山松大小蠹发生面积经多年持续大幅下降后,2018 年呈抬头态势,2019 年又呈下降趋势,发生面积 1.09 万亩,同比下降 24.3%,总体为害程度减轻,为害面积减小,但治理难度大,形势依然严峻。华山松大小蠹主要发生在鄂西北的神农架林区及周边的襄阳市保康县、十堰市竹溪县、宜昌市兴山县。2011—2018 年华山松大小蠹在神农架林区种群突增并迅速扩散蔓延,对林区森林资源和生态环境造成了巨大威胁。近几年通过综合治理,特别是采取了华山松大小蠹的虫害木全面清理,种群密度有所下降,但发生面积仍起伏不定(图 18-6)。

7. 杨树病虫害

受杨树木材市场价格低迷、业主经营管理积极性不高,逐渐转投其他绿化苗木等因素影响,

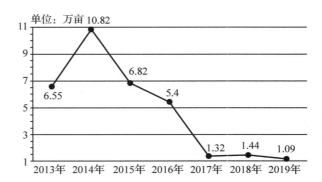

图 18-6　2013—2019 年湖北华山松大小蠹发生面积

近几年以江汉平原为代表的杨树产区新造、更新的杨树不多,杨树寄主面积减少,杨树病虫害发生和危害总体呈下降趋势。其中:杨树食叶害虫(杨小舟蛾、杨扇舟蛾为主)发生 86.9 万亩,同比下降 14.6%,以轻度发生为主,上半年第一代幼虫孵化、低龄期,全省分别出现两次降水过程,对其杀伤力较大,很大程度遏制了虫口基数和种群数量,主要发生在江汉平原的荆州洪湖市、监利县、石首市、公安县,潜江市、天门市、仙桃市等地,以汉江沿线及高速绿化带受害为主。杨树蛀干害虫(桑天牛和云斑白条天牛为主,以河滩杨树林发生较多),全省发生 28.2 万亩,基本持平,以轻度发生为主。主要发生在潜江市、天门市,咸宁市的嘉鱼县,荆州市的公安县、石首市,孝感市的汉川市,襄阳市的谷城县、南漳县,武汉市的新洲区,荆门市的沙洋县,黄冈市的红安县等地。杨树病害(杨树黑斑病、杨树烂皮病、杨树溃疡病为主,其中黑斑病以四旁、行道树受害为主,溃疡病容易在杨树育苗基地蔓延,烂皮病是湖北省补充检疫性林业有害生物,常发生在进入中龄至近熟阶段的林地),发生 10.3 万亩,同比下降 22.4%,整体以轻度发生为主,主要发生在襄阳市的谷城县、宜城市,荆门市的沙洋县、京山县,黄冈市的武穴市、黄梅县、麻城市,荆州市的石首市,潜江市,孝感市的大悟县、安陆市等地(图 18-7、图18-8、图 18-9)。

8. 经济林病虫害

经济林病虫害全省发生 61.5 万亩,同比下降 20.8%,以轻度发生为主。其中:板栗病虫害 25.8 万亩,同比下降 19%,以栗瘿蜂、板栗剪枝象、栗实象、板栗疫病为主,主要发生在鄂东

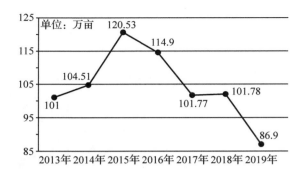

图 18-7   2013—2019 年湖北杨树舟蛾发生面积

图 18-8   2013—2019 年湖北杨树蛀干害虫发生面积

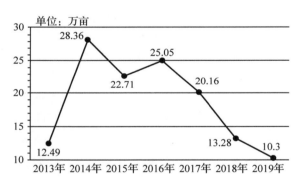

图 18-9   2013—2019 年湖北杨树黑斑病发生面积

的黄冈市罗田县、红安县、麻城市，鄂东北的孝感市大悟县、随州市随县、广水市，鄂西北的十堰市房县；核桃病虫害 7 万亩，同比下降 36.3%，以核桃细菌性黑斑病、核桃长足象、核桃举肢蛾为主，主要发生在鄂西北的十堰市竹山县、房县、竹山县、丹江口市、郧西县，鄂西的恩施州恩施市，三峡库区的宜昌市兴山县、秭归县、长阳土家族自治县（以下简称长阳县）；油茶病虫害 7.6 万亩，同比基本持平，以油茶煤污病、油茶炭疽病、油茶软腐病、油茶象为主，主要发生在鄂东的黄冈市蕲春县、麻城市、黄石市阳新县，鄂东南的咸宁市通城县、通山县、崇阳县，鄂西的恩施州恩施市，鄂北的随州市广水

市、襄阳市谷城县。木瓜锈病 1.3 万亩，同比下降 25.7%，发生在十堰市郧阳区（图 18-10）。

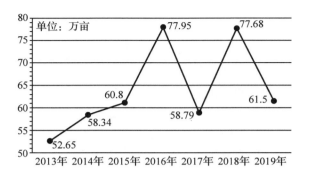

图 18-10   2013—2019 年湖北经济林病虫害发生面积

9. 竹类病虫害

竹类病虫害以黄脊竹蝗、刚竹毒蛾、竹笋夜蛾、竹丛枝病为主，发生 13.3 万亩，同比下降 29.1%，主要为轻度发生。重点发生在鄂东南的咸宁市崇阳县、通山县、赤壁市、咸安区、通城县，江汉平原的荆州市石首市，鄂东的黄冈市黄梅县、罗田县等竹类主要分布区。2015 年刚竹毒蛾在咸宁地区大暴发，咸宁市启动应急预案有效控制了灾情，此后，刚竹毒蛾等竹类病虫害发生面积持续下降，得到有效控制，今年 7 月刚竹毒蛾第 2 代在崇阳县、通城县、赤壁市局部成灾，经及时防治有效控制灾情（图 18-11）。

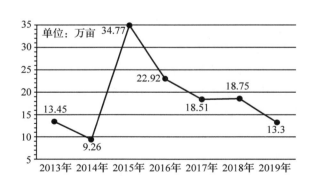

图 18-11   2013—2019 年湖北竹类病虫害发生面积

10. 鼠兔害

鼠兔害主要是草兔、东方田鼠、中华鼢鼠。发生 5.3 万亩，同比持平，兔害主要发生在咸宁市的崇阳县、通城县，襄阳市的南漳县、枣阳市，十堰市的郧西县；鼠害主要发生在十堰市的竹山县、竹溪县、郧西县、房县，咸宁市的崇阳县、通城县，襄阳市的谷城县、南漳县、枣阳市等地。

11. 有害植物

有害植物以葛藤为主,少量剑叶金鸡菊。发生 121 万亩,同比下降 11.7%,以轻度发生为主。葛藤主要发生在十堰市的郧阳区、郧西县、房县、竹溪县、竹山县,宜昌市的夷陵区、宜都市、当阳市、远安县,襄阳市的南漳县、谷城县、黄冈市的麻城市,咸宁市的崇阳县,黄石市的大冶市,随州市的随县,武汉市的黄陂区等地;剑叶金鸡菊在孝感市大悟县有少量分布。

(三)成因分析

1. 气候条件对林业有害生物发生的影响

2018 年冬季全省气温整体偏低,导致越冬代害虫(如松毛虫、杨树舟蛾等)越冬成活率低、虫口基数小。2019 年春季全省大部气温较常年偏高 0.7 ~ 2.6℃,入春提前 15 天,气温回升快。夏季比常年提前 6 天,气温先低后高,在杨树舟蛾发生高峰期恰逢多次强降水过程,抑制了总体危害;5 ~ 10 月降水总体偏少,以分散性降水为主,多地出现持续高温干旱,加重了松树的快速死亡,导致松材线虫病扩散危害加重。

2. 经贸、物流发达,增加了外来有害生物传播风险

随着我省经济的快速发展,经贸、物流、旅游等活动往来日益频繁,加之各地加大工程建设力度,为病虫害跨区域、大范围传播蔓延提供了机会,人为传播风险加大,致使松材线虫病、美国白蛾,红火蚁等外来林业有害生物防控形势日益严峻。

3. 森林质量差,结构单一,抗病虫能力差

湖北省松、杨两大树种多以纯林为主,林分结构单一,自身调控能力低,致使病虫害容易发生并成灾。如黄冈市主要以马尾松纯林为主,荆州市主要以杨树纯林为主,鄂西山区营造大片日本落叶松纯林,且树龄老化,十堰市等地大面积发展核桃等经济林,栽植密度过大,生物多样性低,导致林分处于亚健康状态,抵御林业有害生物能力差,为病虫害发生创造了客观条件。

(一)2020 年总体发生趋势预测

1. 预测依据

2019—2020 年冬季湖北省平均气温总体略高,期间气温起伏较大,经历冷、暖、冷变化,12 月下旬、2 月中旬前后有 2 次大范围低温雨雪天气;预计 2020 年春季湖北省平均气温正常略高,降水量大部偏多;夏季气温偏高、降水偏少。据上述气象条件,根据各地越冬虫口基数调查、2019 年主要林业有害生物发生及防治情况,结合 2020 年主要林业有害生物趋势会商会专家会商意见,综合形成 2020 年主要林业有害生物发生趋势。

2. 预测结果

2020 年林业有害生物仍将偏重发生,危害程度加重。预计全省林业有害生物发生面积为 620 万亩左右,其中,森林害虫发生 425 万亩,病害发生 190 万亩,鼠(兔)害发生 5 万亩。此外,有害植物发生 115 万亩。

总体趋势为:外来林业有害生物松材线虫病、美国白蛾发生形势仍然严峻,在部分区域呈扩散蔓延态势;松褐天牛、杨树、经济林病虫害呈上升趋势,危害偏重;马尾松毛虫、华山松大小蠹危害得到一定程度控制,发生面积和危害程度下降;竹类病虫害、有害植物维持平稳发生态势。

(二)分种类发生趋势预测

1. 松材线虫病

在全省上下高度重视松材线虫病防控工作,大力实施防治攻坚战的大环境下,松材线虫病总体发生势头将得到一定遏制,预测发生 140 万亩,发生面积下降。当前,全省有松林分布的 15 个市州中已有 13 个市州发现疫情,县级疫区 82 个,松材线虫病传播受人为活动影响大,根据我省经贸物流活动规律及疫情现状,松材线虫病在鄂东黄冈、孝感、鄂北随州、鄂西北十堰、襄阳等区域扩散风险较大,神农架防控形势尤为严峻,因此,2020 年应重点加强新老疫区的检疫封锁和其周边地区的监测，遏制疫情的持续扩散。

2. 美国白蛾

美国白蛾经过 2016 年传入，2017 年定殖，2018 年扩散，2019 年稳定后，预测 2020 年发生 1.2 万亩，呈上升趋势。美国白蛾已在孝感除汉川的各县（市、区）及随州的广水、随县成片发生，向周边呈扩散趋势，特别是与大悟接壤的红安县要切实加大监测除治力度，严控疫情扩散。襄阳的枣阳、襄州等仅诱捕到成虫的地方，要扎实做好幼虫专项调查，严防幼虫危害。宜城、潜江要进一步巩固疫情拔除成果。疫区周边的武汉、黄冈、十堰、荆门等地出现新疫情的可能性较大，应列为重点预防区，加大监测力度。

3. 马尾松毛虫

马尾松毛虫 2018 年进入消退期，根据发生规律，其种群密度将调控在较低水平，预计 2020 年虫口基数下降，全省发生 120 万亩，呈下降趋势。然而，2020 年气候条件有利于虫害发生，黄冈、十堰、武汉、荆门、孝感等地要关注重点发生区周边及漏防区域，防止局部造成危害。

4. 松褐天牛

2018—2019 年度，湖北省松材线虫病防治力度空前，大幅降低了林间松褐天牛基数。预测 2020 年发生 130 万亩，呈下降趋势。发生偏重的有宜昌市的夷陵、宜都、当阳、远安、秭归，黄冈市的英山、红安、罗田、麻城，咸宁市的崇阳，十堰的张湾、茅箭、郧阳，襄阳市的南漳，武汉市的黄陂，孝感市的大悟等地，应继续加大防治力度，谨防加剧松材线虫病的传播蔓延。

5. 杨树食叶害虫

预计 2020 年夏季气温偏高、降水偏少，有利于杨树食叶害虫的大发生，预测发生 95 万亩，呈上升趋势。预计主要发生在荆州市、仙桃市、潜江市、天门市，咸宁市的嘉鱼县、咸安区，孝感市汉川市，襄阳市宜城市、南漳县、枣阳市，武汉市新洲区等地，在局部地区可能暴发。

6. 经济林病虫害

近些年各地大力发展经济林产业，大量外地引种、大面积纯林栽植，造成经济林水土不服、生物多样性匮乏、抗病虫能力差，致使病虫害发生严重。预计发生 70 万亩，呈上升趋势，主要发生在板栗产区的黄冈市罗田县、红安县、麻城

市，孝感市大悟县；核桃产区的十堰市竹山县、房县、竹山县、丹江口市、郧西县，恩施州恩施市，宜昌市兴山县、秭归县、长阳县；油茶产区的黄冈市蕲春县、麻城市，黄石市阳新县，咸宁市通城县、通山县、崇阳县等地。经济林病虫害直接关系到贫困山区林农经济利益，应切实做好监测和防治技术指导。

7. 竹类病虫害

2015 年刚竹毒蛾在咸宁地区大暴发，各级政府十分重视，林农积极配合，此后，刚竹毒蛾等竹类病虫害发生面积持续下降，得到可持续控制，危害减轻。预计发生 13 万亩，同比持平，主要发生在咸宁地区。

8. 有害植物

近两年，有害植物分布广、面积大、侵占林地空间、影响其他植物生长，其危害逐渐引起重视，各地加大了防治力度，如武汉市、恩施州开展加拿大一枝黄花除治，部分地区开展葛根产品的开发利用，因此，有害植物危害得到一定程度控制。预计危害 115 万亩，呈下降趋势。

三、对策建议

（一）加强监测预警，重视灾害预防

进一步健全、完善监测预警体系和测报责任机制，根据森林资源的消长变化及重要生态地段、区域功能变化，不断调整、完善和优化监测站点，加强测报基础建设，积极运用卫星遥感、有人机、无人机、物联网等先进技术，建立空天地立体监测预警平台，提升监测预警能力，确保松材线虫病、美国白蛾等检疫性林业有害生物监测全覆盖，不留死角，常发性林业有害生物能及时掌握发生动态和趋势，偶发性林业有害生物能及时发现，积极应对。同时，各级政府和林业主管部门要科学运用监测结果，积极开展预防工作，认真落实"预防为主"的基本方针，建立预防措施在防治绩效考核中的一票否决制，把"预警防灾"放在林业有害生物防治工作首位。

（二）强化检疫封锁，严防重大疫情

松材线虫病、美国白蛾等重大危险性林业有

害生物在湖北省呈扩散蔓延势头，必须采取有力措施，强化源头管理，实施强有力的检疫封锁措施。要加强基层检疫力量建设，积极开展综合检疫执法行动和督查，加大对省际间疫情扩散的查处和责任追究，提高法律的威慑力，提升全社会知法、守法意识。

（三）抓好联防联治，提高防治成效

建立健全松材线虫病、美国白蛾等重大危险性林业有害生物跨区域联防联治机制，协同作战，统筹防治。对重点区域、路段发生的马尾松毛虫、杨树食叶害虫等主要林业有害生物，继续开展联防联治，及时将病虫信息、防治建议下发至相关单位或林权所有者，适时指导防治工作。

（四）做好科技推广，开展科学防治

积极开展松材线虫病、美国白蛾、松墨天牛等重大危险性林业有害生物生物学特性及防治技术的研究，加快新技术推广应用和科技成果转化，着力解决监测、检疫、防治等方面的技术难题。开展多层次业务培训，提高从业人员综合素质。大力推行无公害防治，提高新发、突发林业有害生物应急防控能力。

（五）强化宣传发动，争取社会支持

继续加大对《松材线虫病生态灾害督办追责办法》《湖北省林业有害生物防治条例》等相关政策法规的宣传力度，积极开展林业有害生物防治知识科普宣传，争取各地对林业有害生物防治工作的重视，形成政府主导、部门协调、社会参与的防控格局。

（主要起草人：戴丽　陈亮　罗治建；主审：李晓冬）

19 湖南省林业有害生物 2019 年发生情况和 2020 年趋势预测

湖南省森林病虫害防治检疫总站

【摘要】2019 年湖南省林业有害生物发生面积 545.6 万亩，同比下降 19.2%。发生特点：一是松毛虫、黄脊竹蝗发生面积有所下降；二是松材线虫病疫情扩散速度减缓；三是松褐天牛发生面积较去年增长明显。预测 2020 年全省发生面积 612 万亩，松材线虫病防控形势趋重；松毛虫、黄脊竹蝗等常发性有害生物止降回升，可能在局部成灾。要做好 2020 年有害生物防控工作，一是要继续强化松材线虫病防控工作；二是加强监测预警；三是抓好林业生物灾害的防控；四是加大检疫执法力度；五是聚力推进项目建设和相关创新试点工作。

一、2019 年林业有害生物发生情况

2019 年，湖南省林业有害生物发生面积 545.6 万亩，同比下降 19.2%。其中虫害发生面积 465.3 万亩，同比下降 21.7%；病害发生面积 80.3 万亩，同比下降 9.8%。防治面积 298.2 万亩，其中无公害防治 265.2 万亩，无公害防治率 88.9%。有害生物成灾面积 54.6 万亩，成灾率 3.27‰。预测 2020 年全省林业有害生物发生面积为 612 万亩，发生面积和危害程度仍将处于高位。

（一）发生特点

2019 年湖南省主要林业病虫害的发生特点：

（1）松毛虫上年防治力度大，且今年处于发生周期低点，整体发生面积有所下降。

（2）松材线虫病疫情扩散速度得到控制，新发疫情区呈现面积小、枯死松木数量少的特点。

（3）由于上半年气温比往年同期持续偏低，黄脊竹蝗出土迟、扩散晚，发育期推迟，发生面积相比去年有所减少。

（4）松褐天牛发生面积持续大幅增加。

（二）主要林业有害生物发生情况分述

1. 常发性林业有害生物

（1）食叶害虫

马尾松毛虫　经过重点防治，马尾松毛虫在湘西土家族苗族自治州等区域发生下降，但许多市州由于防治经费不足，防治覆盖面不够，部分区域虫害发生扩散。全省发生面积 185.8 万亩，同比下降 39.9%，主要发生在怀化市、邵阳市、郴州市、娄底市。其中，溆浦县发生 20.0 万亩，芷江侗族自治县（以下简称芷江县）发生 12.5 万亩，通道侗族自治县发生 12.0 万亩，新化县发生 11.5 万亩，绥宁县发生 10.8 万亩。

思茅松毛虫　思茅松毛虫轻度发生。发生面积 27.0 万亩，同比下降 15.4%。主要发生区域在岳阳市。其中平江县发生面积 8.5 万亩，岳阳县发生面积 6.0 万亩。

黄脊竹蝗　今年春季雨水偏多，跳蝻出土期推迟了 5~8 天，导致黄脊竹蝗整体发生呈下降趋势。全省发生面积 47.9 万亩，比 2018 年同期降低 18.8%。主要发生区域在益阳市、岳阳市、邵阳市、郴州市。其中桃江县发生 6.0 万亩，岳阳县发生 4.0 万亩，安化县发生 3.5 万亩，平江县发生 2.9 万亩，新邵县发生 2.8 万亩。

杨扇舟蛾、杨小舟蛾　按照环保督查要求，湖南省对洞庭湖保护区的欧美黑杨进行了清理，杨树面积减少，杨树食叶害虫发生面积下降。

2019 年全省发生 20.5 万亩，同比下降 40.2%。主要发生区域在岳阳市、常德市、益阳市。其中沅江市发生 5.5 万亩，资阳区发生 4.1 万亩，安乡县发生 3.5 万亩，南县发生 3.0 万亩，湘阴县发生 2.2 万亩。

松毒蛾　发生面积 12.0 万亩，同比增长 24.6%。主要发生区域在怀化市、邵阳市、郴州市。

（2）蛀干害虫

松褐天牛　冬春季的雪压木和风折木较多，有利于松褐天牛发生。全省 2019 年发生面积 93.0 万亩，同比增长 98.7%。主要发生区域在张家界市、长沙市、怀化市、郴州市、益阳市。其中桑植县发生 14.9 万亩，浏阳市发生 9.7 万亩，芷江县发生 7.5 万亩，安化县发生 7.3 万亩。

松梢螟　松梢螟经过重点治理，为害逐年下降。2019 年松梢螟发生面积 25.9 万亩，同比下降 25.6%。主要发生在怀化市、岳阳市、衡阳市。

萧氏松茎象　发生面积 15.4 万亩，同比增加 3.4%。主要发生区域在永州市、郴州市。

云斑天牛、桑天牛　发生面积 5.6 万亩，同比下降 5.1%，主要发生在益阳市。

（3）病害

油茶炭疽病　发生面积 18.0 万亩，岳阳市、怀化市、常德市、郴州市等各油茶种植区均有发生，其中平江县发生 5.1 万亩，临澧县发生 2.3 万亩，会同县发生 1.9 万亩，桂阳县发生 1.9 万亩。

油茶软腐病　发生面积 7.5 万亩，主要发生在常德市、岳阳市、郴州市。

2. 外来有害生物

松材线虫病　松材线虫病防控初见成效。通过 2019 年秋季普查，确认全省发生松材线虫病 53.67 万亩，全省疫情县 71 个。新发疫情区呈现面积小、枯死松木数量少的特点，说明湖南省疫情监测水平在不断提高。

（三）成因分析

气候因素　今年春季全省多阴雨寡照天气，气温比往年同期持续偏低，迟滞了昆虫生长发育，推迟了出蛰时间，越冬死亡率增加，孵化率降低，食叶害虫和枝梢害虫有下降趋势。同时，高湿度有利于白僵菌等天敌微生物的繁殖和扩散，抑制害虫发生。

生态因素　2017 年全省松毛虫大暴发，处于松毛虫发生周期规律的高峰，随后虫口密度、发生面积将会有所下降，但气候变暖使松毛虫年世代数增加，发生周期的峰谷差值变小，今后可能处于多发态势。

寄主因素　湖南省人工纯林面积大，森林资源总体质量不高，林分结构相对简单，抵抗林业生物灾害的能力不强，一旦发生为害，很容易出现快速蔓延和扩张，导致局部地区成灾。另外，根据环保督查的要求，全省连续 3 年对洞庭湖湿地的欧美黑杨进行砍伐，杨树面积显著减少，杨树食叶害虫也随之减少。

社会因素　近年湖南省交通、电力、电信等基建项目多，并向边远山区延伸，物流频发，带入疫木及其制品和包装材料的风险激增；另一方面，边远山区的监测力度弱，监测难度大，影响了疫情发现的及时性，加上老疫情区除治资金不足，资金到位滞后，导致除治工作开展滞后，推进仓促，影响了除治成效。

二、2020 年林业有害生物发生趋势预测

（一）2020 年总体发生趋势预测

根据 2019 年林业有害生物发生情况，结合有害生物生物学特性、发生规律及气候特征综合分析，经全省监测预警会商会讨论，预测 2020 年全省林业有害生物发生面积为 612 万亩，发生面积和危害程度呈逐步上升趋势，在局部地区可能成灾。

（二）分种类发生趋势预测

松毛虫　今年冬天气温较高、晴天较多，有利于松毛虫越冬，预计 2020 年全省松毛虫发生面积 248 万亩，主要发生在怀化、邵阳等地。

松材线虫病　疫源随松木包装材料大量进入

湖南省的风险持续增加，现有疫区呈合流趋势，灾情和防控形势可能进一步趋重，由于全省持续强化防控，发生面积不会大幅增加。

松褐天牛 由于雪压和风折灾害以及部分地区松毛虫为害，造成松树树势衰弱，为松褐天牛提供了良好的繁衍条件。预计 2020 年松褐天牛发生面积 95 万亩，主要发生在张家界、邵阳市、岳阳市、益阳市、怀化市。

黄脊竹蝗 黄脊竹蝗 2019 年发生点多面广，2019 年部分竹林虫口密度呈上升趋势，加上竹材行情走低，经营者防治意愿不高，预计 2020 年黄脊竹蝗发生面积过 60 万亩，比 2019 年范围增加，主要发生在益阳市、邵阳市、岳阳市、长沙市。

松梢螟 近年来松科植物新造林减少，松林已经郁闭成林，不利于松梢蛀虫的发生发展，虫口密度呈下降趋势。预测 2020 年全省松梢螟发生面积 23 万亩，主要发生在怀化市、衡阳市、岳阳市。

杨树食叶害虫 按照国家要求，洞庭湖保护区内种植的杨树逐步完成清理，杨扇舟蛾、杨小舟蛾等食叶害虫发生面积将持续维持在低位。预测发生面积 20 万亩，主要发生在岳阳市、益阳市、常德市。

油茶炭疽病、油茶软腐病 当前油茶主要品种抗病能力不强，今年冬季偏暖、明年春季多雨的可能性较大，有利于油茶病害发生。预测 2020 年油茶两种病害发生面积将超过 80 万亩，主要分布在怀化市、岳阳市、郴州市、衡阳市、永州市。

萧氏松茎象 预计发生 15 万亩，主要发生在永州市。

松毒蛾 预计发生 6 万亩，主要发生在郴州市。

三、对策建议

坚持政府主导、部门协作、社会参与，健全管理体系，完善政策法规，突出科学防控，加强督促检查，落实防治责任，强化科技支撑，加强队伍建设，加强部门协作，完善联防联治，进一步提升林业生物灾害防控能力。

(一)强化松材线虫病防控工作

一是根据《松材线虫病生态灾害督办追责办法》文件要求，对履责不到位的地区进行督办和追责，督促地方政府及其林业部门履行疫情防治职责，提高疫情防治成效；二是指导各疫情区按照疫情除治技术规程，实施限期拔除制度，严格疫木管理，在除治有效期内高质完成除治任务；三是春秋两季开展全省松材线虫病普查，准确掌握松材线虫病疫情发生发展情况，同时指导各地做好松褐天牛的防治工作和联防联治工作；四是做好科学防控。实施松材线虫病防治示范工程，实施疫木粉碎处理措施和重点地区无人机监测核查疫情制度，积极探索可借鉴、可复制的防控机制和技术措施；五是围绕重点生态功能区，加大除治力度，有效保护重点区域的松林资源和生态安全。

(二)加强监测预报

以 40 个国家级中心测报点为重点，以点带面，提升全省林业有害生物监测防治工作规范化、信息化、科学化水平。进一步推进实施中心测报点首席测报员制度，加强周报、月报数据管理，定期发布灾情发生动态。开展林业有害生物空地一体化监测技术试点，提倡运用测报灯、无人机监测等新型技术开展监测预报工作。加强对美国白蛾、红脂大小蠹等危险性有害生物可能入侵地区的监测，做好防控预案。

(三)抓好林业生物灾害的防控

做好松毛虫、竹蝗的防治。督促指导基层加强监测预警，指导可能发生林业生物灾害的地区提前制定防治预案、做好防治药剂药械准备、飞机作业计划申报及防治资金筹措等工作。进一步规范湖南省林业有害生物防治规划设计及验收制度，配合省林业有害生物防治专业委员会规范社会化防治服务工作。

(四)加大检疫执法力度

继续开展松材线虫病疫木检疫执法专项行动，巩固行动成果；与相关部门开展联合检疫检查，加强疫木源头管理，依法打击和严惩违法违规盗伐和调运疫木的行为。

（五）聚力推进项目建设和相关创新试点工作

进一步推进林业有害生物信息化管理平台的示范推广。继续开展油茶有害生物绿色防控技术示范基地建设，开展天敌对油茶害虫防效能力评估工作，提升全省林业有害生物绿色防控技术水平。做好"森防管家"林业有害生物综合防控社会化服务试点工作。

（主要起草人：戴阳；主审：李晓冬）

20 广东省林业有害生物 2019 年发生情况和 2020 年趋势预测

广东省森林资源保育中心

2019 年广东省林业有害生物发生面积 514.78 万亩，其中，轻度发生面积 480.94 万亩，中度发生 31.30 万亩，重度发生 2.54 万亩，以轻度危害为主；预计成灾面积 136.72 万亩，成灾面积 15.22 万亩，成灾率 1.07‰。主要危害种类为松材线虫病、薇甘菊、松褐天牛、油桐尺蛾、马尾松毛虫、黄脊竹蝗、松突圆蚧等 50 多种。受气候变化、林分结构改变、防治技术水平、防治经费投入、政府机构改革等因素影响，2019 年广东省林业有害生物发生面积略有增大，松材线虫病在疫情危害严重局部地区疫情扩散迅速，全省秋季普查发生面积 186.51 万亩，病枯死松木 46.91 万株，疫区和疫点数量分别增加至 17 个市 59 个县 392 个镇，疫区内病枯死树达到 43.09 万株；薇甘菊扩散危害势头迅猛，发生面积 61.88 万亩，在粤西、粤东的局部地区危害依然严重。常发性林业有害生物的危害持续减轻，次生性有害生物危害加重，在全省呈现散发状态，城市绿化四旁树及新造林地阔叶树有害生物种类有所增多，局部地区危害严重。

经模型推算、经验推测和专家分析：预测 2020 年广东省林业有害生物发生面积 523 万亩，其中，松材线虫病预计发生面积 190 万亩，在粤西、粤东地区出现新的县级疫区和镇级疫点的可能性较大，河源、清远、韶关和梅州等市局部区域暴发成灾的可能性较高。薇甘菊发生面积 60 万亩，与 2019 年基本持平，在粤东、粤西地区呈现快速扩散态势，汕头、揭阳、潮州、江门、阳江、茂名和湛江等市的部分地区可能会严重发生。马尾松毛虫等常发性林业有害生物危害继续维持在低水平，发生面积略有增加；松树钻蛀害虫发生范围可能扩大；桉树病虫害发生面积和危害程度与 2019 年基本持平；竹林病虫害发生面积比 2019 年略有增加，个别害虫可能局部地区危害严重；其他林业有害生物发生面积平稳或者下降。

建议加大林业有害生物突发疫情的监测力度，大力推广卫星、航空器等遥感技术，提高大面积监测效率和质量；加大林用涉木涉苗企业的检疫巡查力度，从源头上杜绝疫情扩散；采用分类施策，重点区域重点防治理念，遵循生物发生发展规律，发挥自然调控能力，必要时采取环境友好型药剂小范围内防治；压实基层工作责任，提升基层森防机构能力建设，为广东省林业生产和生态文明建设提供保障。

一、2019 年林业有害生物发生情况

2019 年广东省林业有害生物发生 514.78 万亩，与 2018 年相比，发生面积略有减少，同比降低 1.00%。其中，松树病害发生 188.17 万亩，松树食叶害虫 17.99 万亩，松树枝干害虫 119.11 万亩，松树钻蛀害虫 72.83 万亩，桉树病虫害 36.98 万亩，经济林病虫 2.04 万亩，竹类害虫 11.12 万亩，红树林害虫 0.79 万亩，有害植物 62.55 万亩，其他有害生物 3.22 万亩（图 20-1），主要种类有：松材线虫病、松突圆蚧、薇甘菊、

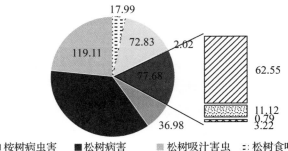

图 20-1　广东省 2019 年主要林业有害生物种类危害情况

松褐天牛、湿地松粉蚧、油桐尺蛾、马尾松毛虫、黄脊竹蝗、竹笋禾夜蛾、桉树青枯病、桉树焦枯病、萧氏松茎象、云南杂枯叶蛾、桉树紫斑病、松茸毒蛾、肉桂枝枯病、云斑白条天牛、木麻黄青枯病、桉蝙蛾、广州小斑螟、油茶尺蛾、金钟藤、桉树叶斑病、乌桕黄毒蛾、环斜纹枯叶蛾、桉树枝瘿姬小蜂、肉桂双瓣卷蛾、椰心叶甲、阔叶树花叶病、红火蚁、多纹豹蠹蛾、刺桐姬小蜂、朱红毛斑蛾等 50 多种（图 20-2）。2019 年全省防治面积 371.05 万亩，防治率为 72.08%，防治作业面积 553.74 万亩次，比 2018 年减少 22.03 万亩次；无公害防治面积 344.81 万亩次，无公害防治率为 92.93%。

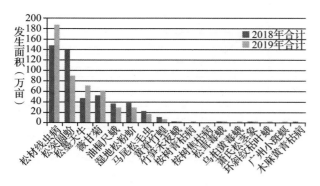

图 20-2　广东省主要林业有害生物 2018—2019 年发生情况

（一）发生特点

1. 检疫性林业有害生物扩散危害加重

2019 年松材线虫病发生面积扩散至 17 个市 59 个县级疫区 392 个疫点镇，发生范围已基本覆盖珠三角、粤东、粤北山区，河源、韶关、梅州等粤东北地区病死树数量略有增加，疫情处于高位暴发态势。薇甘菊发生呈全面扩散态势，在粤西、粤东地区已有林缘地带进入林区危害，危害程度加剧。红火蚁发生点多面广，苗圃地、森林公园、绿化带周边等多地发生比较严重。

2. 常发性林业有害生物危害继续减轻

马尾松毛虫、松茸毒蛾、黄脊竹蝗、萧氏松茎象等常发性林业有害生物危害逐年减轻，马尾松毛虫发生面积减少，以轻度危害为主，但部分地区虫口密度较大，有危害上升抬头趋势。黄脊竹蝗发生面积基本持平，危害减轻，以轻度发生为主，未出现暴发成灾现象。萧氏松茎象发生面积逐年下降，危害逐年减轻。

3. "两蚧"继续保持较低危害水平

松突圆蚧、湿地松粉蚧在全省分布发生范围广，分布界线不断向广西、湖南、江西、福建等地靠近，但危害逐年减轻，虫口密度较低。基本不造成危害。

4. 次生性有害生物种类增多

广东省主要林业有害生物发生种类达 50 多种，但其中 2/3 以上林业有害生物发生面积小，危害轻。但新造林、城市绿化和沿海防护林的樟树、枫树、土沉香、盆架子、榕树、海榄雌等树种上食叶害虫危害较重，如樟树上的樟巢螟、土沉香上的黄野螟、盆架子上的绿翅绢野螟、榕树上朱红毛斑蛾等近几年呈上升危害态势。

（二）主要林业有害生物发生情况分述

1. 检疫性有害生物

松材线虫病　发生面积剧增，扩散危害严重，病枯死木数量较大，灾情严重。2019 年全年松材线虫病共发生 188.16 万亩，由 2018 年 15 个市 52 个疫区县 295 个疫点镇（含 3 个省直属林场）增加至 17 个市 59 个疫区 392 个疫点（含 3 个省直属林场）（图 20-3），病枯死树 43.09 万株。2019 年新增陆河、连山、德庆、蓬江、高州、潮安和湘桥区（市、县）等 7 个新的县级发生区，疫情已覆盖广州、惠州、东莞、韶关、河源、梅州市，清远市仅连南瑶族自治县（以下简称连南县）没有发生，粤西地区从肇庆、阳江扩散至茂名等市周边地区，河源疫情危害严重，发生面积成倍增长，连同韶关和清远市。病死木数量猛增，病死树数量巨大，疫情处于高位暴发态势，珠三角地区危害势头已得到有效遏制。全省除深圳、中山、湛江和云浮市外，均有发生。

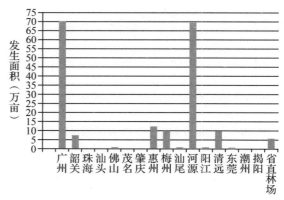

图 20-3　地级以上市 2019 年松材线虫病发生情况对比

薇甘菊 发生61.88万亩，比2018年增加9.29万亩，分布在20个市101个疫区县，粤西中部地区发生比较严重，特别是在湛江、惠州、茂名、阳江、江门、汕尾等市的部分地区发生严重（图20-5、图20-6）。疫情已全部覆盖珠三角和粤东、粤西的大部分地区。薇甘菊在林缘附近危害严重，还深入林间空窗地段，在树上攀爬严重，尤其是在新造林地、桉树林、高速公路、交通要道两旁、农田周边、国土闲置地、水利沟渠周围薇甘菊危害比较严重。

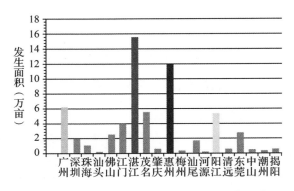

图20-4 地级以上市2019年薇甘菊发生情况对比

2. 松树食叶害虫

马尾松毛虫 危害持续减轻。发生面积16.83万亩，轻度危害为主（图20-5）。主要发生在云浮罗定、新兴、云安和云城区（市、县），韶关曲江、翁源、乐昌市（县、区），河源连平、新丰江水库区（县），江门台山、恩平市，肇庆怀集和德庆县，松茸毒蛾轻度危害。发生面积1.16万亩，主要发生在阳江阳东、阳西和阳春市（区）、茂名化州市和茂名市属林场等地。

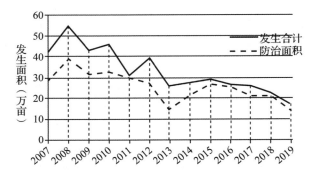

图20-5 广东省2007—2019年马尾松发生动态

3. 松树枝干病虫

松突圆蚧 低虫口发生，危害减轻。发生面积89.66万亩，同比减少36%，轻度发生，主要在韶关翁源、新丰县，茂名高州、信宜市，江门鹤山市，肇庆高要、封开、德庆、四会市（县、区），梅州五华市，阳江市阳春市，汕尾陆河、海丰县，云浮云城、云安、新兴、郁南、罗定市（县、区）等地，轻度发生，林间虫口密度低，基本不造成危害。

湿地松粉蚧 发生29.45万亩，轻度危害，危害减轻。主要发生在粤西地区的江门鹤山市，茂名电白区，肇庆高要、四会市（区），阳江阳东区、阳西县，云浮云城、云安、新兴县（区）、肇庆高要、四会、怀集县（市、区），江门鹤山市等地。林间虫口密度低，基本不造成危害（图20-6）。

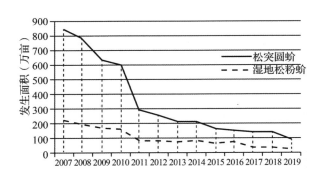

图20-6 广东省2007—2019年"两蚧"发生动态

4. 松树钻蛀性害虫

松褐天牛 发生面积增大，局部地区虫口密度高，轻度危害。危害严重的地区主要为河源新丰江、连平、东源、紫金、和平县，惠州惠城、博罗、惠东、龙门县（区）、市属林场，肇庆封开、怀集县，梅州五华、兴宁、平远县，清远英德市、市属林场等地。

萧氏松茎象 发生面积逐年下降，危害逐年减轻。发生面积0.95万亩，比去年略有下降，轻度危害。主要发生在韶关翁源、乐昌、始兴，清远连南县。

5. 桉树病虫

油桐尺蛾 发生面积30.45万亩，比去年减少19.55%（图20-7）。主要发生在韶关翁源、新丰县，江门鹤山、开平市，肇庆高要、怀集、封开、德庆县，河源连平、东源、紫金县，清远清城、清新、英德市，云浮罗定市等地，轻度危害为主，未发现局部地区暴发成灾现象。

桉扁蛾 局部地区轻度危害，发生0.46万

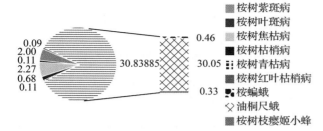

图20-7 桉树主要病虫害危害情况

亩, 轻度危害, 主要发生在肇庆市德庆县。

桉树枝瘿姬小蜂 发生面积逐渐减少。发生 0.33万亩, 轻度危害, 主要发生在湛江市开发区、遂溪和徐闻县。

桉树紫斑病、褐斑病和青枯病等桉树病害发生面积3.27万亩, 同比减少36%, 主要发生在韶关新丰县, 江门台山、恩平、开平、江门市属林场, 肇庆广宁、怀集、德庆县、惠州惠东县、阳江阳东和阳春市等地。

6. 经济林病虫

黄脊竹蝗 发生面积7.36万亩, 轻度发生, 比去年减少发生33%, 单位面积跳蝻数量明显减少, 未出现局部成灾现象(图20-8)。主要发生在肇庆广宁县、韶关仁化、始兴、南雄、乐昌和曲江区、清远清新区和梅州丰顺、平远县, 清远清新区等地。

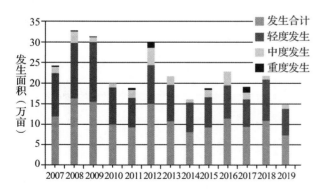

图20-8 广东省2007—2019年黄脊竹蝗发生情况对比

竹笋禾夜蛾 发生面积2.79万亩, 轻度发生, 同比减少21.41%, 主要分布在肇庆市怀集和广宁县, 危害茶杆竹。环斜纹枯叶蛾在韶关南雄市发生面积0.98万亩, 危害青皮竹, 发生在韶关市南雄和仁化县, 毗邻江西省竹种植区, 局部地区危害严重。

肉桂枝枯病 发生面积0.37万亩, 轻度发

生。肉桂双瓣卷蛾发生面积0.92万亩, 均发生在云浮市罗定市, 对肉桂种植造成一定的经济损失。

黄野螟 局部地区发生严重。发生面积0.46万亩, 在茂名化州、信宜和电白区(市)以及东莞市的土沉香和莞香上虫口密度大, 出现个别地段的整株树树叶被吃光的现象, 近几年广东省多地造成严重危害。

油茶尺蛾 发生面积0.28万亩, 油茶褐斑病发生面积0.4万亩, 主要发生在云浮罗定市, 均以轻度危害为主。

7. 其他有害生物

朱红毛斑蛾 在深圳、东莞和茂名电白区等小范围发生较严重, 树叶被吃光, 形成秃顶。

绿翅绢野螟 在城市绿化的盆架子上危害严重, 树叶被吃光。

广州小斑螟 发生面积0.71万亩, 主要危害沿海红树林白骨壤, 发生在湛江市麻章、廉江, 茂名市电白区, 阳江高新、阳西, 轻度危害。

(三)成因分析

1. 经济发展有利于林业有害生物的扩散

广东省地处我国大陆最南部, 是我国的南大门, 是区域经济中心, 省际间贸易往来频繁, 沿海口岸众多, 随着一带一路及粤港澳大湾区基础建设的快速发展, 广东省经济、人口、交通密度持续增长, 物流活动更加频繁, 森林城市建设和生态发展需求, 导致大量的苗木及林木制品跨区域调运, 苗木种植量增加, 有利于带疫苗木的远距离运输和扩散, 增大了外来有害生物入侵定殖的风险。

2. 气候异常影响林业有害生物的发生和危害

2019年广东省气温显著偏高, 年平均气温22.8℃, 较常年(21.9℃)偏高0.9℃, 比2018年(22.3℃)偏高0.5℃, 破历史最高纪录; 降水正常略偏多。全省平均降水量1918.8毫米, 较常年(1790.0毫米)偏多7%, 较2018年(1801.8毫米)偏多6%, 降水时空分布不均, 3~5月降水明显偏多, 9~12月降水明显偏少, 共出现20次大范围强降水过程, 2019年局地洪涝灾害重。上半年雨水偏多, 长时间强降雨, 不利于马尾松毛

虫、黄脊竹蝗、松墨天牛的发生和危害，但有利于薇甘菊快速生长和扩散危害；上半年松材线虫病枯死树数量为下半年的一半；下半年全省雨水减少，温度偏高，导致松材线虫病快速扩散蔓延，发病时间短，松树死亡速度快，同时也不利于病害的发生和危害。

3. 林分种类结构改变导致有害生物种类发生变化

为打造宜居生态环境，广东省重点生态工程建设项目中，加大了疏残林、纯松林的改造，大量种植樟树、土沉香、枫树、椎树、荷木等优势阔叶树种和观赏景观树种，树种种类越来越多，成林面积也逐年增加，森林生态系统日趋稳定，生物多样性更加丰富，优势有害生物种群暴发成灾概率降低，次生性害虫危害水平上升，危害种类变化明显，容易出现种群突然上升，局部地区危害成灾的现象。

4. 监测防治不及时导致灾害除治不到位

广东省森林面积大，监测任务重，监测手段单一，难以实现全覆盖，监测人员技术水平不高，疫情存在发现不及时，发现后上报迟缓，应急资金难以及时到位，导致疫情不断扩散，发生扩散危害越来越重。另外广东省林业有害生物防治经费实行预算制，招标流程复杂，项目资金使用与防控节点无法匹配，监测到疫情，无法及时进行防治，导致防治措施不到位，有效防治率不高，导致疫情扩散蔓延。

5. 机构改革导致监测网络体系不健全

机构改革后，广东省各地森防机构缩编严重，人员急剧减少，从业人员轮岗多，且一人身兼多职现象普遍，经过专业技术培训的人员更少，基层测报人员多数是村里的村民，且多为兼职，专业基础差，操作能力低，难以负担起全面、高效、及时、准确的林业有害生物监测、检疫和除治任务。公车改革后普遍存在无车可用，只能依靠人工小范围监测，很多林区无法实现全面、及时、有效的监测。

6. 防治资金匮乏造成疫情除治扩散危害

广东各级财政防治资金实施预算制度，也相继加大了林业有害生物防治经费的投入，尤其是松材线虫病经费在逐年增大。但是在山区，防治资金有限，少数仅依靠中央和省级财政林业有害

生物防治补助经费开展防治工作，发生面积大，病死树数量多，防治任务重；根据最新的松材线虫病防治技术方案，疫木清理费用需要增加3倍以上，现有的防治资金难以满足实际松材线虫病防治的要求，大量的枯死木滞留山上，必将导致疫情的继续扩散蔓延，死树量继续增加。

7. 部门联动不够导致防治不统一

广东省薇甘菊防治主要以林业部门为主，其他部门除农业部门有少量防治外，国土、交通、水利、高速公路、铁路等部门管辖区域，基本没有进行防治，也未给林业部门防治提供便利条件。缺少了部门联动和配合，薇甘菊防治出现林业部门单兵作战的局面，无法全面防治，特别是废弃的农田、果园周边、高速公路、国土闲置地、水源沟渠边等地的薇甘菊防治难度更大，但防治率极低。对施药技术和药剂安全性要求较高，导致薇甘菊疫情发生越来越严重。

二、2020 年林业有害生物发生趋势预测

（一）2020 年总体发生趋势预测

以预测气候因素与林业有害生物发生发展关系的预测结果为基础，综合分析历年来广东省林业有害生物的发生与防治情况，结合各市预测数据，经过专家会商、修订（图 20-9）。

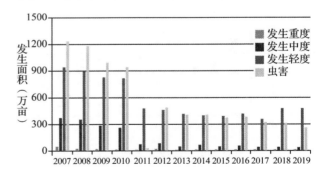

图 20-9　广东省 2007—2019 年林业有害生物发生情况

预测 2020 年广东省林业有害生物发生面积 523 万亩，其中，松材线虫病发生 190 万亩，仍处于高位发生态势，粤北、粤西和粤东出现新疫区县及新疫点可能性大，病死树数量继续增多；河源、清远、韶关和梅州市等市疫情危害严重。

薇甘菊发生面积 60 万亩，基本与 2019 年持平，在粤东、粤西地区呈现快速扩散态势，局部市县危害严重。常发性林业有害生物的危害继续保持低水平，发生面积略有减少；松树食叶害虫发生面积下降，松树钻蛀害虫发生范围可能扩大；桉树病虫害发生面积和危害程度将持续走低；竹林病虫害发生面积与 2019 年基本持平，个别害虫可能局部地区危害严重；其他林业有害生物发生面积平稳或者下降（表 20-1）。

表 20-1　2020 年广东省主要林业有害生物预测发生统计表　　　　　　　（万亩）

主要林业有害生物种类	主要危害寄主	2019 年发生面积	预测 2020 年发生面积	发生趋势
	现有林地	514.78	523	上升
松材线虫病	松属	188.16	190	上升
薇甘菊	有林地	61.88	60	持平
马尾松毛虫	马尾松	16.83	20	上升
湿地松粉蚧	湿地松等国外松	29.45	30	持平
松突圆蚧	马尾松	89.66	80	下降
松褐天牛	马尾松	71.81	70	持平
油桐尺蛾	桉树	30.45	36	上升
桉树病害	桉树	3.27	5	持平
黄脊竹蝗	青皮竹等竹科	7.36	7	下降
竹笋夜蛾	茶竿竹	2.79	5.5	上升
环斜纹枯叶蛾	毛竹	0.98	0.95	持平
广州小斑螟	红树林	0.71	0.5	持平
木麻黄青枯病	木麻黄	0.61	0.6	持平
其他		10.81	17.45	上升

预测依据：

1. 2020 年气象预测

与历史同期相比，2020 年 1～3 月广东省大部分地区平均气温偏高 0.1～0.5℃，1～3 月雨量大部分地区偏少 1～2 成。季内，低温阴雨属偏轻年景，出现倒春寒的可能性较小；霜冻北部偏轻；1～3 月出现全省性寒潮的可能性较小。

2. 历年发生数据

从全省林业有害生物发生发展规律来看，广东省林业有害生物发生面积呈下降趋势，尤其是松突圆蚧和湿地松粉蚧的发生面积在大幅下降，但从近两年发生数据来看，受松材线虫病大面积暴发影响，预测 2020 年发生面积略有增加。

3. 广东省 2019 年林业有害生物防治情况

2019 年全省防治作业面积 552.85 万亩次，防治面积 370.16 万亩，防治率为 71.91%。另外由于松材线虫病防治技术方法的改变，防治难度加大，导致资金未能及时到位，加上广东省各地林业有害生物防治多采取购买社会服务方式，实施前期过程复杂、时间长，一定程度造成不能及时开展防治工作。

4. 林分结构改变

近年来广东省实施绿化广东大行动，新造林面积越来越大，这为有害生物发生提供了充足的寄主食物，新造林有害生物发生多、危害重的可能性较大。根据最新二类资源调查结果，林分统计标准改变，松林面积比 2018 年大幅减少，重点区域残次林、纯松林及布局不合理桉树林的改造和乡土树种和珍贵阔叶树面积不断扩大，使得有害生物寄主种类发生变化，纯林面积减少，有害生物种类相应发生变化。

（二）分种类发生趋势预测

1. 松材线虫病

预测松材线虫病发生面积 190 万亩，较 2019 年将略有上升，疫区县和疫点镇均有可能增多，病死树数量继续增大，危害继续加重。珠三角地区面积可能略有减少，粤东、粤北发生面积可能扩大，病死树数量增多；汕头、清远、肇庆、江门、揭阳、汕尾、云浮等市新发疫情风险高，澄海、连南、高要、鹤山、揭西、云安、郁南县（市、区）等地发生松材线虫病的可能性大。预测依据：

（1）松材线虫病疫情历年发生情况及松材线虫病发生趋势，疫情在粤东北地区危害严重，并逐渐由珠三角地区向粤西地区扩散，2019年全省有59个县392个镇发生有松材线虫病疫情，新发点多，疫情反复发生，病死树数量大。粤北除清远市连南县没有发生疫情外，已全部覆盖蓬江、德庆和高州市（区）均在粤西地区，粤东仅剩潮汕地区部分县，新发疫情的可能性大。

（2）松材线虫病发生区纯松林面积大。梅州、河源、韶关和清远市马尾松林面积面积大，疫情发生严重，2019年危害严重，病死树存量大，又处于初发上升期，疫情将长期处于高发态势，难以短期内降到较低水平。

（3）松褐天牛2019年发生量。2019年全省松褐天牛发生71.81万亩，比2018年增加了53.05%，广泛分布在全省松林种植区，大面积发生，极易携带松材线虫跳跃式传播。

2. 薇甘菊

预计薇甘菊2020年发生60万亩，发生面积基本与2019年持平，在粤西和粤东地区继续扩散危害，部分地区盖度较大，在新造林地、水源地、农田、高速公路两旁、铁路边等区域发生依然十分严重，尤其是粤东沿海和粤西地区的个别市县发生会非常严重。预测依据：

（1）历年发生趋势情况。近2013—2019年薇甘菊的发生面积呈明显的逐年上升趋势。

（2）生物学特性。薇甘菊自身繁殖能力强，结籽数量多，不仅可以进行无性繁殖，也可以通过大量的种子随气流、车流、水流远距离传播，极易扩散危害，且生长期难以调查，发现时已是存在较长时间了，且在路边、篱笆障等特殊区位有美化风景的效果，一般人不认识也不以为有害，所以防不胜防，不易引起重视。

3. 松树虫害

（1）马尾松毛虫。预测2020年马尾松毛虫发生面积20万亩，比2019年略有增加，轻度危害，虫口密度降低，不排除局部地区危害严重的可能，主要发生在韶关、茂名、阳江、肇庆、云浮、梅州等市。

（2）松褐天牛。依据松褐天牛历年发生数据，2019年秋季山上仍滞留大量枯死松木，预测2020年松褐天牛发生70万亩，发生依然比较严重。主要分布在广州、韶关、惠州、梅州、河源、肇庆、云浮市等地。

（3）松蚧虫。预测松蚧虫发生面积持续下降，预计松突圆蚧2020年发生80万亩，湿地松粉蚧发生30万亩，主要发生在茂名、阳江、云浮、韶关、梅州、肇庆、汕尾等地，多数地区在林间处于低虫口密度，轻度危害，不会危害成灾。预测依据：

（1）气候因素。影响马尾松毛虫灾害发生的气候因子主要有温度和降水，其中第一年冬季和当年早春温度是第一影响因子，相互之间呈正相关性，而夏季降水量是第二影响因子，相互之间呈负相关性。今年冬天及明年春天的气候预测结果显示，平均气温较常年同期偏高，有利于马尾松毛虫的发生。影响松突圆蚧和湿地松粉蚧种群消长的气候因子有气温、相对湿度、降水量和风等，其中气温和降水量是主导因子，当日平均气温过高或过低时，其死亡率增大；降水量越多，其虫口密度越低。近年来，极端高温、低温常现，强降水天气频发，不利于松蚧虫的发生发育。

（2）历年发生防治数据。从马尾松毛虫历年发生防治数据趋势来看（图20-14），整体呈下降趋势。根据马尾松毛虫的历年发生防治数据，应用多元回归构建预测数学模型 $X(N) = 1.2671 \times X(N-1) - 0.5926 \times X(N-2) + 0.3297 \times X(N-5)$，预计发生20万亩。从马尾松毛虫历年发生数据趋势来看，整体呈下降趋势，2019年局部地区出现虫口密度大的现象，明年上升的可能性大。松蚧虫的历年发生数据，呈持续走低的趋势，预测明年松蚧虫的发生面积继续下降。

（3）林分情况。近年来，广东省加大纯松林林分改造力度，纯松林面积逐步缩小，松树虫害因寄主面积减少相应减少发生面积。

（4）防治情况。松褐天牛作为松材线虫病的传播媒介昆虫，各地高度重视松褐天牛的防控，积极采取清理病死树、挂诱捕器、飞机喷药防治等多种方法，取得一定的成效，但松褐天牛属钻蛀性害虫，防治难度大。广东省利用本地蜂进行生物防治松突圆蚧，本土寄生蜂已逐步成为优势种，在林间形成一定的自然种群规模，基本达到自然控制水平，防治效果稳定。

4. 桉树林病虫害

广东省桉树纯林的面积约 2000 万亩，结合明年的气候预测、各市和专家会商意见，预测桉树虫害发生 36 万亩，主要种类有桉树尺蛾、桉袋蛾和桉树枝瘿姬小蜂；桉树病害预测发生 5 万亩，主要种类有桉树青枯病、桉树焦枯病和桉树褐斑病等，发生面积有所下降，主要发生在桉树种植区，如韶关、江门、湛江、茂名、肇庆、河源、清远、云浮等市。预测依据：

（1）气候因素。广东省历年气候发生规律。

（2）林分情况。广东省桉树林改造力度加大，寄主树面积减少，桉树病虫害发生危害将有所下降。

5. 竹林病虫害

广东省竹林主要危害种类有黄脊竹蝗、竹笋夜蛾和刚竹毒蛾。预测黄脊竹蝗发生 7 万亩，主要发生在韶关、梅州、清远、肇庆、河源和阳江等地。环斜纹枯叶蛾在韶关预测发生 0.95 万亩，不会成灾。竹笋夜蛾在肇庆怀集县预测发生 5.5 万亩，局部地区可能成灾。预测依据：

（1）气候因素：每年 1~3 月的气温和降水量与黄脊竹蝗的孵化期有密切的关系，气温越高，孵化越早，降雨有助于卵块吸收必要的水分，尽早完成胚胎发育。依据气象部门明年春季的气候预测，预测广东省黄脊竹蝗发生与 2019 年持平。

（2）林分情况：竹林面积约有 500 万亩，幼林比例大，且栽植密度大，易发生竹林虫害。

三、对策与建议

围绕国家林草局和省政府工作部署，结合广东省目前林业有害生物防控工作现状，提出以下对策与建议：

（一）加强组织领导，落实防治责任

深入贯彻落实《国办意见》和《广东省人民政府办公厅关于进一步加强林业有害生物防治工作的通知》精神，进一步提高各级领导对林业有害生物危害严重性的认识，建立健全防治目标责任制，将林业有害生物防控目标任务纳入各级政府考核体系，切实落实防治责任。

（二）加强队伍建设，提高监测能力

加强护林员队伍的建设和管理，将监测责任落实到山头地块个人，开展新入职技术人员的培训，提高从业人员专业技术水平。充分利用普查成果，补充完善广东省林业有害生物电子标本馆，出版广东省主要林业有害生物彩色图鉴。加强 43 个国家级中心测报点的能力提升建设，购买智能虫情测报灯、物联网、疫木粉碎机、无人机等设备，探索应用卫星、航空等遥感技术和大数据融合分析，提高全省的监测预警能力。

（三）加强监测预警，提升预报质量

切实加强林业有害生物的监测调查，完善监测预警网络体系，全面贯彻落实林业有害生物灾情快报制度，加强松材线虫病和薇甘菊等重大林业有害生物的监测，及时发现疫情，及时上报，杜绝迟报、漏报、不报的现象。按照《国家级林业有害生物中心测报点管理规定》，发挥国家级中心测报点的区位优势和辐射作用，围绕林业有害生物"最及时的监测、最准确的预报、最主动的预警"的工作目标，进一步明确各中心测报点的工作任务和职责内容，继续通过电视等社会媒体对外发布生产性预测预报。

（四）加强科技攻关，实施科学防控

严格执行《松材线虫病防治技术方案》和《松材线虫病疫区和疫木管理办法》，积极开展以松材线虫病枯死木清理销毁为主，飞机超低容量喷雾、新型诱捕器和其他防治措施为辅的综合防治措施，加强检疫监管，严防疫木流失，切断疫源传播途径。

（主要起草人：刘春燕　李亭潞；主审：李晓冬）

21 广西壮族自治区林业有害生物 2019 年发生情况和 2020 年趋势预测

广西壮族自治区林业有害生物防治检疫站

【摘要】2019 年广西壮族自治区林业有害生物危害程度偏重，发生范围较广，局部灾害较严重，全年总发生面积 598.21 万亩，同比上升 12.73%。松材线虫病疫情继续扩散蔓延，新增疫区 9 个，新增乡镇疫点 16 个，新增发生面积 0.95 万亩。一些本土林业有害生物仍然危害较严重，局地成灾，有害植物薇甘菊的危害仍在继续扩散。根据各地年度发生防治情况统计，全区林业有害生物成灾面积 7.51 万亩，成灾率控制在 4.2‰以下(0.37‰)，无公害防治率 96.94%，实现了预期目标管理任务指标。

经大数据综合分析，结合运用趋势预测模型分析，预测 2020 年全区林业有害生物发生总面积为 588.63 万亩，发生趋势稳中有降，整体维持高位震荡态势，危害程度仍属偏重年份。2020 年广西林业有害生物防控形势依然严峻，监测防控工作不容麻痹，需稳定专业技术人员，加大监测防控资金投入，完善防控基础设施，做好应急物资储备，提升疫情监测防控能力。

2019 年广西壮族自治区林业有害生物危害程度偏重，发生范围较广，局部灾害较严重。据统计，全年总发生面积 598.21 万亩，同比上升 12.73%，发生面积有所上升，危害程度持续加重。根据当前林业有害生物发生规律、防治情况、历年发生大数据、趋势预测数学模型以及 2019 年病虫害越冬情况调查，结合资源状况、生态环境与林分质量、气象信息以及人为影响等多种因素进行综合分析，预测 2020 年广西林业有害生物发生面积为 588.63 万亩，发生程度仍属偏重年份，总体发生趋势稳中有降，但仍保持高位窄幅震荡态势(图 21-1)。

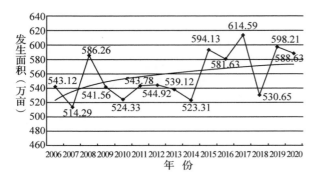

图 21-1 2006—2019 年广西林业有害生物发生面积及 2020 年趋势预测

一、2019 年林业有害生物发生情况

2019 年全区下达监测任务 9.66 亿亩次，实际完成监测面积 11.53 亿亩次，重点区域监测覆盖率为 100%。全区发生并造成较严重危害的林业有害生物共有 66 种，其中病害 20 种，虫害 44 种，鼠害 1 种，有害植物 1 种，发生总面积 598.21 万亩，同比上升 12.73%。病害发生面积 90.06 万亩，与 2018 年持平，占发生总面积的 15.05%；虫害发生面积 491.41 万亩，同比上升 13.60%，占发生总面积的 82.15%；鼠害发生面积 0.20 万亩，占总面积的 0.03%；有害植物发生面积 16.54 万亩，同比上升 64.25%，占总面积 2.76%(图 21-2)。成灾面积 7.51 万亩，成灾

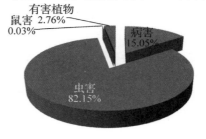

图 21-2 2019 年各种类林业有害生物发生面积占总面积百分比

率为 0.37‰，同比下降 31.73%。主要成灾种类有松材线虫病、桉树叶斑病、八角炭疽病、桉蝙蛾、油桐尺蛾、橙带蓝尺蛾、黄脊竹蝗、八角叶甲、广州小斑螟等（表 21-1）。

表 21-1　广西 2019 年林业有害生物发生情况统计表

病虫名称	2018年发生面积(亩)	2019年发生面积(亩)					成灾面积(亩)	成灾率(%)
		合计	轻度	中度	重度	同比(%)		
有害生物总计	5306507	5982120	4966068	681810	334242	12.73	75062	0.37
一、病害总计	877232	900619	588634	166582	145403	2.67	66989	0.33
1. 松材线虫病	91883	100797	0	0	100797	9.70	56843	1.694
2. 杉木病害	14883	17684	16681	0	1003	18.82	1003	0.04
2. 桉树病害	265833	260683	201387	46250	13046	-1.94	5389	0.55
3. 竹类病害	325693	322411	209111	91425	21875	-1.01	0	0
4. 八角病害	162011	171263	135682	27099	8482	5.71	3754	0.625
5. 肉桂枝枯病	4295	4857	4286	571	0	13.08	0	0
6. 其他病害	12634	22924	21487	1237	200	81.45	0	0
二、虫害总计	4325873	4914083	4248163	479146	186774	13.60	8073	0.04
1. 松树害虫总计	3748790	4228275	3762154	340033	126088	12.79		
马尾松毛虫	269821	272167	215417	42175	14575	0.87	3101	0.086
湿地松粉蚧	91001	696427	696427	0	0	665.30	0	0
松突圆蚧	3305386	3165762	2783199	281890	100673	-4.22	0	0
松褐天牛	39021	52077	34035	7202	10840	33.46	0	0
萧氏松茎象	8949	6106	5413	693	0	-31.77	0	0
其他松树害虫	34612	35736	27663	8073	0	3.25	0	0
2. 桉树害虫	291804	303663	277617	22081	3965	4.06		
桉树食叶害虫	214846	231672	213760	14480	3432	7.83	2145	0.057
桉树蛀干害虫	69204	66831	58897	7401	533	-3.43	0	0
桉树枝瘿姬小蜂	7754	5160	4960	200	0	-33.45	0	0
3. 八角害虫	52969	48401	36249	11379	773	-8.62	730	0.122
4. 竹类害虫	186510	205432	69466	82649	53317	10.15	1606	0.55
5. 油茶害虫	2755	4557	4499	58	0	65.41	0	0
6. 核桃害虫	4452	80516	67084	13432	0	1708.54	0	0
7. 红树林害虫	6387	10479	7149	3315	15	64.07	0	0
8. 其他害虫	32206	32760	23945	6199	2616	1.72	491	0
三、鼠害总计	2670	2037	1917	0	120	-23.71	0	0
赤腹松鼠	2670	2037	1917	0	120	-23.71	0	0
四、有害植物	100732	165381	127354	36082	1945	64.18	0	0
薇甘菊	100732	165381	127354	36082	1945	64.18	0	0

2019 年采购松褐天牛诱捕器 3000 套、紫薇清 1 吨、苏·阿维菌粉剂 50 吨、白僵菌 40 吨，用于预防和除治松毛虫、松褐天牛、桉蝙蛾等害虫。有关市县（区）也积极购买药剂药械开展防控，把灾害造成的损失控制在较低水平。2019 年全区林业有害生物防治作业面积为 178.11 万亩，其中预防面积 49.21 万亩，实际防治面积 115.07 万亩，无公害防治率达到 96.94%。应用飞机喷洒噻虫啉和氯氰菊酯防治松褐天牛，在柳州市、梧州市、贵港市和玉林市共作业 39.5 万亩次。

（一）林业有害生物发生特点

1. 林业有害生物发生种类多，局部区域灾害仍然较重

2019 年广西林业有害生物发生趋势总体上升，病害与去年相比持平，虫害有所上升，局部区域灾害仍然较重。全年发生危害的林业有害生物达 66 种，发生总面积达 598.21 万亩，发生种类多，发生范围广，造成较大的经济和生态服务功能价值损失。

2. 松材线虫病继续扩散蔓延，新增疫点较多

2019 年在松材线虫病春秋季普查过程中，新发现南宁市青秀区，桂林市永福县、全州县，钦州市浦北县、灵山县，贵港市港北区，玉林市容县、博白县，崇左市龙州县松材线虫病疫情，新增疫点 9 个，新增发生面积 0.95 万亩，全区松材线虫病疫区 27 个，疫情发生面积达 10.14 万亩，首次在钦州市发现染疫松树，松材线虫病扩散蔓延的形势更为严峻。

3. 本土林业有害生物危害仍然较严重，局部成灾

马尾松毛虫在全区松树种植区均有不同程度的危害，在桂北和桂东局地偏重成灾。油桐尺蛾、桉蝙蛾、桉树叶斑病、桉树青枯病等桉树病虫害在桂中和桂东地区发生面积较大，局部区域造成灾害。杉木叶枯病在百色市发生比较严重，局部成灾地区造成大量幼树死亡。

4. 竹类及经济林病虫持续高发，损失巨大

经济林病虫危害涉及区域广、发生面积大。其中竹类病虫在桂北局地成灾，受害竹林如同火烧。八角、核桃、油茶等经济林病虫在桂西、桂中、桂南、桂东南等地均呈不同程度危害，经济损失严重。

5. 珍贵树种病虫危害点多面广

随着广西大力推广种植珍贵树种，危害降香黄檀、格木、柚木、任豆树等珍贵树种的害虫和病害在广西多地发生危害，主要种类有黑肾卷裙夜蛾、橙带蓝尺蛾、黄野螟、降香黄檀炭疽病等。橙带蓝尺蛾在金秀瑶族自治县（以下简称金秀县）大瑶山自然保护区严重危害罗汉松，造成灾害损失严重。

6. 薇甘菊仍呈扩散蔓延态势

有害植物薇甘菊已在多个县区发生危害，呈扩散蔓延态势，全区共 27 个县级疫区，发生面积已达 16.54 万亩。

（二）主要林业有害生物发生情况分述

1. 外来林业有害生物

外来林业有害生物发生比重较大，发生面积 413.36 万亩，占全区总发生面积的 69.10%，与 2018 年相比上升 14.93%，对广西林业的危害及潜在威胁仍然较大。

松材线虫病　发生趋势上升（10.14 万亩）。新增县级疫区 9 个，新增乡镇疫点 16 个，新增发生面积 0.95 万亩。今年新增南宁市青秀区，桂林市永福县和全州县，钦州市浦北县、灵山县，贵港市港北区，玉林市容县、博白县，崇左市龙州县等 9 个新疫区，16 个乡镇疫点。此外，4 个县级疫区实现无疫情。目前松材线虫病在广西 11 个市 27 个县（市、区）75 个乡镇有危害，扩散蔓延和防控形势依旧严峻（图 21-3）。

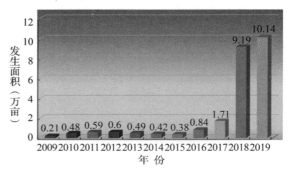

图 21-3　广西 2009—2019 年松材线虫病发生面积

松突圆蚧　发生面积有所下降（316.58 万亩）（图 21-4）。占全区总发生面积的 52.92%，同比略有下降（4.22%）。主要发生地为梧州市和玉林市，少量分布于钦州市。梧州市岑溪市和玉林市容县、陆川县、博白县、北流市等发生较严重。

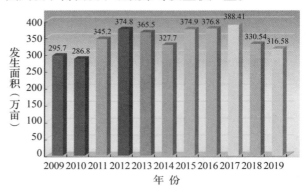

图 21-4　广西 2009—2019 年松突圆蚧发生面积

湿地松粉蚧 发生面积上升(69.64 万亩)，是去年的 6 倍多。发生在梧州市龙圩区和苍梧县，玉林市容县、陆川县、博白县、玉州区、福绵区、兴业县，发生程度为轻级(图 21-5)。

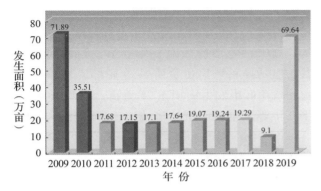

图 21-5 广西 2009—2019 年湿地松粉蚧发生面积

桉树枝瘿姬小蜂 发生面积下降(0.52 万亩)，同比下降 33.45%。钦州、贵港、玉林、百色、崇左等 5 个市以轻度发生为主，仅在梧州龙圩区发生偏重(图 21-6)。

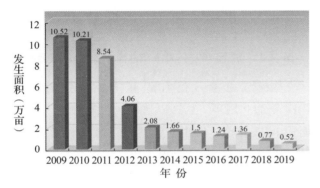

图 21-6 广西 2009—2019 年桉树瘿姬小蜂发生面积

薇甘菊 发生面积有所上升(16.54 万亩)，同比上升 64.18%(图 21-7)。主要分布于桂南和桂东南，在玉林市容县、陆川县和博白县发生较严重，对当地的林木生长造成较大影响。

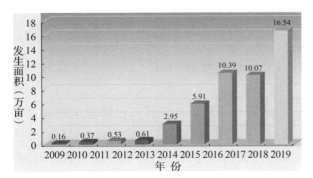

图 21-7 广西 2009—2019 年薇甘菊发生面积

2. 本土林业有害生物

(1)用材林有害生物

以马尾松毛虫为主的本土用材林林业有害生物发生面积 147.16 万亩，占总发生面积的 24.60%，与 2018 年相比持平。

松树害虫 危害略有上升(36.61 万亩)，同比上升 3.89%。2019 年全区松毛虫发生面积为 27.22 万亩，与去年相比持平(图 21-8)，全区松树种植区均有不同程度的危害，其中南宁市武鸣区，桂林市全州县、兴安县、灌阳县、资源县、平乐县，钦州市浦北县，贵港市港北区、港南区、平南县、桂平市，玉林市北流市，贺州市八步区、钟山县，河池市巴马瑶族自治县(以下简称巴马县)等部分区域危害较严重；萧氏松茎象危害得到较好控制，发生面积 0.61 万亩，同比下降 31.77%，主要分布于桂北和桂东，其中桂林市兴安县、贺州市八步区发生危害较重；松褐天牛发生面积 5.21 万亩，同比上升 33.46%，主要发生在松材线虫病疫区，发生面积连续多年持续上升。

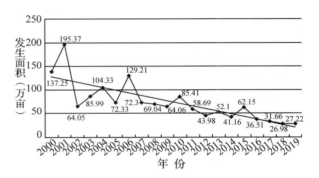

图 21-8 广西 2000—2019 年马尾松毛虫发生面积

杉树病虫害 危害上升(1.85 万亩)，同比上升 25%。主要种类是炭疽病、枝枯病、黄化病和杉梢小卷蛾，主要发生在桂西地区，其中杉木叶枯病在百色市乐业县局地偏重成灾，杉梢小卷蛾在河池市罗城仫佬族自治县局地发生较重。

桉树病虫害 发生面积与去年相比持平(55.92 万亩)。病害的主要种类是紫斑病、叶斑病、焦枯病和枝枯病，分布于全区速生桉种植区，在桂东、桂中以及桂南局部地区速生桉人工林区危害较严重，其中：桉树紫斑病发生面积 1.30 万亩，是去年的 1 倍多；桉树叶斑病发生面积 20.63 万亩，与去年相比持平；枝枯病 1.14 万亩，同比下降 31.74%。桉尺蠖（油桐尺蠖、小用克尺蠖）等食叶害虫发生面积 23.17 万亩，同比上升 7.83%，在桂东、桂中以及桂南局部地区速生桉人工林区油桐尺蛾危害较严重，其中梧州市藤县、贵港市平南县、来宾市兴宾区和忻城县等局地偏重成灾。以桉蝙蛾为主的桉树蛀干害虫发生面积 6.68 万亩，略有下降（3.43%），分布于全区速生桉种植区（图 21-9）。

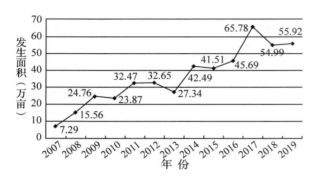

图 21-9 广西 2007—2019 年桉树病虫害发生面积

竹类病虫害 发生面积略有上升（52.78 万亩），同比上升 3.05%。其中：竹丛枝病 32.24 万亩；竹茎广肩小蜂 3.87 万亩，同比下降 13.03%，发生在桂林市，其中兴安县和资源县发生偏重；黄脊竹蝗发生面积 13.34 万亩，同比上升 8.19%，发生在柳州、桂林、贺州和来宾市，在桂林市灵川县、全州县、兴安县和灌阳县以及柳州市融安县发生危害较重，灵川县和融安县局部区域偏重成灾；竹篦舟蛾 2.05 万亩，同比上升 132.95%，发生在桂林市兴安县，以中度发生为主；刚竹毒蛾 1.18 万亩，同比上升 21.65%，发生在柳州和桂林市（图 21-10）。

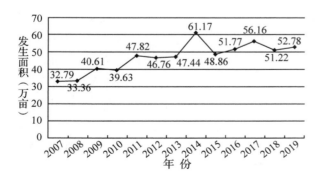

图 21-10 广西 2007—2019 年竹类病虫害发生面积

（2）经济林有害生物

八角、核桃、油茶、板栗等经济林有害生物

发生面积 32.62 万亩，同比上升 40.36%，危害仍较严重。

八角病虫危害 同比持平（21.97 万亩）。其中：八角炭疽病发生面积 16.94 万亩，同比上升 5.94%，发生在梧州、防城港、钦州、玉林、百色、河池、来宾、崇左等 8 个市和高峰、六万林场，其中百色市凌云县、乐业县，河池市凤山县、巴马县和来宾市金秀县等局部区域偏重成灾；八角叶甲发生面积 3.94 万亩，与 2018 年持平，主要发生在南宁、防城港、玉林和百色市，其中南宁市上林县和百色市凌云县危害严重，局地成灾（图 21-11）。

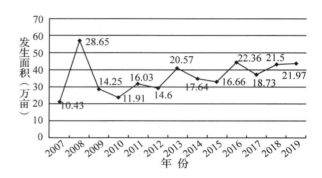

图 21-11 广西 2007—2019 年八角病虫害发生面积

核桃病虫害 仍有危害（9.97 万亩），是 2018 年的 6 倍多。病害以核桃炭疽病为主，发生面积 1.92 万亩，发生在河池市天峨县和凤山县，其中凤山县局地发生较重。虫害以云斑天牛危害为主，主要发生在河池市凤山县，多以轻度发生为主。

油茶病虫害 发生面积上升（0.66 万亩），同比上升 100%。主要是油茶炭疽病和油茶毒蛾，发生在柳州市三江侗族自治县（以下简称三江县）和百色市乐业县，以轻度发生为主。

板栗病虫害 发生面积 0.02 万亩，发生种类是板栗疫病，发生在南宁市隆安县，偏重发生。

（3）红树林害虫

发生面积上升幅度较大（1.05 万亩），同比上升 64.06%（图 21-12）。危害种类主要有广州小斑螟、白囊袋蛾、蜡彩袋蛾和柚木驼蛾，发生在沿海的钦州、北海、防城港市红树林分布区。其中，广州小斑螟发生面积 0.67 万亩，在防城港市东兴市、钦州市钦南区局地危害较重；白囊袋蛾发生面积 0.32 万亩，在北海市合浦县和钦州市钦南区发生危害较重。

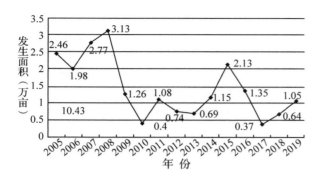

图 21-12　广西 2005—2019 年红树林害虫发生面积

（4）珍贵树种病虫害

发生面积下降（1.11 万亩），同比下降 10.48%，危害种类主要有降香黄檀炭疽病、黑肾卷裙夜蛾、黄野螟、橙带蓝尺蛾、栎掌舟蛾等。降香黄檀炭疽病在崇左市江州区和龙州县轻度危害，黑肾卷裙夜蛾在派阳山林场危害较重，黄野螟在钦廉林场轻度发生，橙带蓝尺蛾在来宾市金秀县局地危害较重，栎掌舟蛾在桂林市资源县局地偏重发生。

（三）林业有害生物灾害成因分析

2019 年广西林业有害生物发生种类多，分布广，局部危害严重的原因：

1. 森林生态系统较脆弱，林分总体质量不高

近年来，随着大规模人工植树造林，在取得重大建设成果的同时，人工林固有的弱点开始凸现。以桉树、松树、杉木为主的速生丰产林和以八角、油茶、核桃为主的经济林均以纯林为主，造林品种（品系）单一，林分抗逆性十分脆弱，抵抗自然灾害能力低下，为林业生物灾害的发生与传播蔓延提供有利条件，一些常发性病虫害反复成灾。

2. 桉树主要品种退化，种植区地力衰退

桉树主要品种经过几十年的发展，已经开始退化，抗病虫能力低下。随着桉树种植规模和范围的不断扩大，经营周期的不断缩短，桉树人工林的生态脆弱性也逐步显现，不合理的耕作方式和经营管理，导致种植区的地力逐渐衰退，林木长势衰弱，病虫害上升。

3. 发生种类多，新病虫种类发生危害

广西林业有害生物发生种类多，发生范围广，并且出现新病虫种类的发生危害，例如来宾市金秀县发生橙带蓝尺蛾危害罗汉松。

4. 地理位置特殊，外来林业有害生物入侵频繁

广西东与广东接壤，西与贵州、云南毗邻，南靠东南亚，处于西南经济圈和东盟经济圈的结合部，是连接中国与东盟的桥头堡，外来林业有害生物入侵频繁，实际危害和潜在威胁较大。近年来，随着经济发展和改革开放的深入推进，广西经贸活动活跃，人流物流频繁，松材线虫病等重大林业有害生物疫情传入风险加剧。松材线虫病、松突圆蚧、桉树枝瘿姬小蜂、薇甘菊等外来林业有害生物发生面积占全区发生总面积67.78% 以上。

5. 人财物保障力度不够，监测防治工作不到位

监测防控经费投入总量缺口较大，一些市、县（区）森防人员严重不足，技术力量薄弱，监测调查不够到位，病虫情发现不及时，防治药物器械准备不足，防治工作跟不上；此外，个别地方防治方法不科学，致使一些重大林业有害生物发生频繁，并逐渐扩散蔓延。

6. 气候条件有利于有害生物的发生发展

2018 年 10 月至 2019 年 1 月期间，玉林、北海和百色三市大部，钦州、梧州、防城港等市局部及河池市西南部气温偏高，雨量偏少，有利于林业害虫安全越冬；2019 年 2 ~ 6 月、9 ~ 11 月的气象条件对红树林害虫极为有利，致使北海市合浦县和钦州市钦南区发生危害较重。

（1）2019 年 2 ~ 6 月份的气象条件有利于病虫害发展

2019 年 2 ~ 6 月广西大部地区气温偏高，其中玉林、钦州、北海、防城、百色 5 市大部，崇左、贵港、梧州 3 市局部以及金秀县气温偏高0.5 ~ 2.1℃，属于虫害发生的高风险区域，尤其防城、钦州、上思，降雨量也偏少，加大了风险，防城、钦州、北海的红树林虫害风险上升。

次一级的虫害风险区域是平均气温偏高0.5℃左右的区域，该区气温偏高，但是降雨量也偏多 2.0 ~ 4 成。上半年梧州、全州、资源等地的马尾松毛虫、竹蝗、桉蝙蛾、松尺蠖发生危害。

2019年8月以来，尤其是8月5~25日广西出现了有气象记录以来持续时间最长、范围最大的日最高气温≥35℃的高温天气过程，桂东北大部高温持续时间在21~25天，桂北大部地区高温少雨，导致了黄脊竹蝗在灵川、兴安、灌阳、全州、临桂、资源发生较重，在灵川、兴安、灌阳局部成灾；松茸毒蛾在全州、资源、灌阳等地局部重度危害。

（2）2018年9~11月的气温和降雨量条件分析

9~11月的平均气温18.1~25.7℃，与历史同期相比，全区大部地区偏高0.1~1.9℃，降雨量为36.5~424.2毫米，与历史同期相比，除了西部的西林和隆林，右江河谷两边的高山，以及融水、融安、龙胜等地偏多1~4成外，全区其他大部地区正常到偏少1~8成，其中东部，及南宁市、合浦灵山、北海市等地偏少5成以上。

从气温降雨量匹配来看，桂东部的全州、兴安、灵川、资源等县，桂东南大部区域梧州、贺州、北海、钦州、防城5市；尤其是北海、全州、兴安、资源、灵川等县，干旱和高温匹配较好。虫害风险较高。

二、2020年林业有害生物发生趋势预测

（一）广西2019年冬至2020年春季气候趋势预测

1. 广西今冬气候总趋势预测

预计广西2019/2020年冬季（12月至翌年2月）降水量桂西偏多1~2成，桂东偏少1~3成。平均气温大部偏高0.1~1℃，极端最低气温接近常年，有阶段性低温过程。日照总时数偏多。霜（冰）冻总日数桂东北接近常年，其余大部地区偏少1~3天；初霜桂北高海拔山区略偏早，其余大部地区偏晚；终霜期全区大部地区偏早。

2. 月降雨量趋势预测

预计2019年12月桂东南偏少1~3成，其余大部地区偏多1~3成；2020年1月桂东北偏多1~2成，其余地区偏少1~3成；2月桂西北和桂南偏多1~2成，其余地区偏少1~3成。

3. 月平均气温趋势预测

预计2019年12月桂北偏低0.1~0.5℃，桂南偏高0.1~1℃；2020年1月大部偏高0.1~1℃；2月桂西北偏低0.1~0.5℃，其余地区偏高0.1~1℃。1月上旬至1月下旬出现阶段性低温过程的可能性较大。

4. 日照时数趋势预测

预计2019年12月桂西北略偏少，其余地区偏多；2020年1月桂东北略偏少，其余地区接近常年；2020年2月桂西北和沿海地区略偏少，其余地区偏多。

5. 霜冻预测

预计今冬各地霜（冰）冻总日数：桂林、柳州和贺州3市为8~14天；河池和来宾2市、百色市南北山区为4~7天；沿海地区0~1天；其余地区2~3天。与常年同期相比，桂东北接近常年，其余大部地区偏少1~3天。

初霜（冰）冻日期：桂北高海拔山区在2019年12月上旬；桂北其余地区在2019年12月中、下旬；桂南地区在2020年1月上旬。与常年同期相比，桂北高海拔山区略偏早，其余大部地区偏晚。

终霜（冰）冻日期：桂北大部地区在2020年1月下旬至2月上旬；桂南大部地区在2020年1月中旬。与常年同期相比，全区大部地区偏早。

（二）2020年总体发生趋势预测

根据广西林业有害生物发生的历史数据，各市2019年主要林业有害生物监测调查、发生防治情况以及病虫害越冬情况调查，结合资源状况、生态环境与林分质量、气象信息、生物因子以及人为影响等多种因素进行综合分析，运用趋势预测软件的数学模型进行分析，预测2020年广西林业有害生物发生面积为588.63万亩，发生程度仍属偏重年份，总体发生趋势稳中有降，但仍保持高位窄幅震荡态势。其中：病害预测发生面积为97.87万亩，发生趋势上升；虫害发生面积为472.61万亩，发生趋势持平；鼠害发生面积0.15万亩，发生趋势下降；有害植物发生面积18万亩，发生趋势上升（表21-2）。

表 21-2　广西 2020 年主要林业有害生物发生趋势预测表

项目	2019 年实际发生面积(亩)	2020 年预测发生面积(亩)	同比率(%)	发生趋势
有害生物合计	5982120	5886294	−1.60	持平
一、病害	900619	978659	8.67	上升
松材线虫病	100797	110000	9.13	上升
杉树病害	17684	20000	13.10	上升
桉树病害	260683	300000	15.08	上升
竹类病害	322411	321659	−0.23	持平
肉桂枝枯病	4857	5000	2.94	持平
八角病害	171263	200000	16.78	上升
其他病害	22924	22000	−4.03	持平
二、虫害	4914083	4726093	−3.83	持平
1. 松树害虫	4228275	3976414	−5.96	下降
松毛虫	272167	350000	28.60	上升
湿地松粉蚧	696427	400000	−42.56	下降
松突圆蚧	3165762	3123616	−1.33	持平
松褐天牛	52077	62765	20.52	上升
萧氏松茎象	6106	5033	−17.57	下降
其他松树害虫	35736	35000	−2.06	持平
2. 桉树害虫	303663	345000	13.61	上升
油桐尺蛾	208521	250000	19.89	上升
桉蝙蛾	64485	65000	0.80	持平
桉树枝瘿姬小蜂	5160	5000	−3.10	持平
其他桉树害虫	25497	25000	−1.95	持平
3. 八角害虫	48401	54137	11.85	上升
4. 竹类害虫	205432	221684	7.91	上升
5. 油茶害虫	4557	5000	9.72	上升
6. 核桃害虫	80516	80000	−0.64	持平
7. 红树林	10479	15000	43.14	上升
8. 其他害虫	32760	28858	−11.91	下降
三、鼠害	2037	1542	−24.30	下降
四、有害植物	165381	180000	8.84	上升
1. 薇甘菊	165381	180000	8.84	上升

(三)分种类发生趋势预测

1. 松树病虫害

预测 2020 年发生面积将达 408.64 万亩,比 2019 年下降 5.61%。

(1)松材线虫病

松材线虫病扩散趋势明显,发生面积 11 万亩左右,与 2019 年相比上升 9.13%,新增疫区 6~8 个,发生面积有扩大趋势,在桂中、桂西和

桂南地区新发疫情的可能性较大。

(2)其他松树害虫

松突圆蚧、湿地松粉蚧在梧州市、贺州市、玉林市和贵港市的马尾松和湿地松林区继续危害,预计发生面积 352 万亩左右。松毛虫(含松茸毒蛾)2020 年预计发生面积 35 万亩,较 2019 年相比上升 28.60%,主要发生在桂北、桂东和桂南松树分布较多的县区,其中在全州县、兴安县、灌阳县、港北区、平南县、八步区、钟山县

和昭平县等局部区域发生成灾的可能性较大。萧氏松茎象在桂林市、梧州市、贺州市的马尾松和细叶云南松林区继续发生危害。

2. 杉树病虫害

预测 2020 年发生面积为 2 万亩左右，与 2019 年持平，以杉树炭疽病、枝枯病为主，主要发生于百色市和河池市，以轻度发生为主。

3. 桉树病虫害

预测 2020 年发生面积为 64.5 万亩，比 2019 年上升 14.28%，在全区桉树种植区发生危害仍然较重。其中病害 30 万亩，比 2019 年上升 15.08%，叶斑病、枝枯病和枯梢病的危害在南宁、柳州、贵港、玉林、来宾等市仍将比较严重，其中在贵港市平南县局地成灾的可能性较大；虫害 34.5 万亩，发生趋势上升。桉树枝瘿姬小蜂危害仍在继续，预计 2020 年发生面积将减少至 0.5 万亩，主要发生在梧州、钦州、贵港、玉林、百色和崇左等局部地区，以轻度发生为主；油桐尺蠖预计发生面积 25 万亩，同比上升 19.89%，分布于全区桉树种植区，南宁、柳州、梧州、北海、贵港、玉林、贺州、来宾等部分地区可能危害较重，其中梧州市藤县、贵港市平南县、来宾市兴宾区和忻城县等局地成灾的可能性较大；桉蝙蛾预计发生 6.5 万亩，分布于桂中、桂东、桂西和桂南部分地区，其中南宁市横县、梧州市万秀区、贵港市港南区、玉林市博白县和北流市、贺州市八步区等局部区域可能危害较重。

4. 竹类害虫

预测 2020 年竹类病虫害发生面积 54.34 万亩，与 2019 年持平，以毛竹丛枝病、竹广肩小蜂、刚竹毒蛾、黄脊竹蝗、竹篦舟蛾为主，黄脊竹蝗在柳州市融安县，桂林市灵川县和兴安县继续成灾可能性较大。

5. 经济林病虫害

预测 2020 年发生面积 34.41 万亩，比 2019 年上升 11.11%。八角病虫害持续偏重发生，危害面积达 25.41 万亩，以八角炭疽病、八角煤烟病、八角尺蠖、八角叶甲为主，南宁市、百色市、河池市局地偏重发生的可能性较大；油茶病虫害 0.5 万亩，比 2019 年上升 9.72%，油茶炭疽病、油茶毒蛾等油茶病虫害在柳州市三江县和百色市乐业县继续发生危害；核桃害虫 8 万亩，

与 2019 年持平，以蛀干害虫云斑天牛为主，仍将在河池市凤山县危害。肉桂枝枯病发生面积 0.5 万亩，与 2019 年持平，分布于梧州市、贵港市、玉林市，在贵港市平南县局部地区危害可能较重。

6. 红树林害虫

预测 2020 年广西红树林虫害发生趋势上升，发生面积 1.5 万亩左右，比 2019 年上升 43.14%，钦州市、北海市和防城港市局部区域灾害仍然较严重。以危害白骨壤为主的广州小斑螟在沿海的钦州、北海、防城港市红树林分布区仍然有危害，其中钦州市钦南区危害可能较重。危害桐花树、秋茄树为主的白囊袋蛾、星天牛、柚木驼蛾、桐花小卷蛾等在钦州市和北海市仍然有危害。

7. 珍贵树种病虫害

珍贵树种病虫害种类和危害范围增加，危害面积 1 万亩左右。种类主要有土沉香炭疽病、降香黄檀黑痣病、栎掌舟蛾、荔枝异形小卷蛾、黄野螟、黑肾卷裙夜蛾、橙带蓝尺蛾等。橙带蓝尺蛾在金秀县大瑶山自然保护区继续危害罗汉松。

8. 其他病虫害

预测其他病虫害发生面积 5 万亩左右。其他病害发生面积 2.2 万亩。皱绿柄天牛在猫儿山危害栎类比较严重，丝点足毒蛾在桂北仍有危害。

9. 有害植物薇甘菊

预测 2020 年薇甘菊的发生面积将达到 18 万亩，蔓延迅速，主要发生在玉林市，其他市县（林场）也有跳跃式发生可能。

10. 鼠害

预测 2020 年鼠害发生面积 0.15 万亩，在百色市田林、隆林、凌云等县危害有减缓趋势。

三、防控对策与建议

（一）继续抓好监测预警工作

抓好日常监测和重大疫情春秋季普查工作，及时掌握主要林业有害生物种类及其潜在威胁，加强对中心测报点和测报示范县的管理，推广应用林业有害生物监测预警与应急防控 GIS 信息管理系统，实现林业有害生物灾害精细化管理，逐步提高测报数据的真实性、可靠性、时效性和预

测预报的科学性、准确性。根据当地情况做好主要有害生物短期生产性预报，生产性预报下发到乡镇和主要林区，指导和服务林农开展防治服务。目前广西重点监测和预防外来林业有害生物的入侵，警惕本土松树、桉树、八角、油茶食叶害虫和桉树、经济林蛀干害虫以及红树林害虫的危害。

（二）切实抓好松材线虫病等重大林业有害生物防控工作

强化各级部门责任意识，提高监测防治技术水平，力争第一时间及时发现疫情，采取有效措施，坚持以疫木清理为核心、以疫木源头管理为根本、以疫情拔除为目标，扎实做好松材线虫病疫情除治工作。与科研院所合作，积极探索松材线虫病、薇甘菊防治新技术，防止疫情扩散蔓延。

（三）加强检疫执法和检疫监管

强化行政许可事项的事中事后监管，继续加强产地检疫、调运检疫和检疫复检工作，加强对普及型国外引种试种苗圃的监管，组织做好引进种子苗木风险评估。持续开展松材线虫病疫木检疫执法活动，打击违法调运、违法加工疫木等行为。

（四）突出重点区域，加强防治技术指导

对目前广西危害比较严重的松材线虫病、桉树病虫、经济林病虫和红树林害虫等重大林业有害生物实施重点治理，切实推行森林健康理念，科学制订防治方案，积极推进绿色防控，规范防治作业行为，减少化学农药污染；各级森防技术人员深入灾区提供技术咨询、技术服务和开展有针对性的专业培训，全面提高基层防控能力。

（五）多渠道筹集资金，做好应急药物器械准备

根据国家及自治区林业有害生物防治应急预案的要求，以及监测调查和预测预报情况，多渠道筹集资金，做好药剂、药械等物资的储备，及时采取防治措施，严防灾害扩散蔓延。

（主要起草人：杨秀好　罗基同　韦曼丽　秦江林；主审：王越）

海南省森林病虫害防治检疫站

2019 年，海南省林业有害生物发生面积 38.52 万亩，同比上升 13.06%。根据海南省森林资源状况、林业有害生物发生规律和调查防治情况，结合气象资料，经综合分析预测，2020 年全省林业有害生物发生面积有所上升，全年发生面积 42 万亩左右。

一、2019 年林业有害生物发生情况

2019 年全省林业有害生物发生面积 38.52 万亩，同比上升 13.06%。其中病害发生 0.08 万亩，同比下降 46.67%；虫害发生 13.75 万亩，同比下降 1.43%；有害植物 24.69 万亩，同比上升 23.63%（图 22-1）。成灾面积 0.30 万亩，成灾率 0.10‰。采取各类措施防治 8.91 万亩（累计防治作业面积 11.39 万亩次），无公害防治率 94.47%。

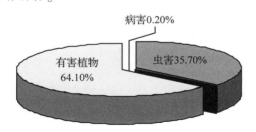

图 22-1　2019 年各类林业有害生物发生面积比例图

（一）发生特点

2019 年海南省林业有害生物总体发生小幅上升，没有重大林业有害生物灾害和突发事件发生。呈现以下特点：一是外来危险性林业有害生物发生面积稳中有升。椰心叶甲疫情平稳；椰子织蛾疫情有所反弹，局地成灾；薇甘菊仍呈扩散蔓延态势，发生面积增大。二是本土有害植物金钟藤发生面积依然较大。

（二）主要林业有害生物发生情况分述

1. 薇甘菊

薇甘菊多点分布，继续呈现扩散蔓延态势，全年发生面积 6.91 万亩，比 2018 年增加 2.68 万亩，同比上升 63.35%，危害有所加重。主要发生在公路旁、农田边、河道水沟边、撂荒地。主要分布在澄迈、临高、琼中、定安、文昌、儋州、屯昌、琼海、海口等市县，其中临高、澄迈、琼中疫情较重。

2. 棕榈科虫害

棕榈科虫害是海南省的主要有害生物，主要有椰心叶甲、红棕象甲和椰子织蛾，共发生 13.29 万亩，占全省虫害发生面积的 96.65%（图 22-2）。

椰心叶甲　释放寄生蜂等生物防治为主、挂药包等化学防治为辅的椰心叶甲综合治理措施在海南省广泛应用，椰心叶甲疫情平稳，全省发生面积 11.25 万亩，各市县均有发生，以轻度发生为主。

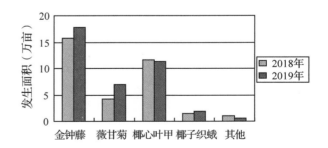

图 22-2　主要林业有害生物发生面积对比图

椰子织蛾　受暖冬干旱气候影响，上半年椰子织蛾世代发育历期缩短，种群数量呈现暴发式增长，发生面积有所上升，危害有所加重。发生面积 1.84 万亩，同比上升 31.43%，主要分布在三亚、陵水、儋州、文昌、琼海、澄迈等市县，其中儋州、三亚等西南部地区危害较重，在儋州

林场暴发成灾。

红棕象甲　在儋州、澄迈、琼海、三亚等地轻度发生 0.20 万亩。

3. 金钟藤

金钟藤是海南本土有害植物，主要危害天然次生林，发生 17.78 万亩，同比上升 12.96%，主要发生在中部的琼中、五指山、保亭、白沙、屯昌、陵水和西部儋州松涛水库周边的天然次生林区。

4. 其他病虫害

其他病虫害以轻度发生为主，其中红火蚁在全省林业用地发生面积 0.24 万亩，主要分布在海口、琼海、澄迈、文昌、定安和东方的绿化带及苗木花圃，其中东方新增县级疫点；马尾松毛虫主要在文昌发生 0.20 万亩；木麻黄青枯病在文昌发生 0.03 万亩；随着树种的更新及野外天敌的增多，桉树病虫害发生面积持续下降，危害较轻，包含桉树紫斑病、溃疡病、焦枯病、桉小卷蛾，全省发生面积 0.05 万亩，主要发生在西部的临高、儋州。

2019 年没有发生松材线虫病。

（三）成因分析

1. 新技术的推广应用提高了林业有害生物的防控能力

以释放寄生蜂等生物防治为主、挂药包等化学防治为辅的椰心叶甲综合治理措施在海南广泛应用，取得显著成效，椰心叶甲疫情相对平稳，基本实现可持续控制的防治目标。以信息素为主的重要入侵害虫红棕象甲综合防治技术正在逐步推广使用，对红棕象甲的监测防控取得了较好效果。

2. 气象因素加剧了林业有害生物的发生发展

2019 年海南气温较往年偏高，降雨量偏少，适宜害虫发育生长。如椰子织蛾等害虫越冬虫口基数偏高，致使疫情出现反弹。

3. 经济发展加速林业有害生物的传播扩散

随着海南建设自由贸易区（港）力度不断加大，极大地带动了物流、旅游产业。特别是在打造国家生态文明试验区过程中，各类苗木和林木制品跨区域调运数量大幅增加，加速了林业有害生物的传播扩散。

4. 监测防治机构不健全，防治工作不够到位

机构改革后，部分市县林业局转制或撤并，基层森防机构不健全，人员编制过少、技术力量薄弱；监测防控经费投入普遍不足，监测手段落后，缺乏防治有效的防治技术，监测调查不全面，病虫害发现不及时，有害生物得不到有效防控。

二、2020 年林业有害生物发生趋势预测

（一）2020 年发生趋势预测

根据海南森林资源状况、林业有害生物发生规律、防治情况及气候因素，经综合分析预测：2020 年全省主要林业有害生物发生面积将有所上升，发生面积 42 万亩左右，其中病害发生 0.1 万亩；虫害发生 14.4 万亩，有害植物 27.5 万亩。

（二）分种类发生趋势预测

1. 薇甘菊

随着海南经济建设步伐的加快，促进人流、物流以及区域间的苗木调运，造成人为传播，加上薇甘菊繁殖能力强，防治后易复发，且不断扩散，难以根除。预计 2020 年发生面积表现出快速增长的趋势，约 9.5 万亩，主要分布在东北部的海口、文昌、琼海，西部的澄迈、临高、儋州，中部的五指山、琼中等市县（图 22-3）。

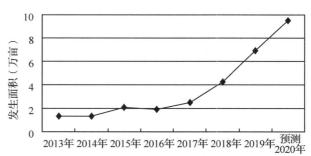

图 22-3　薇甘菊 2013—2019 发生面积及
2020 年预测示意图

2. 棕榈科病虫害

椰心叶甲　得益于成熟的综合防控措施，椰心叶甲发生面积相对平稳，但近年来有逐步从椰子转移至槟榔危害的情况，预计 2020 年椰心叶

甲发生面积将略有增加，约 12 万亩，以轻度危害为主（图 22-4）。

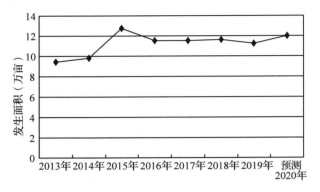

图 22-4 椰心叶甲发生趋势示意图

椰子织蛾 由于今年第一季度，干旱少雨，导致椰子织蛾上半年大暴发，虽然采取应急防治措施后，椰子织蛾发生面积得到一定程度的抑制，但虫口基数仍然较高。预测 2020 年发生面积仍会有所增长，约 2 万亩。主要发生在三亚、陵水、儋州、琼海、文昌、澄迈等市县（图 22-5）。

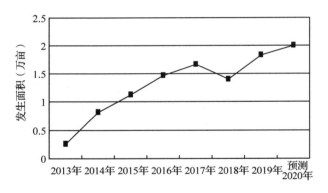

图 22-5 椰子织蛾发生趋势示意图

红棕象甲 海南省将继续采用红棕象甲聚集信息素加强对红棕象甲的监测，并不断扩大监测区域。监测发现大部分市县均有分布，但达到发生程度的较少。预计 2020 年发生约 0.2 万亩，主要发生在三亚、儋州、澄迈、琼海、文昌等市县。

3. 金钟藤

金钟藤在海南省天然次生林区发生面积大，对热带天然林区景观造成不同程度的危害，但仍缺乏有效的防治技术，防治难度大。目前，主要通过加大天然林区的森林抚育工作力度，控制金钟藤危害。预计 2020 年发生面积 18 万亩左右，

主要分布在中部的五指山、白沙、琼中、儋州等市县。

4. 其他有害生物

红火蚁的防控力度持续加强，红火蚁疫情得到较好控制。海南自由贸易港建设将极大促进人流、物流以及区域间的苗木调运，造成人为传播，可能有新的疫点，预计 2020 年发生面积约 0.25 万亩，主要发生在海口、儋州、澄迈、屯昌等市县。

桉树、松树、木麻黄病虫害及其他食叶害虫等零星分布，预计发生面积约 0.47 万亩。主要发生在东部的文昌及干旱少雨的临高、儋州等西部地区。

5. 松材线虫病

为了防止松材线虫病等外来重大林业有害生物的传入，海南省建立了"码头设点拦截、跟踪除害处理、建档追溯监测"的长效管理机制。在主要港口实行 24 小时不间断检疫检查，并认真开展疫木检疫执法行动，有效地抵御松材线虫病的入侵，预计明年仍为零疫区。

三、对策建议

（一）强化监测预报，规范测报点管理

按照《国家级林业有害生物中心测报点管理规定》，规范国家级林业有害生物中心测报点管理，加强能力提升建设，及时准确地掌握全省主要林业有害生物发生危害情况和趋势，为科学开展全省林业有害生物预防和治理工作提供依据和支撑。

（二）加强队伍建设，提高测报水平

重点结合市县机构改革后人员队伍的实际，积极探索加强队伍建设的新举措，整合人员力量，努力组建一支相对稳定的测报队伍。加大各级测报员培训力度，着力提升基层测报员的专业素质和业务水平。充分发挥护林员的作用，构建以护林员为主的地面网格化监测网络，解决基层森防机构不健全，人员队伍不足的问题。

（三）加大资金投入，提升防控能力

争取各级政府的重视，将监测防治资金纳入

政府财政预算。推动地方政府向社会化组织购买监测调查、数据分析、技术服务、防治业务工作，提升防控能力。

（四）筑牢检疫防线，严防疫情传播

对外继续实行"码头拦截、跟踪除害、建档监测"，严防松材线虫病等外来重大林业有害生物的入侵；对内强化产地检疫和调运检疫的制度，从源头上管控，防止林业有害生物传播。

（主要起草人：布日芳　李洪；主审：孙红）

23 重庆市林业有害生物2019年发生情况和2020年趋势预测

重庆市森林病虫防治检疫站

重庆市2019年林业有害生物发生面积601.67万亩，其中，病害发生221.61万亩，虫害发生353.48万亩，鼠（兔）害发生26.24万亩，有害植物发生0.34万亩。松材线虫病、松墨天牛的发生面积有所增加，呈现扩散蔓延趋势。松毛虫呈现下降趋势，其他虫害、鼠（兔）害发生面积有所减少。整体同比略有下降趋势，轻度发生有所增加，中度、重度发生有所减少。

一、2019年林业有害生物发生情况

截至11月25日，发生面积601.67万亩，同比减少2.33%。其中：轻度发生358.55万亩，同比增加11.32%；中度发生23.08万亩，同比减少68.31%；重度发生220.04万亩，同比减少0.47%。与2018年相比，轻度发生面积增加，中度、重度发生面积减少（图23-1）。

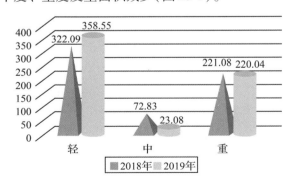

图 23-1　重庆市林业有害生物发生程度图
（万亩）

其中：森林病害发生221.61万亩，同比增加2.88%；森林虫害发生353.48万亩，同比减少0.59%；鼠（兔）害发生26.24万亩，同比减少41.45%。有害植物发生面积0.34万亩，同比增加70%。与2018年相比，森林病害发生面积变

化主要是松材线虫病发生面积增加，虫害和森林鼠（兔）害发生面积都相应减少，有害植物有所增加（图23-2）。

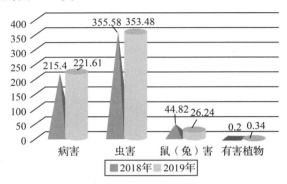

图 23-2　重庆市林业有害生物发生种类及面积图
（万亩）

主要种类有：松赤枯病、侧柏叶枯病、梨锈病、黄栌白粉病、核桃病害、松材线虫病、黄脊竹蝗、褐喙尾虫脩、落叶松球蚜、山竹缘蝽、云斑天牛、松墨天牛、粗鞘双条杉天牛、核桃长足象、松蠹虫、梨小食心虫、竹织叶野螟、松梢螟、缀叶丛螟、油茶尺蛾、松毛虫、竹镂舟蛾、松茸毒蛾、刚竹毒蛾、蜀柏毒蛾、栗瘿蜂、鞭角华扁叶蜂、落叶松叶蜂、南华松叶蜂、南京裂爪螨、鼠兔害和有害植物等32种（图23-3）。

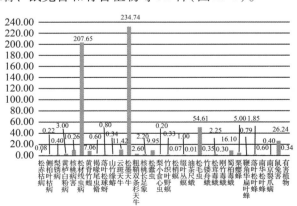

图 23-3　重庆市2019年主要林业有害生物发生面积图
（万亩）

（一）发生特点

（1）危险性林业有害生物点多面广，呈现上升态势。松材线虫病发生面积有所增加，呈现扩散蔓延态势，危害程度有所减轻，病死松树数量下降约50%。

（2）经济林有害生物发生的种类多，多种混合发生较突出。调运和大面积种植经济林后，油茶林、核桃林、木瓜林的林业有害生物发生种类较多，发生面积较大，局部重度发生。

（3）蛀干害虫发生较普遍，局部呈现重度发生。松墨天牛、松蠹虫、云斑天牛在不同的寄主上的发生面积居高难下，发生程度有所加重。

（4）多种食叶害虫发生趋势不一，整体呈现下降态势。松毛虫、黄脊竹蝗、蜀柏毒蛾、呈现下降态势，毒蛾、尺蛾等食叶害虫呈现上升趋势。

（5）森林鼠（兔）害发生范围广、以轻度发生为主。

（6）其他林业有害生物发生的种类多，呈现零星分散发生态势。

（二）主要林业有害生物发生情况分述（图23-4）

1. 松材线虫病

发生面积增加，危害程度下降。全市除了渝中区、巫溪县未发现有松材线虫病以外，其余区县都有发生。发生面积207.65万亩，同比增加2.29%，病死松树数量下降约50%。

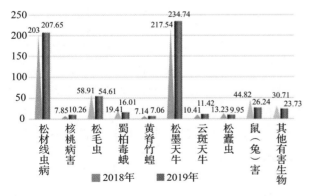

图23-4 重庆市2018年和2019年主要林业有害生物发生面积对比（万亩）

2. 核桃病害

发生面积增加，危害程度有所减轻。主要是核桃褐斑病、核桃炭疽病和核桃黑斑病，发生面积10.26万亩，轻、中度发生为主，同比增加30.7%，分布在荣昌、城口、巫山、奉节、巫溪等区县；城口、巫山发生面积最大、危害较为严重。

3. 黄脊竹蝗

发生面积减少，危害程度减轻。发生面积7.06万亩，轻、中度发生为主，同比减少1.12%，分布在涪陵、北碚、大足、永川、璧山、铜梁、潼南、荣昌、万盛等区县；璧山、永川危害较重，大足、北碚、铜梁和永川发生面积较大。

4. 云斑天牛

发生面积增加，危害程度较重。主要危害杨树、桉树、核桃等，发生面积11.42万亩，轻、中度发生为主，同比增加7.91%，分布在大足、长寿、永川、潼南、荣昌、城口、巫山、巫溪和酉阳等区县；永川、城口、巫山和酉阳危害较重，发生面积较大。

5. 松墨天牛

发生面积增加，危害程度有所下降。发生面积234.74万亩，轻度发生为主，部分区县有中、重度发生，同比增加7.91%，分布在全市绝大部分区县；万州、涪陵、巴南、长寿、梁平、忠县、开州、云阳等区县发生面积超过10万亩以上；渝北、永川、南川、璧山、巫山和酉阳等地危害较为严重。

6. 松蠹虫

发生面积减少，危害程度有所增加。主要是华山松大小蠹和纵坑切梢小蠹。发生面积9.95万亩，轻、中度发生为主，同比减少24.79%；分布在城口和巫山；纵坑切梢小蠹在巫山危害较重，华山松大小蠹在城口危害较重。

7. 松毛虫

主要是云南松毛虫和马尾松毛虫，发生面积减少，危害程度减轻，部分林分发生较重。发生面积54.61万亩，以轻、中度发生为主，同比减少7.30%。云南松毛虫主要分布在酉阳、开州和巫溪，发生面积不大，轻、中度发生。马尾松毛虫是重庆市常发性害虫，广泛分布在34个区县，南岸、永川、南川、丰都、垫江、忠县、开州、酉阳等区县局部危害较重；万州、北碚、巴南、江津、南川、丰都、垫江、开州等区县发生面积较大。

8. 蜀柏毒蛾

发生面积减少，危害程度减轻。发生面积16.01万亩，轻、中度发生为主，部分地区重度发生，同比减少17.52%。主要分布在万州、涪陵、北碚、潼南、荣昌、万盛、垫江、武隆、忠县、开州、石柱等区县；万州、开州危害较重；潼南、荣昌、垫江、万州和忠县发生面积较大。

9. 森林鼠（兔）害

发生面积减少，危害程度较轻。发生面积26.24万亩，轻度发生为主，同比减少41.45%。主要分布在万州、涪陵、潼南、荣昌、城口、开州、巫山、巫溪和彭水等区县；万州、涪陵、巫山和巫溪等区县发生面积较大。

10. 其他林业有害生物

发生面积减少，危害程度较轻。发生面积23.73万亩，同比减少22.73%。其中：马尾松赤枯病0.08万亩、侧柏叶枯病0.22万亩、竹螟0.33万亩，轻度为主，分布在荣昌；梨锈病0.4万亩、梨小食心虫0.2万亩，轻度为主，分布在綦江；黄栌白粉病3万亩、褐喙尾虫脩0.6万亩、落叶松球蚜0.8万亩、核桃长足象2.2万亩、缀叶丛螟1万亩、栗瘿蜂5万亩，轻、中度为主，分布在巫山；山竹缘蝽0.34万亩，轻度为主，分布在梁平；松梢螟0.07万亩，轻度为主，分布在酉阳，油茶尺蛾0.016万亩，轻度为主，分布在南岸；竹镂舟蛾0.35万亩，刚竹毒蛾0.3万亩，毛竹叶螨0.4万亩；轻、中度发生，分布在永川；南华松叶蜂0.6万亩，分布在涪陵；粗鞘双条杉天牛2.6万亩，轻度发生，分布在彭水、武隆；松茸毒蛾2.25万亩，轻、中度发生，分布在涪陵和永川；鞭角华扁叶蜂0.79万亩，轻中度发生，分布在忠县和开州；落叶松叶蜂1.85万亩，轻中度为主，分布在巫山和巫溪。有害植物0.34万亩，轻度为主，分布在开州。

（三）成因分析

1. 防治难度大

林业有害生物灾害是一种自然和人为影响形成的一种生态灾害，防治难度大，难以取得最佳防治效果。松材线虫病扩散蔓延的原因有监测调查不到位：2017年前在监测调查松材线虫病疫情发生情况时，调查不全面不到位，导致面积上报偏小；部分地方未执行"以小班为单位统计面积"的要求，而是按病死树数量进行折算后统计，导致统计面积偏小。自然和人为扩散：松材线虫易通过天牛自然传播和人为扩散，便利的交通、发达的物流为带疫松木及其制品异地违法违规调运提供了条件。防控管理措施存在薄弱环节：部分区县政府存在落实目标、任务、资金、责任、考核不到位问题；林业主管部门不同程度存在测报、检疫、防治、执法、宣传、科技、检查工作不到位问题，导致防治效果参差不齐，拔除疫情的进程缓慢。防控投入相对不足；松材线虫病集中除治清理疫木需要投入大量人力、物力和财力，近些年防治成本迅速上升，疫情区县财政投入参差不齐，多则每年2000多万元，少则几十万元，影响防治成效。

2. 寄主面积快速增加、林分结构不合理

重庆市林分结构单一，纯林多，混交林少；针叶林多，阔叶林少，导致林业有害生物多发生；经济林种类和面积加大，经济林病虫害呈现上升态势；由于松林面积较大，为松墨天牛的发生提供了基础。

3. 适宜的地理条件

重庆市位于中亚热带湿润季风气候区，冬暖春早，夏热秋凉，大部分地区处于低海拔区域，适宜林业有害生物生长危害。2019年入春比常年提前，气温偏高，日照偏多，降水偏少，造成林业有害生物越冬期死亡率低、发育进度加快。

4. 林业有害生物自身的生物生态学特性

松材线虫病等检疫性林业有害生物以及其他蛀食性害虫自然死亡率低、种群繁殖迅速；其他林业有害生物种群始终在林间存在，并且种群繁殖迅速，暴发时种群衰退，但在条件适宜时很快又大发生。

二、2020年林业有害生物发生趋势预测

经分析预测：今冬明春气温总体偏高，明春

林业有害生物的发生期较常年提前，松材线虫病、松墨天牛、松毛虫稳中有降；经济林害虫稳中有升；森林鼠（兔）害、有害植物和其他病虫害基本持平。

（一）2020年总体发生趋势预测

在2019年全市主要林业有害生物发生与防治情况的基础上，结合气候因素、寄主分布情况、区县预测数据、林业有害生物发生发展规律，经会商综合分析，预测2020年全市主要林业有害生物发生面积稳中有升，发生面积605万亩左右，其中：森林病害229万亩、森林虫害346万亩、森林鼠（兔）害30万亩。除松材线虫病外，其他以轻、中度发生为主（图23-5）。

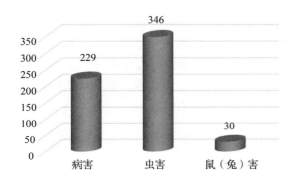

图23-5　重庆市2020年林业有害生物种类发生趋势图
（万亩）

（二）分种类发生趋势预测

1. 松材线虫病

预测发生面积与2019年相比稳中有降，发生面积约204万亩，分布于全市多数区县。

2. 核桃病害

预测发生面积与2019年相比略有增加，发生程度趋重，发生面积约15万亩，分布在渝东北的部分区县。

3. 其他病害

预测发生面积和发生程度与2019年相比基本持平，发生面积约10万亩，分布在全市大部分区县，在渝东南个别区县发生较重。

4. 松毛虫

预测发生面积与2019年相比基本持平，发生程度有所下降，发生面积约56万亩，分布在全市大部分区县，在渝东南及渝西部分地区发生

较重。

5. 蜀柏毒蛾

预测发生面积与2019年相比有所增加，发生程度有所加重。发生面积约20万亩，主要分布在渝东北片区。

6. 黄脊竹蝗

预测发生面积和发生程度与2019年相比有所增加，发生面积约20万亩，主要分布在渝西片区。

7. 松墨天牛

预测发生面积与2019年相比有所减少，发生程度有所减轻，发生面积约200万亩，分布在全市大部分区县。

8. 云斑天牛

预测发生面积与2019年相比有所增加，发生程度有所加重，发生面积约15万亩，主要分布在渝西、渝东南、渝东北片区，在渝西片区的个别区县发生较重。

9. 松蠹虫

预测发生面积与2019年相比有所上升，发生程度基本持平，发生面积约15万亩，主要分布在渝东北片区。

10. 森林鼠（兔）害

预测发生面积和发生程度与2019年相比有所下降，发生面积约30万亩，主要分布在渝东北、渝东南片区。

11. 其他虫害

预测发生面积和发生程度与2019年相比略有下降，主要包括鞭角华扁叶蜂、粗鞘双条杉天牛、松茸毒蛾、刚竹毒蛾、松叶蜂、白蚁及经济林虫害等，发生面积约20万亩。

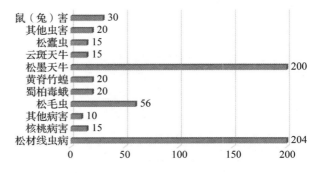

图23-6　重庆市2020年主要林业有害发生面积图
（万亩）

三、对策建议

（一）加强监测预报

充分发挥林场管护员和县级测报点的作用，把监测任务、范围和责任落实到人，签订责任书，充分发挥村级森防员、基层测报员和乡镇林业站的重要作用，及时掌握病虫情动态。

（二）开展综合治理

对常发性病虫害持续采取综合措施加以调控，抑制虫口密度，保持有虫无灾。同时加大对松墨天牛防治综合治理力度，减少松材线虫病传播媒介；认真做好枯死松树除治清理、烧毁工作，遏制松材线虫病疫情传播扩散。

（三）严格检疫执法

主要是加大检疫监管和执法力度，严防松材线虫病等重大危险性林业有害生物扩散蔓延。

（四）推进社会化服务

推进政府采取购买服务的形式，引进社会化专业组织对松材线虫病等进行防治，提高防治工作成效。

（五）加大培训力度

加强对专、兼职测报员的培训工作，通过技术培训，使基层测报员较熟练地掌握病虫情调查

取样方法，以保证调查数据的准确性，提升基层林业有害生物监测能力。

（六）切实加强宣传

利用广播电视、报刊杂志、网络等媒体，广泛宣传林业有害生物的发生、危害形势，防控工作的难点和要求，防控的作用与成效等，提高全民对林业有害生物监测、检疫、防治的意识，逐步形成全社会关注、重视和共同参与林业有害生物防治工作的有利局面。

（七）注重科技支撑

加强科研与新技术新方法推广，强化疫情预防，大力推广应用空中监测、地面信息采集、预测预警平台等现代化监测技术；在疫木除治中认真贯彻落实以疫木清理为核心、以源头管理为根本的技术措施，精准选用空中施药、媒介天牛诱杀等技术措施；积极推行疫木粉碎（削片）与粉碎物高效利用等先进适用技术；着力解决防治技术难题，切实提高防治成效。

（八）强化追责问效

注重防治过程管理，建立问题清单，促进问题及时整改到位，严格考核，对造成生态灾害损失的按相关规定和办法进行追责。

（主要起草人：唐志强　牟文彬　杨萍；主审：孙红）

24 四川省林业有害生物 2019 年发生情况和 2020 年趋势预测

四川省森林病虫防治检疫总站

2019 年，全省林业有害生物发生仍处高发态势，主要林业有害生物统计发生面积 1024.29 万亩，同比（1036.96 万亩）减少 1.22%；成灾面积 1.41 万亩，成灾率 0.04‰。经过全省各级采取一系列综合防治措施，蜀柏毒蛾、松毛虫等食叶性害虫实现可持续控制，发生面积呈下降趋势；松材线虫病在绵阳江油市（2015 年春季发生）、成都天府新区成都直管区（2018 年春季发生）连续两年秋季普查实现无疫情，其他老疫区疫情得到基本控制。预测 2020 年全省林业有害生物发生面积 1020 万亩（同比略有下降）、成灾面积 5 万亩。

一、2019 年全省林业有害生物发生及防治情况

2019 年，全省林业有害生物发生面积 1024.29 万亩，发生率 2.75%，测报准确率 97.55%。其中重度发生 79.05 万亩，中度发生 210.18 万亩，轻度发生 735.06 万亩。按类型分，病害发生 188.59 万亩，虫害发生 784.49 万亩，鼠害发生 51.21 万亩。其中，病害发生面积同比略有增加，虫害、鼠害发生面积同比分别减少 8% 和 5.2%。主要种类发生面积：松材线虫病 79.48 万亩、云杉落针病 58.96 万亩、松落针病 5.84 万亩、华山松疱锈病 3.77 万亩；蜀柏毒蛾 375.26 万亩、云南松毛虫 34.32 万亩、马尾松毛虫 23.67 万亩、松墨天牛 141.88 万亩、云斑天牛 12.55 万亩、松切梢小蠹虫 50.47 万亩、长足大竹象 23.8 万亩、核桃长足象 17.28 万亩；赤腹松鼠 35.81 万亩、黑腹绒鼠 12.33 万亩、高山鼠兔 2.1 万亩。其中部分有害生物种类在局部地方危害成灾。

全省统计防治作业面积 1017.31 万亩次，防治面积 704.86 万亩，其中人工物理防治 332.54 万亩，生物防治 36.34 万亩，化学防治 41.27 万亩，营林防治 172.47 万亩，生物化学防治 122.24 万亩。无公害防治面积 672.06 万亩，无公害防治率达 95.35%。

（一）全省主要林业有害生物发生情况及特点

（1）松材线虫病危害得到有效控制，但潜在扩散风险极大。一是新发疫区、疫点数量增加减缓。截至 11 月底，全省有松材线虫病疫情发生区 41 个（同比新增 4 个，其中宜宾市江安县因今年行政区划调整从长宁县疫区划入一个乡镇而成为新发疫区）、疫点乡镇 294 个（同比增加 14 个）、小班 19700 个（同比增加 1383 个），扩散蔓延趋势得到有效遏制。二是危害程度有所减轻。各地通过层层落实政府防控目标责任，严格执行"五个坚定不移"措施，成效较为明显，枯死松树数量同比下降较多，危害程度有所减轻。据统计，全省松材线虫病发生面积 79.47 万亩，枯死松树 117.05 万株，分别同比双下降。三是重点生态区位防控形势仍然严峻。乐山 – 峨眉山、剑门关等一些重点风景名胜区疫情虽然得到控制，但继续扩张的风险仍然极大。特别是剑门关疫点周边分布着大量的纯松林，极易扩散。四是随着一些边远山区城镇建设、农网改造等工程的实施，松材线虫病继续入侵的风险很大。

（2）其他检疫性有害生物危害有加重趋势，防控形势严峻。红火蚁在攀枝花、凉山等地有扩散趋势，主要在农耕地发生危害较重。锈色棕榈象除分布在老疫区外，在南部县新发现疫情，造成棕榈科植物死亡，对园林景观带来一定影响。松疱锈病在南江县、青川县等老疫区有危害加重趋势，引起华山松死亡，成灾面积 0.1 万亩。

（3）食叶性害虫发生面积呈减少趋势，以轻

度危害为主。以蜀柏毒蛾为主的食叶性害虫发生面积约450万亩，同比呈下降趋势，发生范围趋于稳定，危害以轻度为主，但在个别虫口密度大的地方有危害成灾现象。如蜀柏毒蛾在南江县、平昌县等地危害成灾面积0.11万亩；松叶蜂在广元市朝天区等局部地方危害较为严重；桤木叶甲在多个地方小面积成灾。

（4）蛀干害虫发生范围趋于稳定，但在部分林区危害仍然严重。松墨天牛发生面积141.88万亩，同比基本持平，但其单独危害成灾的情况少见。松切梢小蠹虫在汉源县、石棉县等地危害松树小面积成灾。华山松大小蠹在南江县危害成灾面积0.1万亩。云斑天牛在内江市等地的桉树林危害严重，局部成灾。核桃长足象在南江县等地危害核桃成灾面积0.05万亩。

（5）森林病害（除松材线虫病外）发生面积略有上升，但总体趋于稳定。发生面积188.59万亩，同比略有增加。其中云杉病害发生61.63万亩（云杉落针病占58.96万亩），同比略有增加，在泸定县等地成灾面积0.005万亩；松树病害（主要是松落针病、松赤枯病、松疱锈病）发生面积15.85万亩，同比略有减少。

（6）森林鼠害发生呈下降趋势，但部分地方危害仍然较为严重。全省森林鼠（兔）害发生面积51.18万亩，同比下降7.3%，近年来发生面积呈逐年下降趋势，但在部分人工林危害仍然严重。主要种类是赤腹松鼠和黑腹绒鼠，分别发生面积35.81万亩和12.33万亩，同比均有所下降。赤腹松鼠在雅安市雨城区、荥经县等地危害人工柳杉林，小面积成灾。

（二）成因分析

（1）外来林业有害生物入侵加剧原因。一是松材线虫病在老疫区虽然得到一定程度的遏制，但随着一些边远地区城镇建设、农网改造等工程的实施，为其入侵新疫区提供了可乘之机；二是随着城市绿化建设增加，从外地疫区调运绿化苗木和草坪等的需求大增，人为传播红火蚁、锈色棕榈象等外来有害生物的几率也随之大增。

（2）部分本土林业有害生物在局部地方暴发成灾原因。一是与大面积栽植人工纯林有关，如云斑天牛发生在人工栽植的桉树、核桃、杨树纯林等；二是与历年来积累的病虫种群密度有关，

部分未防治到的地方，病虫种群经过长时间的增殖达到成灾程度。

（3）食叶害虫发生面积减少，且以轻度危害为主的原因。一是近年来大力推广飞机防治，有效减少了虫口密度；二是森林生态环境逐渐向好，生物多样性增加，森林生态稳定性好，有效抑制了有害生物的发生；三是未处于林业有害生物暴发周期，虫口密度未累积到严重危害程度。

二、2020年全省林业有害生物发生趋势预测

根据全省林业有害生物越冬代虫情调查及40个国家级和50个省级中心测报点的系统观察，结合全省林业有害生物发生流行规律和2019年度防控工作情况，以及四川省气象部门对全省今冬明春的气候预测资料，对2020年全省林业有害生物发生趋势预测如下：

（一）2020年总体发生趋势预测

1. 预测依据

（1）气候方面。预计2019—2020年冬春季全省平均气温较常年均值正常略偏高，降水量接近常年均值。春季盆地西北部、盆地南部有一般性春旱。预计冬季（2019年12月至2020年2月）全省平均气温较常年均值正常略偏高，降水量较常年均值正常略偏多。盆地东北部平均气温较常年均值偏低0.5℃左右，省内其余地区气温较常年均值偏高0.5~1.0℃；川西高原、盆地东北部、盆地中部、盆地南部降水量较常年均值偏多1~2成，省内其余地区较常年均值偏少1~2成。预计春季（2020年3~5月）全省平均气温较常年均值偏高0.5~1.0℃，降水量较常年正常略偏少。其中盆地东北部及川西高原北部降水量较常年均值偏多1~2成，省内其余地区较常年均值偏少1~2成。上述气象条件有利于病虫害越冬及鼠害生长发育。

（2）各地调查数据统计情况。从9月底开始，组织全省各地开展林业有害生物越冬代虫情调查以及90个国家级和省级中心测报点系统观察数据汇总统计结果。

（3）有害生物自身发生规律。结合全省2019

年主要林业有害生物发生防治情况及其发生规律综合分析结果。

2. 预测总体发生情况

2020 年全省林业有害生物发生面积仍然较大，预计发生面积 1020 万亩，同比基本持平。其中森林病害预计发生面积 170 万亩，同比减少 18 万亩；森林虫害预计发生 800 万亩，同比增加 15 万亩；森林鼠害预计发生 50 万亩，同比减少 1 万亩（图 24-1）。

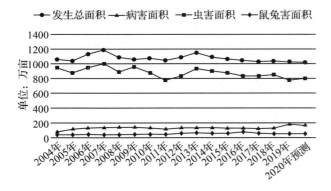

图 24-1　四川省近年来林业有害生物发生趋势图

（1）按发生种类预测

森林病害（除松材线虫病外）扩散蔓延的可能性不大，发生面积趋于稳定，但因近年来松材线虫病发生面积猛增造成森林病害总发生面积处于高位发生态势（图 24-2）。

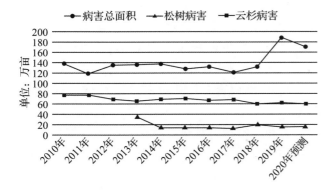

图 24-2　四川省近年来病害（除松材线虫病外）发生趋势图

蜀柏毒蛾、松毛虫、鞭角华扁叶蜂、松叶蜂等主要食叶害虫发生面积同比基本持平，以轻度危害为主，但不排除在局部地区危害成灾的可能。松墨天牛、松切梢小蠹虫、云斑白条天牛、长足大竹象、核桃长足象等主要钻蛀性害虫发生面积同比也基本持平（图 24-3）。

林业鼠（兔）害发生面积同比基本持平，其中

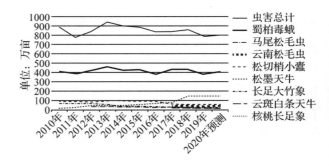

图 24-3　四川省近年来主要害虫发生趋势图

图 24-4　四川省近年来主要鼠害发生趋势图

赤腹松鼠和黑腹绒鼠两种主要种类的发生面积同比也基本持平（图 24-4）。

（2）按有害生物发生面积区域预测

在成都、乐山、眉山、泸州、内江、雅安、攀枝花、阿坝等 8 个市州发生面积可能基本持平；南充、遂宁、广元、甘孜、凉山等 5 个市州发生面积可能上升，其中南充、凉山、甘孜发生面积可能上升幅度较大；自贡、宜宾、绵阳、德阳、达州、广安、巴中、资阳等 8 个市发生面积可能下降，其中德阳、广安、巴中、宜宾等地可能下降幅度较大。

（3）按有害生物类型发生区域预测

病害　在乐山、泸州、眉山、南充、攀枝花、遂宁等地发生面积可能基本持平；甘孜、广元、凉山、巴中、雅安等地发生面积可能上升，其中甘孜、广元、凉山可能上升幅度较大；阿坝、成都、广安、绵阳、宜宾、资阳、自贡等地发生面积可能下降，其中成都、广安、宜宾、自贡等地可能下降幅度较大。

虫害　在成都、甘孜、广安、广元、乐山、凉山、泸州、绵阳、内江、攀枝花、雅安等地发生面积可能基本持平；阿坝、达州、南充、遂宁、自贡等地发生面积可能上升，其中阿坝、南

充等地可能上升幅度较大；德阳、巴中、眉山、宜宾、资阳等地发生面积可能下降，其中德阳、巴中等地可能下降幅度较大。

鼠（兔）害　在甘孜、凉山、泸州、攀枝花、雅安可能基本持平；阿坝、成都、乐山、眉山、宜宾等地发生面积可能上升，其中成都、乐山可能上升幅度较大；巴中、绵阳等地发生面积可能大幅度下降。

（二）主要林业有害生物种类发生趋势预测

1. 松材线虫病

目前有 41 个县级发生疫情，特别是从 2013 年进入暴发期至 2018 年，其发生县级疫情数量、疫点数量、发生面积、枯死松树数量猛增，2019 年增加趋势减缓（图 24-5）。虽然 2019 年部分县级疫情发生区的危害得到有效控制，新发疫区数量也不多，但松材线虫病潜在继续扩散的形势仍然非常严峻。因此，预测 2020 年全省松材线虫病疫情仍然可能继续扩散蔓延，并在川东、川东北、川南、攀西等地有新发生疫情、疫点的可能。发生面积 80 万亩，同比基本持平；枯死松树 100 万株，同比下降 14.5%。

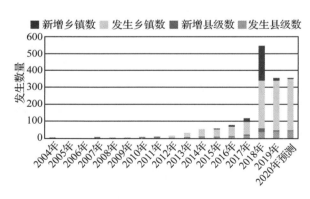

图 24-5　四川省近年来松材线虫病发生趋势图

2. 蜀柏毒蛾

主要危害盆地周边及川北地区的柏木纯林，分布在全省 16 个市 70 余个县（市、区），预计在南充发生面积可能上升；在成都、德阳、达州、巴中、遂宁、资阳等地发生面积可能下降，其中达州、德阳、巴中等地下降幅度可能较大。预计全省发生面积 370 万亩，同比稳中有降，但在巴中市巴州区、恩阳区等局部地方可能危害成灾。

3. 松切梢小蠹

分布在攀枝花、凉山、雅安和甘孜等地的云南松林区，近年来发生面积呈逐年下降趋势，预计发生面积 50 万亩，同比略有下降，在雅安市汉源县、石棉县等局部地方可能危害成灾。

4. 松毛虫（马尾松毛虫、德昌松毛虫、云南松毛虫）

分别主要危害马尾松、云南松及柏木，分布在广元、巴中、绵阳、宜宾、达州、广安、自贡、内江、泸州、成都、南充、乐山等地。近年来发生面积呈逐年下降趋势，预计发生面积 60 万亩，同比略有下降。云南松毛虫在巴中市通江县等地局部区域可能危害成灾。

5. 松墨天牛

长期以来虫口基数较大，发生面积逐年上升，预计在达州、广安、自贡等地发生面积将增加，全省发生面积 145 万亩，同比增加 3 万亩，但其单独危害成灾的可能性较小。

6. 长足大竹象

主要危害竹笋及嫩竹，分布在乐山、眉山、雅安、自贡、成都、宜宾和广安等地，近年来全省发生面积总体呈下降趋势，预计全省发生面积 25 万亩，同比略有增加。

7. 松树病害（松赤枯病、松落针病、松疱锈病）

分布在阿坝、巴中、雅安、甘孜、内江、泸州、攀枝花、成都、达州、宜宾、凉山、绵阳等地。近年来发生面积呈上升趋势，预计发生 16 万亩，同比略有增加。

8. 云杉病害（主要为云杉落针病、云杉锈病）

分布在阿坝、甘孜、雅安、凉山等地，主要在川西高原的云杉纯林中危害，近年来发生面积总体呈下降趋势，预计发生面积 62 万亩，同比基本持平。

9. 森林鼠兔害（主要为赤腹松鼠、黑腹绒鼠）

主要危害柳杉、杉木、松树等人工林和各类新造林，分布在雅安、绵阳、乐山、眉山、阿坝、甘孜、成都、巴中、宜宾、德阳、泸州、凉山、攀枝花、南充、达州等地，近年来发生面积呈逐年下降趋势，预计发生 50 万亩，同比下降 2.3%。其中，赤腹松鼠在雅安市雨城区、荥经县等局部地方有可能危害柳杉、杉木人工林成灾。

10. 其他病虫害

随着四川林业产业高速发展，桉树、杨树、竹林、核桃、花椒等速生林、经济林病虫害呈明显上升趋势，预计发生面积 160 万亩，同比增加 60 万亩。主要种类包括危害桉树的油桐尺蠖、天牛、褐斑病、焦枯病等，危害杨树的云斑天牛、杨扇舟蛾、锈病、溃疡病、烂皮病等，危害竹类的竹螟、刚竹毒蛾、煤污病、生理性病害等，危害核桃的云斑天牛、核桃长足象、褐斑病等，危害花椒的虎天牛、根腐病、锈病、膏药病等。

三、对策建议

（一）强化政府防控主体责任

按照《国办意见》、省府办《关于进一步加强林业有害生物防治工作的意见》要求，严格落实各级政府在林业有害生物防控中的主体责任，加大经费投入，保障防控工作顺利进行。

（二）加强监测防灾减灾工作

完善林业有害生物地面监测网格化管理体系，落实日常巡查监测人员，将监测任务落实到山头地块。同时加大航空航天遥感监测技术在重点区域监测调查的推广应用力度，确保灾情疫情及时发现，及时处置。

（三）加大检疫检查工作力度

强化检疫检查，加大产地检疫和调运检疫检查力度，严厉打击违法违规调运种子苗木，以及使用、调运、经营疫木的行为，严防疫情传入传出。

（四）突出重大有害生物的科学防控

以松材线虫病等为重点防控对象，将疫情除治防控工作纳入应急管理和防灾减灾范畴，加大除治力度，加强除治全过程监管，确保防控成效。

（五）进一步加大防控保障投入

进一步加大对林业有害生物防治体系建设和专项防治补助资金投入，落实好森林保险、预防成效奖补等扶持政策，拓展防治资金投入渠道，保障防治工作顺利进行。

（主要起草人：刘子雄；主审：孙红）

25 贵州省林业有害生物 2019 年发生情况和 2020 年趋势预测

贵州省森林病虫检疫防治站

2019 年贵州省林业有害生物发生面积为 279.6039 万亩,与 2018 年的 307.5184 万亩相比有所下降。2018 年预测 2019 年发生面积 305 万亩,测报准确率为 90.92%,达到了国家林业和草原局下达的年度管理指标。根据贵州省森林资源状况、林业有害生物发生防治情况,预测 2020 年全省林业有害生物发生面积在 295 万亩左右,比 2019 年发生面积稍有增加(图 25-1)。

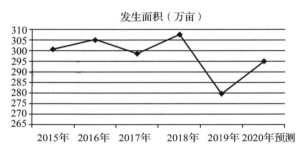

图 25-1　贵州省近 5 年林业有害生物发生面积及 2020 年趋势预测图

一、2019 年林业有害生物发生情况

截至 11 月 30 日统计,全省林业有害生物发生面积 279.6039 万亩,其中轻度发生面积 261.9920 万亩,中度发生面积 15.9788 万亩,重度发生面积 1.6331 万亩。在总发生面积中,虫害 239.1185 万亩,病害 29.1975 万亩,有害植物 6.9966 万亩,鼠(兔)害 4.2913 万亩。目前,全省累计防治作业面积 262.5217 万亩,防治率 93.89%,其中无公害防治面积 260.5952 万亩,无公害防治率为 99.27%(图 25-2、图 25-3)。

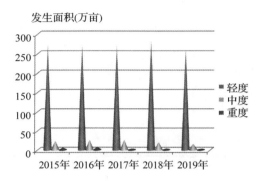

图 25-2　林业有害生物发生程度统计图

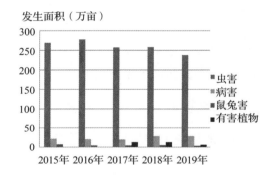

图 25-3　林业有害生物发生类别统计图

(一)发生特点

2019 年贵州省林业有害生物发生的基本特点是:

(1)松材线虫病扩散蔓延态势严峻,新增疫点多,防控压力大。2019 年松材线虫病秋季普查以来,全省新增了黔东南苗族侗族自治州(以下简称黔东南州)雷山县、铜仁市松桃苗族自治县(以下简称松桃县)、黔南布依族苗族自治州(以下简称黔南州)荔波县等 3 个松材线虫病县级疫区。根据秋普结果,全省松材线虫病发生总面积达 5019.82 亩。贵阳市息烽县,遵义市播州区、仁怀市、红花岗区、习水县等县级疫区因疫情防控成效较好,未发现疫情。但毕节市金沙县、黔东南州从江县等地疫情发生较为严重,发生面积较去年大幅增加,金沙县新增了 1 个疫点乡镇,

从江县新增了2个疫点乡镇，疫情有向岜沙景区蔓延的可能性，万山区新增1个疫点乡镇，疫情有向梵净山世界自然遗产地扩散蔓延的趋势，疫情防控压力大。

（2）林业有害生物发生程度偏轻，但局部地区受害严重。2019年全省林业有害生物发生面积较去年同期有所下降，发生多以轻度为主，危害程度偏轻，但是局部地区受害严重。如遵义市汇川区、绥阳县交界处发生的日本松干蚧，发生面积达2000多亩，且多为重度发生，给当地的松林造成较大损失；核桃扁叶甲、云南木蠹象在毕节市威宁彝族回族苗族自治县（以下简称威宁县）危害严重；紫茎泽兰在黔南州惠水县造成严重危害；百里杜鹃发生的杜鹃叶斑病虽面积不大，但为重度发生，给景区造成一定的影响。

（3）常发性林业有害生物发生面积占比大，经济林病虫害危害加重。从统计数据来看，由于受到森林资源分布的影响，天牛类、松毛虫类、松叶蜂类、松针蚧、小蠹虫、叶甲类等常发性病虫害占比较大。此外，由于全省经济林产业的进一步发展，核桃、油茶、刺梨、板栗、桃树、梨树、李树、樱桃等经济林树种的病虫害危害程度也有所加重。如核桃扁叶甲、核桃长足象在毕节市各区县造成大面积危害，梨小食心虫在黔南州龙里县发生面积达两万多亩，刺梨白粉病对六盘水市的刺梨产业造成一定程度的危害。

（4）林业外来入侵生物突发事件常发，应急救灾压力大。今年以来，林业外来入侵生物突发事件时有发生。如草地贪夜蛾入侵贵州省，虽对林地未造成危害，但为配合农业农村部门的防控工作，全省监测防治工作量大幅增加；4月以来，在草海保护区发现疑似琉球球壳蜗牛，对草海保护区的生态环境造成较大影响；7月以来，在贵安新区多条主干道上北美红枫发现星天牛和光肩星天牛危害；全省个别地区发现加拿大一枝黄花扩散蔓延态势加剧。

（二）主要林业有害生物发生情况分述

截至2019年11月30日统计，全省已发生的林业有害生物种类达百余种，发生面积在万亩以上的种（类）较多。总体来说，发生面积大、分布范围广、危害严重的林业有害生物种类有：松材线虫病、松树病害、天牛类、经济林病虫害、介壳虫类、叶甲类、象鼻虫类、小蠹虫、松毛虫类、毒蛾类、叶蜂类、褐喙尾竹节虫、鼠兔害、有害植物等。

松材线虫病　发生面积较去年同期有所下降，但降幅不大，发生面积为5019.82亩。其中：黔东南州从江县发生1656.55亩，新增雷山县县级疫区，雷山县发生6.9亩，目前有丹江镇1个疫点乡镇；毕节市金沙县发生面积1631.7亩，新增茶园镇1个疫点乡镇；铜仁市碧江区发生面积771.82亩，面积较去年增幅较大，万山区发生面积245亩，新增松桃县县级疫区，松桃县发生面积486.3亩，目前新发生有3个疫点乡镇；黔南州新增荔波县县级疫区，发生面积221.55亩，目前新发生朝阳镇1个疫点乡镇。根据秋季普查结果，全省新增3个松材线虫病疫区，遵义市播州区、习水县、仁怀市、红花岗区、贵阳市息烽县等老疫区因防控成效较好，未发现疫情（图25-4）。

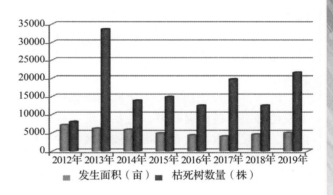

图25-4　近年来松材线虫病发生及枯死松树示意图

松树病害　发生面积与去年同期基本持平，主要包括落叶病、赤枯病、煤污病等种类。松树病害发生面积5.5142万亩，其中轻度发生面积5.3792万亩，中度发生面积0.1200万亩重度发生面积0.0150万亩，全省各地均有不同程度发生。

天牛类　发生面积与2018年同期基本持平，危害程度较去年稍有增加。截至目前，全省天牛类发生面积120.2172万亩，其中轻度发生面积118.3193万亩，中度发生面积1.8679万亩，重度发生面积0.0300万亩。在发生种类中，松褐天牛发生面积占比最大，全省累计发生松褐天牛面积114.4429万亩，其中轻度发生面积112.9317万亩，中度发生面积1.5112万亩。天牛类为贵州省常发性虫害，全省各地分布范围较广。

经济林病虫害（不含核桃扁叶甲和核桃长足象） 主要包括核桃、板栗、刺梨、油茶、梨树、桃树、李树、樱桃等经济树种的病虫害，全省各地经济树种均有所发生，全省发生面积 23.0468 万亩，其中轻度发生面积 20.9172 万亩，中度发生面积 2.2196 万亩。在发生的种类中，桃缩叶病、李红点病、樱桃膏药病、梨小食心虫、梨锈病、刺梨白粉病、板栗溃疡病、油茶软腐病、核桃举肢蛾等发生面积均超过万亩。

介壳虫类 发生面积与去年基本持平，但危害程度加重。主要分布在毕节市威宁县。截至目前，全省发生面积 6.0325 万亩，其中轻度发生面积 4.8354 万亩，中度发生面积 1.6023 万亩，重点发生面积 0.1348 万亩。中华松针蚧发生面积最大，发生面积为 5.0800 万亩，其中轻度发生面积 4.2100 万亩，中度发生面积 0.8700 万亩；此外，今年在遵义市汇川区和绥阳县交界处发现了日本松干蚧的危害，危害面积超过 2000 亩，局部地方危害程度达到中度和重度，对当地松林资源造成严重损失。

叶甲类 发生面积较去年同期降幅较大，主要发生种类为核桃扁叶甲，主要发生在毕节市各区县，少量发生在六盘水市六枝特区。发生面积为 16.1174 万亩，其中轻度发生面积 14.6471 万亩，中度发生面积 1.2913 万亩，重度发生面积 0.1790 万亩。

象鼻虫类 与去年同期相比发生面积变化不大，主要发生种类为萧氏松茎象、云南木蠹象、核桃长足象和剪枝栎实象等种类。象鼻虫类总发生面积 39.3901 万亩，其中轻度发生面积 36.5826 万亩，中度发生面积 2.3915 万亩，重度发生面积 0.4160 万亩。其中，萧氏松茎象发生面积最大，为 16.0561 万亩，主要发生在铜仁市和黔东南州各区县；云南木蠹象发生面积为 13.5500 万亩，主要发生在毕节市威宁县；核桃长足象发生面积 6.4390 万亩，主要发生在毕节市和铜仁市的部分区县；剪枝栎实象发生面积 3.0150 万亩，主要发生在黔西南布依族苗族自治州（以下简称黔西南州）兴义市。

小蠹虫 发生面积较去年同期变化不大，但危害程度稍有加重。总发生面积为 8.0104 万亩，

其中轻度发生面积 7.1280 万亩，中度发生面积 0.8820 万亩，重度发生面积 0.0004 万亩。松纵坑切梢小蠹发生面积占比最大，达 7.4550 万亩，其中轻度发生面积 6.5730 万亩，中度发生面积 0.8820 万亩。主要发生在毕节市威宁县和六盘水市盘州市，且在毕节市威宁县造成一定危害，小面积发生在六盘水市水城县和贵阳市白云区。

松毛虫类（云南松毛虫、思茅松毛虫、马尾松毛虫和文山松毛虫） 发生面积 18.8405 万亩，其中轻度发生面积 17.6916 万亩，中度发生面积 1.1189 万亩，重度发生面积 0.0300 万亩。全省各市州均有不同程度分发生，但主要发生于毕节市、黔东南州和铜仁市各区县，与 2018 年同期相比，发生面积有所下降。

毒蛾类 主要发生种类有松茸毒蛾、刚竹毒蛾、侧柏毒蛾等，发生面积较 2018 年同期变幅不大。发生总面积 5.8720 万亩，其中轻度发生面积 5.5227 万亩，中度发生面积 0.3493 万亩。主要发生在黔东南州、铜仁市和遵义市等地。

叶蜂类 主要包括楚雄腮扁叶蜂、南华松叶蜂、马尾松吉松叶蜂和会泽新松叶蜂等种类。总发生面积 6.4132 万亩，其中轻度发生面积 5.2957 万亩，中度发生面积 1.1110 万亩，重度发生面积 0.0065 万亩。会泽新松叶蜂发生面积最大，达 5.5000 万亩，其中轻度发生面积 4.7390 万亩，中度发生面积 0.7610 万亩，集中分布在毕节市威宁县和赫章县。

褐喙尾竹节虫 是贵州省 2018 年新调整后确定的主测对象，发生面积同比增幅较大。全年发生面积 1.3379 万亩，其中轻度发生面积 1.3079 万亩，中度发生面积 0.0300 万亩，主要发生在毕节市黔西县和贵阳市开阳县，少量发生在毕节市织金县和遵义市湄潭县。

鼠兔害 发生面积较 2018 年同期有所下降，发生面积 4.2913 万亩，其中轻度发生面积 4.0813 万亩，中度发生面积 0.2100 万亩，主要在黔东南州、毕节市和遵义市等地危害。赤腹松鼠发生面积最大，为 2.5273 万亩，主要危害地为黔东南州台江县。

有害植物 全省有害植物发生面积 6.9966 万亩，与 2018 年同期相比降幅达 97.77%。紫茎泽兰发生面积最大，达 6.0144 万亩，其中轻度发生面积 4.4804 万亩，中度发生面积 1.0280 万

亩，重度发生面积 0.5060 万亩。主要发生在毕节市威宁县，黔南州惠水县、罗甸县，黔西南州望谟县等地，其余地区有零星分布（图 25-5）。

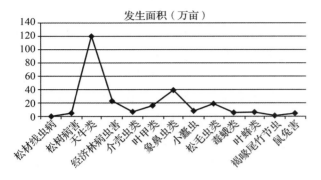

图 25-5 主要林业有害生物种类发生面积图

（三）成因分析

2019 年度贵州省林业有害生物发生和危害的成因主要有以下几个方面：

1. 松材线虫病疫情发生危害原因

从全省松材线虫病发生情况及分布特点来看，主要有以下几个方面的原因：一是贵阳市息烽县，遵义市播州区、红花岗区、仁怀市和习水县等老疫区防控成效较好，枯死树清理及时，实现松材线虫病秋季普查无疫情，为息烽县、红花岗区疫区拔除奠定了坚实基础；二是由于经济社会的快速发展，以及外省调入的松木质包装材料的增多，检疫工作仍存在不足之处，导致全年新增了黔东南州雷山县、铜仁市松桃县和黔南州荔波县等 3 个疫区；三是部分地区受技术人员数量、监测工作量剧增、监测不及时等原因限制，导致疫情扩散蔓延，防控压力增加。如毕节市金沙县、黔东南州从江县和铜仁市碧江区、万山区等地。

2. 气候因素

2019 年春季期间，全省平均气温为 16.4℃，较常年同期偏高 0.6℃；降水量为 302.8 毫米，较常年同期正常略多 7.2%；日照时数 268.4 小时，较常年同期正常偏少 10.8%。入夏以来，全省平均气温为 24.1℃，较常年平均正常略高 0.5℃；降水量为 598.2 毫米，较常年平均正常略多 6.9%；日照时数 408.2 小时，较常年平均正常略少 5.6%。入秋以来，全省平均气温较常年同期偏高 0.7～0.9℃，降雨量较常年同期偏多。高温天气为部分病害及食叶害虫的扩散提供了一定的有利条件，雨水天气的增加不利于虫害的迁飞，因此某些虫害的发生面积较往年减少，

加之全省林业有害生物防控成效较好，致使林业有害生物总发生面积有所下降。

3. 森林资源结构和营造林原因

受地形地貌限制，贵州森林资源分布基本稳定，全省森林资源保有量大，而林分质量差，树种组成单一，多为针叶树纯林，导致一些常发性的病虫种类发生面积常年维持在一定的水平，如天牛类、松毛虫类、松叶蜂类、小蠹虫类等。此外，由于近年来全省林业产业的不断发展，全省经济林树种造林面积越来越大，但受防治技术手段及防治成效的影响，全省经济林病虫害发生面积较大，危害程度也相对较重。

4. 外来林业有害生物防控意识的缺乏

今年以来发生的林业外来入侵生物突发事件，主要原因在于社会各界对外来林业有害生物防控意识的缺乏，防范外来林业有害生物的宣传工作还有待进一步加强。如部分林农将加拿大一枝黄花误当药用植物进行种植，个别花卉基地及花农将其当作观赏性花卉进行种植、销售等，导致全省加拿大一枝黄花防控难度日益加剧。

二、2020 年林业有害生物发生趋势预测

（一）2020 年总体发生趋势预测

根据 2019 年贵州省林业有害生物发生为害情况，以及全省林业有害生物防治面积、防治成效等情况，结合全省 2019 年气候等因子（10 月以来，全省平均气温为较常年平均偏高 0.9℃，降水量较常年平均偏多 50.3%，日照时数较常年平均偏多 10.8%。11 月份全省将持续低温阴雨天气，部分地区最低气温将降至 0℃以下）分析，低温气候不利于病虫害的越冬存活，因此越冬基数有可能下降。但随着全省造林面积的增大，以及 1 月份以来气候的不稳定，可能导致一些突发的病虫害发生面积增大。综合分析，预测 2020 年贵州省林业有害生物发生面积在 295 万亩左右。

（二）分种类发生趋势预测

根据 2019 年全省林业有害生物发生特点，预测 2020 年主要发生的林业有害生物种类是：松材线虫病、松树病害、天牛类、经济林病虫

害、介壳虫类、叶甲类、象鼻虫类、小蠹虫、松毛虫类、毒蛾类、叶蜂类、褐喙尾竹节虫、鼠兔害、有害植物等。

2020年主要病虫害发生面积和分布区域预测如下：

松材线虫病　预测发生0.5万亩左右，发生区域为毕节市金沙县，黔东南州从江县，铜仁市碧江区、万山区和松桃县，黔南州荔波县。2019年秋普以来，全省松材线虫病疫区增加，加之部分县级疫区疫情除治力度仍有所欠缺，导致疫情扩散，全省松材线虫病疫情防控压力将进一步加大。

松树病害　预测发生面积6万亩左右。主要发生种类包括落叶病、赤枯病、煤污病等，全省各地均有发生。

天牛类　预测发生面积122万亩左右，其中松褐天牛发生面积115万亩左右。全省各县区市均有不同程度的发生。

经济林病虫害（不含核桃扁叶甲和核桃长足象）　预测发生面积25万亩，主要危害寄主包括核桃、板栗、油茶、梨树、桃树、樱桃等。

介壳虫类　预测发生面积6.2万亩左右。其中中华松针蚧发生面积5.2万亩左右，主要在毕节市威宁县造成危害。

叶甲类　主要发生种类为核桃扁叶甲，预测发生面积15万亩左右，主要发生在毕节市各区县。

象鼻虫类　预测发生面积40万亩左右，主要发生种类包括萧氏松茎象、云南木蠹象、核桃长足象和剪枝栎实象。萧氏松茎象发生面积15.5万亩左右，主要危害地为铜仁市和黔东南州各区县；云南木蠹象发生面积14.5万亩左右，主要危害地为毕节市威宁县；核桃长足象发生面积6.5万亩左右，主要危害地为毕节市和铜仁市部分区县；剪枝栎实象发生面积3.5万亩左右，主要危害地为黔西南州兴义市。

小蠹虫　预测发生面积8.5万亩左右，其中松纵坑切梢小蠹发生面积7.8万亩左右。主要发生在毕节市威宁县和六盘水市盘州市。

松毛虫类　预测发生面积18.5万亩，比2019年同期稍有下降，主要危害地为毕节市、黔东南州和铜仁市各区县。

毒蛾类　预测发生面积6万亩，与2019年同期基本持平，主要在黔东南州、铜仁市和遵义市等地发生。

叶蜂类　预测总发生面积7万亩左右，其中会泽新松叶蜂发生面积6万亩左右，主要在毕节市威宁县和威宁县造成危害。

褐喙尾竹节虫　预测发生面积1万亩左右，较2019年同期将有一定降幅。主要发生在毕节市黔西县和贵阳市开阳县。

鼠兔害　预测发生面积4.5万亩左右，与2019年同期基本持平。主要发生在黔东南州、毕节市和遵义市等地。

有害植物　预测发生面积8万亩左右，在2019年同期基础上小幅增加。主要发生地为毕节市、黔南州、黔西南州等地。

三、对策建议

（一）坚持政府主导，落实目标责任

严格按照签订的《2018—2020年重大林业有害生物防控目标责任书》的要求，坚持"政府主导、属地管理"的原则，切实落实目标责任书中明确的各项防控任务，进一步做好以松材线虫病为主的重大林业有害生物防控工作，保障林业有害生物防控目标责任书中各项任务的顺利完成。

（二）强化监测调查，提升预警能力

在贵州省动植物保护能力提升工程（林业有害生物防治能力提升项目）（一期）建设的基础上，切实推进项目二期的建设任务，进一步完善监测预警体系建设，全面提升全省林业有害生物监测调查的智能化水平，通过进一步补充监测调查的设备数量，切实提升病虫害监测预警能力，为全省林业有害生物防控提供科学依据。

（三）加强检疫执法，严防疫情扩散

一是严格按照国家林业和草原局《关于开展全国松材线虫病疫木检疫执法专项行动的通知》要求，对全省各地松木及其制品、异地跨省调入的松木及其制品进行排查调查，严肃查处有关违法违规行为；二是以浙江乐清登高电器公司违规

调运携带松材线虫病活体的电流互感器松木质包装材料案件为抓手，严厉打击违法违规调运松木及其制品行为，严防松材线虫病等外来林业有害生物疫情的扩散蔓延。

（四）进一步改善防治技术水平，提升防治成效

一是继续切实开展区域内和区域间联防联治联检工作，严防疫情在省内省际间的扩散；二是通过购买社会化服务，引进林业有害生物防治公司、科研院所和高等院校等防治机构研发的防治技术，切实提升全省林业有害生物防治成效。

（五）强化宣传培训，提高全社会防控意识

一是通过采取不同的宣传手段和媒体介质，向全社会宣传松材线虫病等重大林业有害生物的防控力度，切实提升全社会对重大林业有害生物的防控意识；二是在全省范围内重点宣传《松林的呼唤》，让全社会参与到林业有害生物防控中来；三是向社会各界普及林业有害生物相关知识，有效降低林业外来入侵生物突发事件的发生概率。

（主要起草人：丁治国　吴丽君；主审：孙红）

26 云南省林业有害生物2019年发生情况和2020年趋势预测

云南省林业和草原有害生物防治检疫局

2019年云南省主要林业有害生物总体呈高发态势，发生面积略有减少，发生总面积607.70万亩，较去年减少10%。2019年全省防治总面积为600.36万亩，防治率98.79%，成灾面积15.70万亩，成灾率0.46‰，测报准确率94.68%。预测2020年云南省林业有害生物发生面积与2019年基本持平，总发生面积600万亩。

一、2019年主要林业有害生物发生情况

2019年，云南省总体发生林业有害生物607.70万亩，其中：病害108.96万亩，虫害464.66万亩，鼠害9.63万亩，有害植物24.45万亩。全省防治总面积为600.36万亩，防治率98.80%（图26-1）。

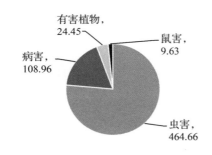

图26-1　2019年林业有害生物发生情况（万亩）

与2018年相比，病害基本持平，虫害减少13%，鼠害减少9%，有害植物减少9%，林业有害生物发生总面积减少10%（图26-2）。

（一）发生特点

总体来说，2019年林业有害生物发生面积稳中有降，病害基本持平，虫害、鼠害、有害植物较去年略有下降，但发生种类多，范围广，造成较大的经济和生态服务功能价值损失。食叶害虫如松毛虫等发生面积下降，为害程度减轻。外来

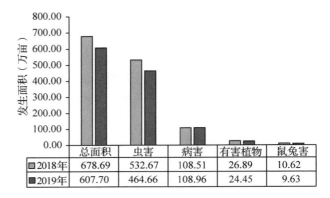

图26-2　2018、2019年林业有害生物发生情况

	总面积	虫害	病害	有害植物	鼠兔害
2018年	678.69	532.67	108.51	26.89	10.62
2019年	607.70	464.66	108.96	24.45	9.63

有害植物扩散蔓延趋势严峻，但由于控制良好，薇甘菊发生面积较去年有所减少。

（二）主要林业有害生物发生情况分述

1. 松材线虫病

截至2019年12月，云南昭通市水富市马尾松松材线虫病疫情发生小班数量为6个，总发生面积415.5亩，累计枯死松树151株，确认染疫松树7株。截至目前，疫点乡镇包括向家坝镇、两碗、云富街道办事处3个，其中云富街道办事处为2019年新增疫点。

2. 薇甘菊

发生面积15.17万亩，同比下降14.49%，以轻度发生为主。薇甘菊主要在德宏傣族景颇族自治州（以下简称德宏州）盈江县、瑞丽市、陇川县、芒市、梁河县，临沧市沧源佤族自治县（以下简称沧源县）、耿马傣族佤族自治县（以下简称耿马县）、镇康县发生，保山市施甸县、龙陵县、腾冲市、隆阳区，普洱市西盟佤族自治县（以下简称西盟县）、孟连傣族拉祜族佤族自治县，西双版纳傣族自治州（以下简称西双版纳州）勐腊县、景洪市有少量发生（图26-3）。

3. 松毛虫

发生面积165.54万亩，同比下降19.92%，

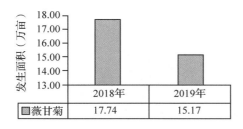

图26-3 近两年同期薇甘菊发生情况

轻中度发生为主,局部地区出现成灾现象。普洱市景谷傣族彝族自治县、景东彝族自治县、墨江哈尼族自治县、镇沅彝族哈尼族拉祜族自治县、思茅区、宁洱哈尼族彝族自治县(以下简称宁洱县)、澜沧拉祜族自治县,文山壮族苗族自治州(以下简称文山州)文山市、丘北县、广南县、砚山县,保山市昌宁县,临沧市双江拉祜族佤族布朗族傣族自治县、云县、凤庆县,楚雄彝族自治

州(以下简称楚雄州)禄丰县,红河州红河县、弥勒市等地大面积发生,滇西南、滇中局部地区出现成灾现象,特别是玉溪市元江哈尼族彝族傣族自治县(以下简称元江县),保山市昌宁县,楚雄州禄丰县,红河哈尼族彝族自治州(以下简称红河州)红河县、弥勒市、建水县,文山州丘北县、文山市等地成灾面积超过2000亩(图26-4)。

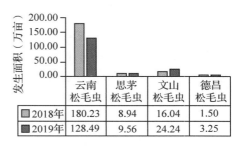

图26-4 近两年同期松毛虫发生情况

表26-1 云南省近年来松毛虫发生情况 单位:万亩

松毛虫	2019年	2018年	2017年	2016年	2015年	2014年	2013年	2012年	2011年	2010年
云南松毛虫	128.49	180.23	126.89	107.10	116.28	75.01	85.04	73.41	70	78.29
思茅松毛虫	9.56	8.94	12.27	9.50	5.44	4.9	4.35	9.81	6.37	11.72
德昌松毛虫	3.25	1.50	3.09	1.40	0.85	0.6	0.99	0.53	0.6	0.5
文山松毛虫	24.24	16.04	10.40	14.78	23.26	13.75	14.49	10.68	13.38	13.4
合计	165.54	206.72	152.65	132.78	145.83	94.26	104.87	94.43	90.35	103.91

4. 毒蛾类

发生面积11.63万亩,同比下降16.21%。其中:褐顶毒蛾发生面积7.52万亩,以轻度发生为主,局部地区中重度发生,主要发生在红河州河口瑶族自治县(以下简称河口县)、屏边苗族自治县(以下简称屏边县),文山州马关县、西畴县等地,文山州西畴县,红河州屏边县、河口县成灾面积超过2000亩。刚竹毒蛾发生面积2.53万亩,以轻度发生为主,主要发生在昭通市彝良县、盐津县等地(图26-5)。

图26-5 近两年同期毒蛾类发生情况

5. 叶蜂类

发生面积17.04万亩,同比下降29.93%,轻中度发生。主要种类有:祥云新松叶蜂4.37万亩,主要发生在大理白族自治州(以下简称大理州)巍山彝族回族自治县(以下简称巍山县),保山市腾冲市、隆阳区等地。楚雄腮扁叶蜂10.70万亩,主要发生在曲靖市师宗县、马龙县,文山州丘北县,红河州泸西县等地。

6. 叶甲类

发生面积8.29万亩,同比下降24.98%,以轻度发生为主。其中核桃扁叶甲3.07万亩,主要发生在曲靖市会泽县,临沧市临翔区,昭通市永善县、彝良县、大关县,丽江市永胜县,怒江傈僳族自治州(以下简称怒江州)泸水县、贡山独龙族怒族自治县等地,桤木叶甲3.94万亩,主要发生在临沧市凤庆县,红河州元阳县、金平苗族瑶族傣族自治县(以下简称金平县),昆明市寻甸回族彝族自治县(以下简称寻甸县)等地(图26-6)。

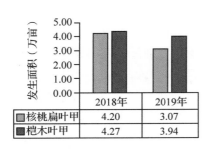

	2018年	2019年
核桃扁叶甲	4.20	3.07
桤木叶甲	4.27	3.94

图 26-6 近两年同期叶甲类发生情况

7. 蚧虫类

发生面积 22.48 万亩,同比增加 74.81%,以轻度发生为主。其中:中华松针蚧 8.41 万亩,主要发生在大理州弥渡县、丽江市玉龙纳西族自治县(以下简称玉龙县)、曲靖市宣威市、玉溪市江川区、通海县等地;花椒棉粉蚧 3.20 万亩,主要发生在昭通市巧家县、鲁甸县;云南松干蚧 5.43 万亩,主要发生在昭通市昭阳区,曲靖市富源市等地;日本草履蚧 2.79 万亩,主要发生在大理州大理市、漾濞彝族自治县(以下简称漾濞县),昆明市东川区等地(图 26-7)。

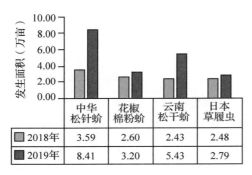

	中华松针蚧	花椒棉粉蚧	云南松干蚧	日本草履虫
2018年	3.59	2.60	2.43	2.48
2019年	8.41	3.20	5.43	2.79

图 26-7 近两年同期蚧类发生情况

8. 蚜虫类

发生面积 11.55 万亩,同比增加 18.46%,以轻度发生为主。其中:华山松球蚜 3.78 万亩,主要发生在昭通市鲁甸县,丽江市玉龙县,玉溪市华宁县、峨山彝族自治县(以下简称峨山县),昆明市禄劝彝族苗族自治县(以下简称禄劝县)等地;棉蚜 5.17 万亩,主要发生在昭通市昭阳区、巧家县,丽江市宁蒗彝族自治县(以下简称宁蒗县)等地;核桃黑斑蚜 1.45 万亩,主要发生在丽江市永胜县,昭通市大关县,临沧市凤庆县等地(图 26-8)。

9. 小蠹虫

发生面积 93.53 万亩,同比下降 14.91%,以轻中度发生为主,局部地区成灾。其中:云南

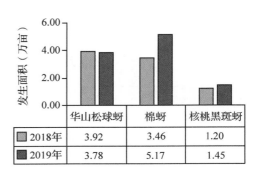

	华山松球蚜	棉蚜	核桃黑斑蚜
2018年	3.92	3.46	1.20
2019年	3.78	5.17	1.45

图 26-8 近两年同期蚜类发生情况

切梢小蠹 77.70 万亩,主要发生在大理州祥云县、弥渡县、宾川县、大理市,玉溪市通海县、红塔区、峨山县、澄江县、元江县、红塔区自然保护区,曲靖市师宗县、陆良县、马龙县,昆明市宜良县、石林彝族自治县(以下简称石林县)、寻甸县,丽江市玉龙县,红河州石屏县、弥勒市、建水县等地,大理州祥云县成灾面积 1 万亩以上,红河州石屏县、建水县、弥勒市,玉溪市峨山县,大理州弥渡县等地成灾面积 2000 亩以上;短毛切梢小蠹 5.20 万亩,主要发生在普洱市宁洱县;横坑切梢小蠹 7.25 万亩,主要发生在玉溪市新平彝族傣族自治县、江川县等地(图 26-9)。

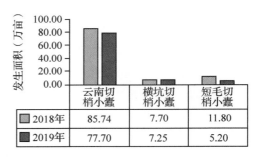

	云南切梢小蠹	横坑切梢小蠹	短毛切梢小蠹
2018年	85.74	7.70	11.80
2019年	77.70	7.25	5.20

图 26-9 近两年同期小蠹虫类发生情况

10. 天牛

发生面积 14.69 万亩,同比增加 7.86%。其中:松墨天牛 9.52 万亩,以轻度发生为主,主要发生在丽江市华坪县,楚雄州永仁县,玉溪市澄江县,昆明市石林县、宜良县等地。

11. 木蠹象

发生面积 7.81 万亩,同比下降 8.65%。其中华山松木蠹象 7.00 万亩,以轻度发生为主,局部地区出现成灾现象。主要发生在红河州个旧市、保山市施甸县、昭通市昭阳区、临沧市临翔区等地。红河州个旧市成灾面积超过 2000 亩。

表 26-2　云南省近年来蛀干害虫主要种类发生情况　　　　单位：万亩

种类	2019 年	2018 年	2017 年	2016 年	2015 年	2014 年	2013 年	2012 年	2011 年	2010 年
小蠹虫	93.53	109.92	130.09	146.64	141.27	105.73	109.27	110.08	123.03	137.65
天牛	14.69	13.62	19.79	23.19	30.08	11.96	15.20	14.33	13.16	16.35
木蠹象	7.81	8.55	8.87	8.23	9.78	7.02	11.19	12.91	21.88	24.22
合　计	116.03	132.09	158.75	178.06	181.13	124.70	135.66	137.32	158.07	178.22

12. 金龟子

发生面积 31.37 万亩，同比下降 17.51%，以轻中度发生为主。主要种类有：铜绿异丽金龟 13.06 万亩，主要在大理州永平县、漾濞县，文山州砚山县，临沧市云县、沧源县等地发生；棕色齿爪鳃金龟 8.73 万亩，主要在玉溪市澄江县、江川县，大理州巍山县，曲靖市马龙县等地发生。

13. 经济林病害

发生面积 86.69 万亩，同比增加 1.64%，以轻度发生为主，局部地区出现成灾现象。主要种类有：核桃病害 54.86 万亩，主要在大理州、楚雄州、临沧市、玉溪市等核桃主产地发生，曲靖市、红河州、保山市、文山州、昆明市、怒江州等地少量发生；板栗病害 2.09 万亩，主要在昆明市富民县、禄劝县，楚雄州永仁县，玉溪市易门县等地发生；橡胶病害 7.27 万亩，主要在红河州绿春县、金平县和元阳县发生；核桃白粉病 5.81 万亩，主要发生在大理州巍山县，红河州弥勒市，楚雄州南华县、元谋县、武定县等地，红河州弥勒市成灾面积超过 2000 亩；核桃细菌性黑斑病 23.68 万亩，主要发生在大理州漾濞县、永平县、大理市、巍山县，昭通市鲁甸县，曲靖市陆良县，玉溪市元江县，丽江市宁蒗县等地；板栗溃疡病 1.66 万亩，主要发生在楚雄州永仁县，昆明市富民县，玉溪市易门县；橡胶树白粉病 7.18 万亩，主要发生在红河州绿春县、金平县、河口县、元阳县，临沧市耿马县等地（图 26-10）。

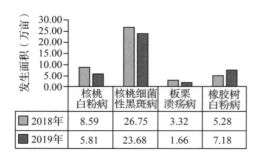

图 26-10　近两年同期经济林病害发生情况

14. 杉木病害

发生面积 13.29 万亩，同比增加 44.46%。其中杉木叶枯病 2.93 万亩，主要发生在红河州屏边县、绿春县，普洱市西盟县；杉木炭疽病 3.49 万亩，主要发生在曲靖市师宗县，昭通市镇雄县，红河州元阳县等地。

15. 松树病害

发生面积 3.68 万亩，同比下降 23.33%，以轻度发生为主，主要发生在丽江市玉龙县、大理州洱源县、云龙县等地。

16. 鼠害

发生面积 9.63 万亩，同比下降 9.32%。主要发生赤腹松鼠 3.13 万亩，主要在德宏州陇川县和瑞丽市，保山市龙陵县发生；发生黑绒姬鼠 0.2 万亩，主要在曲靖市富源县发生；发生短尾锋毛鼠 0.5 万亩，主要在临沧市镇康县发生。其他鼠害发生 5.8 万亩。

（三）发生原因分析

（1）近年来松毛虫一直处于高发阶段，大发生过后虫口会骤降，加之今年普洱等地上半年持续的高温干旱，严重影响松毛虫的生长发育，导致发生面积大幅减少；松毛虫发生面积较大的墨江、宁洱、景东、景谷等地采用阿维菌素、Bt、甲维盐、苦参碱、高效氯氰菊酯等无公害防治方法，部分地区结合飞机防治，均取得了较好的防治效果。

（2）外来有害生物入侵途径增多，检疫防范难度增大。云南省位于祖国的西南地区，属经济欠发达地区，但近年来经济的快速发展伴随着各种包装材料，尤其是来自疫区的数量的增加，也为松材线虫病传播带来了有利条件。云南省周边已被松材线虫病疫区包围，松材线虫病极易通过自然或人为传带方式入侵云南，稍有松懈就会造成疫情扩散蔓延。

（3）次要害虫上升为主要害虫。经过连年治理，主要害虫的为害得到控制，但是中华松针蚧、棉蚜等发生面积呈上升趋势，危害逐渐加重。

二、2020年趋势预测

（一）2020年总体发生趋势预测

根据2019年全省林业有害生物总体发生与防治情况，结合气象资料及云南省林业有害生物发生趋势的会商结果，初步预测云南省2020年林业有害生物发生面积为600万亩，总体趋势与2019年基本持平。其中病害110万亩，虫害450万亩，鼠害15万亩，有害植物25万亩。

（二）分种类发生趋势预测

1. 主要种类

经济林病害预测发生面积90万亩、杉木病害预测发生面积10万亩，松树病害预测发生面积5万亩，其他病害5万亩。小蠹虫预测发生面积100万亩，松毛虫预测发生面积160万亩，金龟子预测发生面积35万亩，天牛预测发生面积15万亩，毒蛾预测发生面积15万亩，叶蜂预测发生面积20万亩，木蠹象预测发生面积7万亩，叶甲预测发生面积8万亩，介壳虫预测发生面积20万亩，木蠹蛾预测发生面积13万亩，蚜虫预测发生面积10万亩，其他种类害虫预测发生面积为47万亩。鼠害15万亩，有害植物25万亩。

2. 主要危害地区

发生面积较大、危害较为严重的州（市）有普洱市、大理州、红河州、昭通市、玉溪市、临沧市、文山州、曲靖市、楚雄州等。其中核桃病虫害危害主要发生在大理州、楚雄州、临沧市、玉溪市、昭通市、怒江等核桃主产业区；松毛虫危害主要发生在普洱市、文山州、临沧市、玉溪市、楚雄州、保山市等地；小蠹虫危害主要发生在大理州、玉溪市、曲靖市、红河州、文山州等地；金龟子主要发生在临沧市、大理州、文山州、玉溪市、红河州、曲靖市、楚雄州等地；毒蛾危害主要发生在红河州、文山州、昭通市、迪庆等地；天牛主要发生在玉溪市、昆明市、昭通市、丽江市、楚雄州等地；叶蜂类主要发生在曲靖市、文山州、红河州、大理州、保山市等地；木蠹象危害发生在保山市、红河州、曲靖市、临沧市、昭通市等地；叶甲主要发生在临沧市、红河州、昭通市、昆明市、德宏州等地；木蠹蛾主要发生在临沧市、保山市、曲靖市、昭通市、玉溪市等地。

3. 外来有害生物趋势预测

预测2020年薇甘菊发生面积15万亩，主要危害区在德宏州、保山市、普洱市、临沧市、西双版纳州等地。检疫性有害生物松材线虫病入侵极高风险地区是昭通市、丽江市、文山州、曲靖市、楚雄州等地，高风险地区是昆明市、玉溪市、普洱市，不排除滇西地区再次入侵的风险，红火蚁的分布区域为昆明市、玉溪市、楚雄州、西双版纳州、普洱市、红河州等地。

三、对策措施

（一）强化责任，把松材线虫病预防和除治工作放在全省林业有害生物防治工作的首位

继续督促疫区做好疫情除治工作，提高除治质量，严防疫情扩散蔓延。按照省对各地松材线虫病预防除治工作要求，严格执行疫情报告制度，加强监测，坚决遏制松材线虫病在云南省扩散蔓延的势头。

（二）强化源头管理，加强检疫监管

进一步加强产地检疫、调运检疫和复检力度，依法对苗木、木材及其制品进行检疫，重点做好木材市场、松木包装材料、电缆盘的检查，加强与电信、电力等部门的联系，加大防控，严防松材线虫病传播扩散。

（三）加强监测预警，提高测报水平

要认真落实监测预报制度，认真贯彻执行《云南省林业有害生物测报管理办法（试行）》，加强测报队伍建设，进一步加强国家级中心测报点的管理和建设，发挥国家级中心测报点和示范站的骨干作用，努力提高精细化、生产性的灾害预警水平，严格测报信息的监督管理，规范林业有害生物信息统计与报告制度。切实加快建立人

工、诱引等为主的地面监测与航天、航空遥感等为主的空中监测相结合的立体监测平台，充分发挥村级护林员的作用，切实搞好虫情监测和巡查，及时发现灾情，发布预警信息和短期趋势预测的信息发布工作，避免灾害损失。

（四）完善联防联治，加速防治社会化、市场化进程

积极推进不同地区、不同部门形成"统一作业设计、统一防治作业、统一检查验收"的联防联治机制，除治工作要信息共享，宣传同步，除治同期，行动合拍，效果共赢。鼓励和引导成立各类专业化防治组织，推进政府向社会化防治组织购买除治、监测调查等服务。突出抓好松材线虫病、微甘菊等外来有害生物的防范，对云南省主要危害种类小蠹虫、松毛虫、金龟子、天牛、毒蛾、经济林病虫害等林业有害生物加强综合治理，根据监测预报信息，抓住防治的关键环节，落实防治措施，提高防治成效。

（五）加强宣传与培训，提高灾害防御能力

针对 2019 年云南省林业有害生物发生形势依然严峻的局面，继续举办形式多样的监测防治技术、检疫执法等业务培训，进一步提高全省林检队伍综合素质和业务能力。充分利用广播、电视、报纸、网络等形式广泛宣传防治检疫法规和林业有害生物防治工作，努力提升全社会对林检工作的认知度和认同感。

（主要起草人：陈凯　张家胜　刘玲　封晓玉；主审：孙红）

西藏自治区林业有害生物 2019 年发生情况和 2020 年趋势预测

西藏自治区森林病虫害防治站

【摘要】2019 年全区累计发生林业有害生物 338.64 万亩，同比下降 39%，主要以轻度发生为主，整体呈现拉萨市、日喀则市、山南市及林芝、昌都市发生面积大、发生种类多，阿里地区、那曲市两地发生种类少等特点。主要是因为西藏自治区森林资源分布由东向西逐渐减少，另外中东部植树造林、退耕还林力度较大。根据西藏自治区当前森林资源状况、林业有害生物发生规律、防治情况等因素综合分析，预计 2020 年全区林业有害生物发生面积 382.04 万亩，将继续做好监测预报工作、加强植物检疫、强化防治力度，防止西藏林业有害生物扩散蔓延。

一、2019 年林业有害生物发生情况

2019 年西藏自治区林业有害生物发生总面积 338.64 万亩（同比下降 39%），其中虫害 171.54 万亩，同比下降 51%；病害 93.79 万亩，同比下降 26%；林业鼠（兔）害 72.3 万亩，同比下降 9%。防治面积 110.61 万亩，防治率 32%，主要采取人工防治、物理防治、化学防治等无公害措施开展了防治工作。

（一）发生特点

2019 年西藏林业有害生物发生面积较去年有所下降，危害程度较去年偏轻，人工林、退耕还林地、灌木林地及近村镇、道路天然林局部发生较为严重，同时由于西藏处于山高谷深地区，防治十分困难，一定程度上为林业有害生物提供了庇护；多种常发性林业有害生物春尺蠖等发生面积仍然较大、危害程度严重，局部成灾，尤其拉贡高速公路沿线的山南雅江流域的人工林，春尺蠖食叶严重影响了景观效果。本地新发生病害、有害植物时有发现，并且随着气候异常、交通运输等快速发展，对西藏自治区生态安全构成巨大的威胁。如山南市隆子县境内的柏树发黄现象、昌都市左贡县钝果寄生等。

（二）主要林业有害生物发生情况分述

1. 病害

杨柳树枝干病害　发生面积较大，局部发生严重，主要集中在人工造林地。以杨柳树腐烂病和杨树溃疡病为主，共计发生面积 66.2 万亩，同比上升 3%。

柏树病害　寄主较为单一，主要分布于天然林。为害大果圆柏、刺柏、趴地柏等，致使寄主整株发黄或者局部发黄。累计发生面积 4.79 万亩，以轻度发生为主，主要发生山南市隆子县、错那县，日喀则市亚东等地，山南市所辖范围危害较为严重。

苹果（核桃）树腐烂病　发生范围小，点多面广，危害程度中度以下。全年累计发生 5.05 万亩，同比下降 53%，主要发生于海拔相对较低、雨水较为充沛的林芝、昌都、山南、日喀则等地。

高山栎煤污病　主要发生在林芝市米林县、巴宜区、波密县等地，呈连片带状分布。全年高山栎煤污病发生 3.8 万亩、同比下降 24%。

矮槲寄生　分布广，危害严重。全区发生面积 5.71 万亩，集中发生在川西云杉、大果圆柏林中，局部严重成灾。主要发生在昌都的卡若区、边坝县、类乌齐县、洛隆县、江达县、左贡县、那曲嘉黎县等地，靠近青海省的地方发生及危害情况更为严重。

2. 虫害

春尺蠖 面积大、分布广、局部成灾。全区累计发生 99.91 万亩，同比下降 7%，主要在山南乃东区、扎囊县、贡嘎县、拉萨市曲水县、林周县、日喀则南木林县等地发生较为严重，拉贡高速沿线局部成灾，春尺蠖主要危害柳树，由于今年气候异常，春尺蠖发生期比往年推迟将近一个月，所以全年发生与同期相比发生面积有所减少。

青杨天牛等天牛类 持续扩散蔓延，危害程度较重。上半年全区累计发生面积 2.54 万亩，同比下降 7%，主要分布于拉萨市曲水县、达孜区、堆龙德庆区等地，局部区域藏川杨重度发生。

小蠹虫类 种类多，危害面广。全区小蠹虫类累计发生 18.07 万亩。主要有云杉八齿小蠹、光臀八齿小蠹、星坑小蠹、十二齿小蠹、德昌根小蠹等 7 种小蠹危害天然林。主要分布在昌都类乌齐县、芒康县、边坝县、察雅县、洛隆县、左贡县，拉萨林周县、曲水县，山南隆子县、加查县，日喀则亚东县、定日县、吉隆县，林芝工布江达县、米林县，那曲索县、嘉黎县等。

金龟子类 点多，面积小。全区累计发生 2.39 万亩，同比下降 31%，危害杨、柳树以及核桃、苹果树等经济林，主要分布在拉萨、山南、林芝等地。

3. 鼠（兔）害

发生面积有所减少，局部小面积成灾。全区林业鼠（兔）累计发生 72.3 万亩，同比下降 9%，在新造林地、退耕还林地、近河岸造林地危害尤为严重。主要发生在阿里地区札达、普兰、日土、那曲市比如、索县及山南及日喀则市西部部分县区。

4. 有害植物

紫茎泽兰 危害集中，面积较小。全区发生 1.01 万亩，同比上升 8%，主要发生于日喀则吉隆县、聂拉木县及亚东县的道路两旁及山坡之上。

（三）成因分析

（1）缺乏宣传，重视程度不够。缺乏有关植物检疫、监测预报等林业有害生物相关知识的宣传及解读，在整个林业生产中重造轻管，造林与管护脱节，缺乏协同御灾意识，综合治理观念淡薄。地方政府和林业部门对防治工作重视不够、责任落实不到位、政策执行不力的现象较为普遍，各层级对林业有害生物带来的潜在性危害缺乏了解，不了解植物检疫、监测预报及防治工作的重要性。

（2）林业有害生物各项业务工作亟待提高。由于西藏林业有害生物防治工作起步晚，缺乏专业森防人员，尤其西藏县级林业部门还未设立森防机构，面对林业有害生物特别是外来生物入侵所产生的潜在威胁，目前的林业有害生物防控能力存在明显的不足，主要表现在防控（检疫、监测、防治）基础设施不完善、防控技术落后、无专项经费、人员不稳定，监测预报不够及时准确，检疫不规范，防控技术还处于传统的人工地面防治等情况。

（3）林业有害生物专技人员缺乏。全区从事林业有害生物防治工作人员少，专业技术人员更少，部分地（市）森防人员依然存在在岗不在编、在编不在岗等情况。森防工作专业性强，工作任务繁重，但各地对森防的骨干人员换岗频繁，不可避免地出现了"培养一批走一批"的现象，直接影响各项工作的正常开展。

二、2020 年林业有害生物发生趋势预测

（一）2020 年总体发生趋势预测

根据全区主要林业有害生物发生危害情况和历年有害生物自然种群消长规律、林业有害生物普查、气候特点等，经综合分析，预计 2020 年全区林业有害生物发生 382.04 万亩，其中虫害面积 203.79 万亩，病害面积 98.51 万亩，鼠（兔）害面积 78.76 万亩，有害植物 0.98 万亩。因气温相比上年较为正常，降雨适中，林业有害生物发生与同期相比整体将会上升，危害程度轻，但局部成灾的现象仍将存在。

（二）分种类发生趋势预测

1. 病害

杨柳树枝干病害 主要有杨柳树腐烂病和杨

树溃疡病，预测发生面积 62.81 万亩。重点发生在日喀则拉孜县、桑珠孜区、白朗县，拉萨曲水县、达孜县、空港新区，山南乃东区、扎囊县、贡嘎县、阿里地区普兰县、札达县等地。

高山梨煤污病　预测发生 5.12 万亩，主要发生于林芝市巴宜区、米林县、波密县等，整体危害程度不大，局部导致整株死亡。

柏树病害　预测柏树病害（柏树枯梢病）发生 4.04 万亩，主要集中发生在 3 ~ 7 月。

云杉锈病　预测发生 3.75 万亩，发生期主要集中在 7 ~ 8 月，重点分布于昌都市洛隆县、类乌齐县、边坝县等。

小叶杜鹃病害　发生面积与上年持平，主要发生于山南隆子县。

槲寄生害　预测发生 4.59 万亩，主要发生在靠近青海省的昌都类乌齐、洛隆县等区域。

2. 虫害

春尺蠖　面积大、分布广、局部成灾，预测发生 97.74 万亩，乃东区、扎囊县、贡嘎县、桑日县、曲水县、林周县、南木林县等地是春尺蠖重点发生区域。

河曲丝叶蜂　集中发生，局部成灾。预测发生 2.15 万亩，重点发生在拉萨市城西及堆龙德庆区、曲水县聂当等地，主要发生期集中在 9 ~ 10 月。

杨二尾舟蛾　点多面广、轻度发生为主，预测发生面积 12.54 万亩，杨二尾舟蛾在全区都有不同程度发生，但不会成灾。

青杨天牛　持续造成危害，预测发生 2.05 万亩，发生期主要集中在 7、8 月份，拉萨市曲水县和达孜区等地是重点发生区。

小蠹虫类　种类多，危害形式复杂多样，预测发生 31.14 万亩，日喀则市亚东县、阿里札达县等地轻度发生，昌都地区的类乌齐县、左贡县等为严重危害区。

种实害虫　发生面广，危害多为轻度，预测发生 6.5 万亩，主要危害西藏原生植物砂生槐及锦鸡儿等。

3. 鼠（兔）害

总体为轻中度发生，局部成灾。预测发生 78.26 万亩，主要发生于阿里地区札达县、普兰县，那曲市索县、比如县，山南隆子县、曲松县、拉萨达孜区、林周县等地。

4. 有害植物

紫茎泽兰　危害轻，微扩散。紫茎泽兰主要发生在日喀则吉隆县、聂拉木县及亚东县等区域边境交界处，预测全年发生 0.98 万亩，重点发生期集中在上半年。

三、对策建议

（一）全面推进普查工作，提升监测预报工作水平

将全面、及时、准确地掌握林业有害生物动态作为基本目标，积极推进西藏林业有害生物普查工作，进一步完善全区林业有害生物种类、分布、发生等基本情况，为科学预测和防治提供依据。加强各级监测网络平台建设，完善监测预警机制，制定严密规范的应急防治方案，科学布局监测点，不断提升林业有害生物监测预警工作水平，做到及时发现、及时除治。

（二）加大资金投入

按照《国办意见》《西藏自治区人民政府办公厅贯彻国务院办公厅关于进一步加强林业有害生物防治工作意见的实施意见》和《西藏自治区林业有害生物防治检疫办法》的要求，要求县级以上人民政府将林业有害生物预防、检疫、除治等经费纳入本级财政预算。同时，各级林业部门要将年度森林生态效益补偿基金的公共管护支出中安排的资金用于林业有害生物防治。从事森林旅游的经营者，从经营收入中提取部分资金用于林业有害生物防治。实施营造林与有害生物防治相结合，力争做到"一分建设，九分管护"。

（三）加强人才队伍建设

森防工作专业性强，而全区大部分森防工作人员非林学专业，更不是森防专业，各市地要根据本地森防工作需要，加强防治检疫组织建设，合理配备人员力量，特别是要加强防治专业技术人员的配备，积极引进和培养森林保护、植物保护专业人才。

（主要起草人：桑旦次仁　次旦普尺；主审：王玉玲）

陕西省林业有害生物 2019 年发生情况和 2020 年趋势预测

陕西省森林病虫害防治检疫总站

【摘要】2019 年陕西省林业有害生物发生面积与往年相比总体略有减少，总计发生面积 571 万亩，同比下降 7.5%，整体危害以轻中度为主，局地有中重度以上危害，个别林业有害生物呈现传播扩散快、发生范围广、危害程度偏重的特点。具体表现为：松材线虫病发生面积同比持平、病死松树数量小幅下降；美国白蛾发生范围有所增加，但经全力除治，未暴发成灾；森林鼠（兔）害总体发生面积小幅下降；松钻蛀害虫发生面积有所减少，但局地仍有重度以上危害，梢斑螟类较去年同比发生面积略有减少；松叶蜂发生面积和危害程度都得到有效控制；经济林主要病虫害发生面积有所减少，但局地危害程度有所加重。

经过连续几年对松材线虫病坚持正确的疫情管理导向，各松材线虫病疫区县切实加强领导、提高认识，狠抓检疫封锁，加大除治力度，规范除治技术，除治质量得到很大提高，使松材线虫病病死松树较往年略有减少；生态环境不断改善，植被增加，森林鼠（兔）食物构成多样，加之多年的综合治理，森林鼠（兔）害种群密度有所降低，危害减轻；华山松大小蠹防治措施单一，尤其国家级自然保护区内危害得不到有效除治，危害依然严重；春季的低温冻害对经济林造成灾害性损失，经济林蛀果害虫发生减少，病害发生面积增多；连续多年对松叶蜂进行人工喷药、飞机防治等多种措施进行综合防治，使得松叶蜂有虫不成灾。

根据陕西省森林资源状况、林业有害生物发生规律、防治工作开展情况和有害生物越冬前基数调查数据，结合 2020 年春季气候预测等因素、各地 2020 年林业有害生物趋势预测综合分析，预计 2020 年全省主要林业有害生物总体仍将偏重发生，全年预计发生 590 万亩左右，发生面积较上年略有增加，其中病害 95 万亩左右，虫害 395 万亩左右，鼠（兔）害 100 万亩左右，但造成中重度危害的林业有害生物种类仍不会减少，可能会有所增加。预测发生态势为：松材线虫病发生面积、病死松树数量增长态势将得到基本控制；美国白蛾疫情扩散蔓延的风险仍偏高；森林鼠（兔）害总体发生面积仍将增加，渭北高原局地发生面积将有所增加；松树食叶害虫发生面积略有下降，总体危害趋轻；松树钻蛀害虫发生面积将会有小幅下降，局地仍将呈重度危害以上；杨树病虫害发生面积略有下降；经济林主要病虫害发生总体平稳，局部偏重发生。

一、2019 年陕西省林业有害生物发生情况

2019 年全省共发生 571 万亩（轻度 482.22 万亩、中度 70.58 万亩、重度 18.23 万亩，成灾面积 56.31 万亩），同比下降 7.5%，个别种类危害程度加重，局地成灾。其中，虫害发生 353.41 万亩，同比下降 3.4%；病害发生 104.13 万亩，同比下降 15%；鼠（兔）害发生 113.47 万亩，同比下降

12.33%（图 28-1、图 28-2）；采取各类措施共防治 430.9 万亩，无公害防治率达到 85% 以上。

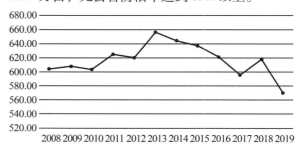

图 28-1　2008—2019 年全省主要林业有害生物
发生面积（万亩）

鼠兔害，113.47　　病害，104.13

虫害，353.41

图 28-2　2019 年各种类林业有害生物发生面积（万亩）

（一）发生特点

2019 年陕西省林业有害生物发生仍呈高发态势，但和去年同期相比总体有小幅下降，发生面积有所减少，但局地仍有中重度以上危害。松材线虫病等重大林业有害生物扩散蔓延态势得到基本控制，区域性林业有害生物在部分地区呈重度以上危害，局地成灾。主要呈现以下特点：

一是松材线虫病发生面积同比持平，病死松树数量有小幅下降，疫区数量同比增加 1 个（西安市鄠邑区），省内松材线虫病疫情快速扩散蔓延的趋势得到基本控制，但防控形势依然严峻。

二是鼠（兔）害发生面积同比小幅下降，渭北高原局地发生面积仍有所增加，危害程度仍在中度以上，黄土高原发生面积有小幅下降；兔害自 2012 年以来一直维持较低的发生面积及危害程度，但同去年相比，发生面积有所增加，危害程度仍以轻度为主。

三是华山松大小蠹、侧柏叶枯病等本土主要林业有害生物发生面积有所减少，但局部仍有重度以上危害，对生态安全威胁不减；华山松大小蠹发生面积同比减少，但是仍呈重度以上危害，致死松树逐年增多，特别在国家级自然保护区内造成连片松树死亡。侧柏叶枯病在宝鸡局部仍处于高发态势，对渭北高原和关陇山区林木造成一定威胁。

四是经济林病虫害发生面积广，局部危害重。由于五大干杂果经济林发展迅速，经济林病虫害处于高发态势，发生面积广，局地危害加重，但有效防治面积不够，造成果品产量和质量都不高，严重影响产业发展。

五是柳毒蛾、刺槐尺蠖等其他区域性林业有害生物仍在局地高发重发，没有得到有效遏制。陕北沙区、黄土沟壑区，陕南秦巴山区、经济作物区均存在区域性有害生物高发的现象，甚至造成重度以上危害。

（二）主要林业有害生物发生情况分述

1. 松材线虫病

松材线虫病发生面积同比持平，病死松树数量有小幅下降，松材线虫病新发疫区数量同比增加 1 个（新增加疫区为西安市鄠邑区），快速扩散蔓延趋势得到基本控制。根据 2019 年秋季松材线虫病普查结果，全省病死松树 46.08 万株，发生面积 46.58 万亩，疫情主要分布在汉中、安康、商洛 3 市的 20 个县（区）的 143 个乡镇，其中汉中 8 个县 45 个镇办（林场）发生，病死松树 18.26 万株，安康 8 个县（区）76 个镇办（林场）发生，病死松树 25.48 万株，商洛市 4 个县 22 个镇办（林场）发生，病死松树 2.35 万株。

2. 美国白蛾

据统计（截至 2019 年底），在西安市的西咸新区沣西新城、高新区、西咸新区沣东新城、鄠邑区等 4 个县区的 17 个镇（办）发生美国白蛾疫情，主要危害的树种有桑树、榆树、法桐、核桃、泡桐、红叶李、樱花等，受害树木主要分布于道路两旁、家庭院落及房前屋后。各疫区在防治期，严格按照相关的防治技术措施开展防治，对发现的网幕全部剪除烧毁，没有造成危害。

3. 林业鼠（兔）害

2019 年全省林地鼠（兔）害总体发生面积有小幅下降，主要是黄土高原发生面积有 20 多万亩的下降，但在渭北高原的彬州市、淳化县发生面积略有增加，局地危害偏重。全年共发生 113.47 万亩，同比减少 15.96 万亩，共实施防治作业面积 111.78 万亩，呈现鼠害总体发生面积下降、兔害发生面积略有上升的特点。

鼠害发生种类主要有甘肃鼢鼠、中华鼢鼠，共发生 59.47 万亩（轻度 51.76 万亩，中度 7.02 万亩，重度 0.69 万亩，成灾 0.62 万亩），同比减少 21.14 万亩，下降 26.23%，对延河流域、渭北高原以及秦岭北麓浅土层林地的新造林地、中幼林地产生较重危害，仍然是影响陕西造林和生态建设成果的重要因素之一，共实施防治作业面积 66.17 万亩。其中，中华鼢鼠发生 16.88 万亩，同比减少 18.4 万亩，下降 52.15%，以轻度危害为主，主要分布在延安地区的志丹、宝塔、延长、洛川等县（区），在桥北林区和吴起的局地有中度以上危害；甘肃鼢鼠发生 40.23 万亩，同比减少 5.1 万亩，下降 11.25%，以轻中度危害为主，全省基本均有分布，咸阳、宝鸡、延安、安康等地发生面积在 5 万亩以上，延安吴起和安塞的局地有大面积中度危害，宝鸡麟游和省资源局太白林业局的局地有千亩以上重度危害，其中宝鸡麟游、汉中佛坪、咸阳旬邑、铜川宜君等县的局地成灾面积 0.62 万亩。

兔害发生种类主要为草兔，发生 54 万亩（轻度 48.88 万亩，中度 4.39 万亩，重度 0.73 万亩，成灾 0.82 万亩），发生面积较去年增加 10.14 万亩，上升 23.12%，以轻度危害为主，全省大部均有分布，在宝鸡陇县和麟游、铜川宜君、咸阳长武、汉中勉县、榆林绥德等县的局地成灾面积 0.82 万亩，实施防治作业面积 45.62 万亩。

4. 松树钻蛀害虫

主要包括松褐天牛、华山松大小蠹、红脂大小蠹以及梢斑螟类。2019 年全省发生 77.87 万亩，同比减少 0.81 万亩，局地重度危害，实施防治 63.99 万亩。

其中，松褐天牛发生 16.01 万亩，同比增加 3.99 万亩，轻中度危害为主，发生区主要分布在陕南 3 市各县（区），在汉中佛坪和商洛镇安的局地有重度以上危害，成灾面积 0.41 万亩；华山松大小蠹发生 16.62 万亩，同比减少 2.89 万亩，轻中度危害为主，主要分布在省资源局、宝鸡、汉中、安康、西安等地，其中在省资源局宁东局、宝鸡马头滩和眉县、西安周至等地的局地成灾面积 1.04 万亩，实施防治 10.22 万亩；红脂大小蠹发生 13.84 万亩，同比增加 2.91 万亩，轻度发生为主，分布在延安市黄龙山和桥山、咸阳旬邑、铜川印台和宜君，其中在咸阳旬邑局地有重度发生，实施防治 12.49 万亩。梢斑螟类（松梢螟和微红松梢螟）发生 31.4 万亩，同比减少 2.47 万亩，轻度危害为主，分布在延安黄桥林区、铜川印台、宜君，咸阳旬邑，在延安地区发生面积较大，其中在宜君局地成灾面积 0.018 万亩，实施防治 26.61 万亩。

5. 松树食叶害虫

主要发生种类为松阿扁叶蜂、中华松针蚧、油松毛虫，发生面积 49.1 万亩，同比减少 5.9 万亩，下降 10.7%，实施防治 31.37 万亩。

其中：松阿扁叶蜂发生 33.38 万亩，同比减少 6.06 万亩，轻中度危害为主，主要分布在商洛的商州、洛南、丹凤、山阳，宝鸡的扶风、凤翔、岐山，西安蓝田，咸阳的永寿，汉中的宁强，其中商州区、洛南县、岐山的局地造成成灾，成灾面积 1.15 万亩，实施防治 22.33 万亩；中华松针蚧发生 5.28 万亩，同比减少 0.88 万亩，轻度危害为主，主要分布在商洛的丹凤，宝鸡的凤县，西安的周至，在凤县、勉县、商州区的局地成灾 0.103 万亩，实施防治 3.38 万亩；松针小卷蛾发生 4.07 万亩，同比减少 1.26 万亩，轻中度危害，主要分布在延安吴起、榆林的佳县、榆阳、横山、靖边，在吴起的局地有中度以上危害，实施防治 3.12 万亩；油松毛虫发生 6.37 万亩，同比增加 3.18 万亩，主要分布在韩城市、延安的黄龙山、省资源局的宁东宁西太白局，同比危害程度有所加重，以轻中度发生为主，实施防治 5.36 万亩。

6. 杨树蛀干害虫

总体危害有所减弱，局地受害严重，发生 27.04 万亩，同比有所增加，实施防治 24.76 万亩。其中：光肩星天牛发生 15.84 万亩，主要分布在关中大部，咸阳、宝鸡发生面积较大，陕北、陕南局部地区，在农田防护林、"三北"防护林等林区发生较重，宝鸡、西安局地成灾。青杨天牛发生 1.7 万亩，发生区分布在榆林定边，呈轻中度危害。以杨干透翅蛾和白杨透翅蛾为主的透翅蛾类发生 1.26 万亩，主要发生在宝鸡、渭南，轻度发生为主，在渭南的华阴有中度发生。

7. 杨树食叶害虫

发生面积较去年有所减少，发生 2.36 万亩，实施防治 1.76 万亩。其中：杨小舟蛾发生 1.84 万亩，同比减少 1.61 万亩，以轻度发生为主，主要分布在西安市、渭南市和杨凌示范区，在杨凌局地有重度以上危害，重度发生面积 0.1 万亩。

8. 经济林病虫害

经济林病虫害发生面积和危害种类持续增加，经济损失严重。随着核桃、板栗、花椒、柿子、枣等经济林种植面积增大，病虫害危害也加重。全省经济林病虫害共发生 162 万亩，同比减少 9.55 万亩，但中度以上危害面积同比增加，发生种类主要有核桃黑斑病、核桃举肢蛾、核桃小吉丁、栗实象、枣飞象、桃小食心虫、枣黏虫、银杏大蚕蛾、花椒窄吉丁，实施防治 147.13 万亩。

其中：核桃黑斑病发生面积 10.63 万亩，轻中度发生为主，主要发生在低海拔区，分布在西安蓝田、商洛山阳和柞水、宝鸡麟游、安康宁陕等地，洛南和山阳的局地成灾面积0.28万亩；核桃举肢蛾发生29.77万亩，以轻中度发生为主，西安蓝田、宝鸡的千阳和陇县、商洛各县（区）均有分布，在洛南、山阳、商州、陇县、太白等县的局地成灾面积0.8067万亩；核桃小吉丁发生12.78万亩，以轻度发生为主，主要分布在西安、宝鸡和商洛，在陇县、千阳县、山阳县的局地有重度以上发生，成灾面积0.42亩；栗实象发生11.45万亩，以轻中度发生为主，主要分布在商洛地区，其中洛南局地成灾面积0.09万亩；枣飞象发生16.3万亩，轻度发生为主，分布在榆林市的清涧县、佳县和神木县，其中在吴堡县局地重度发生，绥德局地有小面积成灾；桃小食心虫发生10.76万亩，主要危害红枣，以轻度发生为主，主要分布在榆林的佳县、清涧和横山；枣黏虫发生12.45万亩，同比略有增加，轻度危害，分布在榆林清涧；银杏大蚕蛾发生6.39万亩，以轻中度发生为主，主要分布在汉中各区县、安康的大部分县区，其中汉中的宁强和城固等地局地重度以上危害，成灾0.17万亩；花椒窄吉丁发生9.1万亩，以轻中度发生为主，主要分布在宝鸡、渭南、韩城，在陈仓区、凤县、韩城有重度以上危害，成灾0.2万亩。

9. 其他主要病害

林木病害较去年发生面积有所下降，局部地区有重度以上危害。其他主要病害发生种类有侧柏叶枯病、松落针病、杨树溃疡病等，发生25.67万亩，呈轻中度危害，实施防治6.04万亩。

其中：侧柏叶枯病发生13.2万亩，同比有所减少，以轻中度发生为主，主要分布在延安、宝鸡、安康，其中在扶风、岐山、麟游的局地有中度危害，在凤翔和千阳的局地有重度以上危害，成灾面积0.039万亩；松落针病发生9.6万亩，以轻中度危害为主，主要分布在延安地区，吴起县的局地有中度以上危害；杨树溃疡病发生2.87万亩，同比减少0.2万亩，以轻度发生为主，主要分布在西安、宝鸡、咸阳、渭南、韩城市，其中在扶风和勉县的局地有重度以上发生，成灾面积0.0245万亩；松疱锈病发生1.23万亩，以轻度发生为主，主要分布在汉中市略阳。

10. 区域性林业有害生物

其他区域性林业有害生物主要有柳毒蛾、刺槐尺蠖、沙棘木蠹蛾，发生30.1万亩，呈轻度危害，局地有中重度危害，实施防治26.62万亩。

其中：柳毒蛾共发生17.17万亩，主要分布在榆林市的榆阳、横山、靖边、神木等地，轻度危害为主，神木局地有中度以上危害；刺槐尺蠖发生9.9万亩，主要分布在宝鸡、咸阳、渭南，以轻度发生为主，在宝鸡市陇县，咸阳市礼泉、永寿的局地呈重度危害，在乾县和渭滨区的局地成灾0.033万亩；沙棘木蠹蛾发生3.03万亩，主要分布在延安市志丹和吴起，轻度发生为主，在吴起的局地有中度危害。

（三）成因分析

（1）松材线虫病病死株数略有降低：一是陕西狠抓检疫封锁和疫情除治，认真实施以这两项措施为核心的综合防控措施，抓好切断传播途径和消灭传染源，使疫情快速扩散蔓延的态势得到初步遏制；二是社会化防治市场的大力推进和严格监督，使得疫情除治质量较以往有了很大的提高；三是在除治作业中严格实行防治作业跟班制度和绩效承包制度，取得较好防治成效。

（2）美国白蛾疫情发生范围增加：一是去年疫情发现时，部分虫口已经越冬；二是高速交通和发达物流的发展，给检疫检查带来很大难度。从美国白蛾的疫区偷运林木种苗的情况屡禁不止；三是美国白蛾具有食性杂、食量大、繁殖快的特点。

（3）经济林病虫发生面积居高不下：一是随着陕西省生态脱贫工作的深入开展，林业产业经济也取得了长足发展，经济林面积逐年增加，主要是核桃、板栗、红枣、花椒等人工纯林面积增长迅速，纯林抗逆性脆弱，抵御病虫害能力差，导致在一些重要种植区仍呈中重度危害；二是陕西省建立经济林无公害防治示范区，以点带面，进一步提高了林农的防治意识和防治技术水平，导致经济林总体发生面积较去年略有下降，但仍处于高位。

（4）林地鼠（兔）害有小幅下降：陕西省国有林区全面禁伐以来，森林生态环境有所改善，天敌数量和种类增多，未成林地和中幼林地防治措施得当，鼠（兔）食物构成多样，加之黄土高原多年对鼠（兔）的综合治理，种群密度有所降低，危害逐年减轻，发生面积持续下降。但渭北高原由于近两年大量开展造林绿化，大量新植林地的出现，造成林地鼠（兔）害发生面积有所增加，局地危害程度较重。

（5）局地松树钻蛀性害虫危害严重：2019年夏季，陕西省大部地区涝旱交替影响突出，导致树势衰弱，引发松褐天牛、华山松大小蠹等钻蛀性害虫在秦巴山区偏重发生，局地成灾。同时，华山松大小蠹在秦岭平河梁等发生区处于国家级自然保护区内，无法开展有效的疫木清理，仅靠信息素诱杀难以压低虫口密度，造成华山松大小蠹局部仍处于重度危害的态势。

（6）松树食叶害虫总体发生面积连年下降：主要是由于大力推行无公害防治、飞机防治，推广鸟类、昆虫天敌、生物制剂、信息素和杀虫灯等人工物理防治，限制化学农药使用范围，有效地控制了一些常发性害虫种群密度，降低了其危害程度。其中，松叶蜂近年通过采取人工喷药、飞机防治等多种措施进行综合防治，成效显著，有效控制了连续多年的危害。

二、2020年林业有害生物发生趋势预测

（一）2020年总体发生趋势预测

根据陕西省2019年各地林业有害生物发生情况和2020年趋势预测报告、国家气象局2019年冬季气象数据和2020年春季全国气候趋势预测，综合分析陕西省主要林业有害生物历年发生规律和各测报点越冬前有害生物基数调查结果，预计2020年陕西省主要林业有害生物总体发生趋势为：仍将偏重发生，发生面积590万亩左右，较往年有所减少，其中病害发生95万亩左右，虫害发生395万亩左右，鼠（兔）害发生100万亩左右（表28-1）。

具体发生趋势特点为：一是松材线虫病经大力除治，发生面积和病死松树将有所减少；二是美国白蛾疫情有传入和扩散蔓延的风险，重点预防区范围扩大；三是林业鼠（兔）害发生面积逐年减少，局部将偏重发生；四是经济林病虫发生将有所减少，局地危害严重；五是干部病虫害危害将进一步加重；六是叶部病虫害整体趋轻，局部危害严重。

（二）分种类发生趋势预测

1. 松材线虫病

松材线虫病快速扩散蔓延的势头有所减弱，经过大力除治，发生面积和枯死松树数量同比会有所减少。综合分析陕西松材线虫病发生数据、平均气温、松林分布、松褐天牛发生情况和交通状况等因素，预测发生面积45万亩左右，主要分布在陕南3地市的部分县（区）、西安市鄠邑区。西安市长安区、周至县，宝鸡市凤县、太白县传入风险极高，渭南市华阴市传入风险很高。

2. 美国白蛾

省内美国白蛾疫情从2018年9月发现的1个

表28-1 2020年主要林业有害生物发生面积预测

种类	各市预测面积（万亩）	近年发生趋势	2019年实际发生面积（万亩）	2020年预测发生面积（万亩）	同比
发生总面积	590	持平	571	595	持平
虫害	393	下降	353.41	395	上升
林业鼠（兔）害	98	下降	113.47	100	下降
松材线虫病	45	持平	46.58	45	持平
松树钻蛀性害虫	82	下降	77.87	85	上升
松树食叶害虫	56	下降	49.1	55	上升
杨树食叶害虫	3	持平	2.36	3	持平
杨树蛀干害虫	29	持平	27.04	30	持平
经济林病虫	168	持平	162	165	持平

县(区)扩大到 4 个县(区),省内近年有从疫区调入绿化苗木的情况,根据美国白蛾发生特点及规律,毗邻美国白蛾疫情发生区的各(县)区发生疫情的风险很高,咸阳市秦都区传入风险极高。

3. 林业鼠(兔)害

林业鼠(兔)害预测发生面积将有所减少,受气候影响,局部仍会偏重发生。预测发生 100 万亩左右,同比下降。中华鼢鼠在秦巴山区及渭北高原的新植林和中幼林地可能偏重发生,局地成灾;甘肃鼢鼠在延河流域继续轻中度发生,局地重度危害;高原鼢鼠在延安延河以南洛川县轻度发生;草兔种群数量略有增加,在关中大部、陕北中南部、秦岭东部广泛分布,对乔灌木林地危害以轻度为主,对关陇山区的草场局地将中度危害。

4. 松树钻蛀害虫

松树钻蛀性害虫危害依然严重,预测发生 85 万亩。松褐天牛在汉中、安康、商洛 3 市预测发生 15 万亩,局部有中度以上危害;华山松大小蠹,预测发生 20 万亩,主要在安康市宁陕县、汉中市勉县、宝鸡市辛家山林场、省资源局宁东、宁西林区为中度发生,局部重度危害;红脂大小蠹预测发生 15 万亩,主要在延安、铜川、咸阳局地轻度发生,局地中度以上危害;六齿小蠹、柏肤小蠹等预测发生 10 万亩,主要在延安、汉中的部分地区轻度发生,局地产生中重度危害;松梢螟预测发生 35 万亩,主要分布在延安市的黄龙山和桥山林业局,铜川和咸阳的部分地区也有少量分布,局地会有重度危害。

5. 松树食叶害虫

松树食叶害虫发生将有所下降,预测发生 55 万亩。经多年综合治理,松阿扁叶蜂在商洛市发生面积有所下降,预测发生 35 万亩,西安和宝鸡的部分地区也有少量分布,均以轻度发生为主;松毛虫预测发生 5 万亩,主要分布在西安、渭南、延安、安康、汉中的部分地区;松针小卷蛾预测发生 5 万亩,主要分布在榆林的部分区县,在榆阳区局地有中度以上危害。

6. 杨树蛀干害虫

杨树蛀干害虫以轻度发生为主,但局地可能受害严重,预测发生 30 万亩左右。主要以黄斑星天牛、光肩星天牛、杨干透翅蛾、白杨透翅蛾为主,省内大部分地区均有分布,不排除在西安、咸阳、渭南、榆林局地重度危害的可能。

7. 杨树食叶害虫

预计发生面积与上年基本持平,预测发生 3 万亩,总体危害有所减轻。主要以杨小舟蛾为主,预测发生 3 万亩,主要分布在关中地区,局部可能出现重度危害,不排除在个别村庄、农田及公路两侧林网内出现点片状成灾的可能。春尺蠖在榆林靖边、定边等地轻度发生。

8. 经济林病虫害

板栗、核桃、花椒、柿子、红枣等经济林病虫害发生面积将有小幅增加,预测发生 165 万亩,其中核桃黑斑病在西安、宝鸡、咸阳、安康、商洛等地较大面积发生,轻中度为主,预计在蓝田、麟游、山阳等地有重度危害;板栗疫病主要在陕南 3 市轻中度发生,预计在镇安、商南局地有重度危害;核桃举肢蛾在西安、铜川、宝鸡、汉中、安康、商洛将有较大面积发生,轻中度为主,预计蓝田、陇县、镇安等地将会有重度危害,局地成灾;花椒窄吉丁在宝鸡、渭南、韩城将有轻中度发生,凤县、韩城局地将有重度危害;枣飞象在榆林南部红枣种植区将有较大面积发生,轻中度为主,绥德、吴堡局地将会有重度危害。

9. 其他主要病害

发生面积将有小幅减少,预测发生 30 万亩左右,局部地区有重度以上危害。预计松落针病发生 10 万亩,轻度发生为主,在延安的富县局地有中度以上危害;侧柏叶枯病发生 16 万亩,以轻中度发生为主,在宝鸡、汉中、安康以轻中度发生为主,在麟游局地有重度危害;杨树溃疡病发生 4 万亩,以轻度发生为主,主要分布在宝鸡、渭南、韩城;预计松疱锈病发生 1.5 万亩,以轻度发生为主,主要分布在宝鸡、汉中等地。

10. 区域性林业有害生物

柳毒蛾发生 10 万亩,主要分布在榆林市榆阳、神木、横山、靖边等地,轻度危害为主,榆阳局地有中度以上危害;刺槐尺蠖发生 10 万亩,主要分布在宝鸡、咸阳、渭南,以轻度发生为主,在宝鸡市陇县,咸阳市礼泉、永寿的局地呈重度危害;沙棘木蠹蛾发生 3 万亩,主要分布在延安市吴起,中度发生为主。

三、对策建议

（一）加强监测预报，提高预报预警能力

一是构建以护林员为基础的地面网格化监测平台，完善省、市、县、镇四级监测网络，落实监测任务和责任到村、到人，提高监测覆盖率；二是加快和推广无人机遥感等高科技监测技术的应用，构建空、地一体化立体监测平台，进一步提高监测精准率；三是规范监测数据管理，严格林业有害生物联系报告制度，周报、月报、季报、年报的数据按照要求传输上报，推动县级防治检疫机构及时发布灾害预警信息，为防治决策提供科学有效的依据。

（二）加强重点区域防控，遏制疫情扩散蔓延

一是加强松材线虫病、美国白蛾的日常监测，实行监测工作常态化，切实做到疫情"早发现、早处置"；二是加大秦巴山区、黄桥林区、南水北调水源地、嘉陵江源头等重要生态涵养带和太白山、华山等重点风景名胜区重大林业有害生物防控力度，确保重要生态资源的安全；三是坚持"六个严格"，即"严格疫区管理、严格疫木管理、严格疫情除治、严格疫情监测、严格检疫执法、严格责任落实"，切实提高松材线虫病、美国白蛾等重大林业有害生物防控成效。

（三）完善联防联治机制，推进社会化服务

一是完善和加强省内毗邻市、县（区）之间、毗邻省份之间的联防联治机制，协同合作，进一步提高松材线虫病、美国白蛾等重大林业有害生物防控效果，遏制省内松材线虫病、美国白蛾疫情的扩散蔓延态势，防止省外疫情的再次传入；二是进一步推进社会化服务，鼓励地方政府向社会化组织购买监测调查、数据分析、技术服务工作，切实提高各地的监测能力和水平。

（四）切实加大宣传力度，加强人员队伍建设

一是充分利用广播、电视、报刊等多种媒介开展多形式的全方位宣传，切实提高社会公众对重大林业有害生物危险性和危害性的认识，激发群众参与的主动性和积极性；二是加强对各级测报人员的培训，结合生产工作实际，适时以现场会、培训班等形式举办各类林业有害生物技术培训活动，提高基层技术人员的业务水平，努力建设与林业有害生物防治工作相配套的人才队伍。

（主要起草人：刘建　郭丽洁；主审：王玉玲）

29 甘肃省林业有害生物 2019 年发生情况和 2020 年趋势预测

甘肃省林业有害生物防治检疫局

根据 1～11 月林业有害生物发生数据统计结果，结合各地林业有害生物发生情况报告，对全省 2019 年林业有害生物发生情况进行了综合分析。2019 年全省林业有害生物发生 603.90 万亩，较 2018 年增加 13.23 万亩，同比上升 2.24%；成灾面积为 21.61 万亩，成灾率 1.93‰。

一、2019 年林业有害生物发生情况

2019 年全省病害发生 112.90 万亩，其中轻度发生 86.57 万亩，中度发生 21.13 万亩，重度发生 5.20 万亩；虫害发生 269.57 万亩，其中轻度发生 219.15 万亩，中度发生 37.63 万亩，重度发生 12.79 万亩；鼠兔害发生 221.43 万亩，其中轻度发生 190.59 万亩，中度发生 27.22 万亩，重度发生 3.62 万亩（图 29-1、图 29-2）。

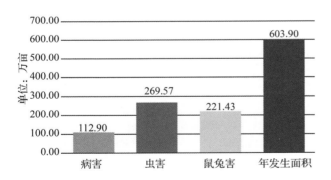

图 29-1　2019 年甘肃省林业有害生物发生对比图

（一）发生特点

2019 年全省的林业有害生物发生面积呈继续上升态势，总体发生以轻度为主，轻度发生面积占总发生面积的 82.18%。

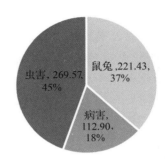

图 29-2　2019 年甘肃省林业有害生物发生情况（万亩）

（1）阔叶林病虫害在各地多样化，普遍发生。杨树食叶害虫、杨树病害的发生面积有所上升，以轻度发生为主，局部有成灾；杨树蛀干类害虫的发生面积同比基本持平。

（2）针叶林区病虫害发生形势依然严峻。在庆阳子午岭林区发生的松梢螟、果梢斑螟近年有进一步扩散加重态势；小陇山林区及陇东部分地区前几年发生严重的钝鞘中脉叶蜂、侧柏叶枯病得到控制；松材线虫病、松疱锈病等发生传入风险逐年增加。

（3）森林鼠兔害发生范围广，面积大，占全省林业有害生物发生面积的 36.68%，其中轻度发生占总发生面积的 86.07%，在省内自然保护区、退耕还林区和未成林地局部危害较重。

（4）经济林有害生物种类多样，分布广泛，发生情况较 2018 年基本平稳。花椒、红枣、枸杞、核桃等经济林果病虫害的发生面积、种类、危害程度呈上升趋势，梨、苹果等传统经济林病虫害的发生得到有效控制。经济林有害生物在武威、酒泉等地逐渐上升为主要发生种类。

（5）生态荒漠林病虫害发生降幅明显。柠条豆象、白刺毛虫的发生面积较去年大幅下降。

（二）主要林业有害生物发生情况分述

1. 生态阔叶林病虫害

食叶害虫　杨树食叶害虫发生29.33万亩，发生面积较2018年增加6.22万亩，同比上升26.91%。其中：春尺蠖发生7.83万亩，主要发生在白银、金昌、酒泉、临夏、武威、祁连山保护区、敦煌西湖保护区等地；舞毒蛾发生4.30万亩，主要发生在庆阳、白龙江保护区、白水江林区；柳沫蝉发生3.63万亩，主要发生在平凉、临夏、庆阳；杨蓝叶甲发生3.04万亩，主要发生在金昌、武威、酒泉、张掖；杨毛蚜发生2.09万亩，主要发生在金昌、张掖、酒泉；黄褐天幕毛虫发生1.84万亩，主要发生在酒泉；杨潜叶跳象发生面积0.75万亩，主要发生在武威、酒泉两地；山杨卷叶象发生0.55万亩，主要发生在临夏、定西；杨二尾舟蛾发生0.37万亩，主要发生在白银、酒泉；刺槐尺蠖发生7.95万亩，主要发生在庆阳、天水两市；刺槐蚜发生6.22万亩，主要发生在平凉、白银等市；榆蓝叶甲发生2.12万亩，主要发生在武威、张掖。

蛀干虫害　杨树蛀干害虫发生34.14万亩，与2018年基本持平。其中：光肩星天牛发生29.51万亩，同比基本持平，主要发生在河西、白银、平凉、临夏等地；青杨天牛发生1.93万亩，主要发生在酒泉、白银、张掖等地；白杨透翅蛾发生1.37万亩，主要发生在平凉、武威、白银等地；杨十斑吉丁发生1.10万亩，主要发生在酒泉、武威。

病害　杨树病害发生16.84万亩，较2018年增加1.38万亩，同比上升8.93%。其中：杨树腐烂病发生7.64万亩，主要发生在临夏、平凉、白银、庆阳、酒泉、武威等地；杨树叶斑病发生3.10万亩，主要发生在平凉、定西；杨树灰斑病发生1.99万亩，较2018年增加1.10万亩，主要发生在临夏；胡杨锈病发生1.02万亩，主要发生在酒泉、敦煌西湖保护区；白杨叶锈病发生0.97万亩，较2018年增加0.48万亩，主要发生在白银；青杨叶锈病发生0.86万亩，主要发生在临夏、定西等地；刺槐白粉病发生4.62万亩，主要发生在平凉、陇南等地；柳树烂皮病发生2.35万亩，主要发生在临夏（图29-3）。

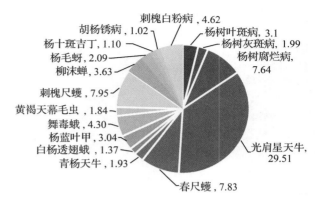

图29-3　2019年甘肃省生态阔叶林病虫害发生情况（万亩）

2. 生态荒漠林病虫害

柽柳条叶甲发生8.58万亩，主要发生在酒泉市瓜州县、敦煌西湖保护区芦草井保护站、玉门关保护站、土梁道保护站和后坑保护站，同比持平；柠条豆象发生6.58万亩，主要发生在定西、兰州、连古城保护区等地，定西的发生较2018年减少2.67万亩；白刺夜蛾发生4.18万亩，较去年减少6.05万亩，主要发生在连古城保护区，危害以轻度为主。

3. 生态针叶林病虫害

针叶林病虫害发生110.15万亩，同比基本持平。具体种类及发生情况如下：

针叶林病害　发生范围广、危害程度重，云杉落针病发生20.07万亩，主要发生在白龙江林区迭部、白水江林业局、插岗梁自然保护区，主要危害人工云杉纯林，发生地块多和上年度发生地块重复，由于云杉落针病孢子具有越冬性和潜伏期长的特性，历年来对防治工作造成很大的困难；松落针病发生11.77万亩，主要发生在庆阳、陇南等地；侧柏叶枯病发生2.24万亩，主要分布于陇南、天水等地；青海云杉叶锈病发生2.03万亩，主要发生在祁连山、白龙江林区；云杉锈病发生1.33万亩，主要发生在定西、甘南等地；松赤枯病发生1.01万亩，主要发生在庆阳（图29-4）。

针叶林虫害　落叶松球蚜发生16.16万亩，主要分布在陇南、平凉、天水、小陇山林区等地；落叶松（红腹）叶蜂发生6.44万亩，主要发生在陇南、天水等地；云杉梢斑螟发生6.20万亩，主要发生在祁连山林区；华山松大小蠹发生5.88万亩，主要发生在陇南武都区、西和县、成县，小陇山保护区严坪林场，仍存在扩散态势；

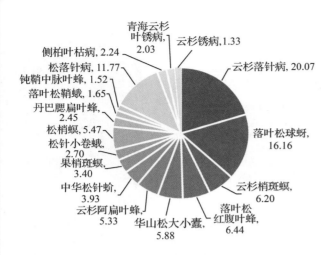

图 29-4　2019 年甘肃省针叶林病虫害发生情况（万亩）

云杉阿扁叶蜂发生 5.33 万亩，主要分布在白银、祁连山林区；中华松针蚧发生 3.93 万亩，主要分布在陇南、甘南、小陇山林区；松梢螟、果梢斑螟发生面积分别为 5.47 万亩、3.40 万亩，主要发生在庆阳；松针小卷蛾发生 2.70 万亩，主要分布在庆阳、白银两地；丹巴腮扁叶蜂发生 2.45 万亩，主要发生祁连山林区；落叶松鞘蛾发生 1.65 万亩，主要发生在定西、白龙江林区；钝鞘中脉叶蜂发生面积为 1.52 万亩，主要发生在小陇山林区；松阿扁叶蜂发生 0.81 万亩，主要发生在天水；油松毛虫发生 0.28 万亩，主要发生在庆阳（图 29-5）。

4. 经济林病虫害

经济林病虫害发生 134.78 万亩，同比基本持平。具体种类及发生情况如下：

经济林病害　主要有核桃细菌性黑斑病、花

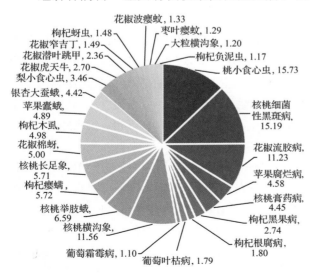

图 29-5　2019 年甘肃省经济林有害生物发生情况（万亩）

椒流胶病、核桃膏药病、苹果腐烂病、枸杞黑果病、葡萄霜霉病、枸杞根腐病、梨叶枯病等。其中核桃细菌性黑斑病发生 15.19 万亩，核桃膏药病发生 4.45 万亩，主要发生在陇南；花椒流胶病发生 11.23 万亩，主要发生在陇南、临夏；苹果腐烂病发生 4.58 万亩，较去年增加 1.76 万亩，主要发生在陇南、庆阳、天水等地；枸杞黑果病发生 2.74 万亩、枸杞根腐病发生 1.80 万亩，主要发生在白银；葡萄叶枯病发生 1.79 万亩，主要发生在酒泉；葡萄霜霉病发生 1.10 万亩，主要发生在武威；梨叶枯病发生 0.85 万亩，主要发生在临夏。

经济林虫害　主要有桃小食心虫、核桃横沟象、枸杞木虱、苹果蠹蛾、枸杞瘿螨、花椒棉蚜、核桃举肢蛾、梨小食心虫、花椒虎天牛、铜色花椒跳甲、杏球坚蚧、枸杞蚜虫、银杏大蚕蛾、枸杞负泥虫、苹果绵蚜、云斑天牛、花椒窄吉丁等。其中桃小食心虫发生 15.73 万亩，主要发生在张掖、白银、临夏；核桃横沟象发生 11.56 万亩、核桃举肢蛾发生 6.59 万亩、核桃长足象发生 5.71 万亩、银杏大蚕蛾发生 4.42 万亩，主要发生在陇南；枸杞瘿螨发生 5.72 万亩、枸杞木虱发生 4.98 万亩、枸杞蚜虫发生 1.48 万亩、枸杞负泥虫发生面积 1.17 万亩，主要分布在白银、武威、酒泉、张掖等地；花椒棉蚜发生 5.00 万亩、花椒虎天牛发生 2.70 万亩、花椒潜叶跳甲发生 2.36 万亩、花椒窄吉丁发生 1.49 万亩、花椒波瘿蚊发生 1.33 万亩，主要分布在陇南、临夏、甘南；苹果蠹蛾发生 4.89 万亩，主要发生在河西、兰州等地；梨小食心虫发生 3.46 万亩，主要发生在白银、武威、庆阳、临夏、兰州等地；枣叶瘿蚊发生 1.29 万亩，主要发生在张掖等地；大粒横沟象发生 1.20 万亩，主要发生在陇南。

5. 鼠兔害

鼠兔害发生 221.43 万亩，同比有所上升，增加 18.5 万亩。其中中华鼢鼠发生 114.13 万亩，同比增加 6.13 万亩，整体上以轻度发生为主，但在局部地区有成灾，陇南礼县重度发生区捕获率为 33%，被害株率为 35.45%；达乌尔鼠兔发生 6.71 万亩，同比减少 0.73 万亩；大沙鼠发生 53.46 万亩，同比增加 5.42 万亩，白银市景泰县、武威市民勤县大沙鼠的危害面积逐年增大，危害程度也在逐年加重，致使大片新植、历年栽植的林木枯死。白银市靖远县鼠害发生区黑柴、红砂等灌木受害率约30%，每公顷鼠洞数达220个，敦煌市大沙鼠发生区鼠口密度为每公顷12.7只，林木被害率为17%，较往年偏高；野兔发生39.11万亩，同比增加4.96万亩，在平凉市崇信县被害株率大多在10%以上，属轻度发生，华亭市策底林场中华鼢鼠和野兔混合发生区，平均鼠口密度为12只/公顷，林木平均被害率12%，较常年偏低；子午沙鼠发生5.82万亩，同比基本持平；达乌尔黄鼠发生10.4万亩，同比基本持平，近年来主要在白银等市发生，与大沙鼠在白银市靖远县呈混合发生状（图29-6）。

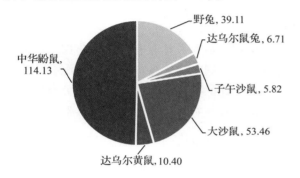

图29-6　2019年甘肃省鼠兔害发生情况（万亩）

6. 2019年突发、新发林业有害生物

白龙江林区突然暴发舞毒蛾1.85万亩，主要分布在迭部生态局和阿夏保护局。由于春季气温低，雨水多，而6～7月间气温回升较快，导致舞毒蛾突然暴发，其幼虫主要危害小叶青冈、红叶李等阔叶树。

（三）成因分析

（1）森林鼠兔害的发生面积居高不下。随着新造幼林面积不断增大，管护跟不上，监测及防控经费投入严重不足等原因，加上人为活动频繁，导致鼠兔类天敌动物栖息环境受到破坏，造成鼠兔害密度维持在较高水平。

（2）针叶林病虫害呈局部高发态势。今年春季异常气候多发，降雨量增多有利于病原菌孢子萌发传播。甘肃省各林区面积大、范围广，由于人工林纯林面积逐年加大，针叶林病虫害逐渐由人工林向天然林过渡，林业有害生物繁

殖速度和扩散速度加快，发生较严重的地段历年重复交叉感染，病原物的扩散传播多样化，部分林场防治措施不到位，使林业有害生物扩散发生危害。

（3）经济林病虫害发生面积大，发生种类多，危害程度重，对经济林造成严重危害。近年来，甘肃省大力发展特色林果业，为有害生物的发生提供了有利环境，防治任务量和防治难度不断加大，加之气候多有异常，导致经济林类病虫害大量发生。

（4）杨树食叶害虫、杨树病害发生有所上升，杨树蛀干类害虫发生保持平稳。2019年雨量充沛，造成多次侵染，加重了杨树病虫害的发生危害或引起生理性病害；其次，甘肃大部分地区农田林网以杨柳榆为主，面积较大，为杨树食叶害虫提供了较好的寄主环境。近年来，各发生区对光肩星天牛等蛀干害虫防治工作的重视，通过连续多年开展光肩星天牛化学、生物防治工作，在一定程度上控制了疫情的扩散蔓延，降低了光肩星天牛的虫口密度，目前光肩星天牛在河西地区武威市、金昌市、张掖市、酒泉市及嘉峪关市发生危害情况得到一定控制，抑制了蛀干害虫的大面积暴发成灾。

（5）生态荒漠林病虫害发生面积和危害程度较2018年明显下降。由于白刺夜蛾、柠条豆象的发生与降水、温度等气候因素有关，近几年各发生区对荒漠林病虫害年进行了大面积有效防治，加之今年发生区降雨量大，对白刺夜蛾等荒漠林病虫害的发生起到了很好的遏制作用。

二、2020年林业有害生物发生趋势预测

（一）2020年总体发生趋势预测

根据全省主要林业有害生物发生规律、越冬基数调查结果、结合未来气象预报等环境因素分析，2020年林业有害生物的发生将呈现稳中有升的态势，预测发生面积620万亩，其中：病害120万亩，虫害270万亩，鼠（兔）害230万亩。

（二）分种类发生趋势预测

1. 阔叶林病虫害

病害　主要有杨树腐烂病、杨树叶斑病、杨叶锈病、刺槐白粉病等，预测发生 20 万亩左右。

食叶害虫　主要有春尺蠖、杨蓝叶甲、舞毒蛾、黄褐天幕毛虫、杨二尾舟蛾、刺槐尺蠖等，主要分布在河西地区、白银、临夏、平凉、庆阳等地，预测发生面积 25 万亩左右。

蛀干害虫　主要有光肩星天牛、青杨天牛、杨干透翅蛾、白杨透翅蛾、杨十斑吉丁虫等，主要分布在河西地区、兰州、白银、平凉、天水、临夏等地，预测发生面积 40 万亩。张掖、酒泉等地可能成灾。

2. 针叶林病虫害

主要分布在兰州、白银、庆阳、天水、陇南、甘南、白龙江林区、小陇山林区、祁连山林区等地，预测发生面积 120 万亩左右。云杉叶锈病、云杉落针病、云杉梢斑螟等在祁连山林区有蔓延成灾的趋势；由于云杉苗木调运频繁，云杉树叶象发生面积在临夏将进一步增加。

3. 生态荒漠林病虫害

主要有柠条豆象、柽柳条叶甲、白刺毛虫等，主要分布在兰州、白银、定西、酒泉、临夏、敦煌西湖保护区、连古城保护区等地，预测发生 25 万亩左右。

4. 鼠（兔）害

主要有中华鼢鼠、大沙鼠、达乌尔鼠兔、野兔等，全省各地均有分布，预测发生面积 230 万亩，其中中华鼢鼠发生 115 万亩；大沙鼠发生 55 万亩；达乌尔鼠兔发生 10 万亩；野兔发生 40 万亩；其他鼠兔害发生 10 万亩。中华鼢鼠、大沙鼠、野兔等在局部地区会偏重发生，可能成灾。

5. 经济林病虫害

全省各地均有分布，预测发生 140 万亩，局部地区可能成灾。

三、防治对策与建议

（一）加强监测预报，提升监测预报工作整体水平

落实监测责任，强化检查督促，防止瞒报、虚报，提高测报效率。制定当年监测计划及监测实施方案，实行目标责任制管理。监测实施方案细化到每一个具体病虫鼠种类，并将林业有害生物监测任务落实到具体监测人员。充分利用基层护林员一线监测作用，做到早调查、早发现、早报告、早决策，进一步提高监测覆盖率和预报准确率，为有效开展防治工作提供科学依据。

（二）强化政府主导作用，加大政策扶持力度

政府部门加大对林业有害生物防控工作的资金投入力度，同时加大各部门的协调配合，推动联防联治工作的推进，各林业部门加大项目申请力度，促进林业有害生物防治水平的提高。

（三）继续加强检疫调运工作，严防病虫传播蔓延

杜绝林业有害生物随种苗的流通而传播蔓延。春季造林期间，安排技术人员对各育苗单位、个人的苗木进行严格检疫。同时，加强造林地的监控，杜绝带疫苗造林，从源头上解决有害生物的传播。加大对种苗生产、木材加工等企业的森林植物检疫执法力度，发现问题及时通报、限期整改，实行动态管理，逐步完善有关档案。

（四）规范森林保险（林业有害生物）理赔资金的使用

建立健全相关制度，确保森林保险（林业有害生物）理赔资金做到专款专用，用于林业有害生物防治工作，切实提高工作效率，创造林业有害生物防治工作新局面。

（主要起草人：方健惠　张娟；主审：王玉玲）

30 青海省林业有害生物 2019 年发生情况和 2020 年趋势预测

青海省森林病虫害防治检疫总站

2019 年青海省林业有害生物发生 394.49 万亩，实施防治 320.96 万亩，发生面积同比减少 7 万亩，中度以上发生面积 124.53 万亩，危害程度中等偏重，同比略减轻。局部地区成灾，成灾面积 0.55 万亩，成灾率 0.06‰。预测 2020 年青海省主要林有害生物发生较 2019 年发生面积呈下降趋势，发生面积为 380.89 万亩，危害程度呈中等偏重。

一、2019 年林业有害生物发生情况

2019 年全省林业有害生物发生面积 394.49 万亩，同比下降 1.78%，轻度发生 269.96 万亩，中度发生 110.55 万亩，重度发生 13.97 万亩，成灾面积 0.55 万亩，成灾率为 0.06‰。其中，林地鼠(兔)害发生 178.33 万亩，同比下降 6.23%；虫害发生 167.61 万亩，同比上升 2.93%；病害发生面积 40.43 万亩，同比上升 1.20%；有害植物发生 8.12 万亩，同比下降 6.45%（图 30-1、图 30-2）。年初预测 2019 年主要林业有害生物发生面积 380.48 万亩，测报准确率为 96.45%。

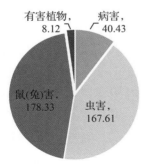

图 30-1　2019 年林业有害生物发生情况（万亩）

（一）发生特点

2019 年青海省林业有害生物发生总面积为 394.48 万亩，危害程度呈中等，局部地区重度

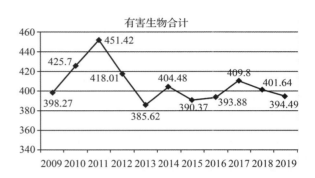

图 30-2　2009—2019 年林业有害生物发生情况（万亩）

发生。

一是林业鼠(兔)害仍是青海省主要林业有害生物，发生面积 178.33 万亩，占总发生面积的 45.2%。但发生面积和危害程度逐年下降；二是蛀干害虫、枝梢害虫、食叶害虫等常发性有害生物整体呈下降态势，防控效果明显，但仍有局部发生危害严重；三是灌木林有害生物发生日益严重，特别是在生态脆弱的三江源地区，如灰斑古毒蛾和黄缘古毒蛾在果洛藏族自治州（以下简称果洛州）玛沁县、甘德县、达日县危害高山柳，高山天幕毛虫在黄南藏族自治州（以下简称黄南州）泽库县、玉树藏族自治州（以下简称玉树州）曲麻莱县造成危害，在果洛州班玛县亦有分布；四是阔叶树病害发生逐年呈加重趋势，如青杨叶锈病在东部农业区城镇防护林危害严重，局部地区成灾；五是针叶树食叶害虫、枝梢害虫发生种类和发生面积逐年增加；六是落叶松红腹叶蜂、油松大盾象、云杉大灰象、松皮小卷蛾等有害生物发生分布范围扩散蔓延快，油松大盾象 2019 年已传播至湟中区和大通回族土族自治县（以下简称大通县），落叶松红腹叶蜂在海东市多个落叶松林内发生危害，且落叶松红腹叶蜂为孤雌繁殖，防控难度大；七是部分林业有害生物（云杉矮槲寄生害、松萝、圆柏大痣小蜂等）因缺乏简便可行的防治措施，发生面积居高不下，呈扩散趋势。

（二）主要林业有害生物发生情况分述

1. 林地鼠（兔）害

林地鼠（兔）害发生种类主要有高原鼢鼠、高原鼠兔、根田鼠及子午沙鼠等，发生面积178.33万亩，同比下降6.23%。其中高原鼢鼠发生面积160.40万亩，同比下降9.81%，主要发生在西宁市辖区及所属各县、海东市所属各区县、海北藏族自治州（以下简称海北州）各县、海南藏族自治州（以下简称海南州）各县、黄南州河南蒙古族自治县和果洛州玛可河林区；高原鼠兔发生面积13.62万亩，同比上升98.8%，主要发生在西宁市湟源县、海北州门源回族自治县（以下简称门源县），海南州共和县，海西蒙古族藏族自治州（以下简称海西州）德令哈市、果洛州玛沁县、甘德县和玛可河林区；根田鼠发生面积3.41万亩，同比下降23.88%，主要发生在西宁市大通县，海北州海晏县、刚察县；子午沙鼠发生面积0.9万亩，同比下降10%，主要发生在海西州格尔木市（图30-3、图30-4）。

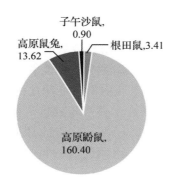

图30-3　2019年全省林地鼠害发生情况对比（万亩）

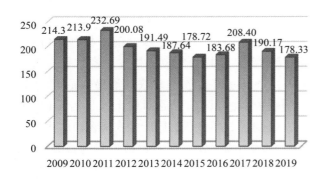

图30-4　2009—2019年林地鼠害发生情况（万亩）

2. 经济林有害生物

经济林有害生物主要种类有枸杞有害生物（枸杞瘿螨）和核桃有害生物（核桃褐斑病、核桃腐烂病），发生面积8.12万亩，呈下降趋势，轻度危害。其中，枸杞瘿螨发生面积6.5万亩，主要发生在海西州都兰县；核桃褐斑病、核桃腐烂病发生面积1.62万亩，主要发生在海东市民和回族土族自治县（以下简称民和县）、循化撒拉族自治县（以下简称循化县）（图30-5）。

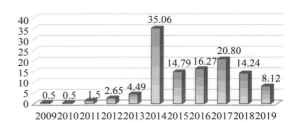

图30-5　2009—2019年经济林有害生物发生情况（万亩）

3. 阔叶树有害生物

杨柳榆病害　发生种类有杨树烂皮病、青杨叶锈病、杨树煤污病、生理性病害等，发生面积23.90万亩，同比下降8.58%。其中青杨叶锈病发生面积14.49万亩，同比上升12.15%，成灾面积0.51万亩，主要发生在西宁市辖区、大通县、湟中区、湟源县，海东市乐都区、平安区、互助土族自治县（以下简称互助县）、化隆回族自治县（以下简称化隆县），海北州门源县，黄南州同仁县，海南州共和县；杨树烂皮病发生面积5.94万亩，同比下降4.50%，发生面积连年下降，主要发生在西宁市、海东市、海北州、黄南州、海南州、海西州和玉树州大部分县市城镇防护林。

杨柳榆食叶害虫　发生种类有杨柳小卷蛾、春尺蠖、柳蓝叶甲等，发生面积3.37万亩，同比下降4.86%。其中柳蓝叶甲发生0.85万亩，同比上升107.32%，主要发生在循化县；春尺蠖发生面积0.81万亩，同比下降28.95%，主要发生在海东市民和县、乐都区和循化县；杨柳小卷蛾发生面积0.75万亩，同比上升53.06%，发生在西宁市湟源县、海东市循化县和海南州兴海县。

杨柳榆蛀干害虫　发生种类有光肩星天牛、

杨干透翅蛾、芳香木蠹蛾、锈斑楔天牛，发生面积 6.99 万亩，同比下降 21.81%。其中杨干透翅蛾发生面积 5.18 万亩，同比下降 16.05%，主要发生在西宁市湟中区，海东市民和县、互助县，黄南州同仁县，海南州共和县、同德县、贵德县、兴海县，海西州格尔木市、德令哈市和都兰县；芳香木蠹蛾发生面积 1.00 万亩，同比上升 33.33%，发生在海东市民和县、互助县；光肩星天牛发生面积 0.52 万亩，同比下降 68.10%，主要发生在西宁市城东区，海东市互助县和循化县；锈斑楔天牛发生 0.29 万亩，同比下降 25.64%，主要发生在西宁市湟源县、海东市互助县、海南州同德县、海西州格尔木市。

杨柳榆枝梢害虫　发生种类有叶蝉、蚜科、蚧科等，发生面积 20.36 万亩，同比上升 7.21%，全省各地皆有发生。

桦树有害生物　发生种类有高山毛顶蛾、桦尺蠖和肿角任脉叶蜂，发生面积为 8.88 万亩，同比下降 1.22%。其中高山毛顶蛾发生 5.19 万亩，同比上升 14.83%，主要发生在西宁市湟源县、海东市互助县和海北州门源县；灰拟桦尺蛾发生 1.58 万亩，同比下降 38.99%，主要发生在西宁市湟中区、海东市互助县（图30-6）。

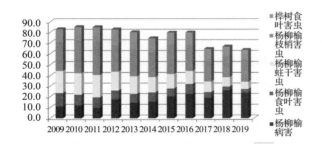

图 30-6　2009—2019 年阔叶树有害生物发生情况（万亩）

4. 针叶树有害生物

病害　包括落针病、锈病、针叶树苗木猝倒病，发生面积 14.91 万亩，同比上升 39.67%。其中落针病发生面积 8.47 万亩，同比上升 70.08%，主要发生在黄南州同仁县、尖扎县、麦秀林场，海南州贵德县、贵南县及果洛州玛可河林区；云杉锈病发生面积 6.00 万亩，同比上升 6.57%，主要发生在西宁市大通县，海东市互助县、海北州祁连县、门源县，海南州同德县和果洛州玛可河林区。

蛀干害虫　主要包括光臀八齿小蠹、云杉八齿小蠹、横坑切梢小蠹、云杉大小蠹、黑条木小蠹和松皮小卷蛾，发生面积 22.54 万亩，同比下降 8.15%。其中光臀八齿小蠹发生面积 12.19 万亩，同比下降 0.25%，主要发生在海东市互助县，海北州祁连县和黄南州同仁县、尖扎县、麦秀林区；云杉八齿小蠹发生面积 2.80 万亩，同比下降 28.02%，主要发生在海北州门源县；云杉大小蠹发生面积 2.61 万亩，同比下降 23.46%，主要发生在果洛州玛可河林区；横坑切梢小蠹发生面积 1.16 万亩，同比下降 6.45%，主要发生在黄南州同仁县、尖扎县。松皮小卷蛾，发生面积 2.54 万亩，同比上升 0.40%，主要发生在西宁市、海东市和黄南州。

食叶害虫　发生种类有云杉黄卷蛾、云杉小卷蛾、云杉梢斑螟、侧柏毒蛾、云杉阿扁叶蜂等，发生面积 27.01 万亩，同比上升 14.50%。其中云杉小卷蛾发生 5.32 万亩，同比下降 6.83%，主要发生在西宁市辖区；侧柏毒蛾发生面积 3.62 万亩，同比上升 6.16%，主要发生在海东市互助县，海北州门源县，黄南州同仁县、尖扎县及麦秀林场；云杉梢斑螟发生面积 1.24 万亩，同比下降 43.64%，主要发生在西宁市大通县；外来有害生物云杉大灰象发生 4.20 万亩，同比上升 40.94%，扩散蔓延快，主要发生在西宁市和海东市乐都区、互助县。

种实害虫　发生种类有圆柏大痣小蜂和云杉球果小卷蛾，发生面积 7.80 万亩，同比上升 62.84%。其中圆柏大痣小蜂发生面积 7 万亩，同比上升 63.17%，主要发生在海北州门源县，黄南州麦秀林区，海南州同德县，海西州乌兰县、都兰县及果洛州玛可河林区（图30-7）。

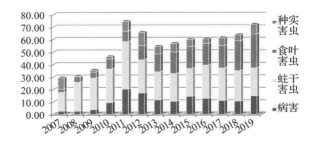

图 30-7　2007—2019 年针叶树病害发生情况（万亩）

5. 灌木林害虫

主要指危害高山柳、沙棘、柽柳、小檗、白刺等的害虫，发生总面积60.32万亩，同比上升3.31%。其中灰斑古毒蛾发生42.31万亩，同比上升1.41%，主要发生在海西州各市县，果洛州玛沁县、甘德县、达日县；明亮长脚金龟子发生5.4万亩，同比下降6.57%，发生在海北州海晏县、刚察县、祁连县，海南州共和县、贵南县和海西州天峻县；新发现有害生物高山天幕毛虫发生1.37万亩，危害高山柳，主要发生在黄南州泽库县、玉树州曲麻莱县（图30-8）。

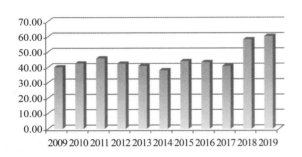

图30-8　2009—2019年灌木林有害生物发生情况（万亩）

6. 有害植物

发生种类包括云杉矮槲寄生害、黄花铁线莲。发生面积8.12万亩，同比下降6.45%。其中云杉矮槲寄生害发生面积7.70万亩，同比下降8.98%，主要发生在互助县、门源县、同仁县、尖扎县、同德县、麦秀林场和玛可河林区（图30-9）。

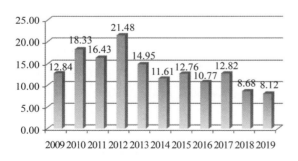

图30-9　2009—2019年有害植物发生情况（万亩）

（三）成因分析

（1）气候异常使全省林业有害生物发生面积居高不下。春季平均降水量较常年偏多25.3%，平均气温较常年偏高0.7℃，初春全省多地雪灾持续，4月中下旬北部地区出现历史最早高温天气过程，5月经历两次阶段性低温天气，导致鼠害、虫害等林业有害生物发生期提前，也为林木病害发生创造了条件。夏季平均降水量较常年偏多9.7%，气温接近常年，东部农业区大部、柴达木盆地西北部、青南部分地区多局地强降水，多地日降水量突破历史极值；秋季全省降水量偏多，平均气温偏高。气温变暖导致蚜虫、叶蝉等枝梢害虫世代增加，危害期延长。湿热气候为病害发生提供了有利条件，特别是青杨叶锈病局地成灾。

（2）近几年全省开展"东部沙棘，西部枸杞，南部藏茶，河湟杂果"的经济林发展模式，柴达木盆地枸杞林，东部河湟地区核桃等经济林人工种植面积逐年扩大，由于经济林大多为纯林，生物多样性及林分抵御林业有害生物能力较差，致使有害生物容易发生。且经济林涉及林业、农业多个责任主体，林业部门难以完全掌握经济林有害生物发生情况，所以经济林有害生物发生面积忽高忽低。但经济林林农为发展有机林果，无公害防治意识较高，有害生物危害程度控制在轻度范围内。

（3）全省造林绿化重点工程用苗以青海云杉为主，云杉有害生物寄主面积增大，云杉食叶害虫和枝梢害虫经多年繁殖，发生种类和发生面积呈逐年上升趋势。一些非林业部门管辖的园林、庭院、小区绿化用苗，树种选择追求新、奇、特，跨气候区调用苗木，致使新栽苗木难以适应青藏高原特殊气候，树木生长势弱，极易感染林业有害生物。且检疫报检不到位，易引入外来林业有害生物，监管难度大。

（4）监测预报能力薄弱，灾情不能及时发现，病害难以鉴定。目前全省仍旧依靠地面人工监测林业有害生物，而青海地形地貌复杂，很多天然林区山大沟深人力难以到达，有些有害生物发现时便已是大面积发生，有些有害生物发现时便已是大面积发生，且基层森防机构薄弱、人员技术水平有限，难鉴定。2019年高山天幕毛虫发现时已发生1.37万亩。年初发现的天然圆柏林发生枯黄情况，至今仍未得出结论。

（5）科学防控使传统主要有害生物发生面积和成灾面积逐年减少。近几年，在国家林业和草原局、省政府的大力支持下，全省各地不断强化领导，落实"双线目标"责任，多措并举，有效遏制林业有害生物发生危害。

二、2020 年全省林业有害生物发生趋势预测

（一）2020 年总体发生趋势预测

据省气象中心预测：预计前冬全省平均降水量 4.6 毫米，较历年同期偏多 7%，其中东部农业区偏多 10% 左右，环青海湖地区偏多 10% ～ 25%，青南牧区偏多 5% ～ 25%，柴达木盆地偏少 5% ～ 35%，全省平均气温 -7.0℃，与历年同期相比偏高 0.9℃，其中柴达木盆地、祁连山西段正常略高，省内其余地区偏高 1～2℃；后冬全省平均降水量 5.0 毫米，较历年同期偏少 10%，其中柴达木盆地偏少 10% ～ 35%；青南牧区偏少 5% ～ 15%，东部农业区偏少 15% 左右，环青海湖地区偏多 10% ～ 25%，全省平均气温 -7.9℃，与历年同期相比偏高 1.0℃，其中环青海湖地区正常略高，省内其余地区偏高 1～2℃；春季全省平均降水量 24.7 毫米，较历年同期偏多 3%，其中东部农业区偏多 10% 左右；青南牧区东部偏多 15% 左右，环青海湖地区偏多 10% ～18%，柴达木盆地偏少 25% ～35%，青南牧区西部偏少 10% ～15%，全省平均气温 1.9℃，与历年同期相比偏高 1.1℃，其中祁连山东段、东部农业区和玉树市正常略高，省内其余地区偏高 1～2℃。

综合 2019 年全省林业有害生物发生情况、森林状况、主要林业有害生物发生规律，根据全省各市、州林业有害生物发生预测报告和各中心测报点 2019 年有害生物越冬前基数调查结果，预测 2020 年青海省主要林业有害生物发生较 2019 年发生面积呈下降趋势，为中度发生，发生面积为 380.89 万亩。其中鼠害预计发生 168.31 万亩，中度发生，局部地区重度发生；虫害预计发生 163.89 万亩；病害预计发生 41.42 万亩；有害植物预计发生 7.17 万亩（表 30-1）。

表 30-1　各市（州）2020 年林业有害生物预测发生面积

市、州	2020 年预测发生面积（万亩）	2020 年发生趋势	备注
西宁市	103.69	略下降	
海东市	97.67	下降	
海北州	43.41	上升	
海南州	19.96	略下降	
黄南州	28.06	略上升	
海西州	45.68	下降	
玉树州	11	基本持平	
果洛州	31.42	略上升	含玛可河林业局
总计	380.89	基本持平	

（二）分种类发生趋势预测

1. 林地鼠（兔）害

预计发生面积 168.31 万亩，发生面积将下降，危害程度略减轻。其中高原鼢鼠预计发生 145.86 万亩，发生面积同比下降，呈中度发生，脑山地区、新造林地为主的局部地区偏重发生，甚至成灾。主要发生在西宁市、海东市、海北州、海南州及果洛州玛可河林区。根田鼠预计发生 2.6 万亩，呈中度发生，主要发生在环青海湖地区的海晏县、刚察县；高原鼠兔等其他鼠害预计发生 19.45 万亩，呈中度发生，局部地区重度发生，主要在西宁市、海北州、海南州和海西州。

2. 经济林有害生物

经济林有害生物主要包括枸杞有害生物和核桃有害生物，防治工作到位，均呈轻度发生。预计枸杞有害生物发生面积 6 万亩，主要发生在海西州；核桃有害生物为核桃腐烂病，预计发生 2.48 万亩，发生面积将持续上升，主要发生在海东市民和县和循化县。

3. 阔叶树有害生物

杨柳榆病害　预计发生面积将进一步增加，危害程度加重，发生面积 25.42 万亩，重点发生

在人工城镇防护林。其中杨树锈病预计发生17.88万亩，主要发生在西宁市大通县、湟源县，海东市乐都区、互助县、化隆县；杨树烂皮病预计发生6.37万亩，发生面积和危害程度比2019年略下降，在全省大部分县市城镇防护林均有发生。

杨柳榆食叶害虫　预计发生面积6.67万亩，中等偏轻发生，同比呈下降趋势。其中杨柳小卷蛾预计发生2.48万亩，主要发生在西宁市、海东市、海南州、海北州；春尺蠖预计发生1.27万亩，发生面积和危害程度同比基本持平，主要发生在海东市循化县、民和县和乐都区。

杨柳榆蛀干害虫　预计发生7.18万亩，同比略上升。其中杨干透翅蛾预计发生面积4.82万亩，主要发生在海东市、黄南州、海南州及海西州；光肩星天牛预计发生面积0.51万亩，发生面积和危害程度呈下降趋势，主要发生于西宁市和海东市；锈斑楔天牛预计发生0.3万亩，呈下降趋势，主要发生在西宁市、海东市、海南州、海西州。

杨柳榆枝梢害虫　发生种类有叶蝉、大青叶蝉、蚜、蚧等，枝梢害虫繁殖快、繁殖量大，防治难度大，预计发生面积16.78万亩，全省各市州均有发生。

桦树食叶害虫　预计发生面积9.80万亩，同比基本持平，主要发生在西宁市、海东市、黄南州、海北州及海南州天然桦树林。其中高山毛顶蛾预计发生面积6.36万亩，主要发生在海东市互助县和海北州门源县。

4. 针叶树有害生物

病害　预计发生面积13.52万亩，同比略有上升。果洛州玛可河林区和黄南州天然林区为主要发生区。其中云杉锈病（云杉叶锈病和云杉芽锈病）预计发生面积7.48万亩，同比呈上升趋势，主要发生在西宁市、海东市、海北州、海南州、黄南州和果洛州玛可河林区；落针病经预计发生面积5.97万亩，主要在黄南州、海南州和果洛州玛可河林区。

蛀干害虫　受近几年降水增加等气候条件影响，针叶树林分树势增强，结合近几年采取小蠹虫诱捕器防控措施，全省针叶树蛀干害虫发生面积、危害程度均明显降低，预计发生面积23.65万亩。其中小蠹虫类预计发生面积20.75万亩，主要发生在西宁市、海东市、海北州、黄南州、果洛州玛可河林区；省外传入种松皮小卷蛾，发生扩散速度较快，预计发生1.6万亩，主要发生在西宁市、海东市、黄南州；新发现种油松大盾象预计发生1.3万亩，主要发生在西宁市辖区绿化区和湟中区。

食叶害虫　随着近几年气候变化和物流加快，针叶树食叶害虫发生种类与日俱增，发生面积呈上升趋势，预计发生面积将达29.60万亩。其中侧柏毒蛾预计发生4.02万亩，主要发生在海东市、海北州和黄南州；云杉小卷蛾预计发生5.83万亩，主要发生在西宁市辖区、湟中区；省外传入种云杉大灰象呈逐年增长的趋势，预计发生4.15万亩，主要发生在西宁市、海东市；油松大蚜预计发生3.88万亩，主要发生在西宁市、黄南州。

种实害虫　预计发生面积8万亩。其中圆柏大痣小蜂一直没有采取有效防治措施，害虫种群数量增逐年增加，预计发生面积将达7.2万亩，主要发生在海南州、黄南州、海西州及玛可河林区。

5. 灌木林害虫

预计发生面积56.21万亩，主要分布在西宁市、海东市、黄南州、海南州、海北州、果洛州、海西州及玉树州。其中灰斑古毒蛾预计发生面积36.5万亩，主要发生在海西州、果洛州；明亮长脚金龟子预计发生面积4.58万亩，主要发生在海北州、海南州及海西州；舞毒蛾预计发生2.45万亩，危害程度将减轻，主要发生在海东市孟达自然保护区和民和县；高山天幕毛虫预计发生1.0万亩，主要发生在黄南州、玉树州天然灌木林。

6. 有害植物

预计有害植物发生面积7.27万亩，同比呈上升趋势。其中云杉矮槲寄生害预计发生面积7.17万亩，主要发生在互助县、门源县、同仁县、尖扎县、同德县、麦秀林场和玛可河林区，危害程度呈中度。

三、对策建议

（一）加强组织领导，强化责任落实

全面贯彻《国办意见》和《青海省人民政府办公厅关于进一步加强林业有害生物防治工作的实施意见》，全面落实"双线目标责任制"，强化目标管理工作，做好 2020 年林业有害生物防控目标任务。

（二）加强林业有害生物监测预警工作，充分发挥监测预报的防灾减灾实效

将监测预警作为林业有害生物防控的基础工作，突出监测预警基础性工作，充分发挥国家级中心测报点的骨干作用和乡镇林业站及护林员的辅助作用，将监测工作落实到人。在完善常规监测调查的基础上，积极探索使用先进监测技术，开展深山密林、偏远地区的监测调查工作，构建全覆盖、立体的监测预警体系，不断提高监测预警的时效性和短期预报的准确性。严格监测信息管理，认真执行重大灾害应急周报、月报制度和国家级中心测报点信息直报制度，提高信息报告的及时性和准确性，做到有情就报。

（三）强化基层预防能力建设，提升公共服务水平

依托林业有害生物防治能力提升项目实施，开展林业有害生物国家级中心测报点建设，有效提高国家级中心测报点的监测能力和灾害处置能力，实现全省范围内主要林业有害生物监测的规范化、数字化、智能化、可视化和防治的机动化。做好林业有害生物预警信息和短中长期趋势预测发布工作，强化生产性预报，拓宽预报信息发布平台，主动为广大林农群众提供及时的林业有害生物灾害信息和防治指导服务，减免灾害损失。

（四）加强科研工作，提升防控能力

有针对性的组织开展林业有害生物防控技术研究，结合现有科研项目，有选择的引进先进技术，提高全省林业有害生物防控工作科技含量。

（主要起草人：王晓婷；主审：方国飞）

宁夏回族自治区林业有害生物 2019 年发生情况和 2020 年趋势预测

宁夏回族自治区森林病虫防治检疫总站

2019 年宁夏林业有害生物发生面积较 2018 年有所减少，发生平稳。没有重大林业有害生物灾害发生，危害程度总体下降，2019 年发生面积 422.96 万亩。预测 2020 年全区林业有害生物发生面积与 2019 年基本持平，预测发生面积 447 万亩。

一、2019 年林业有害生物发生情况

2019 年宁夏林业有害生物发生面积为 422.96 万亩。其中轻度发生 310.97 万亩，中度发生 98.62 万亩，重度发生 13.37 万亩，防治面积 193.15 万亩。其中病害发生 1.934 万亩。虫害发生 168.6 万亩，其中轻度发生 124.56 万亩，中度发生 36.24 万亩，重度发生 7.78 万亩，防治面积 63.8 万亩。鼠（兔）害发生面积 252.24 万亩，轻度发生 185 万亩，中度发生 62.1 万亩，重度发生 5.34 万亩，防治面积 128 万亩。2019 年林业有害生物寄主面积为 2106.5 万亩，成灾面积 9.69 万亩，成灾率 4.6‰。2018 年预测 2019 年发生面积为 464 万亩，2019 年实际发生面积为 422.96 万亩，测报准确率为 90.2%。防治面积 193.37 万亩，无公害防治面积 175.23 万亩，无公害防治率 90.62%（表 31-1）。

（一）发生特点

2019 年林业有害生物发生平稳，全年没有重大林业有害生物灾害和突发事件，森林鼠（兔）害、蛀干害虫、春尺蠖发生面积减少，落叶松红腹叶蜂发生面积增加，臭椿沟眶象及苹果蠹蛾在全区有扩散蔓延趋势。

（二）主要林业有害生物发生情况分述

1. 森林鼠（兔）害

森林鼠（兔）害在南部山区持续为害，发生面积略有减少，同比下降 3.4%。全区发生面积为 252.24 万亩，防治面积 128 万亩。中华鼢鼠和甘肃鼢鼠在宁夏南部山区原州区、彭阳县、泾源县、隆德县、西吉县、海原县、六盘山林业局等人工林区和新植林地发生并造成严重危害，发生面积 206.88 万亩。近年各地造林采用物理阻隔网防治，效果显著，鼢鼠危害程度明显减轻。防治面积 112.74 万亩。东方田鼠、野兔、子午沙鼠在银川市、石嘴山市、吴忠市、中卫市黄河滩地护岸林、农田林网宽幅林带、苗圃、果园及防风固沙林地为害。发生面积 45.55 万亩，防治面积 15.29 万亩。

2. 蛀干害虫

蛀干害虫发生面积减少，同比下降 22%。主要有光肩星天牛、红缘天牛、北京沟天牛、榆木

表 31-1　2019 年宁夏主要林业有害生物发生防治情况表

	发生面积（万亩）	防治面积（万亩）		发生面积（万亩）	防治面积（万亩）
林业有害生物总计	422.96	193.15	落叶松红腹叶蜂	10.5	0.98
鼠（兔）害	252.24	128	臭椿沟眶象	10.02	7
蛀干害虫	16.52	7.2	斑衣蜡蝉	5.65	4.5
沙棘木蠹蛾	11.79	1.44	苹果蠹蛾	4.26	4.23
杨树食叶害虫	68.51	14.11	经济林及其他病虫害	43.47	25.69

蠹蛾等。发生面积 16.52 万亩，防治面积 7.2 万亩。光肩星天牛在引黄灌区各市县和南部山区危害得到有效控制，通过多年打孔注药防治，全区虫口密度已经下降到 1 头/株以下，今年发生面积 10.15 万亩。红缘天牛主要发生在中宁县，主要危害枣树，发生面积 0.16 万亩。北京沟天牛主要发生固原市彭阳县，主要危害刺槐，发生面积 3.76 万亩。榆木蠹蛾主要发生在盐池县、平罗县、青铜峡市，危害榆树，严重时造成树木死亡，发生面积 1.6 万亩。

3. 沙棘木蠹蛾

沙棘木蠹蛾持续危害，有扩散蔓延趋势，发生面积同比增加 4.3%。沙棘木蠹蛾在固原市的彭阳县、西吉县、六盘山林业局等地发生面积 11.79 万亩。沙棘木蠹蛾在主要危害 8 年生以上沙棘，严重地区被害株率在 40% 以上，株平均虫口密度 10 头，防治面积 1.44 万亩。

4. 杨树食叶害虫

杨树食叶害虫主要为春尺蠖，在宁夏属于暴发型食叶害虫，发生面积同比下降 11.9%。主要发生区由于 2019 年各地及时准确的预测，并采取有效防治，没有大面积暴发成灾。在银川市的贺兰县、灵武市，吴忠市盐池县、同心县、红寺堡区及中卫市辖区等地发生 68.51 万亩，防治面积 14.11 万亩。

5. 落叶松红腹叶蜂

落叶松红腹叶蜂由于天敌控制危害减轻，发生面积同比增加 17.4%。此食叶害虫已多年在固原市、六盘山林区发生危害。2019 年发生面积 10.5 万亩，防治面积 0.98 万亩。虫情基本得到了控制。

6. 臭椿沟眶象

臭椿沟眶象成虫随着沟渠传播呈扩散蔓延趋势，发生面积同比增加 4.4%。在银川市郊、永宁县、贺兰县、灵武、平罗、青铜峡、利通区、中宁县、彭阳县等地发生。因该虫危害隐蔽性强，极易扩散蔓延，今年全区引黄灌区普遍发生。发生面积 10.02 万亩，防治面积 7 万亩。

7. 斑衣蜡蝉

斑衣蜡蝉也呈扩散蔓延趋势，发生面积同比增加 60%。此害虫在银川市金凤区、兴庆区、西夏区、贺兰县，石嘴山市大武口区、平罗县，吴忠市辖区、利通区等地发生，主要在居民小区、公园、主干道路两侧的臭椿树上危害，发生面积 5.65 万亩，防治面积 4.5 万亩。

8. 苹果蠹蛾

苹果蠹蛾在沙坡头区、中宁县、青铜峡市、同心县、灵武市、利通区、大武口区、惠农区发生危害，发生面积同比增加 15.9%。因一年多代世代交替造成难以控制，加之今年果品价格偏低，果园清理不彻底等因素，造成呈扩散蔓延的趋势。发生面积 4.26 万亩，防治面积 4.23 万亩。

9. 经济林及其他病虫害

经济林和其他病虫害发生面积同比下降 24.8%。发生面积 43.47 万亩，防治面积 25.69 万亩。主要有葡萄霜霉病、枸杞黑果病、柳树丛枝病、桃小食心虫、柠条豆象、枸杞瘿螨、红蜘蛛、枣大球蚧等。

（三）成因分析

1. 气候干燥，降雨量少、蒸发量大容易造成食叶害虫暴发

宁夏杨树食叶害虫春尺蠖主要在沙区盐池、灵武、同心等地发生，成因主要是沙区干旱少雨，春尺蠖连续多年发生，容易扩散蔓延。但经过连续多年化学防治，虫口密度下降，危害减轻。

2. 随着气候变暖鼢鼠种群增加

鼢鼠鼠群密度总体呈上升趋势。近年来由于植被恢复良好，气候变暖，年平均气温持续上升，降雨量增加，为鼢鼠的生长提供了适宜的条件。鼢鼠常年在地下生活，受天敌影响小，食物量增加导致鼢鼠大量繁殖，鼢鼠的种群基数总体呈上升趋势。近年来退耕还林都是新造林，鼢鼠喜食幼树，造成树木死亡。因防治困难，防治资金严重不足，造成连年危害。

3. 外来林业有害生物数量增加

臭椿沟眶象、斑衣蜡蝉、苹果蠹蛾、北京沟天牛等害虫，随着近年来造林力度加大，外来苗木的大量流入，在各地已造成严重危害，危害面积呈上升趋势。臭椿同时受臭椿沟眶象和斑衣蜡蝉危害，树势衰弱。

4. 防治不彻底造成扩散

杨树蛀干害虫光肩星天牛在引黄灌区和南部山区发生。主要是一代农田林网砍伐后，二代林网虽大部分栽植抗天牛树种，如臭椿、白蜡等，

但一代林网残留下来的天牛又在新疆杨等树种上危害。个别零星地段管护和防治不到位，造成在二代林网持续危害。

5. 人工林纯林比例过大

落叶松红腹叶蜂发生主要原因是当地落叶松人工纯林面积所占比例较大，一旦暴发容易成灾。

二、2020年林业有害生物发生趋势预测

（一）2020年总体发生趋势预测

宁夏回族自治区森防总站在召开全区2020年林业有害生物发生趋势会商会的基础上，结合2020年气象预报和有害生物越冬基数调查，预测2020年全区林业有害生物发生面积在447万亩（表31-2），同比基本持平。

表31-2　2020年宁夏林业有害生物预测发生面积表

	预测发生面积（万亩）
病虫害总计	447
鼠（兔）害	260
蛀干害虫	18
沙棘木蠹蛾	12
杨树食叶害虫	75
落叶松红腹叶蜂	11
臭椿沟眶象	10
斑衣蜡蝉	6
苹果蠹蛾	5
经济林及其他病虫害	50

（二）分种类发生趋势预测

1. 森林鼠（兔）害

森林鼠（兔）害发生面积260万亩。鼢鼠分布于固原市的原州区、隆德县、西吉县、彭阳县、泾源县、六盘山林业局及中卫市的海原县。中华鼢鼠和甘肃鼢鼠危害主要在地下，啃食树木根部，气候影响不明显。根据2019年冬季鼠害密度调查，每公顷鼠数量平均为5.5头，危害株率平均为11.5%。中华鼢鼠和甘肃鼢鼠将在宁夏南部山区偏重发生，预测发生面积为220万亩。野兔、东方田鼠、子午沙鼠等主要发生于固原市山

区、银川市、石嘴山市、吴忠市、中卫市黄河护岸林及灵武市沙区。预测发生面积40万亩。

2. 蛀干害虫

预测蛀干害虫发生面积为18万亩。主要为光肩星天牛、红缘天牛、北京沟天牛、榆木蠹蛾。光肩星天牛在引黄灌区各市县及固原市等地发生，虫口密度连年下降，实现了有虫不成灾的目标。红缘天牛在中卫市中宁县，北京沟天牛在固原市彭阳县，榆木蠹蛾在盐池县、平罗县、青铜峡市等地发生。

3. 沙棘木蠹蛾

沙棘木蠹蛾主要发生于固原市的彭阳县、西吉县及六盘山林业局。危害蔓延呈上升趋势，预测发生面积12万亩。

4. 杨树食叶害虫

杨树食叶害虫主要为春尺蠖，预测发生在吴忠市的盐池县、同心县，中卫市沙坡头区和银川市的灵武市等地，主要危害多年生的杨树、榆树、柠条、花棒。因为上述地区干旱少雨，天敌寄生率低，如不及时防治容易造成春尺蠖的蔓延成灾。经过近些年药物防治，虫口密度和越冬蛹数下降，已不会大面积扩散蔓延危害，预测发生面积为75万亩。

5. 落叶松红腹叶蜂

落叶松红腹叶蜂于1998年在六盘山林区大面积暴发以来，经过连续多年防治已基本得到控制，发生范围主要在六盘山林业局、原州区、彭阳县、西吉县、隆德县、泾源县和中卫市的海原县。主要危害落叶松人工林，为保护水源涵养林，近几年在主要风景区外围采用化学防治外，核心区基本不采用化学防治，利用天敌自然控制，连续多年天敌种群数量增加，基本控制了该虫的扩散蔓延。预测发生面积11万亩。

6. 臭椿沟眶象

臭椿沟眶象因危害隐蔽性强，成虫随着沟渠扩散蔓延，有扩散蔓延趋势。预测发生面积10万亩。

7. 斑衣蜡蝉

斑衣蜡蝉呈扩散蔓延趋势。因该虫具有繁殖力强、易扩散等特点，在银川市金凤区、兴庆区、西夏区、贺兰县，石嘴山市大武口区、平罗县，吴忠市辖区、利通区等地发生，预测发生面积6万亩。

8. 苹果蠹蛾

苹果蠹蛾在沙坡头区、中宁县、青铜峡市、

灵武市、利通区、大武口区、惠农区等地发生，由于部分果园林农防治不彻底，留有死角，预测发生面积5万亩。

9. 经济林及其他病虫害

经济林及其他病虫害发生面积有增加趋势。主要是部分地区新造林面积的增加，带来林业有害生物潜在危险，预测发生面积50万亩。

三、对策建议

（一）加强组织领导，实行"双线"责任制度

认真贯彻落实《国办意见》和《宁夏回族自治区林业有害生物防治办法》。将林业有害生物防控目标任务纳入政府考核体系，严格督查落实。强化林业有害生物防治目标管理，为林业有害生物防治工作提供坚强有力的组织保证。

（二）做好林业有害生物的监测预报预警工作

充分发挥15个国家级中心测报点的骨干作用，加强林业有害生物测报网络建设，稳定测报队伍。对基层测报人员进行年度目标考核管理，提高测报质量。明确规定各测报点测报对象、设点数量、经费配套比例和奖惩制度等。在测报关键季节深入实地检查督促和进行现场指导，真正发挥测报指导防治的作用。

（三）加强检疫工作，防范危险性病虫传播

强化检疫管理为重点，积极开展各项检疫工作。一是规范调运检疫行为，在调运检疫程序上，全面实行报检－检疫－签证制度；在检疫检查上，全面履行检疫检查和月汇报制度，有效堵塞检疫漏洞。开展现有疫情监测和疫区处理，有效防范全区危险性病虫入侵宁夏。在检疫票证管理上，形成较完善的票证管理制度，做到"规费、台账、票证"三相符。二是积极开展源头检疫，以建立无检疫对象苗圃为主线，以培育优质壮苗为目的，引导推动全区产地检疫工作的全面开展。

（四）加大林业有害生物防治宣传培训力度

利用工作会议、技术培训、宣传咨询活动等多种形式，广泛宣传林业有害生物防治的重大意义，提高广大群众对林业有害生物防治的认识。使防治人员及广大群众掌握防治技术要领，提高防治科技水平和防治效果。

（五）做好重点林业有害生物的防控力度

对鼠（兔）害实行以营林为主进行综合防治。在工程造林中大力推广物理空间阻隔法预防鼢鼠危害。对蛀干害虫清理严重虫害木与更新改造相结合，运用打孔注药、清理虫害木、伐根嫁接等生物物理、化学各种有效措施除治。对沙棘木蠹蛾重度危害区沙棘林进行更新改造及采用灯光和性诱剂诱杀成虫。加强对暴发性食叶害虫的监测工作。加强重点林区和整个分布区的监控，准确预测，及早发现，确保及时有效控制，严防新的林业有害生物暴发和扩散蔓延。

（主要起草人：唐杰 石建宁 曹川健；主审：方国飞）

32 新疆维吾尔自治区林业有害生物 2019 年发生情况和 2020 年趋势预测

新疆维吾尔自治区林业有害生物防治检疫局

【摘要】新疆维吾尔自治区坚持生态文明建设和绿色发展理念，按照"预防为主、科学治理、依法监管、强化责任"的工作方针，以促进森林健康为目标，实现"政府主导、部门协作、社会参与、市场运作"的管理模式，以体系建设和能力建设并重，快速推进飞行器等防治工作市场化运行机制，加强林业有害生物精细化监测，突出主要有害生物和外来有害生物防治，加大突发性有害生物灾害监测和应急处置，林业有害生物防治工作取得了明显成效。

据各级测报点填报的发生防治数据统计，2019 年 (3～10 月) 林业有害生物寄主总面积为 15519.73 万亩，应施监测面积为 33517.1 万亩，全年实际监测总面积为 32132 万亩，监测覆盖率为 95.87%；全年累计发生总面积为 2195.51 万亩，发生率为 14.15%，发生面积同比增加 186.67 万亩；2019 年预测发生总面积为 2150 万亩，实际发生总面积为 2195.51 万亩，测报准确率为 97.93%；2019 年全年成灾发生总面积为 0.1 万亩，死亡株数 1601 株，成灾率为 0.01‰。

全年采取各种措施共防治面积为 2050.44 万亩，防治率为 93.39%。其中：生物防治 802.38 万亩，生物化学防治 1112.06 万亩，化学防治 58.69 万亩，营林防治 5.22 万亩，人工物理防治 72.08 万亩；无公害防治 2012.87 万亩，无公害防治率 98.17%。全年累计防治作业面积为 2413.44 万亩次。完成飞机施药防治任务 506.95 万亩，通过飞机防治、地面防治、生物防治等多种防治措施并重，林业有害生物发生蔓延得到了有效控制。

依据 2019 年秋冬调查和综合分析，2020 年全年预测发生面积 2198.5 万亩，与 2019 年持平。其中：病害 216 万亩，比 2019 年增加 30.5 万亩；虫害 1175.7 万亩，比 2019 年减少 10 万亩；森林鼠 (兔) 害 806.8 万亩，比 2019 年减少 18 万亩。

2020 年将继续坚持政府主导，强化检疫监管，防范外来有害生物入侵；坚持预防为主，强化基层监测和预防能力建设，运用高新监测技术，提高监测预报信息公共服务能力，推动社会化监测和社会化防治服务水平。

一、新疆 2019 年林业有害生物监测与发生情况

(一) 2019 年新疆林业有害生物寄主与应施调查、监测情况

2019 年新疆林业有害生物寄主树种总面积为 15519.73 万亩，与 2018 年 (15325.48 万亩) 相比增加 194.3 万亩。2019 年应施调查监测面积为 33517.1 万亩，与 2018 年 (31368.8 万亩) 相比增加 2148.3 万亩。全年实际监测总面积为 32132 万亩，监测覆盖率为 95.87%。

(二) 2019 年新疆林业有害生物发生防治情况

根据新疆各级测报点上报的 2019 年林业有害生物发生情况统计，2019 年林业有害生物发生总面积为 2195.51 万亩 (其中：轻度发生 1874.56 万亩，中度发生 278.97 万亩，重度发生 41.9 万亩)，较去年同期发生面积增加了 186.67 万亩，同比增加 9.3%。其中，病害发生面积总计 185.36 万亩，同比增加 49.7%；虫害发生面积总计 1185.42 万亩，同比增加 8.9%；鼠害发生

面积总计 824.73 万亩，同比增加 3.5%（图 32-1、图 32-2、表 32-1）。

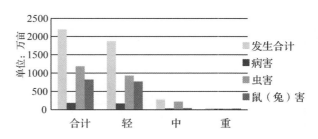

图 32-2　新疆 2019 年林业有害生物发生种类及发生程度对比图

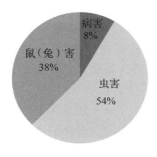

图 32-1　新疆 2019 年林业有害生物发生面积分类对比图

2019 年全区林业有害生物成灾面积为 0.1 万亩，成灾率为 0.01‰。致灾害虫为落叶松鞘蛾，成灾地点为阿尔泰山国有林管理局哈巴河分局。

表 32-1　新疆 2019 年林业有害生物发生情况与 2018 年同期对比一览表

名称		2019 年发生面积（万亩）				2018 年发生面积（万亩）				比 2018 年同期增减（万亩）
		轻	中	重	合计	轻	中	重	合计	
林业有害生物发生总计	病害	170.98	12.00	2.38	185.36	105.05	14.52	4.23	123.80	61.56
	虫害	932.42	222.06	30.94	1185.42	811.75	246.14	30.28	1088.17	97.25
	鼠害	771.17	44.90	8.67	824.73	758.03	34.60	4.24	796.87	27.86
	小计	1874.56	278.97	41.99	2195.51	1674.83	295.26	38.75	2008.84	186.67
	危害程度对比	85.4%	12.7%	1.9%		83.4%	14.7%	1.9%		

2019 年全年采取各种措施共防治面积为 2050.44 万亩，防治率为 93.39%。其中：生物防治 802.38 万亩，生物化学防治 1112.06 万亩，化学防治 58.69 万亩，营林防治 5.22 万亩，人工物理防治 72.08 万亩；无公害防治面积为 2012.87 万亩，无公害防治率 98.17%。全年累计防治作业面积为 2413.44 万亩次。其中：病害防治面积 104.75 万亩；虫害防治面积 1140.43 万亩；鼠害防治面积 805.27 万亩。

2019 年为全面深入落实林业有害生物统防统治工作，确保特色林果主产区林果业生产安全以及天然林区的生态安全，今年安排的全疆飞防任务为 429.5 万亩，主要有南疆和田地区、克孜勒苏柯尔克孜自治州（以下简称克州）、喀什地区、阿克苏地区、巴音郭楞蒙古自治州（以下简称巴州）等区域，东疆的吐鲁番市、哈密地区，北疆的昌吉回族自治州（以下简称昌吉州）。实际完成飞防面积 459.45 万亩。防治对象有春尺蠖、枣瘿蚊、枣大球蚧、黄刺蛾、核桃黑斑蚜、葡萄蛀果蛾、食心虫类、白蜡窄吉丁、胡杨叶部病害等。选用苦参烟碱、阿维吡虫啉、苜核·苏云杆

菌、噻虫啉等低毒、低残留、高效的生物药剂。

（三）2019 年新疆林业有害生物发生特点

新疆地域辽阔，区域性气候差异大，寄主树种分布相当集中而单一，气候变暖、降水量偏多趋势非常明显，而且物流发展迅速而频繁，这对林业有害生物的远距离扩散和大面积发生提供良好的基础。新疆森林资源主要由山区天然林、绿洲人工防护林、经济林和天然荒漠河谷林四大部分组成。2019 年林业有害生物发生面积（2195.51 万亩）占森林总面积的 18.3%。发生面积与 2018 年相比有所增加，2018 年预测 2019 年发生总面积为 2150 万亩，实际发生 2195.51 万亩，测报准确率为 97.93%（图 32-3、图 32-4）。

1. 林业有害生物发生种类较多。

2019 年新疆林业有害生物发生种类为 128 种（监测种类为 142 种），其中：病害 28 种、虫害 89 种、鼠（兔）害 11 种。按森林资源分布区划分类统计，山区天然林有害生物 12 种（病害 4 种、虫害 8 种），绿洲人工防护林有害生物 41 种［病

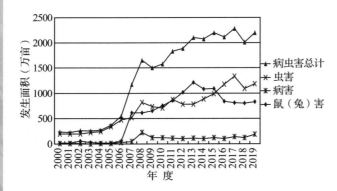

图 32-3　新疆 2000—2019 年林业有害生物发生趋势图

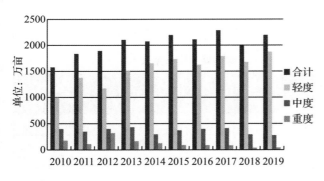

图 32-4　新疆 2010—2019 年林业有害生物发生程度
对比图

害 4 种、虫害 35 种、鼠（兔）害 2 种]，经济林有害生物 63 种[病害 18 种、虫害 43 种、鼠（兔）害 2 种]，天然荒漠河谷林有害生物 15 种[病害 2 种、虫害 4 种、鼠（兔）害 9 种]。

2. 经济林有害生物、鼠（兔）害以及区域性单一种类的发生比重较大

2019 年发生的 28 种病害（185.36 万亩）当中，经济林病害的发生面积（87.93 万亩）占病害发生总面积的 47.4%，人工防护林病害（11.05 万亩）占 6%，天然荒漠河谷林病害（80.66 万亩）占 43.5%，山区天然林病害（5.71 万亩）占 3.1%。经济林病害中，以核桃腐烂病为主的核桃病害发生面积占病害发生总面积的 30%、经济林病害发生总面积的 63.1%。其次为枣树病害、梨树病害和葡萄病害。人工防护林病害和山区天然林病害发生较为平稳，分别占病害发生总面积的 6% 和 3.1%。天然荒漠河谷林病害主要以胡杨锈病为主，2019 年发生面积为 80.66 万亩，占病害发生总面积的 43.5%。

2019 年发生的 89 种虫害（1185.42 万亩）当中，经济林虫害的发生种类有 40 余种，发生面积（812.64 万亩）占虫害发生总面积的 69.3%，

人工防护林虫害（68.69 万亩）占 5.8%，天然荒漠河谷林（275.26 万亩）占 23.2%，山区天然林（19.84 万亩）占 1.7%。经济林虫害中，发生面积大、影响较大的种类有核桃黑斑蚜、枣叶瘿蚊、梨小食心虫等食心虫类，朱砂叶螨等螨类、桑白盾蚧等蚧类、黄刺蛾等，发生面积分别占经济林虫害发生总面积的 17.1%、13.7%、20%、25%、9.5%、7.7%，其余种类仅占 7%。主要在南疆特色林果主产区发生，其中，在飞机防治和地面防治的影响下，枣叶瘿蚊、梨小食心虫、枣大球蚧等蚧类、白星花金龟经济林虫害的发生面积和发生程度下降较为明显，但是，春尺蠖、核桃黑斑蚜、梦尼夜蛾、螨类等种类有所增加。人工防护林虫害的发生种类有 36 种，以大青叶蝉、躬妃夜蛾、杨蓝叶甲、杨毒蛾、梦尼夜蛾、春尺蠖为主的杨树食叶害虫占人工林虫害总面积的 60%；青杨天牛、光肩星天牛、白杨透翅蛾等杨树蛀干害虫占 17%，榆跳象、黄褐天幕毛虫、榆绿毛萤叶甲、榆长斑蚜、桑褶翅尺蛾等其他有害生物占 23%。发生量总体有下降趋势，但是，光肩星天牛的发生面积有所增加。天然荒漠河谷林虫害中，春尺蠖、柽柳条叶甲、梭梭漠尺蛾占绝大部分，2019 年发生面积有所增加。山区天然林虫害中，落叶松卷叶蛾、苹果小吉丁、云杉八齿小蠹占山区天然林虫害发生面积的 94%，发生量总体有下降趋势，但是，苹果小吉丁的发生面积有所增加。

2019 年发生的 11 种鼠（兔）害（824.73 万亩）中，经济林害鼠的发生种类主要有根田鼠，发生面积占鼠（兔）害发生总面积的 4%，主要在喀什地区、伊犁地区周边的绿洲边缘地带发生危害。其余均为天然荒漠河谷林区发生的种类，占鼠（兔）害发生总面积的 96%，其中仅大沙鼠占鼠（兔）害发生总面积的 93%，比去年有所增加，主要在环准噶尔盆地周围的绿洲边缘的天然荒漠灌木林区内发生，发生较为平稳。

3. 气候变暖变湿的影响突出，细菌性病害和锈病类等喜湿病害以及喜高温的螨类发生面积较大

因近几年来，新疆气候变暖变湿趋势明显，胡杨锈病、杨树锈病、枝枯病等病害以及截形叶螨、红蜘蛛等螨类的发生居高不下，因为流行性强、发生代数多、世代重叠、防治难度大等原

因，发生面积逐年增加。

（四）2019 年新疆主要林业有害生物发生情况分述

根据《新版林业有害生物防治信息管理系统》中的林业有害生物大类分类方法，新疆 2019 年主要林业有害生物发生情况如下：

1. 重大危险性、检疫性林业有害生物发生情况

（1）全国检疫性有害生物发生情况

林业有害生物防治信息管理系统显示的检疫性林业有害生物发生面积为 9.26 万亩，轻度发生 8.28 万亩，重度发生 0.98 万亩。主要种类有苹果蠹蛾、杨干象、枣实蝇。

苹果蠹蛾　苹果蠹蛾在新疆苹果栽培区普遍发生，发生总面积为 7.91 万亩，同比增加 1.05 万亩，主要在伊犁河谷地区、阿克苏地区、巴州等地，全部为轻度发生，虫口密度较低，多年处于有虫不成灾（图 32-5）。

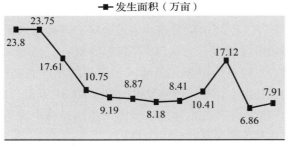

图 32-5　新疆 2008—2019 年苹果蠹蛾（苹果小卷蛾）发生趋势图

杨干象　发生面积 1.34 万亩，均为轻度发生，同比增加 0.87 万亩（轻度 0.49 万亩，重度 0.85 万亩），呈局部扩散蔓延趋势。主要分布在阿勒泰地区阿勒泰市、布尔津县、富蕴县、青河县境内（图 32-6）。

枣实蝇　仅发生分布于吐鲁番市范围，2019 年全市枣实蝇发生面积为 635 亩，同比减少 175 亩。主要分布在高昌区、鄯善县的个别乡镇零星发生（图 32-7）。

（2）新疆补充检疫性有害生物发生情况

光肩星天牛　发生面积 5.41 万亩（轻度 2.35 万亩，中度 1.48 万亩，重度 1.58 万亩），同比增加 3.24 万亩。主要分布在伊犁哈萨克自治州（以

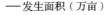

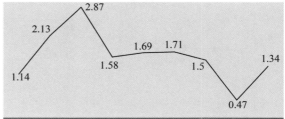

图 32-6　新疆 2011—2019 年杨干象（杨干隐喙象、杨干白尾象虫、杨干象甲、白尾象鼻虫）发生趋势图

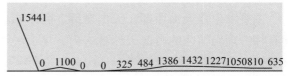

图 32-7　新疆 2007—2019 年枣实蝇发生趋势图

下简称伊犁州）、巴州范围的各县市、乌鲁木齐市米东区、阿克苏地区温宿县，呈逐年扩散蔓延的趋势（图 32-8）。

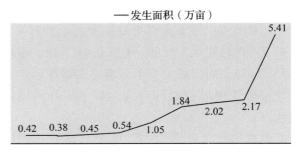

图 32-8　新疆 2011—2019 年光肩星天牛（黄斑星天牛）发生趋势图

苹果小吉丁　发生面积 6.11 万亩，同比增加 1.73 万亩。主要分布在伊犁州的巩留县、新源县、特克斯县、尼勒克县境内的野苹果林中，天山西部国有林管理局巩留分局、西天山自然保护区、伊宁分局辖区内少有发生，均为轻度发生，局部中度发生（图 32-9）。

（3）检疫性、危险性林业有害生物专项调查情况

2019 年各地开展检疫性、危险性病虫害专项调查，未发现扶桑绵粉蚧、松材线虫病、美国白蛾等检疫性、危险性病虫害的疫情。

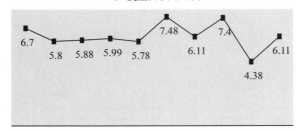

图 32-9　新疆 2010—2019 年苹果小吉丁（苹小吉丁虫、苹果吉丁虫）发生趋势图

2. 松树病害发生情况

主要发生在天山西部、天山东部、阿尔泰山国有林管理局辖区的山区天然林区内，主要种类有五针松疱锈病（松孢锈病），2019 年进行了监测，但未发现该病害发生。

3. 松树食叶害虫发生情况

松毛虫类　主要有落叶松毛虫，发生面积为 0.2 万亩，均为轻度发生，同比减少 0.23 万亩。主要在阿尔泰山国有林管理局两河源自然保护区、天山东部国有林管理局哈密分局、塔城地区和丰县境内发生。

松鞘蛾类　主要有落叶松鞘蛾，发生面积为 0.49 万亩（轻度 0.3 万亩，中度 0.04 万亩，重度 0.15 万亩），同比减少 0.1 万亩。主要在阿尔泰山国有林管理局哈巴河分局、布尔津分局境内发生。

其他松树食叶害虫类　主要有落叶松卷叶蛾，发生面积为 11.42 万亩，均为轻度发生，同比减少 1.51 万亩。主要在天山东部国有林管理局哈密分局境内山区天然林区内发生。

4. 松树蛀干害虫发生情况

松天牛类　还未发现松天牛类在林区发生危害。

松蠹虫类　主要有脐腹小蠹和泰加大树蜂、云杉小墨天牛、云杉大墨天牛等，发生面积为 0.48 万亩，均为轻度发生。其中，泰加大树蜂发生面积为 0.4 万亩，同比持平，在天西、天东国有林管理局各分局零星发生；云杉小墨天牛、云杉大墨天牛在阿尔泰山国有林管理局布尔津分局境内发生，发生面积各有 50 亩；脐腹小蠹主要在克拉玛依市和乌鲁木齐市内榆树上发生。

5. 云杉病虫害发生情况

病害主要种类有云杉落针病、云杉锈病、云杉雪枯病、云杉雪霉病等。发生总面积为 5.72 万亩，同比持平。虫害主要种类有云杉八齿小蠹，发生面积为 1.21 万亩，与去年同期相比减少 0.3 万亩。主要发生在天山西部、天山东部、阿尔泰山国有林管理局辖区内发生（图 32-10）。

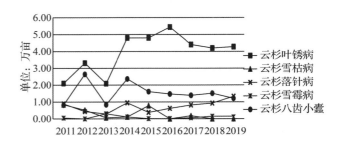

图 32-10　新疆 2011—2019 年云杉病虫害发生趋势图

6. 杨树病害发生情况

主要种类有杨树烂皮病、杨树锈病、胡杨锈病、杨树叶斑病等，发生总面积为 91.36 万亩，同比增加 70.19 万亩。其中，杨树烂皮病、杨树叶锈病、杨树叶斑病等发生总面积为 11.05 万亩，与去年持平，主要在伊犁州、塔城地区、阿勒泰地区、博尔塔拉蒙古自治州（以下简称博州）、乌鲁木齐市、克拉玛依市等北疆地区和巴州的靠近北疆的和静县发生；胡杨锈病发生面积为 80.31 万亩，均为轻度，主要在喀什地区境内天然胡杨林中发生，造成胡杨提早落叶（图 32-11）。

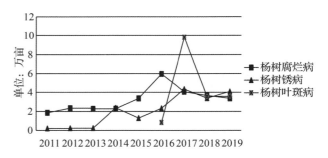

图 32-11　新疆 2011—2019 年杨树主要病害发生趋势图

7. 杨树食叶害虫发生情况

杨树食叶害虫发生总面积为 264.92 万亩（轻度 194.68 万亩，中度 67.43 万亩，重度 2.81 万亩），同比增加 27.33 万亩。在杨树食叶害虫发生总面积中，春尺蠖占 86%，大青叶蝉占 5.4%，杨蓝叶甲占 1.9%，躬妃夜蛾占 2%（仅在巴州且末县梭梭林中发生），其他杨树食叶害虫发生面积均占

总面积的1%以下。除春尺蠖外其余种类的发生面积均有减少或基本持平(表32-13)。

春尺蠖 发生面积为229.82万亩(轻度164.7万亩,中度62.62万亩,重度2.5万亩),同比增加34.48万亩。全疆均有分布,胡杨林和人工防护林、经济林上发生危害。发生范围有所增加,但发生程度明显减轻(图32-12)。

大青叶蝉 发生面积为14.35万亩(轻度13.85万亩,中度0.5万亩),同比减少3.23万亩,主要在和田地区、阿克苏地区、克州各县市发生(图32-13)。

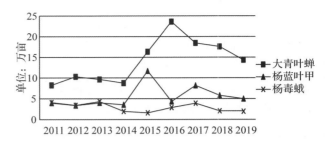

图32-13 新疆2011—2019年大青叶蝉和杨蓝叶甲发生趋势图

杨蓝叶甲 全疆均有发生,发生面积为4.97万亩(轻度4.49万亩,中度0.46万亩,重度0.02万亩),同比减少0.8万亩(图32-13)。

其他 杨毒蛾、杨二尾舟蛾、杨扇舟蛾、杨叶甲等种类均在伊犁州、博州、塔城地区、阿勒泰地区等北疆的高海拔地区发生。发生量和发生程度较为平稳,基本与往年持平。

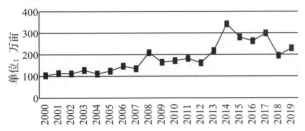

图32-12 新疆2000—2019年春尺蠖发生趋势图

表32-13 新疆2019年杨树食叶害虫发生情况一览表

种类	所占比例 (%)	发生合计 (万亩)	发生程度(万亩)			与2018年同期 增减情况(万亩)	主要发生 区域
			轻度	中度	重度		
合计		264.92	194.68	67.43	2.81	29.03	
春尺蠖	86.75	229.82	164.70	62.62	2.50	34.5	全疆
大青叶蝉	5.42	14.35	13.85	0.50		-3.2	南疆地区
躬妃夜蛾	2.04	5.40	2.43	2.70	0.27	0.1	巴州且末县
杨蓝叶甲	1.88	4.97	4.49	0.46	0.02	-0.8	全疆
杨毒蛾	0.74	1.95	1.64	0.31		-0.1	北疆地区
杨扇舟蛾	0.71	1.88	1.46	0.43		-0.1	伊犁地区
杨盾蚧	0.55	1.46	1.46			0.0	和田地区
舞毒蛾	0.55	1.46	1.42	0.04		-0.4	北疆地区
分月扇舟蛾	0.41	1.10	1.10			0.8	北疆地区
柳尖胸沫蝉	0.32	0.84	0.70	0.14		-0.8	伊犁、阿勒泰
杨二尾舟蛾	0.24	0.64	0.47	0.17		-0.9	北疆地区
日本草履蚧	0.16	0.41	0.41			0.0	乌鲁木齐市
柳蓝圆叶甲	0.13	0.35	0.28	0.05	0.02	-0.2	哈密市、克州
杨圆蚧	0.05	0.13	0.12	0.01	0.00	0.1	博州
小板网蝽	0.05	0.12	0.12			0.0	博州
杨叶甲	0.01	0.03	0.03			0.0	哈密市

8. 杨树蛀干害虫发生情况

杨树蛀干害虫总面积为 10.46 万亩（轻度 7.05 万亩，中度 1.76 万亩，重度 1.7 万亩），同比持平（表 32-3、图 32-5、图 32-14）。

青杨天牛发生面积为 1.79 万亩，同比减少 2 万亩。南北疆均有分布。白杨透翅蛾发生面积为 1.85 万亩，同比减少 1.1 万亩。南北疆均有分布。其他种类中杨十斑吉丁主要在喀什地区、哈密市、巴州发生，山杨楔天牛、杨干象仅在塔城地区、阿勒泰地区范围内发生。同比均有所减少。

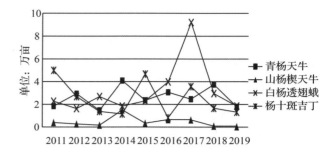

图 32-14　新疆 2011—2019 年杨树蛀干害虫发生趋势图

表 32-14　新疆 2019 年杨树蛀干害虫发生情况一览表

种类	所占比例（%）	发生合计（万亩）	发生程度（万亩）			与去年同期增减情况（万亩）	主要发生区域
			轻度	中度	重度		
合计		10.46	7.05	1.76	1.7	−0.2	
光肩星天牛	51.71	5.41	2.35	1.47	1.58	3.2	巴州、伊犁、昌吉州、乌鲁木齐市
白杨准透翅蛾	17.71	1.85	1.76	0.09	0.00	−1.1	全疆
青杨天牛	17.13	1.79	1.74	0.03	0.02	−2.0	全疆
杨十斑吉丁	12.66	1.32	1.12	0.17	0.04	−0.3	哈密市、巴州、喀什地区
杨锦纹截尾吉丁	0.27	0.03	0.03			0.0	克拉玛依市、吐鲁番市
山杨楔天牛	0.27	0.03	0.03			−0.1	阿勒泰地区、塔城地区
柳缘吉丁虫	0.22	0.02	0.02			0.0	哈巴河县

9. 桦木病虫害

防治管理信息系统显示的桦木病虫主要有桦尺蛾和梦尼夜蛾，桦尺蛾主要在博州夏尔希里自然保护区内分布，2019 年没有发生。梦尼夜蛾南北疆均有发生，寄主树种有杨树、杏树、桃树等。2019 年发生总面积为 4.6 万亩（轻度 3.97 万亩，中度 0.53 万亩，重度 0.1 万亩），同比增加 0.72 万亩（图 32-15）。

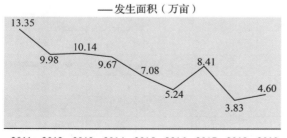

图 32-15　新疆 2011—2019 年梦尼夜蛾发生趋势图

10. 经济林病虫害发生情况

2019 年林业有害生物防治信息管理系统显示的新疆经济林病虫害发生总面积为 908.98 万亩

（轻度 725.06 万亩，中度 155.96 万亩，重度 27.95 万亩）。

（1）核桃病虫害

主要种类有核桃腐烂病、核桃黑斑蚜、核桃褐斑病、核桃炭疽病、核桃细菌性黑斑病等（图 32-16）。

核桃腐烂病　发生面积为 47.23 万亩，比去年同期减少 6.27 万亩，发生面积和危害程度呈逐年下降趋势。集中在南疆的喀什地区、和田地

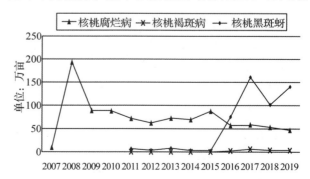

图 32-16　新疆 2007—2019 年核桃病虫害发生趋势图

区、阿克苏地区发生。

核桃黑斑蚜　发生面积为140.32万亩，同比增加38.96万亩，主要发生在核桃集中种植区阿克苏地区、喀什地区、和田地区。发生面积和危害程度呈逐年上升趋势。

核桃褐斑病　发生面积为3.41万亩，同比持平，主要分布在喀什地区各县市。

核桃炭疽病和核桃细菌性黑斑病　从2017年开始列入防治信息管理系统中统计的核桃病害。主要发生在喀什地区各县市。2019年发生总面积为4.84万亩，同比减少1.57万亩。

（2）枣树病虫害

主要种类有枣实蝇、枣粉蚧、枣大球蚧、枣叶瘿蚊、枣缩果病、枣炭疽病、枣叶斑病、枣锈病等，2019年枣树病虫害发生面积和发生程度均有所下降（图32-17）。

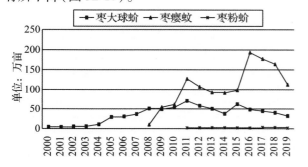

图32-17　新疆2000—2019年枣树主要病虫害发生趋势图

枣叶瘿蚊　发生面积为112.77万亩（轻度93.67万亩，中度16.81万亩，重度2.29万亩），同比减少51.21万亩，发生程度也比去年明显下降。主要在红枣集中种植区的阿克苏地区、喀什地区、克州、巴州和和田地区、哈密市发生。

枣大球蚧　发生面积为32.25万亩（轻度27.14万亩，中度4.3万亩，重度0.81万亩），同比减少8.14万亩，主要在喀什地区、和田地区、克州、阿克苏地区、巴州、哈密地区、伊犁州等地发生。

枣粉蚧　发生面积为1.65万亩，以轻度发生为主，同比减少1.38万亩，主要在喀什地区、哈密市发生。

枣缩果病、枣炭疽病、枣叶斑病等　从2017年开始在防治信息管理系统中统计，发生总面积为12.63万亩，同比减少1.54万亩。主要在喀什地区各县（市）发生危害。

（3）葡萄病虫害

主要种类有葡萄二星叶蝉、葡萄白粉病、葡萄霜霉病、葡萄毛毡病、葡萄蛀果蛾等（图32-18）。

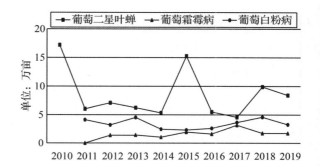

图32-18　新疆2010—2019年葡萄主要病虫害发生趋势图

葡萄二星叶蝉　发生面积为8.43万亩（轻度8.35万亩，中度0.06万亩，重度0.02万亩），同比减少1.47万亩，主要在吐鲁番市各县（区）、哈密市伊州区、阿图什市等葡萄集中栽培区发生。

葡萄霜霉病　发生面积为1.75万亩，均为轻度发生，同比持平，主要在昌吉州玛纳斯县、呼图壁县，伊犁州霍城县、伊宁县，阿克苏地区拜城县，石河子等葡萄集中栽培区发生。

葡萄白粉病　发生面积为3.28万亩，均为轻度发生，同比减少1.31万亩，主要在吐鲁番市各县（区）、哈密市、阿图什市、昌吉州玛纳斯县、阜康市等葡萄集中栽培区发生。

葡萄毛毡病　发生面积较小，仅在巴州焉耆回族自治县轻度发生，发生面积仅90亩。

（4）杏树病虫害

主要种类有桑白盾蚧、杏流胶病、杏仁蜂等（图32-19）。

桑白盾蚧　发生面积为37.16万亩（轻度29.75万亩，中度7.23万亩，重度0.17万亩），

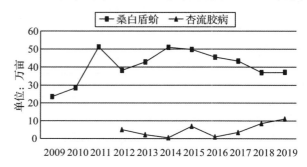

图32-19　新疆2009—2019年杏树主要病虫害发生趋势图

发生面积同比持平，但发生程度大幅度下降。主要在喀什地区的各县（市），阿克苏地区拜城县、巴州轮台县、和硕县，克州阿克陶县、乌恰县，伊犁州伊宁县等杏树集中栽培区发生。

杏流胶病　发生面积为 11.12 万亩（轻度 9.23 万亩，中度 1.53 万亩，重度 0.36 万亩），同比增加 2.58 万亩，主要在喀什地区、克州，和田地区皮山县、策勒县，伊犁州察布查尔锡伯自治县发生。

杏仁蜂　发生面积为 0.2 万亩，主要在阿克苏地区乌什县，克州的阿合奇县发生。

（5）梨树病虫害

主要种类有梨茎蜂、梨木虱、梨圆蚧、梨树腐烂病等（图 32-20）。

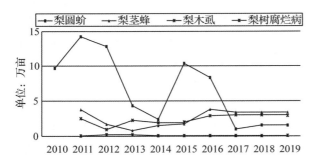

图 32-20　新疆 2010—2019 年梨树病虫害发生趋势图

梨茎蜂发生面积为 3.38 万亩，梨木虱发生面积为 2.9 万亩，梨圆蚧发生面积为 1.53 万亩，梨树腐烂病发生 0.08 万亩，均同比持平。主要在巴州库尔勒市、尉犁县梨树集中栽培区发生。

（6）枸杞病虫害

主要种类有枸杞瘿螨、枸杞负泥虫、枸杞刺皮瘿螨、枸杞蚜虫、伪枸杞瘿螨等（图 32-21）。

枸杞刺皮瘿螨　发生面积为 1.31 万亩，比去年同期减少 1.04 万亩，主要在博州的精河县发生。

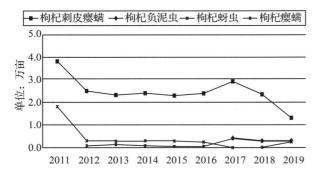

图 32-21　新疆 2011—2019 年枸杞病虫害发生趋势图

枸杞瘿螨、枸杞蚜虫、枸杞负泥虫　发生总面积为 0.83 万亩，同比增加 0.24 万亩，主要在巴州尉犁县，克州阿合奇县发生。

（7）苹果病虫害

主要种类有苹果小吉丁（图 32-9）、苹果黑星病、苹果蠹蛾（图 32-5）、苹果绵蚜、苹果巢蛾、苹果白粉病等。发生总面积为 16 万亩，其中，苹果小吉丁占苹果病虫害发生总面积的 38%，苹果蠹蛾占 49%，苹果黑星病占 7%，苹果绵蚜占 3%，苹果巢蛾占 2%。

苹果黑星病　发生面积为 1.05 万亩，同比减少 0.15 万亩，在伊犁州巩留县发生。苹果绵蚜发生面积为 0.51 万亩，同比增加 0.1 万亩，在伊犁州各县市发生。苹果巢蛾发生面积为 0.4 万亩，同比减少 0.16 万亩，在塔城地区托里县、额敏县发生（图 32-22）。

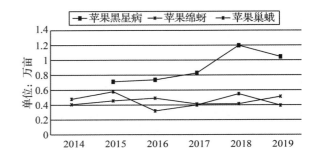

图 32-22　新疆 2014—2019 年苹果病虫害发生趋势图

（8）桃树病虫害

主要种类有桃白粉病、桃树流胶病、桃小食心虫、桃蚜等（图 32-23）。

桃白粉病发生面积为 1.99 万亩，与去年持平，在喀什地区、克州阿克陶县发生。桃树流胶病发生面积为 0.86 万亩，比去年增加 0.35 万亩，在喀什地区泽普县发生。桃小食心虫发生面积为 30 万亩，暴发式增加 29.55 万亩，在阿克苏地区

图 32-23　新疆 2011—2019 年桃树病虫害发生趋势图

库车县、新和县、沙雅县发生，危害桃树、枣树、杏子等。桃蚜发生面积为3.47万亩，比去年增加2.07万亩，在克州各县市发生。

（9）沙棘病虫害

主要种类有沙棘溃疡病、沙棘绕实蝇等（图32-24）。

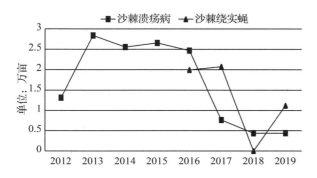

图32-24　新疆2012—2019年沙棘病虫害发生趋势图

沙棘溃疡病发生面积为0.44万亩，均为轻度，与去年持平，在阿勒泰地区青河县发生。沙棘绕实蝇发生面积为1.12万亩，轻度发生为主，在阿勒泰地区青河县、哈巴河县、布尔津县发生。

（10）果实病虫害

主要种类有梨小食心虫、李小食心虫、苹果蠹蛾、枣实蝇（图32-7）、白星花金龟、桃小食心虫等（图32-25）。

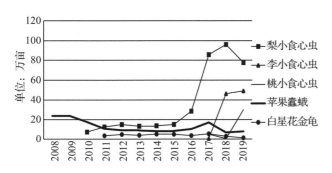

图32-25　新疆2008—2019年水果病虫害发生趋势图

梨小食心虫发生面积为77.5万亩（轻度44.41万亩、中度28.31万亩、重度4.78万亩），同比减少18.56万亩。主要分布在经济林集中种植区的阿克苏地区、巴州、克州、喀什地区、和田地区、昌吉州。李小食心虫发生面积为49.21万亩（轻度21.13万亩、中度24.55万亩、重度3.52万亩），同比增加2.78万亩，集中在南疆的喀什地区发生。白星花金龟发生面积为1.28万

亩，同比减少1.59万亩，均为轻度发生。主要在吐鲁番市各县（区）、昌吉州昌吉市、呼图壁县、阜康市，塔城地区沙湾县发生。

（11）其他经济林病虫害

黄刺蛾　发生面积为63.5万亩，同比增加34.53万亩。主要在阿克苏地区、克州、喀什地区各县（市）发生（图32-26）。

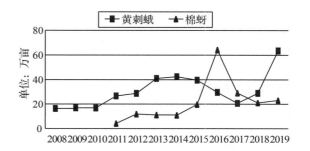

图32-26　新疆2008—2019年黄刺蛾、棉蚜发生趋势图

棉蚜（花椒棉蚜、榆树棉蚜）　发生面积为23.1万亩，同比增加2.07万亩，主要在喀什地区、乌鲁木齐市发生。（图32-26）

螨类　发生种类有朱砂叶螨、山楂叶螨、截形叶螨、土耳其斯坦叶螨等，发生总面积为203.23万亩。同比减少7.03万亩。截形叶螨、山楂叶螨呈下降趋势，比去年减少21.3万亩；朱砂叶螨、土耳其斯坦叶螨呈上升趋势，比去年增加28万亩。主要在和田地区、阿克苏地区、喀什地区、巴州、哈密市等经济林果主产区发生危害（图32-27）。

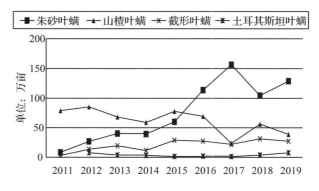

图32-27　新疆2011—2019年螨类害虫发生趋势图

蚧类　发生种类有中亚朝球蜡蚧（吐伦球坚蚧）、扁平球坚蚧（糖槭蚧）、日本草履蚧、桑白盾蚧（图32-19）、梨圆蚧（图32-20）、枣大球蚧（图32-17）等。发生总面积为76.67万亩，同比减少13.73万亩，发生面积和发生程度均呈下降

趋势，主要在南疆和东疆林果主产区发生危害（图32-28）。

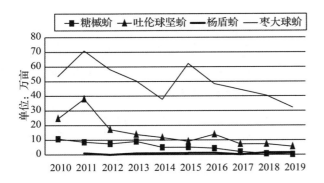

图 32-28　新疆 2010—2019 年蚧类害虫发生趋势图

小蠹类　发生种类有皱小蠹、多毛小蠹，皱小蠹发生面积为 8.25 万亩，同比增加 0.9 万亩。主要在喀什地区、阿克苏地区柯坪县、巴州轮台县发生。多毛小蠹发生面积为 1.38 万亩，同比增加 0.96 万亩。主要在和田地区皮山县发生（图32-29）。

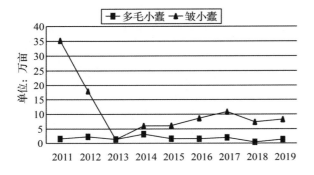

图 32-29　新疆 2011—2019 年小蠹类害虫发生趋势图

醋栗兴透翅蛾　发生面积为 0.08 万亩，同比减少 0.03 万亩，发生较为平稳。主要在阿勒泰地区富蕴县茶藨子（黑加仑）种植区发生。

11. 森林鼠（兔）害发生情况

2019 年，根据各地州市、县（区）林检局（森防站）上报的林业有害生物发生情况统计，新疆林业鼠（兔）害发生总面积为 824.74 万亩（轻度 771.17 万亩，中度 44.9 万亩，重度 8.67 万亩），同比增加 27.87 万亩。重度发生面积主要是在准噶尔盆地南缘昌吉州范围内（图32-30）。

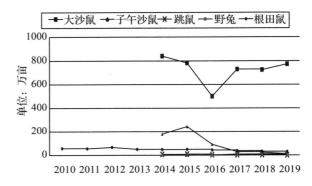

图 32-30　新疆 2010—2019 年森林鼠（兔）害发生趋势图

以梭梭、柽柳为主的荒漠林害鼠种类有大沙鼠、子午沙鼠、五趾跳鼠、红尾沙鼠、吐鲁番沙鼠，其中仅大沙鼠发生面积为 773.74 万亩，占鼠兔害总面积的 93.8%，同比增加 49.1 万亩；经济林和绿洲防护林害鼠优势种根田鼠发生面积为 30 万亩，同比减少 1.28 万亩；塔里木兔、草兔发生面积为 6.88 万亩，同比增加 1.96 万亩。

12. 其他病虫害发生情况

主要发生种类有柽柳条叶甲、梭梭漠尺蛾、榆跳象、榆长斑蚜、桑褶翅尺蛾、榆蓝叶甲等。发生总面积为 61 万亩（轻度 56 万亩、中度 5 万亩、重度 0.1 万亩），同比增加 34 万亩。榆跳象、榆长斑蚜发生面积为 11.39 万亩，与去年持平。主要在乌鲁木齐市、昌吉州各县（市）、石河子市范围榆树上发生。柽柳条叶甲发生面积为 22.58 万亩，同比增加 12.88 万亩。主要在哈密地区、和田地区荒漠灌木林地带红柳上发生（图32-31）。梭梭漠尺蛾发生面积为 22.3 万亩，在博州精河县荒漠灌木林区发生。桑褶翅尺蛾发生面积为 1.69 万亩，同比增加 0.62 万亩，主要在乌鲁木齐市内榆树上发生。榆蓝叶甲发生面积 9.18 万亩，同比增加 8.15 万亩，在巴州和硕县、克州、喀什地区发生。榆黄叶甲发生面积为 2.72 万亩，同比增加 1.7 万亩，主要在吐鲁番市发生。榆黄黑蛱蝶发生面积为 0.76 万亩，与去年持平，在博州阿拉山口市、温泉县发生。黄古毒蛾发生面积为 0.54 万亩，同比减少 0.44 万亩，主要在博州甘家湖自然保护区内梭梭林上发生。其余种类均为零星发生。

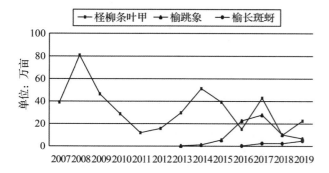

图 32-31　新疆 2007—2019 年柽柳条叶甲、榆跳象、榆长斑蚜发生趋势图

（五）主要林业有害生物发生成因分析

1. 气候因素

（1）高温高湿造成细菌性病害和一年多代虫害的发生量增加。2018 年冬季至 2019 年，南疆大部气温略偏高；阿克苏地区、喀什地区、克州降水量略偏多，其余地区略偏少或偏少；春季较强冷空气活动主要出现在 3 月下旬、4 月下旬、5 月下旬。开春期阿克苏地区偏晚，其余地区偏早，终霜期全疆大部地区偏早。

受此气候影响，春季至夏季多种林业有害生物出蛰期普遍偏早，气温较高。但因降水量偏多，所以胡杨锈病发生量较去年明显增加；核桃腐烂病有所下降，但是，低感面积仍然较大；4 月、5 月、6 月上中旬，因气温偏高，苹果蠹蛾、李小食心虫、螨类的发生量增加，局部重度发生。

（2）低温和降水有效遏制了林业有害生物的大发生。2019 年春夏季，北疆大部气温略偏低，降水量除北疆西部略偏多。受此天气影响，北疆枸杞瘿螨、枸杞刺皮瘿螨、榆跳象、分月扇舟蛾、舞毒蛾、黄褐天幕毛虫、杨蓝叶甲等北疆发生的食叶类害虫发生面积整体较去年有所下降。

2. 人为因素

（1）加大飞机防治工作力度，有效降低了春尺蠖、梦尼夜蛾等食叶害虫的发生面积和发生程度。南疆胡杨林区以及和田地区、克州、喀什地区特色林果种植区，昌吉州、乌鲁木齐市人工防护林区的春尺蠖、梦尼夜蛾等食叶害虫在前几年连续开展的飞机防治影响下，发生范围、危害程度均有下降。

（2）大力推进预防性统防统治、加强田间管理等增强树势措施，有效降低了特色林果有害生物的大发生。2018 年冬季开始南疆四地州在经济林管理方面加强果园清理、喷洒石硫合剂、整形修剪等综合性预防措施，使枝枯病、桑白盾蚧、枣大球蚧、枣粉蚧、糖槭蚧等介壳类害虫的发生明显减少。

（3）检疫执法力度不够、疫木处理不合理，造成光肩星天牛扩散蔓延。因巴州、伊犁州等光肩星天牛发生区未能认真落实检疫性害虫处置措施、疫木处理、管控不力，造成发生面积逐年增加。

（4）因维稳、脱贫攻坚等群众工作任务繁重，全疆上下所有干部几乎都在轮流驻村住户，基层森防人员极为匮乏，未能专注森防工作，林业有害生物监测调查工作落实不到位，造成部分林业有害生物发生未能如实反映实际发生量，人为降低了发生情况。

3. 营林因素

（1）营林措施不够合理，树种单一，核桃、红枣等树种造林密度过大，透风透光条件差，地面防治操作难度大，造成叶部病害、果实病害以及螨类、蚜虫类大发生。

（2）部分边缘地带经济林地块和防护林地块，林间卫生条件差，杂草丛生，这对有害生物蔓延生息提供了良好的条件，从而导致蚧类害虫等林业有害生物大发生。

二、2020 年林业有害生物发生趋势预测

（一）2020 年总体发生趋势预测

根据新疆林业有害生物防治信息管理系统数据、新疆气象中心气象信息数据，以及各地州市林检局 2020 年林业有害生物发生趋势预测报告、主要林业有害生物历年发生规律和各测报站点越冬基数调查结果等因素进行综合分析，预计 2020 年新疆主要林业有害生物将会轻度偏中度发生，发生面积 2198.5 万亩，与 2019 年持平。其中：发生病害 216 万亩，比 2019 年增加 30.5 万亩；虫害 1175.7 万亩，比 2019 年减少 10 万亩；森林鼠（兔）害 806.8 万亩，比 2019 年减少 18 万亩。

（二）2020 年主要林业有害生物分种类发生趋势预测

1. 重大危险性、检疫性林业有害生物发生趋势

全国检疫性有害生物发生趋势

2020 年新疆全国检疫性林业有害生物预测发生面积为 9.9 万亩，均为轻度发生，主要种类有苹果蠹蛾、杨干象、枣实蝇。

苹果蠹蛾　苹果蠹蛾在新疆苹果栽培区普遍发生，预测发生 11.45 万亩，轻度或偏中度发生，比 2019 年增加 3.54 万亩，虫口密度较低，处于有虫不成灾的局面。

杨干象　预测发生 1 万亩，比 2019 年减少 0.3 万亩。主要在阿勒泰地区布尔津县、富蕴县、青河县境内。

枣实蝇　预测发生 660 亩，与 2019 年持平。主要发生在吐鲁番市高昌区的亚尔镇、二堡乡、胜金乡、艾丁湖乡，鄯善县的鲁克沁镇、七克台镇、吐峪沟乡，托克逊县的夏乡、郭勒布依乡、博斯坦乡、伊拉湖镇，零星轻度发生。

新疆补充检疫性有害生物发生趋势

光肩星天牛　预测发生 5.3 万亩，与 2019 年持平。主要分布在伊犁州、巴州范围的各县市，昌吉市、乌鲁木齐市、塔城地区沙湾县等地方，轻度或偏中度发生。

苹果小吉丁　预测发生 6.08 万亩，与 2019 年持平。主要分布在伊犁州的巩留县，新源县境内的野苹果林中，特克斯县、尼勒克县、天山西部国有林管理局巩留分局、西天山自然保护区、伊宁分局辖区内少有发生，均为轻度发生，局部中度发生。在野苹果林中，虽然持续不断的采取飞机防治、生物防治、禁牧等综合防控措施，发生程度下降明显，但是，因防控资金短缺，地处山区，修枝、病枝处理操作难度大等原因，发生面积仍然居高不下。

2. 松树害虫发生趋势

主要有松线小卷蛾、落叶松毛虫、兴安落叶松鞘蛾、泰加大树蜂、云杉八齿小蠹等，预测发生总面积为 11.7 万亩，均为轻度发生，其中：松线小卷蛾预计发生 10.9 万亩。主要在天西、天东、阿山三大国有林管理局范围发生。均与 2019 年基本持平。

3. 云杉病虫害发生趋势

主要病害种类有云杉落针病、云杉锈病、云杉雪枯病、云杉雪霉病等。预测发生总面积为 7.57 万亩，与 2019 年基本持平。主要发生在天山西部、天山东部、阿尔泰山国有林管理局辖区的山区天然林区内。

4. 杨树病害发生情况

杨树病害预测发生 102.6 万亩，比 2019 年增加 8.6 万亩。其中，杨树烂皮病、杨树叶锈病、杨树叶斑病等预测发生总面积为 11.9 万亩，与 2019 年持平，主要在伊犁州、塔城地区、阿勒泰地区、博州、乌鲁木齐市、克拉玛依市等北疆地区和巴州的靠近北疆的和静县发生；胡杨锈病预测发生 90.68 万亩，比 2019 年增加 10.4 万亩，主要在喀什地区、阿克苏地区境内天然胡杨林中发生，局部区域发生较重，造成胡杨提早落叶。

5. 杨树食叶害虫发生情况

杨树食叶害虫预测发生总面积为 367.6 万亩，比 2019 年增加 90 万亩。

春尺蠖　杨树食叶害虫发生总面积中春尺蠖的预测发生面积为 330.3 万亩，占杨树食叶害虫总面积的 90%，比 2019 年增加 100 万亩，均为轻度或偏中度发生，全疆胡杨林和人工防护林、经济林上均有发生。

大青叶蝉　预测发生 6.7 万亩，比 2019 年减少 7.6 万亩。集中在和田地区，杨树和核桃树上混合发生。

杨蓝叶甲　预测发生 4.46 万亩，与 2019 年持平。全疆均有发生。

梦尼夜蛾　预测发生 2.68 万亩，比 2019 年减少 1.92 万亩。主要在喀什地区、博州、伊犁州、石河子市发生。

杨齿盾蚧、糖槭蚧　呈上升趋势，预测发生总面积为 4.33 万亩，与 2019 年相比，杨齿盾蚧增加 2.15 万亩，糖槭蚧增加 0.49 万亩。杨齿盾蚧主要在伊犁州范围发生。糖槭蚧主要在乌鲁木齐市、克州、哈密市、巴州等地发生。杨毒蛾、杨二尾舟蛾、杨扇舟蛾、杨叶甲等种类均在伊犁州、博州、塔城地区、阿勒泰地区等北疆地区的高海拔地区发生。发生量和发生程度较为平稳，基本与 2019 年持平。

6. 杨树蛀干害虫发生趋势

杨树蛀干害虫预测发生总面积为 10.7 万亩，

比 2019 年减少 1.4 万亩。

青杨天牛　预测发生 1.78 万亩，与 2019 年持平。主要在北疆地区的博州、巴州、伊犁州、塔城地区发生。

白杨透翅蛾　预测发生 1.55 万亩，与 2019 年基本持平。主要在南疆喀什地区、阿克苏地区，北疆地区的博州、巴州、伊犁州、塔城地区发生。

杨十斑吉丁　预测发生 1.91 万亩，比 2019 年增加 0.6 万亩。主要在喀什地区、哈密市、石河子市发生。

其他　山杨楔天牛、杨干象仅在塔城地区、阿勒泰地区范围内发生，与 2019 年基本持平。光肩星天牛在伊犁州、巴州、乌鲁木齐市、昌吉市、塔城地区沙湾县发生，与 2019 年持平。

7. 经济林病虫害发生趋势

经济林病虫害预测发生总面积为 846.7 万亩，比 2019 年减少 62 万亩。

（1）核桃病虫害

核桃腐烂病　预测发生 44.2 万亩，比 2019 年减少 3.1 万亩，集中在南疆的喀什地区、和田地区、阿克苏地区发生，局部发生严重。

核桃黑斑蚜　预测发生 100.4 万亩，比 2019 年减少 39.9 万亩，主要在核桃集中种植区阿克苏地区、喀什地区、和田地区，轻度或偏中度发生。

核桃褐斑病　预测发生 3.04 万亩，与 2019 年持平，主要在喀什地区各县市发生。

核桃炭疽病和核桃细菌性黑斑病　预测发生 4.25 万亩，与 2019 年基本持平，主要在喀什地区各县市发生。

（2）枣树病虫害

枣叶瘿蚊　预测发生 91.2 万亩，比 2019 年减少 21.6 万亩，主要在红枣集中种植区的阿克苏地区、喀什地区、巴州和和田地区、哈密市，轻度或偏中度发生。

枣大球蚧　预测发生 19.9 万亩，比 2019 年减少 12.4 万亩，主要在喀什地区、和田地区、巴州、阿克苏地区、哈密地区发生，轻度或偏中度发生，局部重度发生。

枣粉蚧　预测发生 1.75 万亩，与 2019 年持平，主要在哈密市轻度或偏中度发生。

枣缩果病、枣炭疽病、枣叶斑病、枣锈病、

枣黑斑病等　预测发生 27.4 万亩，均与 2019 年基本持平，主要在喀什地区各县（市）发生。

（3）葡萄病虫害

葡萄二星叶蝉　预测发生 9 万亩，与 2019 年持平，主要在吐鲁番市各县（区）、哈密市、阿图什市等葡萄集中栽培区发生，均为轻度发生。

葡萄霜霉病　预测发生 1.75 万亩，与 2019 年持平，主要在昌吉州玛纳斯县、呼图壁县，伊犁州霍城县、伊宁县，石河子等葡萄集中栽培区发生。

葡萄白粉病　预测发生 6.57 万亩，比 2019 年增加 3.29 万亩，主要在吐鲁番市各县（区）、哈密市、阿图什市、昌吉州玛纳斯县、阜康市等葡萄集中栽培区发生。

葡萄蛀果蛾　预测发生 1.1 万亩，与 2019 年基本持平。仅发生在吐鲁番市范围（高昌区 0.6 万亩，鄯善县 0.5 万亩），其中高昌区各乡镇轻度发生，鄯善县的吐峪沟乡、达浪坎乡、迪坎乡、鲁克沁镇、连木沁镇等乡镇零星发生。

（4）杏树病虫害

桑白盾蚧　预测发生 41.76 万亩，比 2019 年增加，主要在喀什地区的各县（市），阿克苏地区的拜城县、巴州轮台县、和硕县，克州的阿克陶县、乌恰县，伊犁州伊宁县等杏树集中栽培区发生。

杏流胶病　预测发生 8.54 万亩，比 2019 年减少 2.58 万亩，主要在和田地区、喀什地区、伊犁州的各县（市）杏树栽培区轻度发生。

杏仁蜂　预测发生 0.02 万亩，比 2019 年减少 0.1 万亩，主要在阿克苏地区乌什县，克州的阿合奇县发生。

（5）梨树病虫害

梨茎蜂　预测发生 3.5 万亩，与 2019 年持平。主要在巴州库尔勒市梨树集中栽培区发生，轻度或偏中度发生。

梨木虱　预测发生 2.8 万亩，与 2019 年持平。主要在巴州库尔勒市梨树集中栽培区发生。

梨圆蚧　预测发生 0.24 万亩，比 2019 年减少 1.3 万亩。主要在巴州尉犁县发生。

枝枯病　预测发生 40 万亩，主要在巴州、伊犁州、阿克苏地区发生，轻度或偏中度发生，局部重度发生。

（6）枸杞病虫害

主要种类有枸杞瘿螨、枸杞负泥虫、枸杞刺皮瘿螨、枸杞蚜虫、伪枸杞瘿螨等。预测发生总面积为1.9万亩，与2019年持平，主要在博州的精河县、巴州的尉犁县发生，均为轻度发生。

（7）沙枣病虫害

主要种类有沙枣白眉天蛾、沙枣木虱、沙枣跳甲等。预测发生总面积为0.8万亩，比2019年增加0.27万亩，主要在喀什地区、和田地区、阿勒泰地区发生，均为轻度发生。

（8）沙棘病虫害

主要种类有沙棘绕实蝇、沙棘溃疡病等。预测发生总面积为2.1万亩，与2019年持平。主要在阿勒泰地区布尔津县境内发生。

（9）水果病虫害

主要种类有梨小食心虫、李小食心虫、苹果蠹蛾、白星花金龟、桃白粉病、螨类、介壳虫等。

梨小食心虫　预测发生70.3万亩，比2019年减少7.2亩，轻度发生。主要分布杏子集中种植区阿克苏地区、巴州、克州、喀什地区、和田地区、昌吉州。

李小食心虫　预测发生71.78万亩，比2019年增加22.6万亩，轻度发生，集中在南疆的喀什地区发生。

白星花金龟　预测发生2.8万亩，比2019年增加1.6万亩。主要在吐鲁番市各县（区）、昌吉州昌吉市、呼图壁县、玛纳斯县等葡萄、杏子、西瓜栽培区发生。

桃白粉病　预测发生2.3万亩，与2019年持平，发生比较平稳。集中在南疆的喀什地区各县（市）发生。

螨类　发生种类有朱砂叶螨、山楂叶螨、截形叶螨、土耳其斯坦叶螨等，发生总面积为214.7万亩，与2019年基本持平。山楂叶螨发生30万亩，比2019年减少9万亩；截形叶螨、朱砂叶螨发生178.8万亩，比2019年增加22.28万亩。土耳其斯坦叶螨发生5.9万亩，比2019年减少1.85万亩。主要在和田地区、阿克苏地区、喀什地区、巴州等特色林果主产区发生危害，均为轻度发生。

其他介壳虫类　主要有吐伦球坚蚧，预测发生面积为5.4万亩，与2019年持平。主要在南

疆和东疆林果主产区发生危害。

棉蚜（花椒棉蚜、榆树棉蚜）　预测发生21.34万亩，比2019年减少1.8万亩，主要在喀什地区、乌鲁木齐市发生。

（10）其他经济林病虫

主要发生种类有黄刺蛾、沙棘溃疡病、沙棘绕实蝇、多毛小蠹、皱小蠹等。

黄刺蛾　预测发生46.13万亩，比2019年增加17.4万亩，主要在阿克苏地区、克州、喀什地区各县（市）轻度或偏中度发生。

皱小蠹　预测发生8.1万亩，与2019年持平。主要在喀什地区杏树栽培区轻度发生。

多毛小蠹　预测发生1.37万亩，与2019年持平。主要在巴州的轮台县、阿克苏地区柯坪县、克州的阿克陶县、和田地区的策勒县发生。

8. 森林鼠（兔）害发生趋势

林业鼠（兔）害预测发生总面积为806.8万亩，比2019年减少17.9万亩。

以梭梭、柽柳为主的荒漠林害鼠种类有大沙鼠、子午沙鼠、五趾跳鼠、红尾沙鼠、吐鲁番沙鼠，预测发生747.5万亩，其中仅大沙鼠发生面积为725.7万亩，占鼠兔害总面积的97%，比2019年减少48万亩；人工经济林和生态林害鼠优势种根田鼠发生面积为33.5万亩，比2019年增加3.5万亩，南北疆绿洲边缘地带均有发生，呈逐年上升趋势；塔里木兔、柽柳沙鼠、小家鼠等其他鼠（兔）害类预测发生面积为25.8万亩，比2019年增加19万亩。

9. 其他病虫害发生趋势

主要发生种类有榆跳象、柽柳条叶甲、榆长斑蚜、榆黄黑蛱蝶、榆黄毛萤叶甲、榆绿毛萤叶甲、桑褐翅尺蛾等。预测发生总面积为41.8万亩，比2019年增加5.6万亩。

榆跳象、榆长斑蚜　预测发生8.5万亩，比2019年增加3.3万亩，其中榆跳象增加1.7万亩。主要在乌鲁木齐市、昌吉州各县（市）、石河子市范围榆树上轻度发生。

红柳粗角萤叶甲　预测发生31万亩，比2019年增加8.4万亩。主要在哈密地区、巴州、和田地区发生荒漠灌木林地带红柳上轻度或偏中度发生。

榆绿毛萤叶甲、榆黄黑蛱蝶、榆黄毛萤叶甲、榆绿毛萤叶甲、桑褐翅尺蛾等　预测发生总

面积为 2.33 万亩，与 2019 年持平，主要在克州阿图什市、巴州的和硕县、喀什地区喀什市、叶城县，乌鲁木齐市等地榆树上轻度或偏中度发生。

三、对策建议

（一）进一步深化《国办意见》的贯彻落实

督促指导各级林业主管部门认真履行职责，加强组织领导，扎实推进《国办意见》和《实施意见》的贯彻落实工作。进一步加强政府的组织领导力，提高全社会参与意识。进一步健全防治目标责任制，完善政府间、林业部门间"双线"责任制。

（二）强化检疫执法，严防重大危险性林业有害生物传播扩散

继续在春、秋季节抽调基层检疫人员到烟墩、若羌林业植物检疫检查站开展检疫执法工作；全面规范各级林业植物检疫检查站的检疫执法行为，切实发挥临时检疫检查站职能作用，严防检疫性有害生物入侵及扩散。

（三）进一步提升监测预警能力建设，全面落实监测责任

扎实推进新版林业有害生物防治信息管理系统的应用，保障新疆林业有害生物信息及时、准确报送。加强对各级测报站点的管理，合理制定年度监测任务，加强对各级测报站点规范开展测报工作的督促检查指导力度。加强林业有害生物监测预报投入力度，在森防人员匮乏的情况下，引进智能远程监测高新技术，提高有害生物实时准确监测能力。适时发布生产性预测预报，定期开展趋势会商，科学分析和准确研判林业有害生物发生趋势。真正做到"最及时的监测、最准确的预报、最主动的预警"。

（四）突出重点，强化主要林业有害生物防治

科学制定 2020 年春季及全年主要林业有害生物防控工作方案，以无公害为主要方法，提高防治效果，实现统防统治，群防群治，兵地联合，联防联治。加大林用药剂药械知识及农药安全管理培训力度，提高防灾减灾能力和防治效果。

（五）牢固树立森林健康的理念，加强森林抚育管理，增强树体抗逆性，提高抗病虫能力

林业有害生物防控工作重点应采取综合防治措施，以预防为主，加强生长期林果树体水肥管理，提高树势，推广使用无公害防治措施，保护生态环境安全和林果果品质量安全；加强秋冬季节树体管理，及时清园，降低病虫越冬基数。

（六）进一步筑牢林业有害生物防控工作基础

加强林业有害生物防控工作宣传，引起全社会对林业有害生物防控工作的重视，积极参与和支持林业有害生物防治工作。加大林业有害生物防控技术的研究，增强科技支撑能力。

（主要起草人：吾买尔·帕塔尔；主审：方国飞）

33 大兴安岭林业集团公司林业有害生物 2019 年发生情况和 2020 年趋势预测

大兴安岭森林病虫害防治检疫总站

大兴安岭林业集团公司 2019 年林业有害生物总计发生 208.55 万亩，与上一年度相比略有下降。病害总计发生 32.03 万亩，其中：轻度发生 19.16 万亩，中度发生 12.87 万亩；虫害总计发生 43.77 万亩，其中：轻度发生 28.92 万亩，中度发生 14.55 万亩，重度发生 0.3 万亩；鼠害总计发生 132.75 万亩，其中：轻度发生 36.99 万亩，中度发生 95.7 万亩，重度发生 0.06 万亩。

预测大兴安岭林业集团公司 2020 年林业有害生物发生面积为 237.84 万亩，同比上升 14.04%。其中：病害 31.46 万亩，同比下降 1.78%；虫害 58.54 万亩，同比上升 33.74%；鼠害 147.84 万亩，同比上升 11.37%。

一、2019 年林业有害生物发生情况

大兴安岭林业集团公司 2019 年林业有害生物总计发生 208.55 万亩，与上一年度相比略有上升，上升幅度 1.3%。病害发生 32.03 万亩，同比上升 0.57%，其中：轻度发生 19.16 万亩，中度发生 12.87 万亩；虫害发生 43.77 万亩，同比上升 2.1%，其中：轻度发生 28.92 万亩，中度发生 14.55 万亩，重度发生 0.3 万亩；鼠害发生 132.75 万亩，同比上升 1.23%，其中：轻度发生 36.99 万亩，中度发生 95.7 万亩，重度发生 0.06 万亩（图 33-1）。测报准确率为 99.79%，成灾率为 0，无公害作业面积 39.12 万亩，无公害防治率 92.34%。

（一）发生特点

2019 年林业有害生物发生特点：总体发生与去年相比略有上升。一是病害，在通风透光较差的林地以松针红斑病和落叶松落叶病等为主的叶部病害，

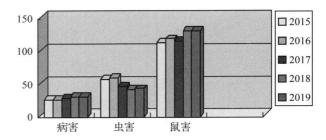

图 33-1　大兴安岭林业集团公司近 5 年主要林业有害生物发生面积对比图（万亩）

危害较重；二是虫害，总体发生面积略有上升，落叶松毛虫在局部地区有抬头趋势，樟子松梢斑螟危害依然较重；三是鼠害，发生保持高发态势，占总发生面积的 63.65%，其中：中度发生居多，重度较少，发生种类主要为棕背䶄、红背䶄。春季在气温较高的阳坡造林地和路旁有水源的樟子松大苗绿化带，发生期出现提前现象，导致危害期加长，对近年来的造林地造成严重威胁，其中，新植林地和樟子松造林地受害较重。

（二）主要林业有害生物种类发生情况分述

1. 病害

云杉锈病　发生面积 0.1 万亩，同比下降 83.33%，轻度发生，发生地点在呼中、阿木尔林业局。

落叶松落叶病　发生面积 6.0 万亩，同比下降 6.25%，全部为轻度发生，发生地点在呼中、阿木尔和十八站林业局。

松针锈病　发生面积 0.35 万亩，同比持平，轻度发生 0.3 万亩，中度发生 0.05 万亩，发生地点在技术推广站和农林科学院基地。

松落针病　发生面积 2.07 万亩，同比上升 3.38%，轻度发生 2.0 万亩，中度发生 0.07 万亩，发生地点在新林林业局、阿木尔林业局。

松针红斑病　发生面积 23.11 万亩，同比上

升 5.72%，轻度发生 10.7 万亩，中度发生 12.41 万亩，全区均有发生。

松瘤锈病　发生面积 0.06 万亩，轻度发生，发生地点在技术推广站。

松疱锈病　发生面积 0.34 万亩，同比上升 17.24%，均为中度发生，发生地点在技术推广站和农林科学院基地的种子园内。

2. 虫害

落叶松八齿小蠹　发生面积 2.3 万亩，同比下降 314.5%，轻度发生 2.3 万亩。发生地点在塔河、图强、阿木尔、十八站林业局和南翁河自然保护局、绰纳河自然保护局、呼中自然保护局、多不库尔保护局。

稠李巢蛾　发生面积 8.65 万亩，同比下降 5.05%，轻度发生 4.93 万亩，中度发生 3.72 万亩。主要发生在松岭、新林、呼中、塔河、图强、阿木尔、西林吉、十八站、韩家园、加格达奇林业局和呼中自然保护局、技术推广站、农林科学院基地。

苹果巢蛾　发生面积 0.2 万亩，中度发生，发生地点在技术推广站。

落叶松鞘蛾　发生面积 4.06 万亩，同比下降 32.11%，轻度发生。主要发生在呼中、图强、十八站林业局和呼中自然保护局。

松瘿小卷蛾　发生面积 1.13 万亩，同比下降 4.24%，轻度发生 1.03 万亩，中度发生 0.1 万亩。主要发生在呼中、图强林业局和技术推广站、农林科学院基地的人工林内。

樟子松梢斑螟　发生面积 0.74 万亩，同比持平，轻度发生 0.35 万亩，中度发生 0.39 万亩，发生地点在技术推广站种子园内和农林科学院基地施业区内。

柞褐叶螟　发生面积 0.3 万亩，同比持平，轻度发生 0.2 万亩，中度发生 0.1 万亩，发生地点在技术推广站。

落叶松毛虫　发生面积 10.5 万亩，同比上升 650%，轻度发生 5.08 万亩，中度发生 5.12 万亩，重度发生 0.3 万亩，发生地点在松岭、新林、阿木尔、十八站、加格达奇林业局。

黄褐天幕毛虫　发生面积 4.57 万亩，同比上升 22.85%，轻度发生 3.87 万亩，中度发生 0.7 万亩。发生地点在塔河、韩家园、加格达奇林业局和南瓮河自然保护局、双河自然保护局、

绰纳河自然保护局、多布库尔自然保护局、农林科学院基地、技术推广站。

舞毒蛾　发生面积 7.65 万亩，同比下降 10.52%，轻度发生 6.14 万亩，中度发生 1.51 万亩。主要发生在塔河、韩家园、加格达奇林业局和南瓮河自然保护局、呼中自然保护局、农林科学院基地、技术推广站。

柳毒蛾（雪毒蛾）　发生面积 2.0 万亩，同比下降 75%，轻度发生 0.36 万亩，中度发生 1.64 万亩，发生地点在松岭林业局。

落叶松球果花蝇　发生面积 1.0 万亩，同比持平，中度发生，发生地点在图强林业局。

3. 鼠害

以棕背䶄为主的森林鼠害发生面积 132.75 万亩，同比上升 1.22%，轻度发生 36.99 万亩，中度发生 95.7 万亩，重度发生 0.06 万亩，全区均有发生。主要发生地点为中幼龄林造林地，东南部地区发生面积较大，危害较为严重，北部地区较轻。

（三）成因分析

1. 病害

夏季连续阴雨，高温高湿，部分林分原有感病林分内病原菌未能彻底清除，导致病原菌再次感病或蔓延扩散侵入林木机体，达到发生程度。

2. 虫害

繁殖率高、物流传播、气候适宜是虫害大面积发生的主要原因。由于在防治季节受森林防火戒严限制，有些害虫错失了最佳防治时机。

3. 鼠害

森林鼠兔食物匮乏，导致鼠兔对新造林地构成威胁；森林质量不高，人工纯林比重大，生物多样性低，抗危害能力较弱，防治经费投入不足，鼠口密度得不到有效控制。

二、2020 年林业有害生物发生趋势预测

（一）2020 年总体发生趋势预测

数据来源：林业有害生物防治信息管理系统数据、气象局气象信息数据。

预测依据：林业生物预警系统数值预测模型、气象局 2019 年冬季气象数据及 2020 年春季大兴安岭气候趋势预测，大兴安岭各森防机构 2020 年林业有害生物发生趋势预测报告，主要林业有害生物历年发生规律和各测报站点越冬前林业有害生物基数调查结果。

预测大兴安岭林业集团公司 2020 年林业有害生物发生面积为 237.84 万亩，同比上升 14.04%。其中：病害 31.46 万亩，同比下降 1.78%；虫害 58.54 万亩，同比上升 33.74%；鼠害 147.84 万亩，同比上升 11.37%。

（二）分种类发生趋势预测

1. 病害

松针红斑病　预测发生面积 19.61 万亩，轻度发生 7.72 万亩，中度发生 11.89 万亩，全区均有发生。

落叶松落叶病　预测发生面积 6.1 万亩，全部为轻度发生，集中发生在呼中、阿木尔和十八站林业局。

樟子松疱锈病　预测发生面积 0.34 万亩，全部为中度发生，发生地点在技术推广站和农林科学院基地的种子园内。

松针锈病　预测发生面积 0.35 万亩，轻度发生 0.30 万亩，中度发生 0.05 万亩，发生地点在技术推广站和农林科学院基地的种子园内。

云杉叶锈病　预测发生 0.6 万亩，轻度发生 0.6 万亩，发生地点在阿木林业局和呼中林业局。

樟子松落针病　预测发生 4.00 万亩，轻度发生 3.85 万亩，中度发生 0.15 万亩，发生地点在阿木尔林业局和加格达奇林业局。

松瘤锈病　预测发生面积 0.11 万亩，轻度发生，发生地点在呼中自然保护局。

松落针病（红松）　新发生种类，预测发生面积 0.15 万亩，中度发生，发生地点在新林林业局。

2. 虫害

落叶松八齿小蠹　预测发生面积 2.35 万亩，同比略有下降。轻度发生 2.2 万亩，中度发生 0.15 万亩。发生地点在图强、阿木尔林业局和南翁河自然保护局、呼中自然保护局、双河自然保护局、绰纳河自然保护局、多不库尔自然保护局。

稠李巢蛾　预测发生面积 8.03 万亩，同比略有下降。轻度发生 3.25 万亩，中度发生 4.78 万亩，主要发生在松岭、呼中、塔河、图强、阿木尔、西林吉、十八站、、加格达奇林业局和双河自然保护局、技术推广站、农林科学院基地施业区内。

落叶松鞘蛾　预测发生面积 1.62 万亩，同比略有下降。轻度发生 1.38 万亩，中度发生 0.24 万亩，主要发生在呼中、图强、十八站林业局和南瓮河自然保护局、呼中自然保护局、绰纳河自然保护局、多不库尔自然保护局。

松瘿小卷蛾　预测发生面积 0.93 万亩，同比略有下降。轻度发生 0.83 万亩，中度发生 0.10 万亩，主要发生在呼中、图强林业局和技术推广站、农林科学院基地的人工林内。

梢斑螟　预测发生面积 0.74 万亩，同比持平。轻度发生 0.25 万亩，中度发生 0.49 万亩，发生地点在技术推广站种子园内和农林科学院基地施业区内。

落叶松毛虫　预测发生面积 25.00 万亩，同比大幅上升。轻度发生 14.03 万亩，中度发生 10.97 万亩。发生地点在松岭、新林、呼中、图强、阿木尔、十八站、韩家园、加格达奇林业局和呼中自然保护局、双河自然保护局。

黄褐天幕毛虫　预测发生面积 4.42 万亩，同比略有下降。轻度发生 3.47 万亩，中度发生 0.95 万亩。发生地点在塔河、韩家园、加格达奇林业局和南瓮河自然保护局、农林科学院基地、技术推广站。

舞毒蛾　预测发生面积 6.60 万亩，同比略有下降。轻度发生 5.49 万亩，中度发生 1.11 万亩。主要发生在塔河、韩家园、加格达奇林业局和南瓮河保护局、农林科学院基地、技术推广站。

雪毒蛾　预测发生面积 2.00 万亩，同比持平。轻度发生 0.36 万亩，中度发生 1.64 万亩，发生地点在松岭林业局。

落叶松球果花蝇　预测发生面积 1.00 万亩，同比持平，中度发生，发生地点在图强林业局。

柞褐叶螟　预测发生面积 0.3 万亩，同比大幅度下降。轻度发生 0.2 万亩，中度发生 0.1 万亩，发生地点农林科学院基地。

红松球蚜　预测发生 0.15 万亩，中度发生，发生地点在新林林业局。

栎尖细蛾　预测发生 0.80 万亩，轻度发生 0.6 万亩，中度发生 0.2 万亩，发生地点在技术推广站。

分月扇舟蛾　预测发生 5.00 万亩，轻度发生 1.8 万亩，中度发生 3.2 万亩。发生地点在十八站林业局和韩家园林业局。

3. 鼠害

以棕背䶄为主的森林鼠害，预测发生面积 147.84 万亩，同比略有上升。轻度发生 46.07 万亩，中度发生 101.77 万亩，除 5 个自然保护局外，全区均有发生。主要发生地点为中幼龄林造林地，东南部地区发生面积较大，危害较为严重，北部地区较轻。分析原因：一是 2019 年秋季监测调查结果显示鼠口密度较高，种群基数大；二是 2019 年冬季降雪量大，导致害鼠食物短缺；三是新植林地樟子松人工纯林比重较大，为害鼠喜食树种；四是害鼠繁殖能力强；五是天敌数量少。

三、对策建议

（1）认真贯彻《国办意见》，落实主体责任，强化双线目标管理，加强目标管理考核，确保责任落到实处。

（2）严格执行疫情报告制度，避免疫情信息迟报、虚报、瞒报现象发生。

（3）充分发挥护林员作用，逐步建立以护林员监测为基础的网格化监测平台，积极引导广大群众参与疫情监测，鼓励社会公众提报疫情信息，拓宽疫情发现途径。

（4）利用无人机等监测手段，重点抓好鼠害、樟子松梢斑螟、落叶松毛虫等重大林业有害生物监测工作，提高监测覆盖率，确保灾情及时发现、及时除治。

（5）继续执行林业检疫执法专项行动督查，加强引进林业苗木检疫监管，严防外来有害生物入侵。

（6）做好危险性、重大林业有害生物防治预案，适时有效开展防治工作。

（主要起草人：许铁军　高丽敏；主审：于治军）

34 内蒙古大兴安岭林区林业有害生物2019年发生情况和2020年趋势预测

内蒙古大兴安岭重点国有林管理局森林病虫害防治（种子）总站

2019年内蒙古大兴安岭林区林业有害生物整体发生稳中有升。据统计，全年主要林业有害生物发生面积434万亩，其中：轻度发生204万亩，中度发生161万亩，重度发生69万亩（图34-1）。总体发生面积有所上升，落叶松毛虫大面积暴发呈明显上升趋势，落叶松早落病局部突发明显，火烧迹地蛀干害虫危害加剧。根据林区森林资源状况、林业有害生物发生及防治情况、2019年秋季有害生物越冬基数调查情况，结合2020年气象预报，经综合分析，预测2020年主要林业有害生物仍将高位发生，发生面积约390万亩。对策建议：强化目标管理，有效管控生物灾害风险，确保早发现，早防治；强化能力建设，提升队伍整体素质；积极落实管护员监测岗位责任制；加强经费保障制度建设。

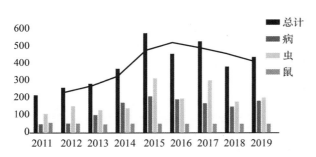

图34-1 历年林业有害生物发生趋势图（万亩）

一、2019年林业有害生物发生情况

（一）发生特点

（1）总体发生面积增长较为明显。同比2018年发生378万亩增长14.8%。

（2）冬季降雪比常年偏少20%以上，鼠害发生平稳，但局部人工樟子松林危害严重。

（3）落叶松毛虫等常发性有害生物虫情有明显抬头趋势，集中在阿尔山、绰尔和绰源南三局发生并大面积暴发，分布范围广。

（4）落叶松早落病局部严重发生。

（二）主要林业有害生物发生情况分述

1. 病害发生情况

病害总体发生183万亩，占有害生物发生总面积的42%，比2018年151万亩增加约32万亩，增长率21%，总体发生程度偏轻，但局部危害较严重。

落叶松早落病 发生面积为48.8万亩，感病指数为46，感病株率83%。主要发生在绰尔、绰源、克一河、阿龙山、满归、大杨树及毕拉河等林业局。绰尔林业局严重发生，发生面积达19.5万亩，中重度发生面积11.4万亩，以重度为主（图34-2）。

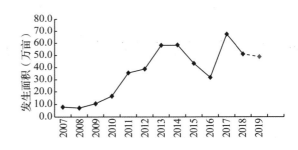

图34-2 落叶松早落病发生趋势图

松针红斑病 发生面积为18.8万亩，感病指数为34，感病株率58%。以中度以下发生为主，整体呈平稳态势。主要发生在阿尔山、根河、阿龙山、满归、莫尔道嘎和图里河等林业局（图34-3）。

桦树黑斑病 发生面积为106.5万亩，仍处高位，整体以中重度发生为主，局部发生严重。感病指数42，感病株率63%。分布于全林区，主要发生于乌尔旗汉、库都尔、克一河、满归、阿龙山、甘河、得耳布尔、金河等林业局（图34-4）。

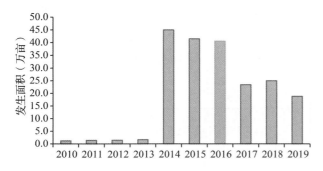

图 34-3 松针红斑病发生趋势直方图

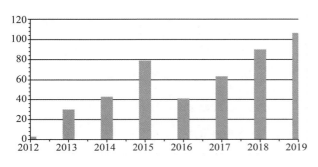

图 34-4 桦树黑斑病发生趋势直方图

2. 虫害发生情况

虫害发生面积 200.7 万亩, 占总发生量的 46%, 比 2018 年发生 177 万亩增加约 22.3 万亩, 增长率为 12.6%。食叶害虫: 中重度发生占 50% 以上, 整体发生呈明显上升态势。发生面积约为 167 万亩, 主要包括落叶松毛虫、落叶松鞘蛾、梦尼夜蛾 (中带齿舟蛾)、模毒蛾、稠李巢蛾、柞褐叶螟 (栎尖细蛾)、桦叶小卷蛾等。

落叶松毛虫 整体呈显著上升趋势, 虫口密度增加明显。全年发生面积为 74 万亩, 阿尔山、绰尔、绰源、莫尔道嘎等林业局, 虫口密度 124 头/株, 最高达 2000 头/株, 且有上升趋势。主要发生于阿尔山、绰尔、绰源、莫尔道嘎、乌尔旗汉、克一河、库都尔、阿里河等林业局。在阿尔山、绰尔和绰源林业局开展了飞机联防联治 (图 34-5)。

落叶松鞘蛾 发生平稳, 同期虫口密度上升。发生面积为 14.7 万亩。但从虫口密度 22 头/100 厘米延长枝来看, 呈上升趋势。主要在阿尔山、库都尔、克一河、甘河等林业局 (图 34-6)。

模毒蛾 下降显著, 发生范围锐减。发生面积为 7.2 万亩, 平均虫口密度为 19 条/株, 发生面积和发生程度整体显著下降。该虫分布范围不断扩大, 重点发生在阿尔山、库都尔、乌尔旗

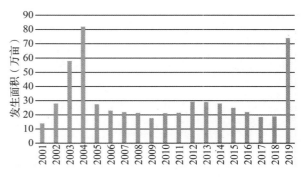

图 34-5 落叶松毛虫历年发生趋势直方图

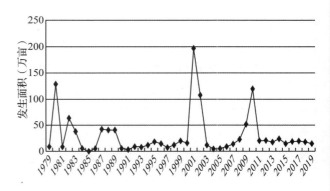

图 34-6 落叶松鞘蛾历年发生趋势图

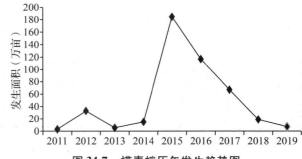

图 34-7 模毒蛾历年发生趋势图

汉、图里河、绰源和吉文等林业局 (图 34-7)。

舞毒蛾 整体平稳, 发生面积为 4.0 万亩, 平均虫口密度为 24 条/株, 发生面积和发生程度整体显著下降。该虫分布范围较大, 重点发生在得耳布尔、图里河、绰源和吉文等林业局。

中带齿舟蛾 (梦尼夜蛾、白桦尺蠖) 整体呈下降趋势, 局部成灾。全年发生约 23.0 万亩, 虫口密度 68 头/株, 主要发生在阿尔山、乌尔旗汉、库都尔、根河、图里河等林业局 (图 34-8)。

柞褐叶螟 (栎尖细蛾) 总体稳中趋降。寄主为蒙古栎, 发生面积为 4.7 万亩, 虫口密度 45 头/丛, 主要发生在大杨树、阿里河、毕拉河等林业局。

稠李巢蛾 危害整体呈加重态势。全年发生面积 6 万亩, 虫口密度 121 头/丛, 主要发生于

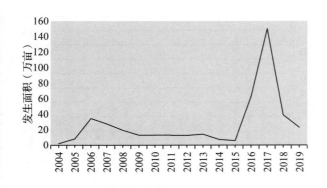

图 34-8　中带齿舟蛾发生趋势图

北部区的阿龙山、莫尔道嘎、根河及东部区的克一河、阿里河、大杨树等林业局（图34-9）。

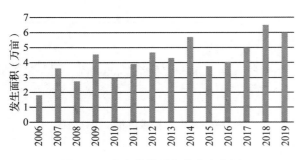

图 34-9　稠李巢蛾历年发生直方图

蛀梢蛀干害虫　整体发生整体平稳，局部较重，发生面积为 26 万亩，以中重度为主，主要包括落叶松八齿小蠹、云杉小墨天牛及松癭小卷蛾等。主要发生于汗马、库都尔、毕拉河等林业局（图34-10）。

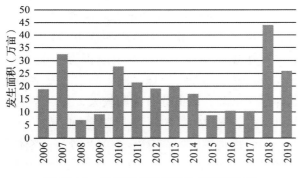

图 34-10　蛀干害虫历年发生趋势直方图

刺吸类害虫　发生较为平稳。发生面积为 5 万亩，以轻度为主，主要包括柳沫蝉、沙棘木虱、落叶松球蚜及松大蚜等。

3. 鼠害发生情况

棕背䶄和莫氏田鼠　鼠害发生平稳，危害减轻，主要种类为棕背䶄和莫氏田鼠，发生面积50万亩，占总发生量的 12%，比 2018 年减少约 3

万亩。捕获率 4% 以下，苗木被害率 27% 以下。主要发生在金河、根河、乌尔旗汉、克一河、绰源、甘河、吉文、阿尔山、得耳布尔和阿龙山等林业局（图 34-11）。

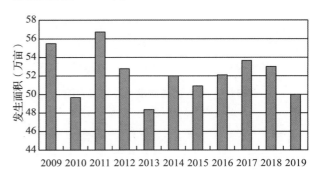

图 34-11　鼠害历年发生趋势直方图

（三）成因分析

1. 病害发生原因分析

气候因素影响突出，2019 年春季林区大部分地区气温偏干旱少雨，夏季雨水偏多，为后期森林病害偏重流行创造了有利条件；林木本身抗性差，有利于林木病害的传播和生存，在客观上为林木病害的发生提供了条件；林间可侵染病原物大量存在，尽管采取了喷雾、烟剂、人工清理等综合预防措施，但林间仍存在并分布着大量的强致病性细菌、真菌、病毒等病原微生物，当条件适宜时就可入侵繁殖并致林木发病；病害早期监测在一定程度上存在技术难点和瓶颈，不能在发病初期做到及时准确监测预报，一旦发现病害就造成大面积危害或重度成灾。

2. 森林虫害发生原因分析

春季干旱是造成今年春季落叶松毛虫虫害严重突发暴发的主要原因；大面积人工纯林，且森林质量欠佳，抵御虫害风险能力弱，使局部发生危害加重；林业改革有序推进，但林业有害生物监测标准化推进缓慢，难以适应新时代对虫害监测的要求；尽管加大了集中治理力度，及时开展飞机防治落叶松毛虫和蛀干害虫，但森林害虫在林区分布面积大，突发暴发点增多，受到各种因素综合影响，防治难度加大；物流、旅游等人类活动日益频繁，国土绿化造林逐年加大，有害生物的跨区域、远距离传播成为可能，为林业有害生物的大面积发生创造了客观条件。

3. 森林鼠害发生成因分析

一是极端天气因素影响到害鼠的存活率，今

年冬季降雪量严重偏小,春季夏季之际干旱少雨;二是人工造林主要在立地条件差的地方或在树冠下造林,新造林面积仅为 10 万亩左右,近 10 年累计造林面积为 100 多万亩,即食物源减少影响到发生面积,同时造林时间由于防火原因推迟到夏季,也是减少鼠害发生的重要原因;三是林区生态环境经过 10 多年的天保工程,生物多样性得到充分的保护,天敌与害鼠之间的种间制约达到一个动态的稳定的平衡状态;四是林区森防行业在生态保护和建设中的地位得到加强,专项防治经费保障,综合防治能力显著提高。

二、2020 年发生趋势预测

(一)2020 年总体发生趋势预测

根据全林区各级森防专业机构的林业有害生物秋季越冬基数调查结果,结合当地历史发生情况和 2020 年气候预测情况,经综合分析,预测 2020 年林业有害生物发生面积在 390 万亩左右,其中病害约为 170 万亩、虫害约为 167 万亩、鼠害约为 53 万亩。与历年平均相比处于平稳发生态势,病虫害总体呈平稳趋势,鼠害略有上升。局部落叶松早落病、落叶松毛虫、蛀干害虫和棕背鮃可能成灾(图 34-12)。

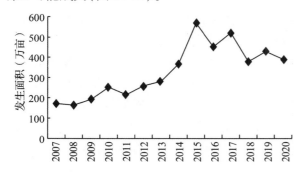

图 34-12　主要林业有害生物 2020 年预测发生趋势图

(二)主要林业有害生物发生趋势预测

1. 森林病害

预测 2020 年森林病害发生面积约 170 万亩。

阔叶树病害(白桦黑斑病、杨柳叶锈病)　预测 2020 年发生 80 万亩。整体明显呈平稳趋势,发生分布于全林区(图 34-13)。

落叶松早落病　预测 2020 年发生 46 万亩,

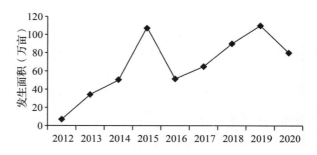

图 34-13　阔叶树病害预测发生趋势图

整体呈平稳,绰尔林业局危害可能加重。主要分布于绰尔、绰源、乌尔旗汉、满归、阿龙山、甘河、阿里河等林业局(图 34-14)。

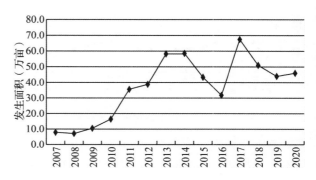

图 34-14　落叶松早落病预测发生趋势图

松针红斑病　预测 2020 年发生 20 万亩,发生呈平稳态势,危害程度趋于减轻。分布于全林区,重点为北部林区的根河、阿龙山、满归、莫尔道嘎、北部原始林区管护局和中部林区的库都尔、图里河等林业局(图 34-15)。

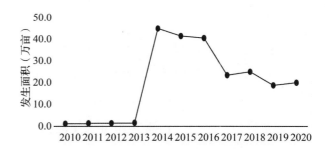

图 34-15　松针红斑病预测发生趋势图

落叶松癌肿病　预测 2020 年发生 5 万亩,发生呈平稳态势,危害程度趋于减轻。分布于全林区,重点为北部林区的得耳布尔、东部林区的克一河等林业局。

其他病害　松疱锈病、松落针病、山杨瘿螨病其他病害等,预测 2020 年发生约 10 万亩,发生平稳。主要分布于阿尔山、伊图里河、克一河、得耳布尔、库都尔、莫尔道嘎等林业局。

2. 森林虫害

预测 2020 年森林虫害发生面积约 167 万亩。

落叶松毛虫　预测 2020 年发生 80 万亩，虫口密度 15～560 头/株。呈稳中有升的发生态势。主要发生在南部林区的阿尔山、绰尔、绰源，中部林区的乌尔旗汉、库都尔、图里河，东部林区的克一河、阿里河、大杨树、毕拉河，北部林区的莫尔道嘎、根河、得耳布尔等林业局（图 34-16）。

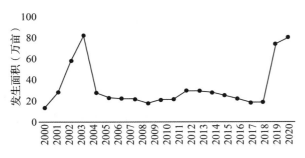

图 34-16　落叶松毛虫预测发生趋势图

落叶松鞘蛾　预测 2020 年发生 18 万亩，整体发生的趋势是稳中有升。主要发生地位于南部林区的阿尔山；中部林区的乌尔旗汉和图里河；东部林区的甘河和克一河等林业局，北部林区的莫尔道嘎、阿龙山等林业局（图 34-17）。

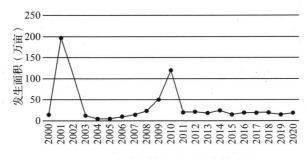

图 34-17　落叶松鞘蛾预测发生趋势图

模毒蛾（舞毒蛾）　预测 2020 年发生面积约 9 万亩。预测虫口密度为 22 头/株，种群将呈下降趋势。主要分布在北部林区的莫尔道嘎、得耳布尔，中部林区的乌尔旗汉、库都尔、图里河，东部林区甘河、阿里河、毕拉河、大杨树和南部林区的绰源、阿尔山等林业局（图 34-18）。

梦尼夜蛾（白桦尺蠖、中带齿舟蛾）　整体呈平稳态势，2020 年预测发生面积约为 20 万亩。平均蛹密度为每平方米 0.5～8 头。主要分布在南部林区的阿尔山、东部林区的乌尔旗汉、库都尔、图里河和东南部林区毕拉河等林业局（图 34-19）。

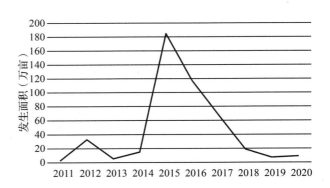

图 34-18　模型蛾预测发生趋势图

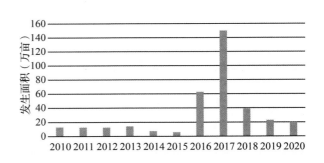

图 34-19　梦尼夜蛾预测发生趋势图

稠李巢蛾　整体呈上升趋势，2020 年预测发生面积约为 5 万亩。平均卵块密度为 7～62 块/株。主要分布在北部林区、东部林区和东南部林区的各林业局。

柞褐叶螟　整体呈平稳态势，2020 年预测发生面积约为 5 万亩。平均虫口密度为每平方米 120 头。主要分布在东南部林区大杨树、毕拉河和阿里河等林业局。

松瘿小卷蛾　在林区这是一种危害严重的枝梢害虫。预测 2020 年发生面积约为 2 万亩，有虫株率 57%，主要发生于库都尔林业局。

桦叶小卷蛾　这是一种新发生的卷叶类害虫，主要危害桦树叶片。预测 2020 年发生面积约 3 万亩，虫口密度 75 头/株，主要发生于北部原始林管护局。

赤杨叶甲　这是一种危害阔叶树叶部的害虫。预测 2020 年发生面积约 4 万亩，虫口密度 63 头/株，主要发生于图里河、阿里河林业局。

栎尖细蛾　一种潜叶危害柞树叶子的害虫。预测 2020 年发生面积约为 4 万亩，潜叶率达 82%，主要发生于毕拉河和阿里河林业局。

蛀干害虫（云杉大小墨天牛、落叶松八齿小蠹）　预测 2020 年发生 10 万亩，整体呈平稳趋

图 34-20 蛀干害虫预测发生趋势图

势。主要发生在北部林区的金河、满归、莫尔道嘎；东南部林区的毕拉河等林业局的过火林地（图 34-20）。

刺吸类害虫 发生较为平稳。2020 年预测发生面积为 7 万亩。主要包括柳沫蝉、沙棘木虱、落叶松球蚜及松大蚜等。主要发生地点为库都尔、乌尔旗汉等林业局。

3. 森林鼠害

根据气象部门预测，2020 年冬季降雪量较常年略偏多，有阶段性强降雪过程，森林鼠害发生总体呈平稳略升趋势，预测发生面积约 53 万亩，其中重度约 5 万亩，中度约 14 万亩，轻度约 34 万亩（图 34-21）。

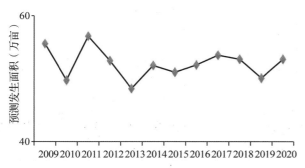

图 34-21 森林鼠害预测发生趋势图

棕背䶄 预测 2020 年棕背䶄发生面积 45 万亩，其中重度 3 万亩，中度 12 万亩，轻度 30 万亩。从 2019 年秋季鼠密度平均夹日捕获率为 4.45%，预测 2020 年春季鼠密度平均为 0.5%，推测苗木被害率将达到 19%。重点发生区域在火烧迹地造林集中区、幼林分布集中区以及公路、林场周边造林区，特别是樟子松幼树造林区危害将呈加重态势。重点发生于北部林区的金河、根河、阿龙山、得耳布尔、莫道道嘎林业局，东部林区的克一河、吉文和甘河林业局、中部林区的图里河、库都尔和乌尔旗汉林业局，南部的大杨树林业局。

莫氏田鼠 预测 2020 年莫氏田鼠发生面积 8

万亩，其中重度 1 万亩，中度 3 万亩，轻度 4 万亩。2019 年秋季鼠密度平均夹日捕获率为 4.6%，预测 2020 年春季鼠密度平均为 0.5%；推测苗木被害率将达到 9%。重点发生区域为水湿地改造林地，低洼造林地段。主要发生地点为北部林区的得耳布尔林业局、东部林区的吉文林业局和中部林区的乌尔旗汉和库都尔林业局、东南部林区的毕拉河林业局。

三、对策建议

（一）强化目标管理，有效管控生物灾害风险

强化目标管理，加强对重点旅游景区、生态脆弱区有害生物的防治，积极推广开展生物天敌防治、引诱剂诱杀防治、常规喷烟喷雾防治及飞机超低量喷雾防治等综合防治措施，依托科技推广示范项目，加强普查力度，确保早发现，做到早防治，有效管控生物灾害风险。

（二）强化能力建设，提升队伍整体素质

加强落实相关法律法规、政策措施，做到依法监测、检疫和防治，夯实测报体系。同时做好测报员队伍建设，加强监测预报技术培训工作，推广应用监测预报新技术，需要切实推进监测位点前移，加强数据信息采集自动化，实现全林监测与重点区位监测相结合，做到及时监测，准确预报，主动预警。

（三）积极落实管护员监测岗位责任制

加强管护员管理和监督，建立岗位责任制，划定林业有害生物监测范围，做到及时发现异常及时报告，为及时有效处置重大疫情提供人员保障。

（四）加强经费保障建设

为确保林业有害生物的监测预报、检疫检验及防治工作的顺利开展，建立健全森防经费保障，为维护生态安全、建设美丽中国积极发挥行业优势，确保林区森林资源安全。

（主要起草人：张军生；主审：于治军）

35 新疆生产建设兵团林业有害生物 2019 年发生情况和 2020 年趋势预测

新疆生产建设兵团森林病虫害防治总站

【摘要】2019 年新疆生产建设兵团（以下简称兵团）林业有害生物发生面积 296.89 万亩，轻度发生面积 268.05 万亩，中度发生面积 23.95 万亩，重度发生面积 4.89 万亩，属整体偏轻发生。其中，林木病害发生面积 14.44 万亩，虫害发生面积 233.11 万亩，鼠害发生面积 49.34 万亩。监测覆盖率 86.2%，采取各种措施防治面积 177.46 万亩。主要分布在南北疆道路林、防护林、公益林及经济林区，危害程度总体为轻度发生，局部地区可达中度，点片区域偏重发生。预测 2020 年兵团林业有害生物发生面积约 310 万亩，其中，林木病害发生面积 15 万亩，虫害发生面积 230 万亩，鼠害发生面积 65 万亩，整体以轻度发生为主、局部地区危害加重。针对目前兵团的实际情况，建议稳定基层测报人员队伍，加强监测技术培训，不断改进体制机制，提高监测预报技术水平。

一、2019 年主要林业有害生物总体发生情况

2019 年兵团林业有害生物发生面积 296.89 万亩，其中轻度发生面积 268.05 万亩，中度发生面积 23.95 万亩，重度发生面积 4.89 万亩，属整体偏轻发生。林木病害发生面积 14.44 万亩，轻度发生面积 14 万亩，中度以上发生面积 0.44 万亩；虫害发生面积 233.11 万亩，轻度发生面积 207.16 万亩，中度发生面积 21.37 万亩，重度发生面积 4.58 万亩；鼠害发生面积 49.34 万亩，轻度发生面积 46.88 万亩，中度发生面积 2.2 万亩，重度发生面积 0.26 万亩。监测覆盖率 86.2%，采取各种措施防治面积 177.46 万亩，无公害防治率达到 92.92%。

（一）发生特点

整体以轻度、点片发生为主，发生面积较去年同期相比有所增加，没有重大林业生物灾害和突发事件发生。

（1）病害整体以轻度发生为主，主要集中在经济林上。发生面积有所减少，偶见杨树病害发生。

（2）食叶害虫发生面积增加，危害程度减轻。

杨树蛀干害虫危害程度降低，发生面积减小。经济林虫害发生面积较 2018 年同期相比有所增加，整体以轻度发生为主。

（3）鼠（兔）害发生面积比去年有所减少，发生以轻度为主。主要危害杨树、梭梭、沙枣树、枣树等天然公益林地、退耕还林地和部分经济林地。

（二）主要林业有害生物发生情况

1. 病害

整体以轻度发生为主，发生面积 14.44 万亩，其中，轻度发生面积 14 万亩，中度以上发生面积 0.44 万亩。发生区域主要集中在南、北疆特色经济林种植区。种类有梨树腐烂病、苹果病害、葡萄病害、枣黑斑病等。

枣树病害　整体以轻度发生为主，发生面积 6.2 万亩。主要种类是枣黑斑病，发生区域主要集中在第一师 7、8、10、16 团。

葡萄病害　以轻度发生为主，发生面积 4.55 万亩。主要种类是葡萄霜霉病、白粉病，主要分布在第八师 152 团和第十二师 222 团。

苹果病害　整体以轻度发生为主，发生面积 2.56 万亩。主要种类有苹果黑星病、苹果腐烂病、苹果褐斑病、苹果白粉病。苹果黑星病发生面积 0.5 万亩，苹果褐斑病发生面积 0.75 万亩，

苹果白粉病发生面积0.4万亩，主要分布在第四师61、66、78团苹果种植区。苹果腐烂病发生面积0.28万亩，主要分布在第一师11团和第三师45团苹果种植区。

梨树腐烂病　整体轻度发生，发生面积0.7万亩。主要发生在第三师53团。

2. 虫害

发生总面积233.11万亩，轻度发生面积207.16万亩，中度发生面积21.37万亩，重度发生面积4.58万亩。轻度发生面积占总面积的88.8%，中度以上发生面积较去年有所减少。

食叶害虫　发生面积110.49万亩，总体以轻度发生为主。危害程度较2018年同期有所下降。主要种类有：春尺蠖、弧目大蚕蛾、杨梦尼夜蛾、梭梭漠尺蛾、舞毒蛾、杨毒蛾等。其中：春尺蠖发生面积95.85万亩，轻度发生面积78万亩，中度发生面积14.33万亩，重度发生面积3.52万亩，主要分布在南疆以天然胡杨为主的公益林和北疆的防护林，第一师发生面积40.21万亩，第二师发生面积19.51万亩，第三师发生面积16.94万亩，第八师发生面积8.13万亩，占总面积的88.5%。杨梦尼夜蛾发生面积8.97万亩，主要集中在防护林内，南疆第二师发生面积1.23万亩，北疆第八师发生面积6.26万亩，第十二师发生面积1.04万亩。舞毒蛾发生面积1.21万亩，主要集中在第四师67团、70团、71团、7团沿伊犁河谷地区。梭梭漠尺蛾发生面积1.03万亩，主要集中在第八师148团梭梭公益林。

杨树蛀干害虫　发生面积3.55万亩，总体以轻度发生为主。主要种类有杨十斑吉丁虫、光肩星天牛、白杨透翅蛾、纳曼干脊虎天牛、青杨天牛等。青杨天牛发生面积0.3万亩，轻度发生，主要分布在第五师88团；纳曼干脊虎天牛发生面积0.1万亩，主要分布在第十师182团和187团。杨十斑吉丁虫发生面积0.2万亩，主要分布在第十师和第十三师防护林。白杨透翅蛾发生面积0.31万亩，轻度发生，主要分布在第五师86团、87团和第八师121、148团的防护林。

经济林虫害　整体以轻度发生为主，发生面积90.22万亩，主要种类有枣瘿蚊、梨木虱、香梨优斑螟、苹果蠹蛾、梨小食心虫、螨类（李始叶螨、朱砂叶螨、土耳其叶螨、二斑叶螨）等。一是梨木虱发生面积7.85万亩，以轻度发生为主，集中分布在南疆第一师3团、第二师29团和第三师44、53团香梨园；二是枣叶瘿蚊发生面积31.82万亩，以轻度发生为主，主要分布在第一师11、13团，第二师36团，第三师45、48团；三是螨类（朱砂叶螨、土耳其斯坦叶螨、二斑叶螨和李始叶螨），发生面积27.01万亩，李始叶螨主要分布在第二师的29团和北疆第七师苹果种植区；朱砂叶螨主要分布在第一师13团，第三师50、51团和第十四师224团；土耳其斯坦叶螨主要分布在第二师34团和36团，二斑叶螨主要分布在第一师8团和10团。据预测，随着温度的上升，叶螨类害虫有扩散蔓延的趋势；四是香梨优斑螟发生面积3.88万亩，主要分布在第一师3团、6团香梨园和枣园；五是苹果蠹蛾发生面积3.03万亩，主要分布在第一师8团、第二师31团和第七师123团；梨小食心虫发生面积14.34万亩，主要分布在第一师3、12、13团和第二师29团。果树食心类害虫一年多代，6月份之前为第一代，7月份后温度升高，食心虫的发育速度快，而且果实基本进入膨大期，这个时期食心虫类害虫都能够蛀入果实，为防治增加了难度。

其他害虫　一是意大利蝗虫发生面积1.23万亩，主要分布在北疆第七师的129、130团梭梭公益林，近年来危害不断增加；二是介壳虫类，主要是枣粉蚧，发生面积8.98万亩，主要分布在第二师和第十四师的枣园。

3. 鼠（兔）害

全兵团鼠（兔）害发生面积49.34万亩，轻度发生面积46.88万亩，中度发生面积2.2万亩，重度发生面积0.26万亩。发生面积整体呈下降趋势，危害程度与2018年同期相比有所减轻，主要集中在第四、六、七、八、九、十师公益林地、退耕还林地、荒漠林地、幼林地及果园地，老林地鼠害发生较少。主要种类以根田鼠、子午沙鼠、大沙鼠为主。根田鼠、小家鼠在新植林和退耕还林地及经济林危害面积有所增加；大沙鼠、子午沙鼠在荒漠林区危害有所减少。

根田鼠总体以轻度发生为主，发生面积与2018年同期相比有所增加，发生面积38.11万亩，主要分布在第九师161、165、166、167、168、170团场。子午沙鼠发生面积与2018年同期相比有所降低，危害程度较低，发生面积0.59

万亩,主要分布在第八师149、150团沙漠边缘以梭梭、胡杨为主的公益林内。大沙鼠总体以轻度发生为主,发生面积与2018年同期相比有所增加,发生面积10.24万亩,主要分布在第六师103团,第七师129、130团,第八师121、133、134团和第十师181团。

(三)发生成因分析

(1)2019年开春后全疆天气变化频繁,气温波动大。南疆今年春季温度比去年同期温度偏高。北疆大部偏晚,北疆积雪融化晚,北疆大部及南疆西部部分地区降水偏多,高温高湿造成细菌性病害和一年多代虫害的发生量增加。

(2)虽然每年春季都及时进行了药剂防治春尺蠖等食叶害虫,但是由于公益林面积比较大,机械作业不便,部分叶面没有得到有效防治;在防护林的防治上,因近几年没有进行飞机防治,加之防治机械数量不足,防治作业时间延长,延误了最佳防治时期。

(3)新植果园规模增加,大多为纯林,经营管理粗放,生物多样性及林分抵御有害生物的能力较差,天敌的减少,自然调控水平下降,为林业有害生物的发生提供了有利条件。

(4)全兵团上下所有干部几乎都在轮流驻村住户,监测预报能力薄弱,基层森防人员极为匮乏,不能在初期做到及时准确监测预报,错过了最佳防治时期。

(5)害鼠生存环境条件改善,地面植被丰富,使害鼠天敌和害鼠种群之间保持相对平衡,每年春、秋两季及时防治,种群和数量得到了有效的控制。

二、2020年主要林业有害生物发生趋势预测

根据近年来兵团主要林业有害生物发生规律和特点、林业资源管理,结合兵团各地有害生物调查及气候预测结果,经综合分析,预测2020林业有害生物发生面积将有所增加,总体以轻度发生为主,发生面积约为310万亩,主要发生态势为:一是食叶类害虫发生面积和数量急剧下降,大多数一年一代的种类已经处于休眠期,停

止危害,一年多代的种类发生只限于局部地区;榆树类的叶蝉和蚜虫会跳跃性扩散;二是经济林有害生物的发生面积有所增加,局部地区危害加重,特别是螨类害虫;南疆地区红枣病虫害局部地区可能会危害严重;三是蛀干类害虫保持平稳;四是鼠害类在荒漠林内发生平稳。

(一)病害

预测发生面积15万亩左右,整体以轻度发生为主。

杨树、胡杨病害 预测发生面积1.35万亩,以轻度发生为主,主要发生在南北疆立地条件差、环境恶劣的人工造林地和生态林。

经济林病害 根据历年来经济林病害发生规律,结合各垦区团场经济林防治情况,预测发生面积约13.65万亩,预计以轻度发生为主,其中:红枣黑斑病、红枣褐斑病、红枣炭疽病预测发生面积6.5万亩,整体为轻度偏中度发生,主要分布在南疆枣树种植区;香梨腐烂病预测发生面积1万亩,整体为轻度发生,在一、二、三师种植区均有发生;葡萄病害预测发生面积4.2万亩,主要发生在四、五、六、七、八、十二师。其他病害:苹果黑星、苹果褐斑病、苹果腐烂病、苹果白粉病、核桃腐烂病等预测发生面积3万亩,危害程度呈轻度偏中度,各种植区域广泛分布。

(二)虫害

预测2010年发生面积230万亩,发生情况以轻度发生为主,在南北疆各垦区均有发生。

杨树食叶虫害 预测发生面积110万亩。主要种类有:杨叶甲、榆长斑蚜、叶蝉、杨毒蛾、舟蛾类、舞毒蛾等。发生与危害主要区域仍将集中在兵团南北疆各垦区偏远、机车不容易到达的公益林区及立地条件差的人工林区、苗圃地和新植林区。

杨树蛀干害虫 发生面积预计5万亩左右。杨十斑吉丁虫、白杨透翅蛾、青杨天牛等蛀干害虫发生面积略有增加,总体以轻度发生为主。介壳虫发生面积增加,危害加重。

其他虫害(经济林虫害) 其他类虫害主要以经济林虫害为主,发生总体趋于平稳。预测发生面积为115万亩,主要有枣瘿蚊、红蜘蛛、梨小

食心虫、枣大球蚧、蚜虫等。主要发生在南疆红枣、香梨种植地区。北疆葡萄种植区域。

（三）森林鼠害

预测发生面积 65 万亩，总体发生以轻度为主。以根田鼠、大沙鼠为主。主要发生区域在北疆荒漠公益林区杨树林、苹果地、葡萄地、苗圃地和人工林区等。六、七、八、九师鼠害发生面积将有所增加。根田鼠在新植林和退耕还林地危害面积基本保持不变，发生程度较轻。大沙鼠在荒漠林区发生面积有所增加，危害程度呈加重趋势。

三、对策建议

（一）加强监测预警提高监测水平

一是加强监测调查，学习新的监测预报技术，进一步提高预测预报准确性；二是开展以连队为单位的监测网络建设，形成团、连联动的监测网络机制，扩大监测覆盖面；三是加速省级层面独立获取监测信息能力建设。以准确实用为目标推行精细化、精准化预报，探索大数据融合分析技术研究应用，组织开展重大林业有害生物发生趋势大数据分析，及时发布预警信息和短期趋势预测。

（二）开展联防联治，提高防治能力

以无公害防治为主要方法，实现统防统治，群防群治，兵地联合，联防联治。推广高效、无毒、低残留药剂，在监测预报的指导下，提高防治效果。

（三）全面提倡绿色防控，推进社会化、市场化防治

一是倡导运用生态系统修复为主的综合治理技术，不断提升森林生态系统质量和稳定性；二是鼓励和引导成立各类专业防治组织，推进政府向社会化防治组织购买除治、监测调查服务。

（四）加大宣传力度，提高防控意识

通过网络平台、传单等多种形式，提高职工群众对林业有害生物防控工作重要性的认识，积极投身到林业有害生物防控工作中，增强职工群众保护森林资源的积极性。

（主要起草人：师建银；主审：于治军）